高等学校电子信息类专业系列

基于 Proteus 的数字电路分析与设计

主　编　朱清慧　李定珍
副主编　尉乔南　张　燕

西安电子科技大学出版社

内 容 简 介

本书图文并茂、深入浅出地介绍了数字电路的有关知识。全书共分为 9 章，第 1～4 章为基础知识部分，主要介绍数字系统的概念、数制与码制、门电路以及组合逻辑代数；第 5 章为组合逻辑电路分析与设计，以 Proteus 为平台，以实际器件应用电路为载体进行电路分析；第 6 章和第 7 章分别为锁存器和触发器、时序逻辑电路的分析与设计，同样以 Proteus 为平台，介绍实际器件应用案例；第 8 章为脉冲波形发生器，介绍数字电路时钟波形的产生以及波形的整形；第 9 章介绍了模-数和数-模转换器。

本书可作为应用型本科院校计算机、机械、电子类等专业学生的数字电子技术基础教程，也可作为教师的教学参考用书，同时也可供从事电子线路设计的工程技术人员学习和参考。

图书在版编目(CIP)数据

基于 Proteus 的数字电路分析与设计/朱清慧，李定珍主编. —西安：西安电子科技大学出版社，2016.9(2020.9重印)

ISBN 978 - 7 - 5606 - 4211 - 6

Ⅰ. ① 基… Ⅱ. ① 朱… ② 李… Ⅲ. ① 数字电路—电路分析—计算机辅助设计—应用软件 ② 数字电路—电路设计—计算机辅助设计—应用软件 Ⅳ. ① TN79

中国版本图书馆 CIP 数据核字(2016)第 183591 号

策　　划　李惠萍　　戚文艳
责任编辑　唐小玉　　戚文艳
出版发行　西安电子科技大学出版社(西安市太白南路 2 号)
电　　话　(029)88242885　88201467　　　邮　　编　710071
网　　址　www.xduph.com　　　　　　电子邮箱　xdupfxb001@163.com
经　　销　新华书店
印刷单位　西安日报社印务中心
版　　次　2016 年 9 月第 1 版　2020 年 9 月第 2 次印刷
开　　本　787 毫米×1092 毫米　1/16　印张 19.5
印　　数　3001～3800 册
字　　数　455 千字
定　　价　41.00 元
ISBN 978 - 7 - 5606 - 4211 - 6/TM

XDUP 4503001 - 2

＊＊＊如有印装问题可调换＊＊＊

西安电子科技大学出版社
高等学校应用型本科"十三五"规划教材
编审专家委员会名单

主　任：鲍吉龙（宁波工程学院副院长、教授）

副主任：彭　军（重庆科技学院电气与信息工程学院院长、教授）

　　　　张国云（湖南理工学院信息与通信工程学院院长、教授）

　　　　刘黎明（南阳理工学院软件学院院长、教授）

　　　　庞兴华（南阳理工学院机械与汽车工程学院副院长、教授）

电子与通信组

组　长：彭　军（兼）

　　　　张国云（兼）

成　员：（成员按姓氏笔画排列）

　　　　王天宝（成都信息工程学院通信学院院长、教授）

　　　　安　鹏（宁波工程学院电子与信息工程学院副院长、副教授）

　　　　朱清慧（南阳理工学院电子与电气工程学院副院长、教授）

　　　　沈汉鑫（厦门理工学院光电与通信工程学院副院长、副教授）

　　　　苏世栋（运城学院物理与电子工程系副主任、副教授）

　　　　杨光松（集美大学信息工程学院副院长、教授）

　　　　钮王杰（运城学院机电工程系副主任、副教授）

　　　　唐德东（重庆科技学院电气与信息工程学院副院长、教授）

　　　　谢　东（重庆科技学院电气与信息工程学院自动化系主任、教授）

　　　　湛腾西（湖南理工学院信息与通信工程学院教授）

　　　　楼建明（宁波工程学院电子与信息工程学院副院长、副教授）

计算机大组

组　长：刘黎明（兼）

成　员：（成员按姓氏笔画排列）

　　　　刘克成（南阳理工学院计算机学院院长、教授）

　　　　毕如田（山西农业大学资源环境学院副院长、教授）

　　　　向　毅（重庆科技学院电气与信息工程学院院长助理、教授）

　　　　李富忠（山西农业大学软件学院院长、教授）

张晓民（南阳理工学院软件学院副院长、副教授）

何明星（西华大学数学与计算机学院院长、教授）

范剑波（宁波工程学院理学院副院长、教授）

赵润林（山西运城学院计算机科学与技术系副主任、副教授）

黑新宏（西安理工大学计算机学院副院长、教授）

雷　亮（重庆科技学院电气与信息工程学院计算机系主任、副教授）

机电组

组　长：庞兴华（兼）

成　员：（成员按姓氏笔画排列）

丁又青（重庆科技学院机械与动力工程学院副院长、教授）

王志奎（南阳理工学院机械与汽车工程学院系主任、教授）

刘振全（天津科技大学电子信息与自动化学院副院长、副教授）

何高法（重庆科技学院机械与动力工程学院院长助理、教授）

胡文金（重庆科技学院电气与信息工程学院系主任、教授）

前　言

　　本书作者根据多年的数字电子技术理论和实践教学体会，从实际应用的角度出发，以培养学生能力为目标，通过丰富的、有代表性的设计实例，介绍了数字电路的一般分析方法以及先进的设计思路和手段，有较强的实用性。本书的特点是各知识点系统、全面，但又简洁、重点突出。书中集合了时下流行的先进的设计工具及器件，结合丰富翔实的例子，使读者不必去翻阅大量的资料便可获益匪浅。和传统数字电子技术教程不同的是，本书对数字电子技术庞大的内容体系作了整合和增减，以理论知识够用、突出实践和应用为主，按照 64 学时来安排教学内容，使教材内容与课堂讲授学时相一致，尽量做到知识点明了，重点突出，便于学生课下阅读和掌握。本书以 Proteus 软件为仿真工具，对书中的具体电路进行了分析和设计，过程和结果清晰明了，更容易被学生接受，也便于学生课后自主学习，进一步提高学生的学习兴趣和积极性。此外，为了帮助学生更好地理解并巩固所学内容，基本上每章后都附有少量习题。同时，为了引导和增加学生对专业英语的学习兴趣，各章节标题及正文中的关键词都加注了英文翻译。

　　全书共分 9 章。第 1 章为数字系统的概念，对全书涉及的基本概念和常识先做一个简要介绍，以帮助读者建立并理解数字系统的基本概念，更好地学习后续章节内容。第 2 章介绍数制与码制，对二进制、八进制、十六进制数制以及常用编码进行了系统介绍。第 3 章是门电路，重点介绍了常用门电路结构及其逻辑功能，力求全面认知门电路种类，但不强调知识的深度。除了基本门电路结构和功能的讲解，也简要介绍了 OC 门、传输门和三态门，对门电路的驱动负载能力及相关参数计算等作了删减。第 4 章是组合逻辑代数，主要介绍了组合逻辑电路的分析、设计步骤和工具等。第 5 章是组合逻辑电路分析与设计，借助前几章的基础知识和 Proteus 仿真，对组合逻辑电路进行了分析与设计，重点是常用中规模集成器件的应用。第 6 章是锁存器和触发器，介绍了几种常用锁存器和触发器的工作原理、功能及应用，为时序逻辑电路的学习打下了基础。第 7 章介绍了时序逻辑电路的分析与设计，以同步时序逻辑电路的分析与设计为主，异步时序逻辑电路只简单介绍了分析方法，同时对常用集成计数器和移位寄存器的功能进行了列表对比和实例仿真分析。第 8 章介绍了脉冲波形发生器，主要讲述数字电路常用的时钟波形发生电路原理，以 555 定时器和单稳态器件 74121 为主，分别介绍了单稳态触发器和施密特触发器等。第 9 章是模-数和数-模转换器，重点介绍了 ADC 和 DAC 的工作原理、主要参数、主流器件和应用电路仿真。

　　本书的编者都是长期从事数字电子技术教学工作的一线老教师，编写本书的一个重要出发点就是希望在有限的学时内，让学生学到最有用的知识。根据教学大纲要求，对一些传统教材中没有学时讲授、内容偏深的面向考研的知识点做了大胆删减。同时，对后续专业课有可能学到或一些专业不需要掌握的内容也做了删减，比如 FPGA 和半导体存储器等。本书强调实际器件的外特性描述及应用，比如第 5 章、第 7 章和第 9 章，分别对集成组合逻辑器件和时序逻辑器件、模-数和数-模转换器件进行了应用电路仿真、同类器件性能对比分析等。同时，书中删减了陈旧的知识点和过时的器件，尽量以当前主流器件为主，比如删减了应用不广泛的主从触发器和 CMOS4000 系列器件等；能用实例仿真说明的，尽量不用过多的文字去阐述，做到眼见为实。

本书由南阳理工学院朱清慧教授策划、组织、编写和审定，南阳理工学院的李定珍教授、尉乔南博士、张燕博士分别编写和校对了相关内容。具体编写分工如下：朱清慧编写了第 1 章、第 3 章和第 9 章，李定珍编写了第 5 章、第 6 章和第 7 章，尉乔南编写了第 2 章、第 4 章和第 8 章。

衷心期望本书能够对读者的日常学习、工作等方面有所帮助，能提高其数字电路的分析设计能力，同时也真诚欢迎读者对本书的疏漏与错误给予批评和指正。

本书课件和部分 Proteus 仿真图（＊.DSN）可从西安电子科技大出版社网站下载。

编　者
2016 年 6 月

目　录

第 1 章　数字系统的概念
(Concept of Digital System)

1.0　概述(Introduction)

　　数字计算机(Digital Computer)的概念可以追溯到 19 世纪。19 世纪 30 年代，英国数学家、发明家兼机械工程师查尔斯·巴贝奇制造了一台小型计算机，能进行 8 位数的某些运算，后来又设计了一台容量为 20 位的计算机。1941 年，第一台具有真正功能的数字计算机在哈佛大学建成，不过它是机电的，而不是电子的。1946 年，随着一台由真空管电路实现的叫 ENIAC(Electronic Numerical Integrator and Calcalator，电子数字积分计算机)的电子数字计算机的出现，现代数字电子学拉开了序幕。

　　数字这一词语来源于计算机执行操作的方法——通过计算位来实现。多年以来，数字电子学的应用一直被定义在计算机系统。今天，数字技术在很多领域都取得了广泛的应用，如电视机、通信系统、雷达、航海和导航系统、军事系统、医疗设备、工业过程控制和消费类电子产品。数字技术已经由真空管、分离元件晶体管发展到了复杂集成电路，一些集成电路甚至包含上百万个晶体管。

1.1　数字量和模拟量
(Digital Quantity and Analog Quantity)

　　在电子线路中，通常把输入量分为模拟量和数字量两类。模拟电子技术主要研究以模拟量为输入信号的电路及其性能，而数字电子技术则重点研究以数字量作为输入信号的器件及电路性能。

1.1.1　模拟量和模拟电信号(Analog Quantity and Analog Signal)

　　模拟量是在时间上具有连续变化值的量，而数字量是具有一组分离值的量。自然界中出现的多数能够测量的量都是模拟量，比如气温变化就是一个连续范围的值。在某一天，温度不会瞬间从 20℃变到 21℃，在这之间还可能存在无限的变化值，比如从 20.1℃到 20.11℃等，只是没有用足够精确的测量仪器进行测量。

　　常见的正弦波就是一个典型的模拟电信号。在任意小的时间分隔点，纵轴都会有一个值相对应，即在时间上是连续变化的。

1.1.2 数字量和数字电信号(Digital Quantity and Digital Signal)

当我们在一天 24 小时的每个整点来采集气温数值时，只能得到 24 个分离的温度值，这样就把模拟量数字化了。但每个时间点所对应的温度值并不是数字量，还需要把每个值用代码(通常是二进制)表示后才能转换为真正的数字量。比如 20℃，我们可以用二进制数表示为 10100。模拟量转换为标准数字量必须经过采样、量化和编码三个过程。

在电子系统应用中，数字量比模拟量具有一定优势。一方面，数字量在处理和传输过程中会比模拟量更有效、更可靠；另一方面，数字量在需要存储的场合具有更多优点。如把音乐转换为数字信号时，可以对其进行压缩和复制而不丧失原有的保真度，这是模拟量远不能达到的。

1.2 二进制数、逻辑电平和数字波形
(Binary Numbers，Logic Levels and Digital Waveforms)

要了解数字量和数字电路，首先要弄清二进制数、逻辑电平和数字波形三个概念。

1.2.1 二进制数(Binary Numbers)

我们在日常生活中常用的是十进制数，而在数字系统中则主要用的是二进制数。二进制数只计两个数便进位，如从最低位 LSB(Least Significant Bit)开始计数——0、1，然后向高一位进 1，接着最低位重新从 0 开始计数；每计 2 个数便向上一位进 1，而上一位每计到 1 后也要向它的上一位进 1，依次类推。不同于十进制数每位有 10 个数字，二进制数每位只有 0 和 1 两个数字。二进制数字可以有很多位，但不再称作个位、十位、百位等，而是称作 2^0 位、2^1 位……2^n 位等。因此，无论二进制、八进制、十进制或十六进制数，都是由位和权来构成的。0、1 是二进制数的位(Bit)，2^0，2^1，…，2^n 等是二进制数的权(weight)，不同的位在不同的权上所表示的大小也不同。

常用的二进制数字有 8 位、16 位、32 位等，也分别被称为字节(byte)、字(word)、双字(double word)等。二进制数 00010011、0000100011010000，请大家想想：它们对应的十进制数是多少？分别应被称为什么？

1.2.2 逻辑电平(Logic Levels)

在数字电路以及数字计算机中，二进制数中的位 0 和 1 是通过逻辑电平来表示的，那么什么是逻辑和逻辑电平呢？这里，逻辑表示数之间的关系，比如与、或、非等运算关系；而电平是一种规定的电压范围，数字电路内部各单元电路输入输出端的电压一般不超出 ±5 V。

逻辑电平表示数字电压的高、低电平。通常把数字电路中某一时刻某一点对地的电位范围分为两种，一种称为高电平(High Level)，一种称为低电平(Low Level)。高电平的电压范围为 2～5 V，用来表示二进制位 1；低电平的电压范围为 0～0.8 V，用来表示二进制

位 0(有时 0 V 以下也表示 0)。这种表示方法被称为正逻辑,相反为负逻辑(使用较少)。

一个位必有一根电线相对应。如果某一点的电平值在 0.8~2 V 之间,既不表示高电平也不表示低电平,这种状态在设计电路时应该尽量避免。在操作实验时,往往由于器件某些管脚的悬空而导致输入既不高也不低,从而引起实验结果错误。

有了逻辑电平,就把电路和数字联系在一起了。

1.2.3 数字波形(Digital Waveforms)

我们在示波器上所看到的方波或矩形波就是一种数字波形。准确地说,数字波形的电平值必须符合要求。数字波是由高电平和低电平在时间轴上的交替变换构成的,它是分析和设计数字电路的一种有效手段。

1. 数字脉冲(Digital Pulse)

在看一个具体的数字波形之前,先来了解一下数字脉冲的概念。数字脉冲是组成数字波形的基本单位,同时也可以独立存在。数字脉冲分为正脉冲和负脉冲,正脉冲由上升沿(Rising Edge)、高电平(High Level)和下降沿(Falling Edge)组成,而负脉冲由下降沿(Falling Edge)、低电平(Low Level)和上升沿(Rising Edge)构成。数字脉冲如图 1-1 所示,用箭头来指示上升沿和下降沿。

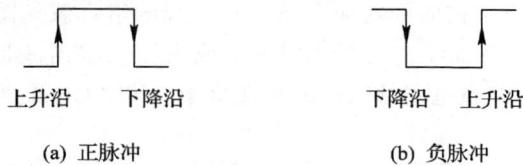

上升沿　　下降沿　　　　下降沿　　上升沿

(a) 正脉冲　　　　　　　(b) 负脉冲

图 1-1　数字脉冲

2. 数字波形(Digital Waveforms)

数字波形是由正负脉冲交替形成的,它的横轴为时间,纵轴为逻辑电平(0 和 1),但在绘制波形时通常省去横轴和纵轴。

数字波形分为周期波和非周期波两种,图 1-2(a)、(b)分别为周期波和非周期波。

(a) 周期波　　　　　　　　　　　(b) 非周期波

图 1-2　数字波形图

3. 周期、频率和占空比(Cycle, Frequency and Duty Cycle)

图 1-2 中,T 为周期,单位是时间。频率 f 为在单位时间 1 秒内,波形中所包含的周期个数。频率单位为 Hz,频率越高,波形中高低电平变化越快,波形越密集。频率和周期之间为倒数关系,即

$$f = \frac{1}{T} \text{ 或 } T = \frac{1}{f}$$

在组合逻辑电路的分析和设计中,非周期波较为常见;在时序逻辑电路的分析和设计

中，周期波用得较多。周期波又分为矩形波和方波。图 1-2(a)即为矩形波。图 1-3 为方波，方波的占空比为 50％。

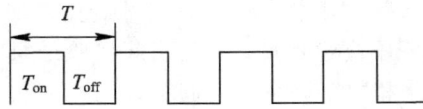

图 1-3　数字方波

占空比(Duty Cycle)是一个百分数，用来表示在一个周期波中，电平为 1 的时间占整个周期时间的百分比，用首字母 D 来表示，即

$$D = \frac{T_{on}}{T} \times 100\%$$

4. 时钟(Clock)

周期波又称为时钟，简称 CLK、CP 或 C，是时序逻辑电路中不可缺少的输入端信号。就像人的心脏一样，按照固定的频率来跳动，以协调各个部件的工作。

5. 时序图(Timing Graph)

时序图、真值表、卡诺图和状态转换图是分析逻辑电路的几种必需工具。时序图是把电路的输入、输出以及时钟按时间对应关系放在一起的组合波形图，便于观察分析各输入与输出之间的对应关系，从而绘出各输出波形，或由输入输出波形推导逻辑函数表达式。图 1-4 给出了一个时序逻辑电路的时序波形图例子，其中 Clock 为时钟波形，A 和 B 为输入波形，Y 为输出波形。

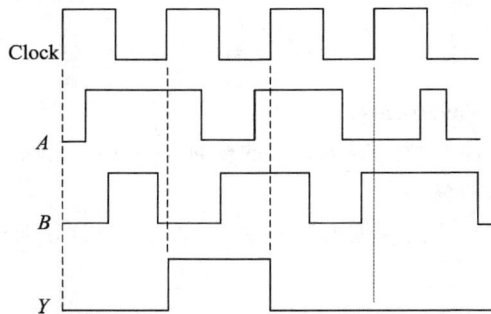

图 1-4　时序波形图

1.3　数据传输(Data Transmission)

数据是指包含有特定信息的位的组合。为了完成给定目的，用数字波形表示的二进制数，必须在一个系统内(或从一个系统到另一个系统)从一个电路传送到另一个电路。比如，为了完成加法功能，计算机内存中存储的二进制数必须被传送到中央处理单元(CPU)，然后再把加法的和传送到监控器去显示或从监控器传送回内存。在计算机系统中，传输二进制数的方法有串行和并行两种，如图 1-5 所示。

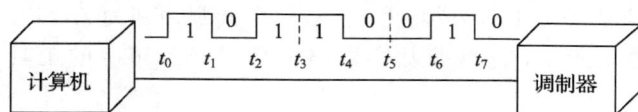

(a) 从计算机到调制器的二进制数串行传输

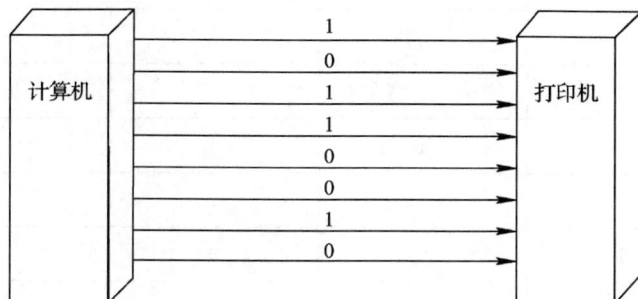

(b) 从计算机到打印机的二进制数并行传输

图 1-5　二进制数的串、并行传输

1. 串行传输(Serial Transmission)

当二进制位以串行方式从一个点传送到另一个点时，它们是沿着一根导线传送的，并且一次只能传送一位。如图 1-5(a)所示，计算机向调制器传送数据。在 t_0 到 t_1 期间内，第一位被传送，因为第一位为 1，所以导线被设置为高电平；在 t_1 到 t_2 期间内，第二位被传送，因为第二位为 0，因此导线又被拉成低电平，依次类推。要传送完 8 个二进制位，共需要 8 个时间间隙。至于先传送低位还是先传送高位，按相关串行通信协议要求进行。接收端必须有缓存单元，即把分时接收到的一个字节数一次性存放在内部临时单元中，以便后续传送处理。串行方式传输数据节约了导线，但用时较长，通常用于远距离传输。

2. 并行传输(Parallel Transmission)

当并行传送二进制位时，一组位沿不同的导线同时传送，每一个位都占用一根导线，即分别把 8 根导线设置成不同的高低电平。如图 1-5(b)所示，计算机以并行方式向打印机传送一个 8 位二进制数，即一个字节。字节的高低位由系统连接确定，收发端要一致。串行数据传送一个位的时间，并行数据可以传送 8 个位或 16 个位(根据所用导线的多少)，并行传输节省了时间，但浪费了导线，适合近矩离传输。

1.4　基本逻辑运算(Basic Logic Operation)

逻辑运算又称布尔运算，它和我们日常生活中用到的数字运算有很大的区别，是事物之间的一种逻辑关系的推理。下面以一个举重裁判为例来帮助大家理解什么是逻辑运算。在一个举重比赛中，有三个裁判，只要有两个裁判举牌就表示举重成功。裁判的表决与运动员举重的成功与否有一种逻辑对应关系。裁判的表决一共有八种情况，运动员举重结果只有两种，即失败或成功。如果用二进制位来表示这些关系，可以令每个裁判举牌同意为

1，不同意为 0；举重成功为 1，不成功为 0。设三个裁判分别为 A、B、C，举重结果为 Y，则对应关系如表 1-1 所示，这就是数字电路分析中必不可少的工具——真值表（Truth Table）。

表 1-1　举重裁判逻辑关系真值表

A	B	C	Y
0	0	0	0
0	0	1	0
0	1	0	0
0	1	1	1
1	0	0	0
1	0	1	1
1	1	0	1
1	1	1	1

在表 1-1 中，第一行数字组合表示的意思是没有一个裁判举牌，则举重结果肯定是失败；第二行表示的意思是只有一个裁判举牌，根据规则，举重结果还是失败；第三行和第五行也是如此；第四行和第六、七、八行都有两个以上裁判举了牌，所以举重的结果为成功。

大家是不是发现，我们已经把日常生活中的逻辑关系数字化了，并且考虑到了各种对应关系？那么这个真值表就是举重裁判逻辑关系的一种表示方法。根据这个表，还可以写出另外一种逻辑关系表示方法，即逻辑代数（Logical Algebra）表达式（至于怎么得到的，后边将详细讲）：

$$Y = A'BC + AB'C + ABC' + ABC = AB + BC + AC$$

这个表达式先后给出了逻辑运算关系的标准与或式和最简与或式。逻辑代数表达式由大写字母、基本逻辑运算符号和等号连接而成。大写字母表示输入与输出变量名称，基本逻辑运算符是指"与"（AND）、"或"（OR）、"非"（NOT）对应的符号。

两个或多个变量之间的"与"运算可以用"·"连接，如 $A \cdot B$，$A \cdot B \cdot C$；也可以省略中间的圆点，如 AB、ABC。常量 1 和 0 之间的与运算不能省去圆点，如 $1 \cdot 0$ 不可写成 10。

两个或多个变量之间的"或"运算可以用"+"连接，如 $A+B$，$A+B+C$，之间的"+"号不能省略。

单个变量的非运算（或称求反运算）用字母后跟 $'$ 来表示（或统一用上划线表示），如 A'（或 $\overline{A}$），布尔常量的非运算亦如此，如 $1'$、$0'$（或 $\overline{1}$、$\overline{0}$）。

上面的逻辑代数表达式中，标准与或式可以读为：Y 等于 A 非 B C 或 AB 非 C 或 ABC 非或 ABC。与运算可读也可省去，或运算以及非运算必须读。如最简与或式 $AB+BC+AC$ 可读为 A 与（上）B 或 B 与（上）C 或 A 与（上）C。读"或"时要有停顿。

三种基本运算的优先级别为：先非，再与，最后或；见括号则优先进行括号内的运算。

由基本逻辑运算可以推出其他逻辑运算，如"与非"，"或非"、"异或"等，这种运算是1854 年以色列逻辑和数学家乔治·布尔(George Boole)发明的，因此又叫布尔运算(Boolean Operation)或布尔代数(Boolean Algebra)。布尔运算是由一种专用的数字电路——门电路(Gate Circuit)来实现的，门电路是数字逻辑电路的最小单元，在第 3 章会详细介绍。图 1-6 给出了三种基本逻辑运算关系对应的门电路符号。

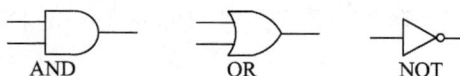

图 1-6 与、或、非运算的门电路符号

图 1-6 中，三种门电路分别是 2 入 1 出与门、2 入 1 出或门和反相器(非门)。与门和或门输入为 2 个及以上，反相器只有 1 入 1 出。

1. "与"运算(AND Operation)

"与"运算关系指的是当所有输入都为高电平(1)时，输出为高电平(1)；当任何一个输入为低电平(0)时，输出为低电平(0)。2 入 1 出与门对应的真值表如表 1-2 所示。

表 1-2 "与"运算逻辑关系真值表

A	B	Y
0	0	0
0	1	0
1	0	0
1	1	1

2. "或"运算(OR Operation)

"或"运算关系指的是当所有输入都为低电平(0)时，输出为低电平(0)；当任何一个输入为高电平(1)时，输出为高电平(1)。2 入 1 出或门对应的真值表如表 1-3 所示。

表 1-3 "或"运算逻辑关系真值表

A	B	Y
0	0	0
0	1	1
1	0	1
1	1	1

3. "非"运算(NOT Operation)

"非"运算关系可将一个逻辑电平值转换为相反的逻辑电平值，即输入为 1 时，输出为 0；输入为 0 时，输出为 1。因此，实现"非"操作的门又被称作反相器。"非"逻辑运算关系真值表如表 1-4 所示。

表 1－4 "非"运算逻辑关系真值表

A	Y
0	1
1	0

1.5 基本逻辑功能(Basic Logic Function)

1.5.1 比较功能(Comparison Function)

具有数值比较功能的电路称做比较器(comparator),在第 4 章会详细介绍。比较器能够指示两个数值的大小关系。图 1－7 是比较功能的表示。

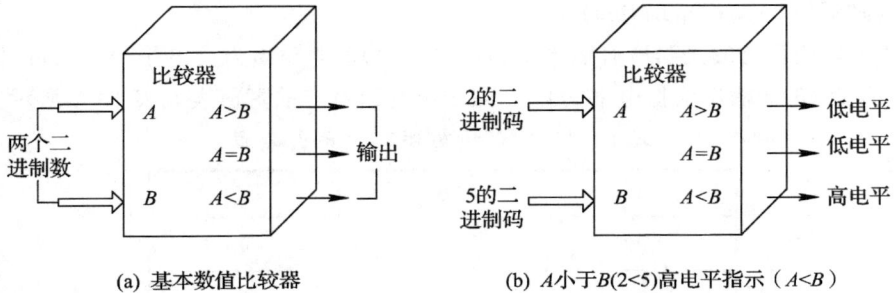

(a) 基本数值比较器   (b) A小于B(2<5)高电平指示($A<B$)

图 1－7 比较功能

在图 1－7(a)基本数据比较器示例中,输入端两个数 A 和 B 必须是经过二进制编码的数,宽箭头表示每个数可能占有 n 条或 m 条输入线;输出指示有三个,同一时间只能有一个为高电平,分别指示 $A>B$,$A<B$ 和 $A=B$,单箭头表示各有一根线。

在图 1－7(b)示例中,A 数设为 2,用四位二进制数表示即为 0010,需要有 4 根输入线;B 数设为 5,二进制编码为 0101,同样也需要有 4 根输入线与之对应。显示 2 小于 5,即 $A<B$,即最上边的输出线为低电平(0),中间的输出线也为低电平(0),最下边的输出线为高电平(1)。因此,三个输出指示组合为 001。

1.5.2 算术功能(Arithmetic Function)

数字电路能完成的算术功能有加法、减法、乘法和除法等,这与模拟电路中的比例运算、求和运算以及模拟乘法器等是不一样的概念。模拟电路的运算完成的是对信号幅值的一种叠加,而数字电路的算术功能完成的是纯数字的运算,这些数字必须以二进制数来表示,每个二进制数的一个位占用一根导线,导线为高电平表示这个位上的数为 1,导线为低电平表示这个位上的数为 0。

1. 加法(Addition)

加法功能是通过加法器逻辑电路来完成的。一个二进制加法器能够实现两个二进制数(输入端有 A、B 和进位输入 C_{in})相加,并产生一个和($\sum$,二进制数代码)及一个输出进位

(C_{out})，如图 1-8(a)所示。图 1-8(b)举例说明了二进制加法器是如何实现 3+9 的加法运算的。显而易见，和是 12($\sum$ 为二进制码 1100)，输出进位 C_{out} 为 0，但前提是假设输入端进位 C_{in} 为 0。输入端的 C_{in} 只有在多级加法器串联时才有实际意义。如果是 BCD(用二进制表示的十进制数)码加法器，和 12 中的个位 2 从 $\sum$ 输出(BCD 码 0010)，十位 1 从输出进位端 C_{out} 输出。关于 BCD 码，将在下一章详细讲解。

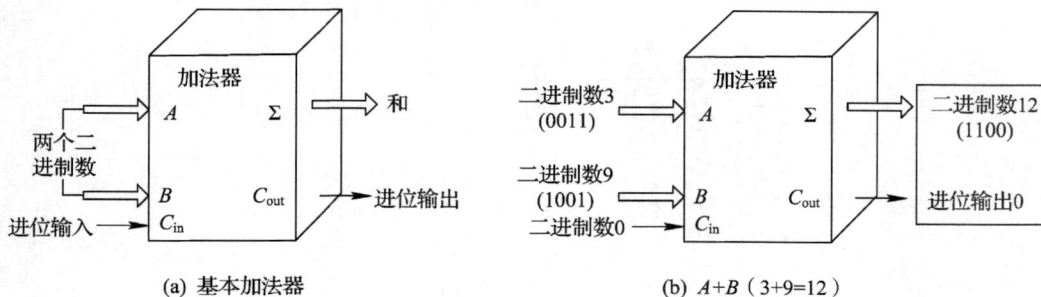

(a) 基本加法器　　　　　　　(b) $A+B$（3+9=12）

图 1-8　加法运算

2. 减法(Subtraction)

减法也是由数字电路来完成的。一个减法器需要被减数、减数和借位输入三个输入。两个输出分别是差和借位输出。例如，当 8 减去 5 时，输入端的借位输入为 0，差是 3 且没有借位输出。借位输入同样也只有在多个减法器级连时才有意义。

3. 乘法(Multiplication)

乘法是由被称作乘法器的数字电路来完成的。在同一时间，数总是被 2 乘，因此需要两个输入。乘法器的输出是积。乘法器的乘法运算主要是通过移位和加法电路来实现的。被乘数(二进制数)不断地向左移位来实现连续乘 2，变成积的一部分，再通过与某数相加来完成最终的积。

4. 除法(Division)

除法是通过一系列相减、比较和移位来完成的，因此也可以用加法器和其它电路来实现。两个输入分别是被除数和除数，两个输出分别是商和余数。

5. 码制转换功能(Code Conversion Function)

一种码制是指一串二进制位按照特定的格式来安排并用来表示指定的信息。一个码制转换器能够把一种形式的代码信息转换成另外一种形式，例如把二进制转换成 BCD 码(Binary Coded Decimal)或格雷码(Gray Code)。后面章节会详细讲到不同的码制的编码方式、用途以及相关的码制转换器。

6. 编码功能(Encoding Function)

编码功能由被称为编码器的逻辑电路来完成。编码器能够把信息转换成代码，如把一个十进制数或阿尔法字符转变成某种码制形式。例如，有种编码器能够把 0~9 这十个十进制数分别转换成对应的二进制代码。当编码器输入端输入一个且唯一一个高电平时，输出端就会有对应的一组二进制位编码，这个编码就意味着输入端高电平有效时所示的含义。这种对应关系是由用户来定义的，不过一般通用编码器会有约定俗成的含义。

图 1-9 是一个计算器键盘上的数字和字符被转换成二进制代码的编码器说明图。通过按压每个键盘，分别产生对应的高电平输入，从而在输出编码端产生对应的二进制

代码。

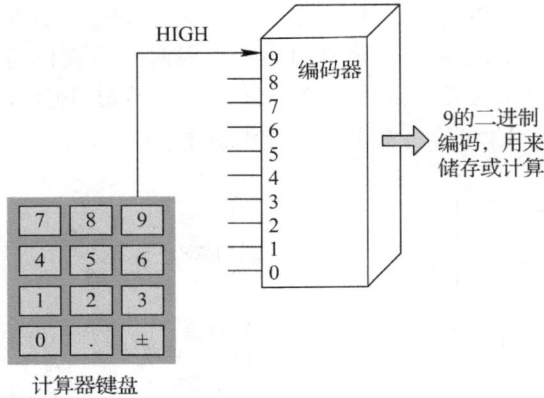

图 1-9　计算器键盘编码器

7. 译码功能(Decoding Function)

译码功能由被称为译码器的逻辑电路来完成。译码器能够把代码转换成对应的某种信息，如把一个二进制数转换成非码制形式，如十进制数。例如，有种译码器能够把四位二进制代码转换成对应的十进制数。图 1-10 是一个驱动七段数码管显示的特定译码器的功能说明图，数码管的每一段都连接到显示译码器的一根输出线上。当一个给定的二进制编码出现在译码器的输入端时，译码器七个输出端中对应的高电平被激活，驱动七段数码管中相应的段点亮，从而显示出相应于译码器输入端代码值的数字。

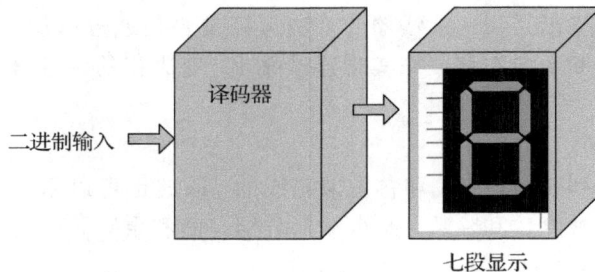

图 1-10　七段数码管显示驱动译码器

8. 数据选择功能(Data Selection Function)

选择数据的电路有数据选择器(Multiplexer)和数据分配器(Demultiplexer)两种。数据选择器能够从输入端的多路数据中按序选中一路，并从输出端分时输出，这一功能是由电子转换开关来实现的。而数据分配器和数据选择器的功能正好相反，可直接把数据选择器的输入输出端颠倒使用，适当接线即可。

当数据从甲地传到比较远的乙地时，甲地接数据选择器，乙地接数据分配器，两地之间只接一根线，分时传送，节省了电线。比如有一个字节的二进制数要传送，按序分别把 8 个位输出到数据选择器的输出端上，通过远距离传输至数据分配器上；数据分配器接收到此输入线上的电平值(0 或 1)后，再按序分配至其多个输出端对应的一根线上，如图 1-11 所示。计算机系统之间的数据传输通常就是利用这样的传输方式。

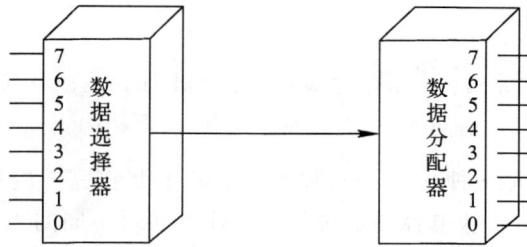

图 1-11　远距离数据传输示例

9. 存储功能(Storage Function)

数字系统优于模拟系统的最大特点就是它的存储功能,即它可以在一定时间内把二进制数和位保存在存储器中,这种存储数据的单元是数字电路而不是磁介质。普通存储器件包括锁存器、触发器、寄存器、半导体存储器以及磁盘和光盘等,后两种不属于数字电路。

1) 锁存器和触发器

锁存器和触发器很相似,都有一个输出,多个输入,能够把输入端想要设置的电平值保存在输出端,并且在输入电平改变时仍能保持输出不变;只有在特定的输入条件下输出才改变(1变0或0变1)。它能记忆一个位,是时序逻辑电路(具有记忆的电路)的最基本单元。

2) 寄存器

寄存器是由多个触发器组成的,因此寄存器能够同时记忆多个位,如一个字节的二进制数。只有当输入条件改变时,输出端的二进制数才改变。后面会学到移位寄存器、串/并行转换寄存器等。寄存器储存数据的时间是暂时性的,且容量有限,因此算不上是存储器。

10. 计数功能(Counting Function)

在数字系统中,计数功能非常重要。数字计数器有很多种,它们的基本目的是记忆输入端的数字脉冲个数,这个数字脉冲波代表一定的含义。每输入一个脉冲,计数器都会把它的当前个数转换成对应的编码值来表示。所以计数器必须有记忆功能,能记住输入脉冲的数量及当前脉冲的序号。除了最基本的记忆功能,其存储能力也比较重要。计数器电路主要由触发器构成。

图 1-12 是一个五进制计数器的说明,计数器输入端是一个周期为 1 秒的方波,输出为三位二进制代码,计数瞬间为方波的上升沿到来时。上电初始,没有脉冲输入时,输出为 000,当第一个脉冲的上升沿到来时,输出为 001;依次类推,当第四个脉冲的上升沿到来时,输出为 100;当第五个脉冲的上升沿到来时,输出为 000,回到初始状态。到下一个循环,第一个脉冲的上升沿到来时,重新输出 001,循环计数,自动清零。

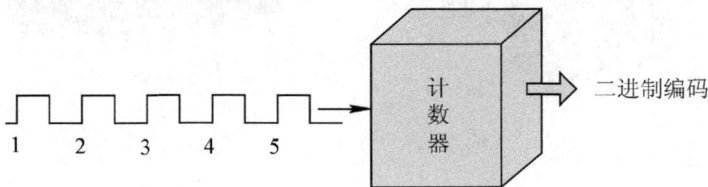

图 1-12　计数器功能示意

1.6　数字集成电路(Digital Integrated Circuit)

单片集成电路(IC)是一种在一个非常小的硅片上制作完成的电子线路。组成电路的所有三极管、二极管、电阻和电容都是在单个硅片上通过不同的工艺制作出来的。芯片虽小，却集成了成百上千个元件和连线。数字集成电路技术的发展，为现在的计算技术和实用电子类终端产品的发展奠定了基础。

1.6.1　集成芯片封装(IC Package)

集成芯片必须采用一定的封装技术加外壳保护，而且外加管脚以方便与其它元件连接。所谓封装技术，是一种将集成电路用绝缘的塑料或陶瓷材料打包的技术。以 CPU 为例，实际看到的体积和外观并不是真正的 CPU 内核的大小和面貌，而是 CPU 内核等元件经过封装后的产品。采用封装技术进行封装对于芯片来说是必需的，也是至关重要的。因为芯片必须与外界隔离，以防止空气中的杂质对芯片电路的腐蚀而造成电气性能下降；另一方面，封装后的芯片也更便于安装和运输。由于封装技术的好坏还直接影响到到芯片自身性能的发挥和与之连接的 PCB(印刷电路版)的设计和制造，因此它是至关重要的。

了解集成电路的封装后，就能够在制作 PCB(Print Circuit Board)印刷电路版时，事先设计好器件的安装位置、插孔或焊盘，以便实现人工或机器对元件的精准焊接。常用的集成芯片封装技术有过孔技术(Via Technology)和表面贴装技术 SMT(Surface Mount Technology)。过孔有盲孔、埋孔和通孔，用得较多的是通孔，这种孔穿过整个线路板，也用于实现内部互连或作为元件的安装定位孔。表面贴装技术无需对印刷电路版钻插装孔，而是直接将表面组装元器件贴、焊到规定位置上。采用这种封装技术可使电路组装密度高、电子产品体积小、重量轻，贴片元件的体积和重量只有传统插装元件的 1/10 左右。一般采用 SMT 之后，电子产品体积缩小 40％～60％，重量减轻 60％～80％。

过孔技术封装主要有 DIP(Dual-in-line Package，双排插针封装)、SIP(Single-in-line Package，单排插针封装)和 SDIP(Shrink Dual-in-line Package，收缩型 DIP，用于管脚中心距较窄时)等，如图 1－13 所示。

图 1－13　DIP 和 SIP 封装

表面封装技术不需要把集成芯片的管脚插入到 PCB 的另一面，而是粘在同一面上，电路板的另一面可以走线。常见的 SMT 有 SOIC(Small-Outline IC)、PLCC(Plastic Leaded Chip Carrier)、LCCC(Leadless Ceramic Chip Carrier)、SOP(Small-Outline Package)、

TSOP(Thin Small-Outline Package)、TVSOP(Thin Very Small-Outline Package)、QFP
(Quad Flat Package)等。部分 SMT 封装如图 1-14 所示。

图 1-14　SMT 封装

1.6.2　管脚序号(Pin Numbering)

所有集成芯片的管脚号排列都有一个标准格式。从封装的顶部看,管脚 1 都有标记,
或是小圆点,或是小缺口,或是斜边。有圆点标识的,圆点对着的就是管脚 1;芯片顶端有
半圆形缺口的,缺口朝上背对着管脚看,缺口左边第一个是管脚 1;依次排序且按环形接
序,最大数的管脚总是和管脚 1 对称或在 1 的旁边,如图 1-15 所示。

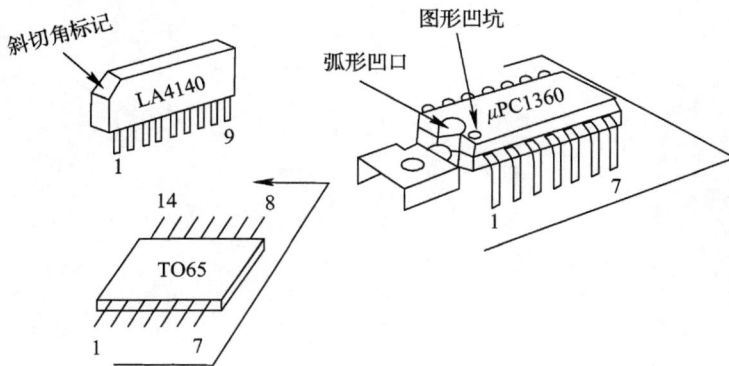

图 1-15　IC 管脚序号

1.6.3　集成电路分类(Integrated Circuit Classification)

集成电路按其集成的复杂程度分类,可分为 SSI、MSI、LSI、VLSI 和 ULSI。

小规模集成(SSI, Small-Scale Integration)电路在一个芯片上集成了将近 12 个相等规
模的门电路,包括基本门电路和触发器。

中规模集成(MSI, Medium-Scale Integration)电路在一个芯片上集成了 12~99 个相
等规模的门电路,包括编码器、译码器、计数器、寄存器、选择器、运算电路、小型存储
器等。

大规模集成(LSI, Large-Scale Integration)电路在一个芯片上集成了 100～9999 个相等规模的门电路,存储器就属于 LSI 技术。

很大规模集成(VLSI, Very Large-Scale Integration)电路在每个芯片上集成了 10 000～99 999 个相等规模的门电路。

超大规模集成(ULSI, Ultra Large-Scale Integration)电路主要用于大型存储器、大型微处理器和大型单片机,其每个芯片上集成了 100 000 个以上相等规模的门电路。

1.6.4 集成电路技术(Integrated Circuit Technology)

制作集成电路所用的晶体管要么是双极型结型晶体管(Bipolar Junction Transistor, BJT),要么是金属氧化物半导体场效应晶体管(Metal－Oxide－Semiconductor Field Effect Transistor,MOSFET)。使用双极型结型晶体管的称作 TTL(Transistor-Transistor Logic,晶体管-晶体管逻辑)技术或 ECL(Emitter-Coupled Logic,射极耦合逻辑)技术,其中 TTL 应用的更广泛。使用 MOSFET 的称为 CMOS(Complementary MOS,互补金属氧化物半导体)和 NMOS(N-channel MOS,N 型金属氧化物半导体)技术,如微处理器使用的就是 MOS 技术。

TTL、ECL 和 MOS 技术中,ECL 电路开关速度最快但不常用,MOS 技术最易大规模集成。SSI 和 MSI 电路通常可以使用 TTL 或 CMOS 技术,而 LSI、VLSI 和 ULSI 电路则主要是使用 CMOS 技术来实现,因为它需要更高的集成度。

第 2 章 数制与码制

(The Numeration System and Code System)

2.0 概述(Introduction)

在日常生活当中,我们经常会遇到计数问题,并且习惯于使用十进制数。而在数字系统例如计算机中,则通常采用二进制数,有时也采用十六进制数或者八进制数。这种多位数码的构成方式以及从低位到高位的进位规则称为数制。

当两个数码分别表示两个数量大小时,它们可以进行数量间的加、减、乘、除等运算,这种运算称为算术运算。目前数字电路中的算术运算都是以二进制运算进行的。

不同的数码不仅可以表示数量大小,而且可以用来表示不同的事物或事物的不同状态。在用于表示不同事物的情况下,这些数码已经不再具有表示数量大小的含义了,而只是不同事物的代号而已,这些数码称为代码。例如在举行长跑比赛时,为便于识别运动员,通常要给每一位运动员编一个号码。显然,这些号码仅仅表示不同的运动员而已,没有数量大小的含义。为了便于记忆和查找,在编制代码时总要遵循一定的规则,这些规则就称为码制。每个人都可以根据自己的需要选定编码规则,编制出一组代码。考虑到信息交换的需要,还必须制订一些大家共同使用的通用代码,例如目前国际上通用的美国信息交换标准代码(ASCII 码,见本书 2.9.2 节)就属于这一种。

2.1 十进制数(Decimal Numbers)

十进制是日常生活和工作中最常用的进位计数制。所谓十进制就是以 10 为基数的计数体制。在十进制数中,每一位有 0~9 共 10 个数码,所以计数的基数是 10。超过 9 的数必须用多位数表示,其中低位和相邻高位之间的关系是逢十进一。

每一位数码处于不同的位置时,它所代表的数值是不同的。例如,十进制数 4587.29 可以表示为

$$4587.29 = 4 \times 10^3 + 5 \times 10^2 + 8 \times 10^1 + 7 \times 10^0 + 2 \times 10^{-1} + 9 \times 10^{-2}$$

式中,10^3、10^2、10^1、10^0 分别为千位、百位、十位、个位数码的权,而小数点以右数码的权值是 10 的负幂。

一般地说,任意十进制数可表示为

$$(N)_D = \sum_{i=-\infty}^{\infty} K_i \times 10^i \tag{2-1}$$

式中,K_i 是基数 10 的第 i 次幂的系数,它可以是 0~9 中任何一个数字;下标 D(decimal)

表示括号里的数是十进制数,有时也用下标 10 来表示十进制数。

如果将式(2-1)中的 10 用字母 R 来代替,就可以得到任意进制数的表达式

$$(N)_R = \sum_{i=-\infty}^{\infty} K_i \times R^i \tag{2-2}$$

式中,K_i 是第 i 次幂的系数。

根据基数 R 的不同,K_i 的取值为 $0 \sim (R-1)$ 共 R 个不同的数。对于十进制数来说,R 为 10,所以 K_i 的取值范围为 $0 \sim 9$ 共 10 个数字。

用数字电路来存储或处理十进制数是很不方便的,因为构成数字电路的基本思路是把电路的状态与数码对应起来。而十进制的十个数码要求电路有十个完全不同的状态,这样会使电路很复杂,因此数字电路中不直接处理十进制数。

2.2　二进制数(Binary Numbers)

2.2.1　二进制的表示方式(Binary Representations)

二进制数中只有 0 和 1 两个数码,并且计数规律是逢二进一,即 $1+1=10$(读为"壹零")。必须注意,这里的"10"和十进制数中的"10"是完全不同的,它并不代表数字"拾"。左边的"1"表示 2^1 位数,右边的"0"表示 2^0 位数,也就是 $10 = 1 \times 2^1 + 0 \times 2^0$。因此,所谓二进制就是以 2 为基数的计数体制。根据式(2-2),任意二进制数可以表示为

$$(N)_B = \sum_{i=-\infty}^{\infty} K_i \times 2^i \tag{2-3}$$

式中 K_i 为基数 2 的第 i 次幂的系数,它可以是 0 或者 1;下标 B(binary)表示括号里的数是二进制数,有时也用下标 2 来表示二进制数。

式(2-3)也可以作为二进制数转换为十进制数的转换公式。

【例 2-1】 试将二进制数 $(1010110)_B$ 转换为十进制数。

解　将每一位二进制数与其位权相乘,然后相加便得到相应的十进制数。

$(1010110)_B = 1 \times 2^6 + 0 \times 2^5 + 1 \times 2^4 + 0 \times 2^3 + 1 \times 2^2 + 1 \times 2^1 + 0 \times 2^0 = (86)_D$

2.2.2　二进制的优点(Advantages of Binary)

与十进制相比较,二进制具有一定的优点,因此它在计算机技术中被广泛采用。

(1)二进制的数字电路简单可靠,所用元件少。

二进制只有两个数码 0 和 1,因此它的每一位数都可以用任何具有两个不同稳定状态的元件来表示,例如晶体管的饱和与截止,继电器接点的闭合与断开,灯泡的亮与不亮等。只要规定其中一种状态为 1,另一种状态为 0,就可以用二进制数表示。这样,数码的存储、分析和传输,就可以用简单而可靠的方式进行。

(2)二进制的基本运算规则简单,运算操作方便。

但是,采用二进制数也有一些缺点。用二进制表示一个数时,位数较多。例如,十进制数 49 用二进制数表示时为 110001,使用起来不方便也不习惯。因此在运算时,原始数

据多用人们习惯的十进制数,而在送入机器时,就必须将十进制原始数据转换成数字系统能接受的二进制数。运算结束后,再将二进制数转换为十进制数,表示最终结果。

2.2.3 二进制的波形图(Binary Waveform)

在数字电子技术和计算机应用中,二值数据常用数字波形来表示。这样,数据比较直观,也便于使用电子示波器进行监视。图 2-1 为一计数器的波形,图中最左列标出了二进制数的位权(2^0、2^1、2^2、2^3)以及最低位(LSB, Least Significant Bit)和最高位(MSB, Most Significant Bit),最后一行标出了 0~15 的等效十进制数。

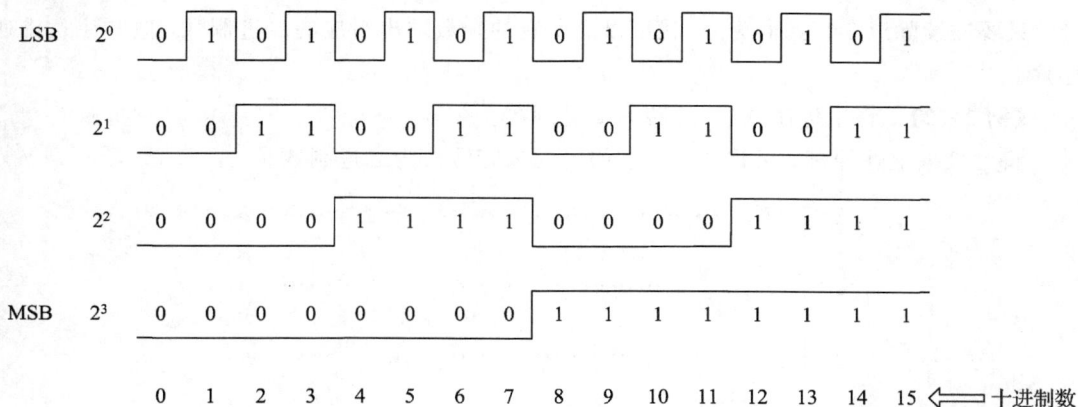

图 2-1 用二进制数表示 0 ～ 15 波形图

从图 2-1 还可以看出,每一位的波形均为对称方波,其占空比均为 50%,但波形的频率从最低位到最高位逐位减半。

2.3 十进制–二进制转换(Decimal to Binary Conversion)

既然同一个数可以用二进制和十进制两种不同形式来表示,那么两者之间必然有一定的转换关系。前面已经介绍了将二进制数转换为十进制数的方法,即将每位二进制数与其权相乘,然后相加便得到相应的十进制数。但是将十进制数转换为二进制数时,整数部分和小数部分的转换方法不同,下面我们分别介绍。

2.3.1 整数部分(Integral Part)

假定十进制整数为$(N)_D$,等值的二进制数为$(b_n b_{n-1} \cdots b_0)_2$,则$(N)_D$可写成

$$(N)_D = b_n \times 2^n + b_{n-1} \times 2^{n-1} + \cdots + b_1 \times 2^1 + b_0 \times 2^0 \qquad (2-4)$$

式中,b_n、b_{n-1}、$\cdots$、b_1、b_0是二进制数各位的数字。

将式(2-4)两边分别除以 2,得

$$\frac{1}{2}(N)_D = b_n \times 2^{n-1} + b_{n-1} \times 2^{n-2} + \cdots + b_1 \times 2^0 + \frac{1}{2}b_0 \qquad (2-5)$$

由此可知，将十进制数除以 2，其商为

$$b_n \times 2^{n-1} + b_{n-1} \times 2^{n-2} + \cdots + b_1 \times 2^0$$

余数为 b_0。

其商可以表示为：

$$b_n \times 2^{n-1} + b_{n-1} \times 2^{n-2} + \cdots + b_1 \times 2^0 = 2(b_n \times 2^{n-2} + b_{n-1} \times 2^{n-3} + \cdots + b_2) + b_1$$

$$(2-6)$$

因此将商再除以 2，可得余数为 b_1。

不难推知，十进制整数每除以一次 2，就可以根据余数得到二进制数的一位数字。因此，只要连续除以 2 直到商为 0，就可以由所有的余数求出对应的二进制数，但要注意排列顺序。

【例 2-2】 将十进制数 $(37)_D$ 转为二进制数。

解 根据上述原理，可将 $(37)_D$ 按如下的步骤转换为二进制数。

2	37 ················· 余 1 ······ b_0	
2	18 ················· 余 0 ······ b_1	
2	9 ················· 余 1 ······ b_2	
2	4 ················· 余 0 ······ b_3	
2	2 ················· 余 0 ······ b_4	
2	1 ················· 余 1 ······ b_5	
	0	

由上得 $(37)_D = (100101)_B$。

当十进制数较大时，用逐次除 2 的方法就显得繁琐了，可将十进制数和与其相当的 2 乘幂项对比，使转换过程得到简化，因此，至少要记住 2^7 及以下数所对应的十进制数。

【例 2-3】 将 $(133)_D$ 转换为二进制数。

解 由于 2^7 为 128，而 $133-128 = 5 = 2^2 + 2^0$，所以对应二进制数为 $b_7 = 1$，$b_2 = 1$，$b_0 = 1$，其余各系数均为 0，所以得 $(133)_D = (10000101)_B$。

值得指出的是，多数计算机或数字系统中只处理 4、8、16、32 或 64 位等二进制数据，因此数据的位数需配成规格化的位数。如例 2-2 中转换结果为 100101，如果将其配成 8 位，则相应的高幂项应填以 0，其值不变，即 100101 = 00100101。

2.3.2 小数部分(Decimal Part)

二进制的小数部分可写成

$$(N)_D = b_{-1} \times 2^{-1} + b_{-2} \times 2^{-2} + \cdots + b_{-(n-1)} \times 2^{-(n-1)} + b_{-n} \times 2^{-n} \qquad (2-7)$$

将式(2-7)两边分别乘以 2，得

$$2 \times (N)_D = b_{-1} \times 2^0 + b_{-2} \times 2^{-1} + \cdots + b_{-(n-1)} \times 2^{-(n-2)} + b_{-n} \times 2^{-(n-1)} \qquad (2-8)$$

由此可见，将十进制小数乘以 2，所得乘积的整数即为 b_{-1}。不难推知，将十进制小数每次去除上次所得积中的整数后再乘以 2，直到满足误差要求进行四舍五入为止，就可以完成由十进制小数转换成二进制小数的运算，而转换成小数是由十进制小数乘 2 后积的整数构成的。

【**例 2 - 4**】　将 $(0.706)_D$ 转换为二进制数，要求其误差不大于 2^{-10}。

解　按照上面的方法计算，可得 b_{-1}、b_{-2}、$\cdots$、b_{-9} 如下

$$0.706 \times 2 = 1.412 \cdots 1 \cdots b_{-1}$$
$$0.412 \times 2 = 0.824 \cdots 0 \cdots b_{-2}$$
$$0.824 \times 2 = 1.648 \cdots 1 \cdots b_{-3}$$
$$0.648 \times 2 = 1.296 \cdots 1 \cdots b_{-4}$$
$$0.296 \times 2 = 0.592 \cdots 0 \cdots b_{-5}$$
$$0.592 \times 2 = 1.184 \cdots 1 \cdots b_{-6}$$
$$0.184 \times 2 = 0.368 \cdots 0 \cdots b_{-7}$$
$$0.368 \times 2 = 0.736 \cdots 0 \cdots b_{-8}$$
$$0.736 \times 2 = 1.472 \cdots 1 \cdots b_{-9}$$

由于最后的小数小于 0.5，根据四舍五入原则，b_{-10} 应为 0。所以，$(0.706)_D = (0.101101001)_B$，其误差小于 2^{-10}，但是要注意排列顺序。

2.4　二进制算术运算(Binary Arithmetic Operation)

在数字电路中，0 和 1 既可以表示逻辑状态，又可以表示数量大小。当两个二进制数码表示数量的大小时，它们之间可以进行算术运算。二进制算术运算和十进制算术运算的规则基本相同，唯一的区别在于二进制数是"逢二进一"而不是"逢十进一"。下面介绍只考虑正数的无符号二进制数的算术运算，涉及负数时要用到的有符号二进制数将在 2.5 节中介绍。

2.4.1　二进制加法(Binary Addition)

二进制数的加法规则是

$$0 + 0 = 0, 0 + 1 = 1, 1 + 0 = 1, 1 + 1 = \underline{1}0$$

带有下划线的 1 是进位，表示两个 1 相加逢二进一。

【**例 2 - 5**】　计算两个二进制数 1010 和 0101 的和。

解

$$
\begin{array}{r}
1\ 0\ 1\ 0 \\
+\ 0\ 1\ 0\ 1 \\
\hline
1\ 1\ 1\ 1
\end{array}
$$

所以 1010 + 0101 = 1111。

加法运算是二进制数的基础，数字系统中的各种算术运算最终都要转换为加法运算来进行。

2.4.2　二进制减法（Binary Subtraction）

二进制数减法运算的规则是

$$0-0=0,\ 1-0=1,\ 1-1=0,\ \underline{1}0-1=1$$

带有下划线的 1 是借位，0 减 1 时不够减，需要向高位借 1。

【例 2-6】　计算两个二进制数 1010 和 0101 的差。

解

$$
\begin{array}{r}
1\ 0\ 1\ 0 \\
-\ 0\ 1\ 0\ 1 \\
\hline
0\ 1\ 0\ 1
\end{array}
$$

所以 $1010-0101=0101$。

由于无符号二进制数中无法表示负数，因此要求被减数一定要大于减数。

2.4.3　二进制乘法和除法（Binary Multiplication and Division）

1. 二进制乘法

【例 2-7】　计算两个二进制数 1010 和 1101 的积。

解

$$
\begin{array}{r}
1\ 0\ 1\ 0 \\
\times\ 1\ 1\ 0\ 1 \\
\hline
1\ 0\ 1\ 0 \\
0\ 0\ 0\ 0 \\
1\ 0\ 1\ 0 \\
+\ 1\ 0\ 1\ 0 \\
\hline
1\ 0\ 0\ 0\ 0\ 0\ 1\ 0
\end{array}
$$

所以 $1010 \times 1101 = 10000010$。

虽然算出了两个二进制数的乘积，但要明白的是计算机不会列竖式进行计算。通过仔细观察和研究竖式及计算结果发现，竖式中反复出现被乘数，并且这些被乘数是向左移位的；积是这些移位了的被乘数的和。只要找到移位规律再相加即可得积。即通过找规律，把二进制乘法变成向左移位和加法，这样计算机就可以通过移位寄存器和加法器来实现二进制数的乘法运算了。

此题又可写成

$$1010 \times 1101 = 1010 \times (2^3 + 2^2 + 2^0) = 1010 \times 2^3 + 1010 \times 2^2 + 1010 \times 2^0$$

式中，第一项相乘的结果等于 1010 左移 3 位，右边补 3 个 0；第二项相乘的结果等于 1010 左移 2 位，右边补 2 个 0；第三项相乘的结果等于 1010 左移 0 位，右边不补 0；然后再相加。即把竖式从下往上看。

2. 二进制除法

【**例 2-8**】 计算两个二进制数 1010 和 111 之商。

解

$$
\begin{array}{r}
1.011\cdots \\
111\overline{\smash{\big)}\,1010} \\
111 \\
\hline
1100 \\
111 \\
\hline
1010 \\
111 \\
\hline
11
\end{array}
$$

所以 $1010 \div 111 = 1.011\cdots$

可以看出,二进制数的除法运算能通过"除数右移"和"从被除数及余数中减去除数"这两种操作完成。

在计算机中,通过将减法操作转化为加法操作,除法运算就可以通过除数向右移位和相加来完成。即加、减、乘、除运算就全部可以用"移位"和"相加"两种操作实现了。

2.5 二进制数的反码和补码
(One's Complement and Two's Complement of Binary Numbers)

2.5.1 有符号数(Signed Numbers)

我们已经知道,在数字电路中是用逻辑电路输出的高、低电平来表示二进制数的 1 和 0 的,那么数的正、负是如何表示的呢? 通常采用的方法是在二进制数的前面增加一位符号位,符号位为 0 表示这个数是正数,符号位为 1 表示这个数是负数,其余部分为数值位。例如

$$(+11)_D = (\underline{0}\,1011)_B$$
$$(-11)_D = (\underline{1}\,1011)_B$$

以上是用原码的形式表示数值位。在数字电路或者系统中,为简化电路,常将负数用补码表示,以便将减法运算变为加法运算。

2.5.2 反码和补码(One's Complement and Two's Complement)

补码(Two's Complement)是一种用二进制表示有符号数的方法,也是一种将数字的正负号变号的方式。

在做减法运算时,如果两个数都是用原码表示的,则首先需要比较两数绝对值的大小,然后以绝对值大的一个数作为被减数,绝对值小的一个数作为减数,求出差值,并以绝对值大的一个数的符号作为差值的符号。不难看出,这个操作过程比较麻烦,而且需要使用数值比较电路和减法运算电路。如果能用两数的补码相加代替上述的减法运算,那么计算过程中就无需使用数值比较电路和减法运算电路了,从而使运算器的电路结构大为简化。

基数为 R，位数为 n 的原码 N，其补码为

$$(N)_{\text{COMP}} = R^n - N \qquad\qquad (2-9)$$

以生活中常见的时钟为例，来说明补码运算的原理。

比如在 5 点钟的时候，你发现自己的手表停在了 10 点，校正时间需要把时针拨回到 5 点钟。这时你可以沿着逆时针方向往回拨 5 格，即 $10-5=5$，这是减法运算。除此之外，还可以用补码相加的方法来代替减法运算。时钟是 12 进制，基数为 12，原码 5 的补码，按照公式（2-9），应该是 $12^1-5=7$，即在这里 7 是 5 的补码。用时针现在的位置 10 加上补码 7，也就是按照顺时针方向向前拨 7 格，同样可以将时针拨到 5 点。虽然 $10+7=17$，但是由于表盘的最大数只有 12，相当于产生的进位自动消失，舍弃进位之后，$17-12=5$，所得到的数值 5 就是你想要的结果，如图 2-2 所示。

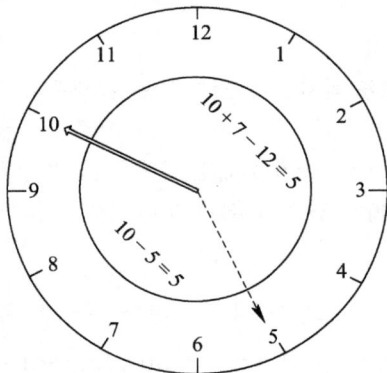

图 2.2　说明补码运算原理的例子

从这个例子中可以得出一个结论，就是在舍弃进位的情况下，减去某个数可以用加上它的补码来代替，这个结论同样适用于二进制数的计算。

采用公式（2-9）来求补码，同样会用到减法运算。为了避开减法运算，在二进制中，通常采用下面的方法进行有符号二进制数的补码的计算。

和原码一样，补码或反码的最高位为符号位，正数为 0，负数为 1，剩下的为数值位。

当二进制数为正数时（其最高位为 0），其补码、反码与原码相同。

当二进制数为负数时（其最高位为 1），符号位不变，将原码的数值位逐位取反（1 变为 0，0 变为 1，这样得到的结果为原码的反码），然后在最低位加 1 得到补码。

在一些教材中，也把反码称为一次补码（1's complement），补码称为二次补码（2's complement）。N 的反码标记为 $(N)_{\text{INV}}$。

【例 2-9】　分别写出有符号二进制数 00011010（+26）、10011010（-26）、00101101（+45）和 10101101（-45）的反码和补码。

解　根据有符号二进制数反码和补码的计算方法得到：

原码	反码	补码
00011010	00011010	00011010
10011010	11100101	11100110
00101101	00101101	00101101
10101101	11010010	11010011

表 2-1 是带符号位的 3 位二进制数原码、反码和补码的对照表，其中规定用 1000 来作为 -8 的补码，而不用来表示 -0。

表 2-1　原码、反码、补码对照表

十进制数	二 进 制 数			进制数	二 进 制 数		
	原码(有符号数)	反码	补码		原码(有符号数)	反码	补码
+7	0111	0111	0111	-1	1001	1110	1111
+6	0110	0110	0110	-2	1010	1101	1110
+5	0101	0101	0101	-3	1011	1100	1101
+4	0100	0100	0100	-4	1100	1011	1100
+3	0011	0011	0011	-5	1101	1010	1011
+2	0010	0010	0010	-6	1110	1001	1010
+1	0001	0001	0001	-7	1111	1000	1001
+0	0000	0000	0000	-8	1000	1111	1000

2.5.3　补码的运算 (Operation of Two's Complement)

采用补码的形式，可以很方便地进行有符号二进制数的减法运算。减法运算的原理是减去一个正数相当于加上一个负数，即 $A-B=A+(-B)$；先对 $(-B)$ 求补码，然后进行加法运算。至于乘法和除法运算，可以采用移位与加法的组合来完成。

进行二进制补码的加法运算时，必须注意被加数补码与加数补码的位数要相等，即两个二进制数补码的符号位要对齐。通常两个二进制数的补码采用相同的位数来表示。

【例 2-10】　试用 4 位二进制补码计算 5-2。

解　5 的补码和原码相同，是 0101；-2 的原码是 1010，反码是 1101，补码是 1110，因此：

$$(5-2)_{\text{COMP}} = (5)_{\text{COMP}} + (-2)_{\text{COMP}} = 0101 + 1110 = [1]\,0011$$

其中方括号里的 1 是进位位，在计算中自动舍弃，所以结果为 5-2 = 3；运算是用 4 位二进制补码表示的，计算结果仍然保留 4 位数。

需要注意的是所得到的结果实际上也是补码的形式，对于正数，原码和补码相同；但是对于负数，需要再求补码才能得到原码形式的结果。

【例 2-11】　试用 4 位二进制补码计算 2-5。

解　2 的补码是 0010；-5 的补码是 1011，因此：

$$(2-5)_{\text{COMP}} = (2)_{\text{COMP}} + (-5)_{\text{COMP}} = 0010 + 1011 = 1101$$

得到的结果 1101 是补码的形式。

要得到原码形式的结果需要再求补码，1101 的反码是 1010，补码是 1011，转化为十进制数为 -3，即 2-5 = -3。

接着来看一下，在两个用补码表示的二进制数相加的时候，和的符号位是如何得到的。

【例 2-12】　用 6 位二进制补码运算求出 13+10、13-10、-13+10 和 -13-10 的结果。

解　+13 的二进制补码为 001101(最高位为符号位)，-13 的二进制补码为 110011，

＋10 的二进制补码为 001010，－10 的二进制补码为 110110，因此：

＋ 13	0 0 1 1 0 1	＋ 13	0 0 1 1 0 1
＋ 10	0 0 1 0 1 0	－ 10	1 1 0 1 1 0
＋ 23	0 1 0 1 1 1	＋ 3	[1] 0 0 0 0 1 1
－ 13	1 1 0 0 1 1	－ 13	1 1 0 0 1 1
＋ 10	0 0 1 0 1 0	－ 10	1 1 0 1 1 0
－ 3	1 1 1 1 0 1	－ 23	[1] 1 0 1 0 0 1

方括号中为进位位，自动舍弃。

从例 2－12 可以看出，若将两个加数的符号位和来自最高有效数字位的进位相加，得到的结果（舍弃产生的进位）就是和的符号。

2.5.4 溢出(Overflow)

在例 2－12 中，＋13、－13、＋10、－10 这几个数都可以用 5 位有符号二进制数，即 4 位数值位的二进制数表示，但是因为 13 ＋ 10 和－13－10 的绝对值为 23，必须用数值位为 5 位的二进制数才能表示，再加上一位符号位，因此题目中采用 6 位二进制数的补码进行运算。

两个同符号数相加时，它们的绝对值之和不可超过有效数字位所能表示的最大值，否则会得出错误的计算结果。如果用 5 位二进制数的补码来计算例 2－12，＋13 的二进制补码为 01101（最高位为符号位），－13 的二进制补码为 10011，＋ 10 的二进制补码为 01010，－10 的二进制补码为 10110，则：

＋ 13	0 1 1 0 1	＋ 13	0 1 1 0 1
＋ 10	0 1 0 1 0	－ 10	1 0 1 1 0
＋ 23	1 0 1 1 1	＋ 3	[1] 0 0 0 1 1
－ 13	1 0 0 1 1	－ 13	1 0 0 1 1
＋ 10	0 1 0 1 0	－ 10	1 0 1 1 0
－ 3	1 1 1 0 1	－ 23	[1] 0 1 0 0 1

可以看出，13＋10 和－13－10 的计算都出现了错误，这是因为其绝对值超过了允许范围，即超过了数值位所能表示的最大值，这种情况称为溢出。避免溢出的方法就是进行位扩展。上面的例子中，采用 6 位或以上的二进制补码，就不会产生溢出了。此外，两个符号相反的数相加不会产生溢出。

2.6 八进制数(Octal Numbers)

2.6.1 八进制数的表示方法(Representation of Octal Numbers)

八进制数的每一位有 0 ～ 7 八个不同的数码，计数的基数为 8。低位和相邻的高位之

间的进位关系是逢八进一。任意八进制数可表示为

$$(N)_O = \sum_{i=-\infty}^{\infty} K_i \times 8^i \qquad (2-10)$$

式中，K_i 为基数"8"的第 i 次幂的系数，它可以是 $0 \sim 7$ 中的任意一个数字；下标"O"(Octal)表示括号里的数是八进制数，有时也用下标"8"来表示。

2.6.2　八进制数与二进制、十进制之间的转换(Conversion of Octal Numbers into Binary Numbers & Conversion of Octal Numbers into Decimal Numbers)

公式(2-10)也可以作为八进制数到十进制数的转换公式。

【例 2-13】　将八进制数 12.4 转换为十进制数。

解　利用公式(2-10)可得：

$$(12.4)_O = 1 \times 8^1 + 2 \times 8^0 + 4 \times 8^{-1} = (10.5)_D$$

十进制到八进制的转换通常是先将十进制数转换为二进制数，再把二进制数转换为八进制数。

3 位二进制数有 8 个状态，而 1 位八进制数有 8 个不同的数码，因此具有一一对应关系，使得二进制数到八进制数的转换非常简单。以小数点为基准，整数部分从右到左，小数部分从左到右，每 3 位二进制数为一组；不足 3 位时，整数部分在高位补 0，小数部分在低位补 0，每 3 位二进制数就对应 1 位 8 进制数。

【例 2-14】　将二进制数 011110.010111 转换为八进制数。

解　将每 3 位二进制数分为一组，用相应的八进制数代替即可：

$$\begin{array}{cccc}
(0\,11 & 110. & 010 & 111)_B \\
\downarrow & \downarrow & \downarrow & \downarrow \\
(\ 3 & 6. & 2 & 7\ )_O
\end{array}$$

即 $(011\,110\,.\,101\,111)_B = (36.27)_O$。

同样地，将八进制数转换成二进制数时，也只要将每 1 位八进制数用对应的 3 位二进制数代替即可。

【例 2-15】　将八进制数 2713.22 转换为二进制数。

解　　　$(2713.22)_O = (10\,111\,001\,011.01001)_B$

2.7　十六进制数(Hexadecimal Numbers)

2.7.1　十六进制数的表示方法(Representation of Hexadecimal Numbers)

十六进制数每一位有十六个数码，分别是 0、1、2、3、4、5、6、7、8、9、A、B、C、D、E、F，其中 A、B、C、D、E、F 依次相当于十进制中的 10、11、12、13、14、15。十六进制数是逢十六进一，是以 16 为基数的计数体制。

任意十六进制数可以表示为：

$$(N)_H = \sum_{i=-\infty}^{\infty} K_i \times 16^i \tag{2-11}$$

式中，K_i 为基数 16 的第 i 次幂的系数，它可以是 0 ～ F 中的任意一个数字；下标 H (Hexadecimal)表示括号里的数是十六进制数，有时也用下标 16 来表示十六进制数。

2.7.2 十六进制数与二进制数、十进制数之间的转换(Conversion of Hexadecimal Numbers into Binary Numbers & Conversion of Hexadecimal Numbers into Decimal Numbers)

公式(2-11)也可以作为十六进制数到十进制数的转换公式。

【例 2-16】 将十六进制数 4E6 转换为十进制数。

解 利用公式(2-11)可得：

$$(4E6)_H = 4 \times 16^2 + 14 \times 16^1 + 6 \times 16^0 = (1254)_D$$

十进制到十六进制的转换通常是先将十进制数转换为二进制数，再把二进制数转换为十六进制数。

十六进制数和二进制数之间的转换类似于八进制数和二进制数之间的转换，此时每 4 位二进制数对应 1 位十六进制数。

【例 2-17】 将二进制数 10111001011.01001 转换为十六进制数。

解 将 4 位二进制数分为一组，用相应的十六进制数代替即得：

$$(0101\ 1100\ 1011.0100\ 1000)_B = (5CB.48)_D$$

【例 2-18】 将十六进制数 F15.6 转换为二进制数。

解 将每一位十六进制数用 4 位二进制数代替即得相应的二进制数：

$$(F15.6)_H = (1111\ 0001\ 0101.0110)_B$$

为了便于对照，表 2-2 列出了十进制、二进制、八进制及十六进制之间的关系。

表 2-2 几种数制之间关系的对照表

十进制数	二进制数	八进制数	十六进制数	十进制数	二进制数	八进制数	十六进制数
0	0000	0	0	8	1000	10	8
1	0001	1	1	9	1001	11	9
2	0010	2	2	10	1010	12	A
3	0011	3	3	11	1011	13	B
4	0100	4	4	12	1100	14	C
5	0101	5	5	13	1101	15	D
6	0110	6	6	14	1110	16	E
7	0111	7	7	15	1111	17	F

2.8 BCD 码(Binary-Coded Decimal)

数字系统中的信息可分为两类：一类是数值，另一类是文字符号(包括控制符)。数值信息的表示方法如前所述,文字符号则有所不同。为了表示文字符号信息,往往也采用一定位数的二进制数码表示,这些数码并不代表数量的大小,仅仅用来区别不同的事物。这些特定的二进制数码称为代码。以一定的规则编制代码,用以表示十进制数值、字母、符号等的过程称为编码。将代码还原成所表示的十进制数、字母、符号等的过程称为解码或译码。

若所需编码的信息有 N 项,则需要的二进制数码的位数 n 应满足如下关系:

$$2^n \geqslant N$$

在常用代码当中,用 4 位二进制数来表示 1 位十进制数的 $0 \sim 9$ 这 10 个数码的二进制代码称为二–十进制代码,简称为 BCD(Binary Coded Decimal)码。

为了用二进制代码表示十进制数的 $0 \sim 9$ 这十个状态,二进制代码至少应当有 4 位。4 位二进制代码一共有 16 个($0000 \sim 1111$),如何取值以及如何与 $0 \sim 9$ 对应,方案很多。表 2–3 给出了常见的几种二–十进制代码,它们的编码规则各不相同。

8421 码是二–十进制代码中最常用的一种,它由 4 位自然二进制数 0000 到 1111 的 16 种组合的前 10 种组成,即 $0000 \sim 1001$,其余的 6 种组合不用。在这种编码方式中,每一位上的数 1 都代表一个固定数值。将每一位的 1 代表的十进制数加起来,得到的结果就是它所表示的十进制数码。由于代码中从左到右每一位的 1 分别表示 8、4、2、1,所以将这种代码称为 8421 码。8421 码中每一位的 1 代表的十进制数称为这一位的权,且每一位的权是固定不变的,属于有权码。

表 2 – 3　几种常见的十进制代码

十进制数	8421 码 (BCD 码)	2421 码	5421 码	余 3 码	余 3 循环码
0	0000	0000	0000	0011	0010
1	0001	0001	0001	0100	0110
2	0010	0010	0010	0101	0111
3	0011	0011	0011	0110	0101
4	0100	0100	0100	0111	0100
5	0101	1011	1000	1000	1100
6	0110	1100	1001	1001	1101
7	0111	1101	1010	1010	1111
8	1000	1110	1011	1011	1110
9	1001	1111	1100	1100	1010
权	8421	2421	5421		

2421 码也是有权码,从左到右每一位的权分别是 2、4、2、1。它的特点是,将任意一个十进制数 D 的代码各位取反,所得代码正好表示 D 所对应的 9 的补码。例如 2 的代码 0010 各位取反为 1101,它是 7 的代码,而 2 对 9 的补码为 7,这种特性称为自补性。具有自补特性的代码称为自补码。

5421 码也是有权码,各位的权依次为 5、4、2、1。其显著特点是前 5 个二进制数的最高位均为 0,后 5 个二进制数的最高位均为 1。当计数器采用这种编码时,最高位可产生对称方波输出。

余 3 码是自补码,与 2421 码具有类似的自补性。余 3 码是无权码,它的每一位没有固定的权值,其特点是其编码可以由 8421 码加 3(0011)得到。

余 3 循环码也是一种无权码,其特点是具有相邻性,即任意两个相邻代码之间仅有 1 位取值不同,例如 4 和 5 两个代码 0100 和 1100 仅最高位不同。余 3 循环码可以看成是将格雷码首尾各 3 种状态去掉而得到的码制。

2.9 格雷码和 ASCII 码(Gray Code and ASCII Code)

2.9.1 格雷码(Gray Code)

格雷码又称循环码,是一种常见的无权码,其编码表如表 2-4 所示。

从表 2-4 中可以看出,格雷码的构成方法就是每一位的状态变化都按照一定的顺序循环。如果从 0000 开始,则最右边一位的状态按 0110 顺序循环变化,右边第二位的状态按 00111100 顺序循环变化,右边第三位按 0000111111110000 顺序循环变化。可见,自右向左,每一位状态循环中连续的 0、1 数目增加一倍。由于 4 位格雷码只有 16 个,所以最左边一位的状态只有半个循环,即 0000000011111111。我们也可以得到更多位数的格雷码。

与普通的二进制代码相比,格雷码的最大优点就在于当它按照表 2-4 的编码顺序依次变化时,相邻两个代码之间只有一位发生变化,这样在代码转换的过程中就不会产生过渡噪声。而在普通二进制代码的转换过程中,有时会产生过渡噪声。例如,第四行的二进制代码 0011 转换为第五行的二进制代码 0100 的过程中,如果最右边一位的变化比其它两位的变化慢,就会在一个极短的瞬间出现 0101 状态,这个状态就成为转换过程中出现的噪声。而在第四行的格雷码 0010 向第五行的 0110 码转换的过程中则不会出现过渡噪声。这种过渡噪声在有些情况下甚至会影响电路的正常工作,必须采取措施加以避免。

表 2-4 4 位格雷码与二进制代码的比较

编码顺序	二进制代码	格雷码	编码顺序	二进制代码	格雷码
0	0000	0000	8	1000	1100
1	0001	0001	9	1001	1101
2	0010	0011	10	1010	1111
3	0011	0010	11	1011	1110
4	0100	0110	12	1100	1010
5	0101	0111	13	1101	1011
6	0110	0101	14	1110	1001
7	0111	0100	15	1111	1000

二-十进制代码中的余 3 循环码就是取 4 位格雷码中的十个代码组成的,它仍然具有格雷码的优点,即两个相邻代码之间仅有一位不同。

2.9.2　ASCII 码(ASCII Code)

美国信息交换标准代码(American Standard Code for Information Interchange,简称ASCII 码)是由美国国家标准化协会(American National Standards Institute,ANSI)制定的一种信息代码,广泛地用于计算机和通信领域中。ASCII 码已经由国际标准化组织(International Standardization Organization,ISO)认定为国际通用的标准代码。

ASCII 码是一组 7 位二进制代码($b_7b_6b_5b_4b_3b_2b_1$),共 128 个,其中包括表示 0 ～ 9 的 10 个代码,表示大、小写英文的 52 个代码,表示各种符号的 32 个代码以及 34 个控制码。表 2 – 5 是 ASCII 码的编码表,每个控制码在计算机操作中的含义见表 2 – 6。

表 2 – 5　美国信息交换标准代码(ASCII 码)

$b_4b_3b_2b_1$	$b_7b_6b_5$							
	000	001	010	011	100	101	110	111
0000	NUL	DLE	SP	0	@	P	、	p
0001	SOH	DC1	!	1	A	Q	a	q
0010	STX	DC2	"	2	B	R	b	r
0011	ETX	DC3	#	3	C	S	c	s
0100	EOT	DC4	$	4	D	T	d	t
0101	ENQ	NAK	%	5	E	U	e	u
0110	ACK	SYN	&	6	F	V	f	v
0111	BEL	ETB	'	7	G	W	g	w
1000	BS	CAN	(	8	H	X	h	x
1001	HT	EM	)	9	I	Y	i	y
1010	LF	SUB	*	:	J	Z	j	z
1011	VT	ESC	+	;	K	[	k	{
1100	FF	FS	,	<	L	\	l	|
1101	CR	GS	—	=	M	]	m	}
1110	SO	RS	.	>	N	∧	n	~
1111	SI	US	/	?	O	—	o	DEL

表 2 - 6　ASCII 码中控制码的含义

代码	含义		代码	含义	
NUL	Null	空白，无效	DC1	Device Control 1	设备控制 1
SOH	Start of Heading	标题开始	DC2	Device Control 2	设备控制 2
STX	Start of Text	正文开始	DC3	Device Control 3	设备控制 3
ETX	End of Text	文本结束	DC4	Device Control 4	设备控制 4
EOT	End of Transmission	传输结束	NAK	Negative Acknowledge	否定
ENQ	Enquiry	询问	SYN	Synchronous Idle	空转同步
ACK	Acknowledge	承认	ETB	End of Transmission Block	信息块传输结束
BEL	Bell	报警	CAN	Cancel	作废
BS	Backspace	退格	EM	End of Medium	媒体用毕
HT	Horizontal Tab	横向制表	SUB	Substitute	代替，置换
LF	Line Feed	换行	ESC	Escape	扩展
VT	Vertical Tab	垂直制表	FS	File Separator	文件分隔
FF	Form Feed	换页	GS	Group Separator	组分隔
CR	Carriage Return	回车	RS	Record Separator	记录分隔
SO	Shift Out	移出	US	Unit Separator	单元分隔
SI	Shift In	移入	SP	Space	空格
DLE	Date Link Escape	数据通信换码	DEL	Delete	删除

习　题
（Exercises）

1. 将下列二进制整数转换为等值的十进制数。

(1) $(01101)_2$；(2) $(10100)_2$；(3) $(10010111)_2$；(4) $(1101101)_2$。

2. 将下列二进制小数转换为等值的十进制数。

(1) $(0.1001)_2$；(2) $(0.0111)_2$；(3) $(0.101101)_2$；(4) $(0.001111)_2$。

3. 将下列二进制数转换为等值的十进制数。

(1) $(101.011)_2$；(2) $(110.101)_2$；(3) $(1111.1111)_2$；(4) $(1001.0101)_2$。

4. 将下列十进制数转换为等值的二进制数。

(1) $(17)_{10}$；(2) $(127)_{10}$；(3) $(79)_{10}$；(4) $(255)_{10}$。

5. 将下列十进制数转换为等值的二进制数，保留小数点后 8 位有效数字。

(1) $(0.519)_{10}$；(2) $(0.251)_{10}$；(3) $(0.0376)_{10}$；(4) $(0.5128)_{10}$。

6. 将下列十进制数转换为等值的二进制数，保留小数点后 4 位有效数字。

(1) $(25.7)_{10}$；(2) $(188.875)_{10}$；(3) $(107.39)_{10}$；(4) $(174.06)_{10}$。

7. 写出下列带符号位二进制数(最高位为符号位)的反码和补码。

(1) $(011011)_2$；(2) $(001010)_2$；(3) $(111011)_2$；(4) $(101010)_2$。

8. 用 8 位的二进制补码表示下列十进制数。

(1) $+17$；(2) $+28$；(3) -13；(4) -47；(5) -89；(6) -121。

9. 试用 8 位二进制补码计算下列各式，并用十进制数表示结果。

(1) $12+9$；(2) $11-3$；(3) $-29-25$；(4) $-120+30$。

10. 用二进制补码运算计算下列各式，所用补码的有效位数应足够表示代数和的最大绝对值。

(1) $8+11$；(2) $23-11$；(3) $9-12$；(4) $-16-14$。

11. 将下列二进制数转换为等值的八进制数和十六进制数。

(1) $(1110.0111)_2$；(2) $(1001.1101)_2$；(3) $(0110.1001)_2$；(4) $(101100.110011)_2$。

12. 将下列十六进制数转换为等值的二进制数。

(1) $(8C)_{16}$；(2) $(3D.BE)_{16}$；(3) $(8F.FF)_{16}$；(4) $(10.00)_{16}$。

13. 将下列十六进制数转换为等值的十进制数。

(1) $(103.2)_{16}$；(2) $(A45D.0BC)_{16}$。

14. 将下列十进制数转换为 BCD 码。

(1) 43；(2) 127；(3) 254.25；(4) 2.718。

15. 将下列数码作为自然二进制数或 8421BCD 码时，分别求出其相应的十进制数。

(1) 10010111；(2) 100010010011；(3) 000101001001；(4) 10000100.10010001。

第 3 章 门电路(Gate Circuit)

3.0 概述(Introduction)

门电路是组成数字电路的最基本单元,其名称来自于电路本身的作用——像门一样一开一关。数字电路不像模拟电路那样用来处理连续变化的电信号,它的输入是单个或多个高低电平值的组合,并且可随时间而变化,主要目的是在这些电平值的逻辑运算下,输出一个高电平或低电平,也可理解为当输出低电平(或高电平)时门打开,当输出高电平(或低电平)时门关闭。因此,门电路的输出在时间上为由高、低电平组成的脉冲序列。

根据完成的逻辑运算功能的不同,门电路分为很多种,如反相器(非门)、与非门、或非门、与门、或门、异或门、与或非门等,通常都做成集成器件来使用。每种功能的门都有一个固定的代号,比如 00 表示单片集成的四个两入一出与非门,有 74LS00 及 74HC00 等多个集成芯片与之相对应,前者是 TTL 低功耗肖特基系列,后者是高速 CMOS 系列。

本章从最基本的三极管基本开关电路讲起,帮助读者理解门的概念,掌握 TTL 门电路和 CMOS 门电路的结构和工作原理;能够独立分析 TTL 与非门和 TTL 反相器的工作原理;了解 CMOS 基本门电路的组成,掌握 CMOS 其它门电路的构成规律,能够写出一个复杂 CMOS 门电路的逻辑运算关系;了解集电极开路门(漏极开路门)、三态门和传输门的含义以及它们的作用。

3.1 三极管的基本开关电路(Basic Switching Circuit of Triode)

3.1.1 双极型三极管的基本开关电路(Basic Switching Circuit of BJT)

我们知道,二极管和三极管都具有开关特性。二极管的导通与截止完全依赖于所连接的电路中二极管两端的电压;而三极管多了一个控制极,控制极与公共端之间的电压控制三极管的导通与截止。

图 3-1(a)模拟了三极管的开关功能。对于 NPN 三极管来说,C、E 之间相当于一个开关 S,受 B、E 之间的输入电压 v_I 控制,输出电压 v_O 为输出点对地之间的电压。当在 v_I 控制下开关 S 合上时,输出为低电平;当在 v_I 控制下开关 S 打开时,输出为高电平。

现在用 NPN 三极管取代图 3-1(a)中的开关 S,电路稍加改变,如图 3-1(b)所示。在电路参数选择合适的情况下,能够实现当 v_I 为低电平时,三极管处于截止状态,输出为高电平;当 v_I 为高电平时,三极管处于饱和导通状态,输出为低电平,因为深度饱和时 v_{CE}

为 0.1～0.2 V，可以认为 C、E 间无压降，就像图 3-1(a)的开关 S 合上一样。

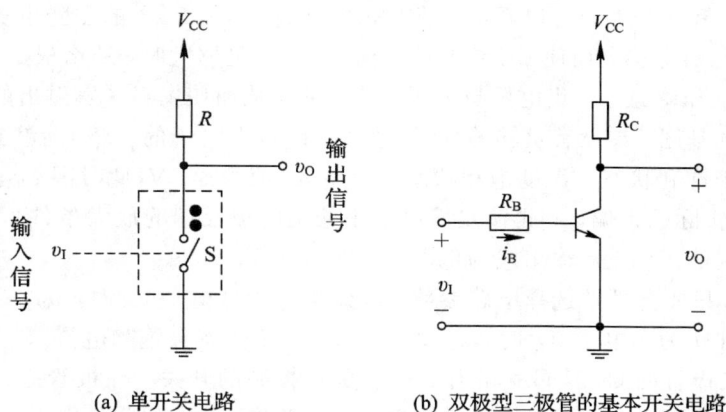

(a) 单开关电路　　　　　　(b) 双极型三极管的基本开关电路

图 3-1　开关电路

接下来详细分析一下输入电压和输出电压以及三极管工作状态之间的关系，深入了解双极型三极管的开关性能。

当输入电压 $v_I=0$ 时，三极管的 $v_{BE}=0$。注意，这里不再有模电中交流或直流电压的概念，而是实际存在的瞬时电压。由图 3-2(a)NPN 三极管的输入特性曲线可知，此时 $i_B=0$，三极管处于截止状态。也可以近似认为，当 $v_I<V_{ON}$ 时，三极管已处于截止状态，$i_B=0$。由图 3-2(b)NPN 三极管的输出特性曲线可以看到，$i_B=0$ 时 $i_C\approx0$，电阻 R_C 上没有压降。因此，三极管开关电路的输出为高电平 V_{OH}，且 $V_{OH}\approx V_{CC}$。

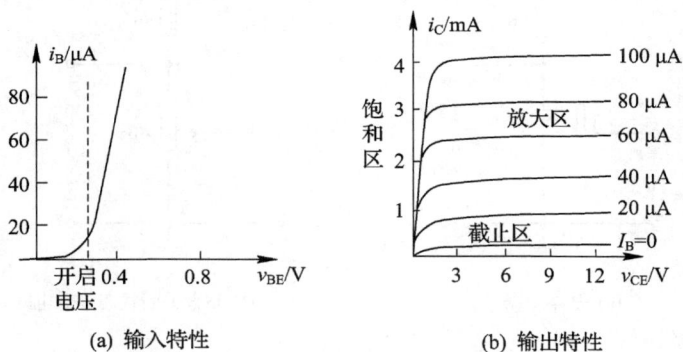

(a) 输入特性　　　　　　(b) 输出特性

图 3-2　NPN 三极管输入输出特性曲线

当 $v_I>V_{ON}$ 以后，有 i_B 产生，同时有相应的集电极电流 i_C 流经 R_C 和三极管的输出回路，三极管开始进入放大区。根据折线化的输入特性可近似求出基极电流为：

$$i_B=\frac{v_I-V_{ON}}{R_B} \tag{3-1}$$

若三极管的电流放大系数为 β，则有：

$$v_O=v_{CE}=V_{CC}-i_C R_C=V_{CC}-\beta i_B R_C \tag{3-2}$$

在数字电路中，我们主要研究三极管的开关特性，而放大是从截止区到饱和区的一种过渡状态，应当尽量避免。即三极管在输入电压的变化下，要么截止，要么饱和；而从截止到饱和必经放大状态，但这个时间要尽可能短。

从式(3-1)和式(3-2)可以看出，随着 v_I 的升高，i_B 和 R_C 上的压降也随之增加，而 v_O 相应地减小。当 v_I 足够大而使 BE 结上的正向压降 v_{BE} 足够大时，那么根据 $v_{CE} = v_{CB} + v_{BE}$ 可知，C、B 间的压降减小，集电极拉电子动力不足，从而使发射区发射出的电子数量中虽有足够的量达到基区，却没有足够的数量（达到基区自由电子的 β 倍）能够到达集电区，从而使三极管处于饱和状态。深度饱和状态的典型 v_{CE} 值为 0.1 V（此时因 $v_{BE} \geqslant 0.7$ V，故 v_{CB} 为负值，CE 结实际已正偏，不再满足发射结正偏集电极反偏的放大条件），此时的 β 值远小于器件的给定值。因此，输出端为低电压，即 $v_O = V_{OL} \approx 0$。

综上所述，只要合理地选择电路参数，保证当 v_I 为低电平 V_{IL} 时，$v_{BE} < V_{ON}$，三极管处于截止状态；而 v_I 为高电平 V_{IH} 时，$v_{BE} > V_{ON}$ 且 $i_B > I_{BS}$（基极饱和电流），三极管处于深度饱和状态，则三极管的 C、E 间就相当于一个受 v_I 控制的开关。三极管截止时相当于开关断开，输出为高电平；三极管饱和导通时相当于开关接通，输出为低电平。

3.1.2 MOSFET 基本开关电路(MOSFET Basic Switching Circuit)

金属氧化物半导体场效应管（MOSFET）和双极型三极管的作用基本一样，工作在线性区时作放大用，工作在截止区和饱和区时作开关用。在数字电路中，我们主要研究 MOSFET 的开关特性。

图 3-3 是一个 NMOS 管的最基本开关电路，开关作用原理如图所示。

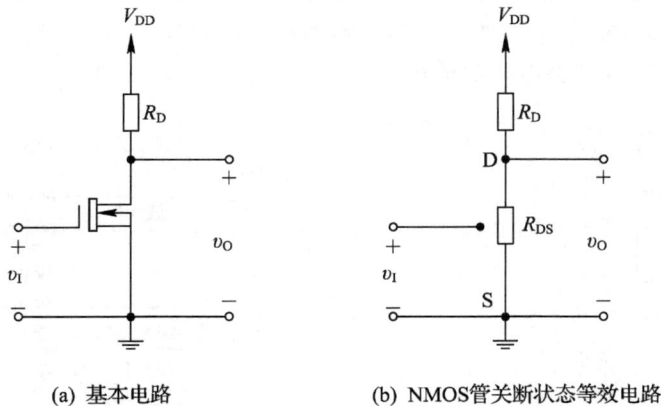

(a) 基本电路   (b) NMOS管关断状态等效电路

图 3-3　MOSFET 基本开关电路

MOSFET 和双极型三极管的内部工作原理不一样。双极型三极管可以看作是电流控制电流源，因为有 $i_C = \beta i_B$；而 MOSFET 可以看成是电压控制电流源，因为有 $i_D = g v_{GS}$。场效应管没有栅极电流，共源极 MOS 管用栅源之间的电压来控制漏极电流，或者说控制管子的导通和关断。

如图 3-3(a)所示，N 沟道 MOSFET 的输入电压为合适的高电平时，管子处于开启和预夹断之间的一种非放大导通状态，即不满足 $i_D = g v_{GS}$，等效于 NPN 管的饱和区，但一般教科书上都把 MOS 管的这一区命名为线性区（i_D 与 v_{GS} 成比例，利用这点可以在集成电路中用 MOS 管制作电阻，因此也叫可变电阻区），很容易和放大区混淆。此时，由于 v_{DS} 很小，MOSFET 的输出 v_O 为低电平。

当 MOSFET 的输入电压为合适的低电平时，管子处于夹断状态，即没有漏极电流，等效于 NPN 管的截止区。此时，在输出回路中，漏源之间相当于一个无穷大电阻 R_{DS}，如图 3-3(b)所示。根据电阻串联分压原理，V_{DD} 几乎全部降落在 R_{DS} 上，因此输出 v_O 为高电平。

需要强调的是，MOSFET 的输入、输出高电平、低电平的划分和双极型三极管有很大不同。

3.1.3　TTL 和 CMOS 的逻辑电平标准(Standard of TTL & CMOS Logic Levels)

TTL 和 CMOS 开关电路的逻辑电平值不仅不同，且各自的输入逻辑高低电平值也不一样。

TTL(晶体管-晶体管逻辑)电平标准：

输出 L：<0.8 V；输出 H：>2.4 V；

输入 L：<1.2 V；输入 H：>2.0 V。

TTL 器件输出低电平要小于 0.8 V，高电平要大于 2.4 V。输入，低于 1.2 V 就认为是 0，高于 2.0 就认为是 1。

CMOS(由一个 NMOS 和 PMOS 组成的互补 MOSFET 为基本单元)电平标准：

输出 L：$<0.1V_{DD}$；输出 H：$>0.9V_{DD}$；

输入 L：$<0.3V_{DD}$；输入 H：$>0.7V_{DD}$。

CMOS 电平 V_{DD} 可达到 12 V，CMOS 电路输出高电平约为 $0.9V_{DD}$，而输出低电平约为 $0.1V_{DD}$。同理，输入高、低电平也要根据 V_{DD} 的具体电压来确定。

另外，CMOS 集成电路的电源电压可以在较大范围内变化，因而对电源的要求不像 TTL 集成电路那样严格。TTL 的高电平上限是 5 V，CMOS 的高电平一般上限是 12 V。因为 TTL 电路电源电压是 5 V，CMOS 电路电源电压一般是 12 V。要注意，5 V 的电平不能触发 CMOS 电路，12 V 的电平会损坏 TTL 电路，因此不能互相兼容匹配。

CMOS 电路不使用的输入端不能悬空，因为这样会造成逻辑混乱；TTL 电路不使用的输入端悬空为高电平。

3.2　TTL 门电路工作原理(Working Principle of TTL Gate Circuit)

我们已经了解到，集成电路的主要两大工艺分别是 TTL 逻辑和 CMOS 逻辑。TTL 逻辑门是指由双极型三极管构成的集成门电路，主要 TTL 门电路有 TTL 反相器、TTL 与非门、TTL 或非门、TTL 与或非门和 TTL 异或门等。下面主要通过对 TTL 反相器、TTL 与非门和 TTL 或非门电路的结构和工作原理的分析，使读者了解和掌握一般 TTL 门电路的结构特征和各部分双极型三极管的工作状态，会分析一般 TTL 门电路的工作原理，能推导其逻辑功能。

3.2.1　TTL 反相器(TTL Inverter)

1. 电路结构

反相器是 TTL 集成门电路中电路结构最简单的一种。图 3-4 是 74 系列 TTL 反相器的典型电路。因为这种类型电路的输入端和输出端均为三极管结构，所以称为三极管-三极管逻辑电路。

图 3-4 所示电路由 V_1、R_1 和 VD_1 组成的输入级，V_2、R_2 和 R_3 组成的倒相级和 V_4、V_5、VD_2 和 R_4 组成的输出级三部分组成。

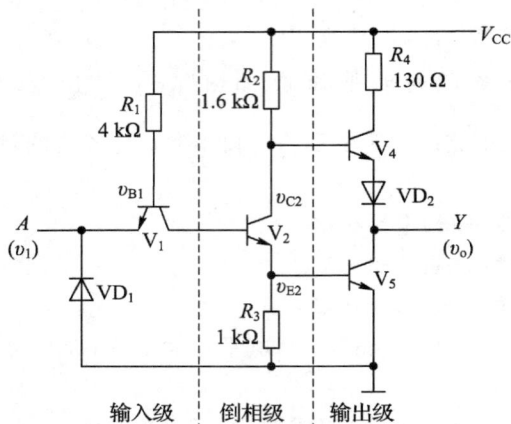

图 3-4　TTL 反相器的典型电路

由于 V_2 集电极输出的电压信号和发射极输出的电压信号变化方向相反，所以将这一级称为倒相级。输出级的工作特点是在稳定状态下，V_4 和 V_5 总是一个导通一个截止，有效地降低了输出级的静态功耗，并提高了驱动负载的能力。通常将这种形式的电路称为推拉式(Push-Pull)电路或图腾柱(Totem-Pole)输出电路。为确保 V_5 饱和导通时 V_4 可靠地截止，又在 V_4 的发射极下面串进了二极管 VD_2。

VD_1 是输入端钳位二极管，它既可以抑制输入端可能出现的负极性干扰脉冲，又可以防止输入电压为负时 V_1 的发射极电流过大，起到保护作用。这个二极管允许通过的最大电流约为 20 mA。

设电源电压 $V_{CC} = 5$ V，输入信号的高、低电平分别为 $V_{IH} = 3.4$ V，$V_{IL} = 0.2$ V，二极管 PN 结和三极管发射结的开启电压 V_{ON} 均为 0.7 V。

由图 3-4 可知，当 $v_I = V_{IL}$ 时，V_1 的发射结必然导通，导通后 V_1 的基极电位被钳位在 $v_{B1} = V_{IL} + V_{ON} = 0.9$ V，因此，V_2 的发射结不会导通。由于 V_1 的集电极回路电阻是 R_2 和 V_2 的 BC 结反向电阻之和，阻值非常大，因而 V_1 工作在深度饱和状态，$V_{CE(sat)} \approx 0$。这时，V_1 集电极电流很小，在定量计算时可忽略不计。V_2 截止后，v_{C2} 为高电平，v_{E2} 为低电平，从而使 V_4 导通、V_5 截止，输出为高电平 V_{OH}。

当 $v_I = V_{IH}$ 时，如果不考虑 V_2 的存在，则应有 $v_{B1} = V_{IL} + V_{ON} = 4.1$ V。显然，在存在 V_2 和 V_5 的情况下，V_2 和 V_5 的发射结必然同时导通。而一旦 V_2 和 V_5 导通之后，v_{B1} 便被钳位在 2.1 V，所以 v_{B1} 实际上不可能等于 4.1 V，只能是 2.1 V 左右。V_2 导通使 v_{C2} 降低而 v_{E2} 升高，导致 V_4 截止、V_5 导通，输出变为低电平 V_{OL}。可见，输出和输入之间是反相关系，即 $Y = A'$。

2. Proteus 仿真

图 3-5 是 TTL 反相器的 Proteus 仿真图。从图 3-5(a)、(b)可以看出当输入分别为

低电平和高电平时电路中各点的电压值，从而更好地理解电路中各器件的工作状态。在输入端放置了 LOGICSTATE，运行仿真后点击可设置高、低电平；输出端放置了 LOGICPROBE［BIG］，可自动显示 1 和 0；电路中各关键点设置了电压探针，可以实时显示电压值。

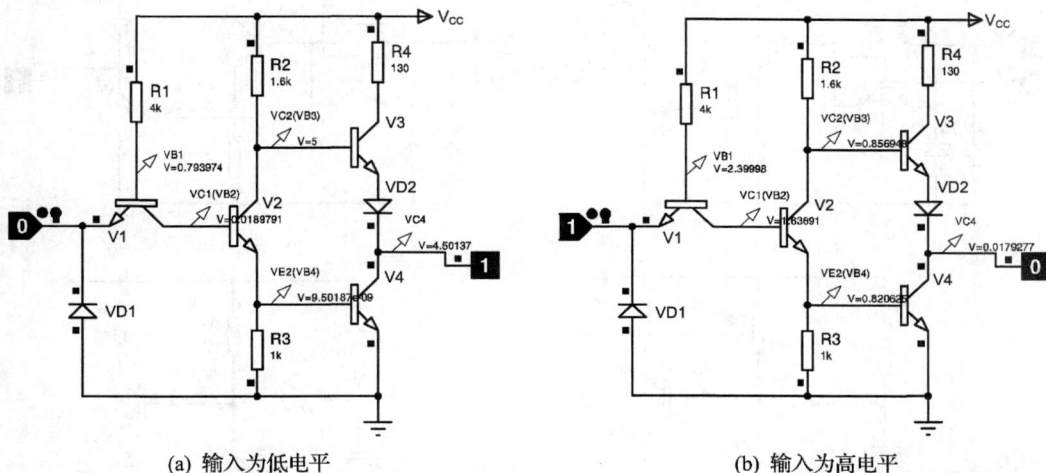

(a) 输入为低电平　　　　　　(b) 输入为高电平

图 3－5　Proteus 中 TTL 反相器仿真图

（注：因为是仿真图，故未区分正、斜体与下标，以下仿真图同此）

3.2.2　TTL 与非门（TTL AND-NOT Gate）

1. 电路结构

图 3－6 是 TTL74 系列与非门的典型电路，它与图 3－4 所示的反相器电路的区别在于输入端改成了多发射极三极管。

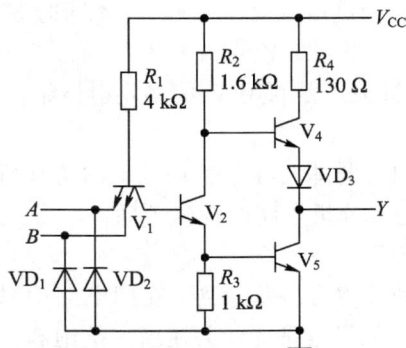

图 3－6　TTL 与非门电路

多发射极三极管的基区和集电区是共用的，且在 P 型的基区上制作了两个（或多个）高掺杂的 N 型区，形成了两个互相独立的发射极。我们可以将多发射极三极管看作两个发射极独立而基极和集电极分别并联在一起的三极管，这种接法可用在 Proteus 仿真中，因为 Proteus 中没有多发射极三极管元件，如图 3－7 所示。

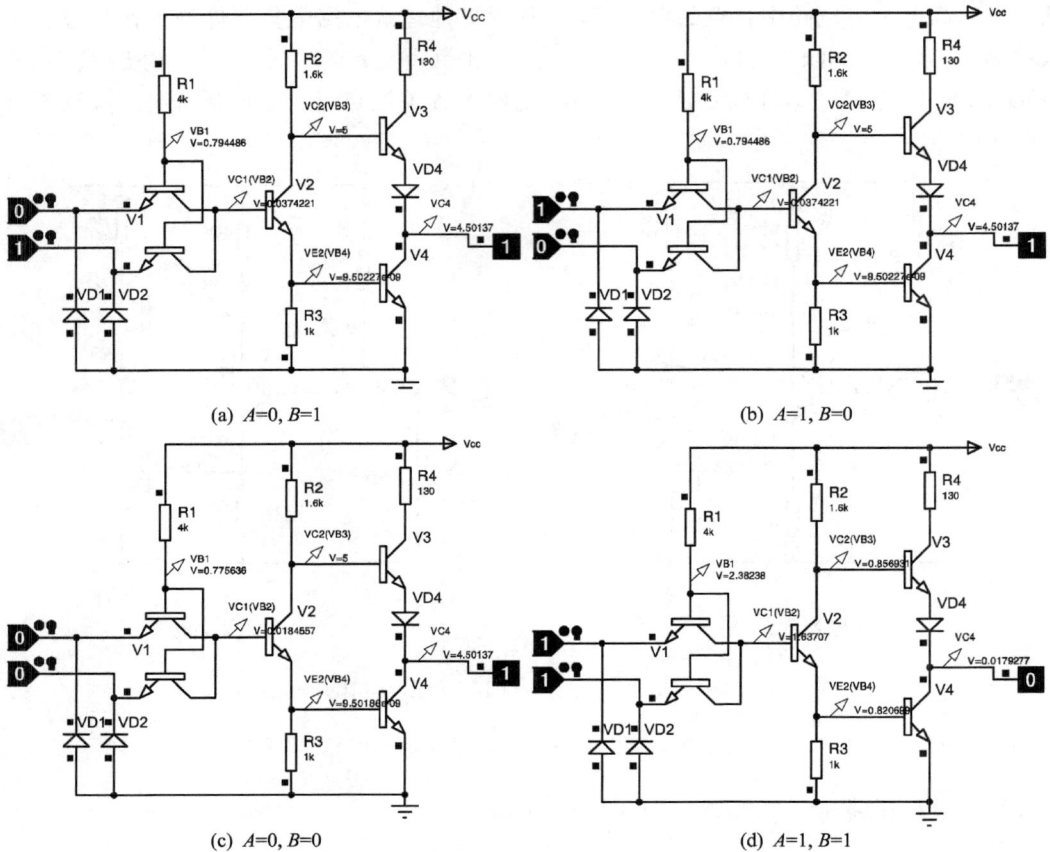

(a) A=0, B=1　　　　　　　　　　　(b) A=1, B=0

(c) A=0, B=0　　　　　　　　　　　(d) A=1, B=1

图 3-7　Proteus 中 TTL 与非门的电路仿真

在图 3-6 中，只要 A、B 当中有一个接低电平，则 V_1 必有一个发射结导通，并将 V_1 的基极电位钳在 0.9 V（假定 $V_{IL}=0.2$ V，$v_{BE}=0.7$ V），这时 V_2 和 V_5 都不导通，输出为高电平 V_{OH}。只有当 A、B 同时为高电平时，V_2 和 V_5 才同时导通，并使输出为低电平 V_{OL}。因此，Y 和 A、B 之间为与非关系，即 $Y=(A \cdot B)'$。

可见，TTL 电路的与逻辑关系是利用 V_1 的多发射极结构实现的。

2. Proteus 仿真

图 3-7 是 Proteus 中 TTL 与非门在各种输入下的仿真情况。请仔细查看图中电压探针的值，比对管子的工作状态，分析电路的逻辑关系。

3. 肖特基系列 TTL 与非门

74S（Schottky TTL）系列又称肖特基系列，在门电路中采用了抗饱和三极管，避免管子进入深饱和状态，从而提高了门电路的开关速度。抗饱和三极管的构成及 74S 系列与非门的电路结构分别如图 3-7 和图 3-8 所示。

从图 3-8 中可以看出，三极管的 B、C 结之间并联了一个肖特基二极管。由于肖特基二极管的正向导通电压在 0.3～0.4 V 之间，因此 v_{BC} 被钳位在 0.3 V 左右，而三极管深饱和状态下 v_{CE} 约为 0.1 V，此时 $v_{CB}=v_{CE}-v_{BE}=0.1-0.7=-0.6$ V，是负值，因此 CB 结正偏。并联肖特基二极管后，由于 $v_{CB}=-0.3$ V，而 $v_{CE}=v_{CB}+v_{BE}=-0.3+0.7=0.4$ V，在三极管的输出特性上观察，已远离深度饱和区。这样，当每个三极管从导通到截止转换时,速度就加快了,就像唤醒一个浅睡眠的人要比唤醒一个深睡眠的人更容易一样。

在图 3-9 中,除了把大部分三极管换成肖特极三极管外,还把 V_5 发射结并联的电阻换成了有源泄放电阻(由有源器件 V_6 和电阻 R_B、R_C 组成);V_3 和 V_4 为复合管,即达林顿管;另外,还减小了电路中的电阻值。

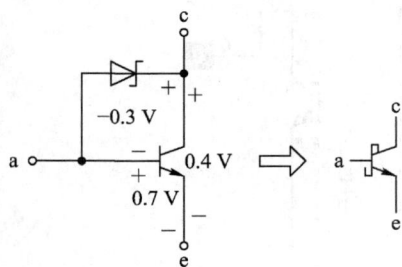

图 3-8　抗饱和三极管　　　　图 3-9　肖特基 TTL 与非门

图 3-10 是 74LS 系列低功耗肖特基 TTL 与非门。

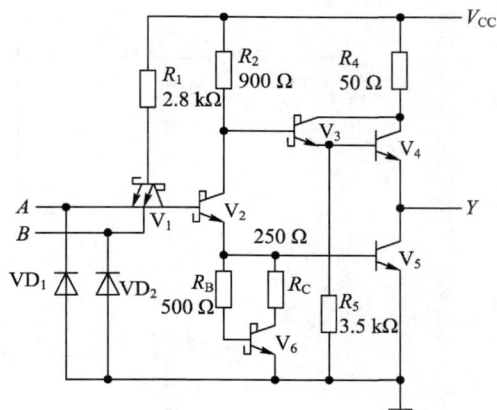

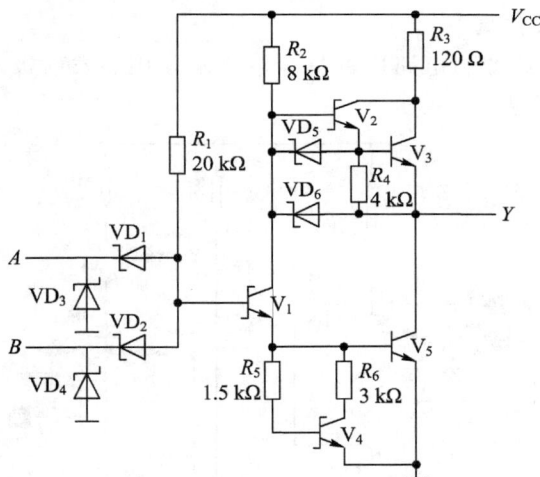

图 3-10　低功耗肖特基 TTL 与非门

3.2.3　其它 TTL 门电路(Other TTL Gate Circuits)

1. TTL 或非门及仿真

TTL 或非门的典型电路如图 3-11 所示。图中 V_1'、V_2' 和 R_1' 所组成的电路和 V_1、V_2、R_1 组成的电路完全相同。当 A 为高电平时,V_2 和 V_5 同时导通,V_4 截止,输出 Y 为低电平;当 B 为高电平时,V_2' 和 V_5' 同时导通,V_4 截止,Y 也是低电平;只有 A、B 都为低电平时,V_2 和 V_2' 同时截止,V_5 截止而 V_4 导通,输出 Y 才为高电平。因此,Y 和 A、B 间为或非关系,即 $Y=(A+B)'$。可见,或非门中的或逻辑关系是通过将 V_2 和 V_2' 两个三极管的输出端并联来实现的。Proteus 中或非逻辑关系验证和电路各管子的工作状态,请按照图

3－11在 Proteus 中绘图并仿真。

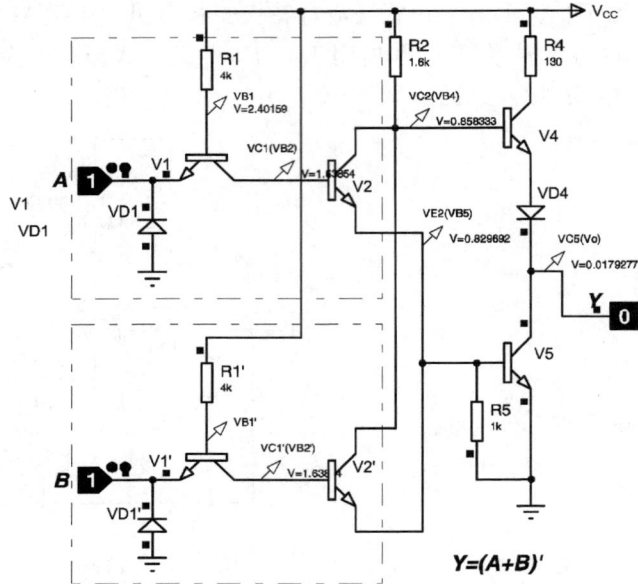

图 3－11　Proteus 中或非门电路仿真

2. TTL 与或非门及仿真

将图 3－11 所示的或非门电路中的每个输入端改用多发射极三极管，就得到了如图 3－12所示的与或非门电路。

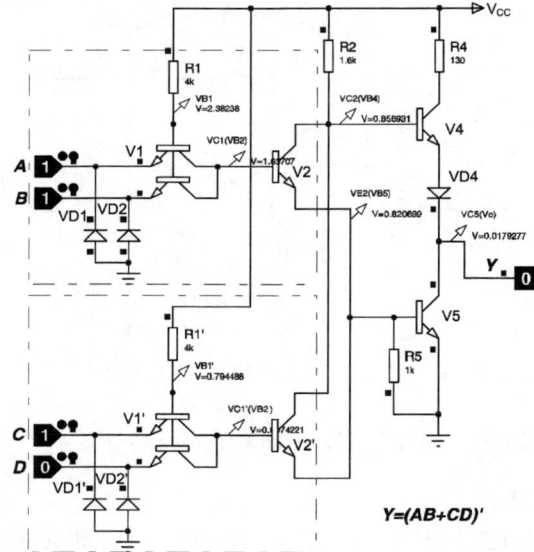

图 3－12　Proteus 中 TTL 与或非门电路仿真

3. TTL 异或门及仿真

TTL 异或门典型电路结构如图 3－13 所示。图中虚线右边部分和或非门的倒相级、输出级相同，只要 V_6 和 V_7 当中有一个基极为高电平，都能使 V_8 截止、V_9 导通，输出为低电平。

若 A、B 同时为高电平，则 V_6、V_9 导通而 V_8 截止，输出为低电平；反之，若 A、B 同时为低电平，则 V_4、V_5 和 V_6 同时截止，使 V_7 和 V_9 导通而 V_8 截止，输出也为低电平。

当 A、B 不同(即一个为高电平而另一个为低电平)时，V_1 正向饱和导通、V_6 截止；同时，由于 A、B 中必有一个是高电平，因此 V_4、V_5 中有一个导通，从而使 V_7 截止；V_6、V_7 同时截止以后，V_8 导通，V_9 截止，故输出为高电平。因此，Y 和 A、B 间为异或关系，即 $Y = A \oplus B$。

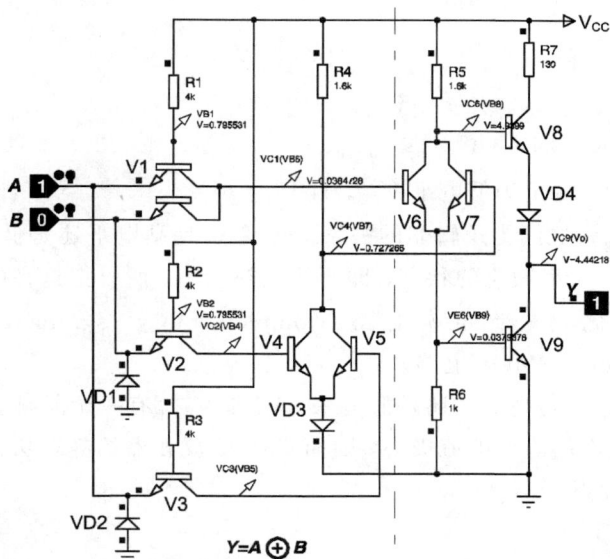

图 3 - 13　Proteus 中 TTL 异或门电路仿真

3.3　CMOS 门电路(CMOS Gate Circuit)

在第 1 章我们已经了解到，集成电路的主要两大工艺分别是 TTL 逻辑和 CMOS 逻辑。TTL 逻辑是指由双极型三极管构成的集成门电路，而 CMOS 逻辑是由 MOSFET 构成的集成门电路，且每一个基本开关单元都是由一个 N 沟道 MOSFET 和一个 P 沟道 MOSFET 构成的互补对管。

3.3.1　CMOS 基本逻辑门电路(CMOS Basic Logic Gate Circuit)

CMOS 基本逻辑门电路主要有反相器、或非门、与非门，由这些基本门电路单元可以组成其它逻辑电路。

1. CMOS 反相器

CMOS 反相器的电路结构是 CMOS 电路的基本结构形式。同时，CMOS 反相器和 CMOS 传输门又是构成复杂 CMOS 逻辑电路的两种基本模块。

CMOS 反相器的基本电路结构形式为图 3 - 14 所示的有源负载倒相器，其中 V_1 是 P 沟道增强型 MOS 管，V_2 是 N 沟道增强型 MOS 管。

如果 V_1 和 V_2 的开启电压分别为 $V_{GS(th)P}$ 和 $V_{GS(th)N}$，同时令 $V_{DD} > V_{GS(th)N} + |V_{GS(th)P}|$，那么当 $v_I = V_{IL} = 0$ 时，有

$$\begin{cases} |v_{GS1}| = V_{DD} > |V_{GS(th)P}| & （且 v_{GS} 为负） \\ v_{GS2} = 0 < V_{GS(th)N} \end{cases}$$

故 V_1 导通，而且导通内阻很低（在 $|v_{GS1}|$ 足够大时可小于 1 kΩ）；而 V_2 截止，内阻很高（可达 $10^8 \sim 10^9$ Ω）。因此，输出为高电平 V_{OH}，且 $V_{OH} \approx V_{DD}$。

当 $v_I = V_{OH} = V_{DD}$ 时，则有

$$\begin{cases} v_{GS1} = 0 < |V_{GS(th)P}| \\ v_{GS2} = V_{DD} > V_{GS(th)N} \end{cases}$$

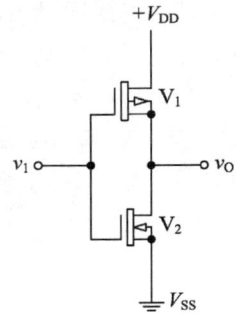

图 3-14　CMOS 反相器

故 V_1 截止而 V_2 导通，输出为低电平 V_{OL}，且 $V_{OL} \approx 0$。

可见，输出与输入之间为逻辑非的关系。无论 v_I 是高电平还是低电平，V_1 和 V_2 总是工作在一个导通而另一个截止的状态，即所谓互补状态，所以把这种电路结构形式称为互补对称式金属氧化物-半导体电路（Complementary-symmetry Metal-Oxide-Semiconductor Circuit，CMOS 电路）。

由于静态下无论 v_I 是高电平还是低电平，V_1 和 V_2 总有一个是截止的，而且截止内阻又极高，流过 V_1 和 V_2 的静态电流极小，因而 CMOS 反相器的静态功耗极小，这是 CMOS 电路最突出的一大优点。

2. CMOS 与非门

图 3-15 是 CMOS 与非门的基本结构形式，由两个并联的 P 沟道增强型 MOS 管 V_1、V_3 和两个串联的 N 沟道增强型 MOS 管 V_2、V_4 组成。当 $A=1$、$B=0$ 时，V_3 导通、V_4 截止，故 $Y=1$；而当 $A=0$、$B=1$ 时，V_1 导通、V_2 截止，也使 $Y=1$；只有在 $A=B=1$ 时，V_1 和 V_3 同时截止，V_2 和 V_4 同时导通，才有 $Y=0$。因此，Y 和 A、B 间是与非关系，即 $Y = (A \cdot B)'$。如果是三输入与非门，只需在图 3-15 中的 V_2 和 V_4 管下面再串联一个 NMOS 管 V_6，即增加一输入端 C，同时在 V_1 或 V_3 管两端并联一个 PMOS 管 V_5 即可实现。其它多输入与非门电路依此类推，非常有规律，也希望大家能记住这个电路的组成规律及输入、输出端的引出位置。

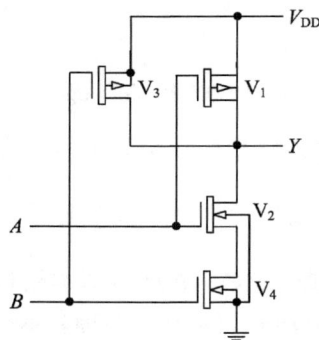

图 3-15　CMOS 与非门

3. CMOS 或非门

图 3-16 是 CMOS 或非门的基本结构形式,由两个并联的 N 沟道增强型 MOS 管 V_2、V_4 和两个串联的 P 沟道增强型 MOS 管 V_1、V_3 组成。

在这个电路中,只要 A、B 当中有一个是高电平,输出就是低电平;只有当 A、B 同时为低电平时,才能使 V_2 和 V_4 同时截止,V_1 和 V_3 同时导通,输出为高电平。因此,Y 和 A、B 间是或非关系,即 $Y=(A+B)'$。

如果是三输入或非门,只需在图 3-16 中的 V_1 和 V_3 管之间再串联一个 PMOS 管 V_5,即增加一输入端 C,同时在 V_2 或 V_4 管两端并联一个 NMOS 管 V_6 即可实现。其他多输入或非门电路依此类推,很有规律,希望大家也能记住这个电路的组成规律及输入、输出端的引出位置。

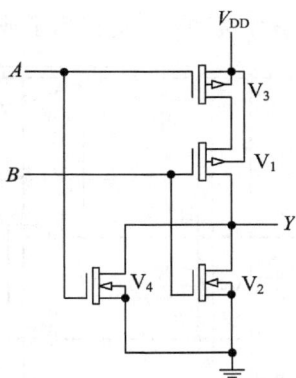

图 3-16 CMOS 或非门

3.3.2 带缓冲器的 CMOS 门电路(CMOS Gate Circuit with Buffer)

CMOS 基本逻辑门电路主要有反相器、与非门、或非门,这些基本门电路单元可以组成其它逻辑功能。图 3-15 和图 3-16 中的与非门和或非门的驱动负载能力会随着输入状态的不同而改变,因此很不稳定。为了克服以上缺点,在实际生产的 4000 系列和 74HC 系列 CMOS 电路中均采用带缓冲的结构,就是在门电路的每个输入端、输出端各增设一级反相器。这些具有标准参数的反相器称为缓冲器。带有缓冲器的门电路,其输出电阻、输出的高、低电平以及电压传输特性将不受输入端状态的影响,且电压传输特性的转折区也变得更陡了。

需要注意的是,输入、输出端加缓冲器以后,电路的逻辑功能也发生了变化。图 3-17 所示的与非门电路是在图 3-16 所示的或非门电路的基础上增加了缓冲器以后得到的。

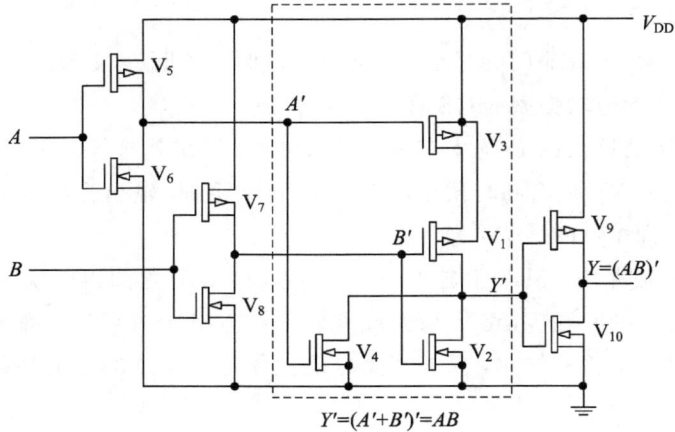

图 3-17 带缓冲的 CMOS 与非门

如果在原来与非门的基础上增加缓冲器，就得到了或非门电路，如图 3-18 所示。

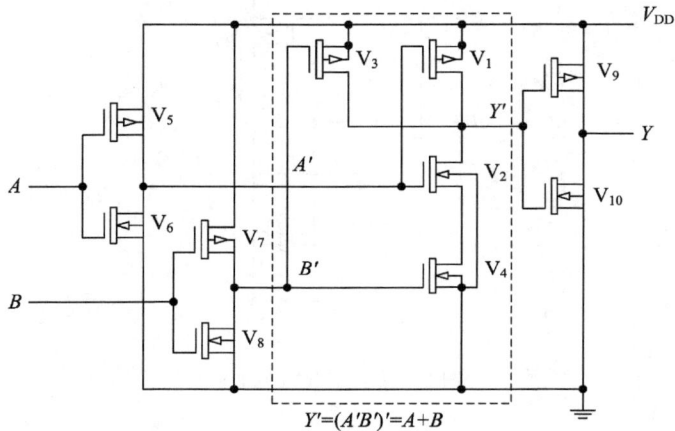

图 3-18 带缓冲的 CMOS 或非门

CMOS 与门是由 CMOS 与非门和反相器构成的，CMOS 或门是由 CMOS 或非门和反相器构成的。除此之外，还有 CMOS 与或非门、CMOS 异或门、CMOS 传输门、漏极开路门等，这里不再一一介绍，请参考相关教科书。

复杂 CMOS 门电路逻辑关系的推导，首先把电路分解成几个基本单元（非、与非、或非、缓冲器），找到各基本单元输入和输出端，并一一标识；然后按照从左至右的顺序来写关系式、演化推导即可，如图 3-17、3-18 中所标识的那样。

3.4　其它功能门电路(Gate Circuits of Other Functions)

本节主要介绍 CMOS 传输门、集电极开路门和三态门的结构及其功能。

3.4.1　CMOS 传输门(CMOS Transmission Gate)

利用 P 沟道 MOS 管和 N 沟道 MOS 管的互补作用可以构成如图 3-19 所示的 CMOS

传输门。CMOS 传输门同 CMOS 反相器一样，也是构成各种逻辑电路的一种基本单元电路。

图 3-19 中，C 和 C' 是一对互补的控制信号，当输入电压 v_I 在 $0\sim V_{DD}$ 之间时：

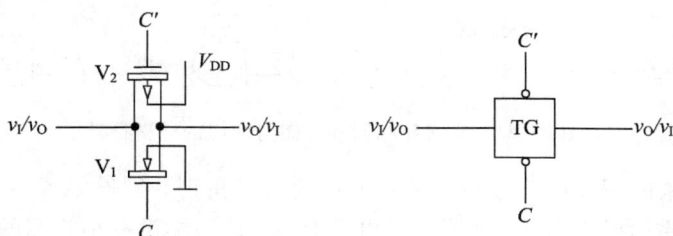

图 3-19　CMOS 传输门的电路结构和逻辑符号

(1) 当 $C=0$，$C'=1$ 时，V_1 和 V_2 都不具备开启条件而截止，输入与输出之间相当于开关断开一样，呈现高阻状态(大于 1 kΩ，输出既不是 1 也不是 0)。

(2) 当 $C=1$，$C'=0$ 时，V_1 和 V_2 至少有一个是导通的，v_I 与 v_O 之间呈现低阻状态(小于 1 kΩ)，传输门导通。

由于 V_1、V_2 管的结构形式是对称的，即漏极和源极可互易使用，因而 CMOS 传输门属于双向器件，它的输入端和输出端也可以互易使用。

传输门的另一个重要用途是作模拟开关，用来传输连续变化的模拟电压信号，这一点是无法用一般的逻辑门实现的。模拟开关的基本电路是由 CMOS 传输门和一个 CMOS 反相器组成的，把图 3-19 中的 C 作为外部控制端，然后通过反相器再接 C'，即构成模拟开关电路。和 CMOS 传输门一样，它也是双向器件。

利用 CMOS 传输门和 CMOS 反相器可以组合成各种复杂的逻辑电路，如异或门、数据选择器、寄存器、计数器等。图 3-20 就是用反相器和传输门构成的异或门，请大家自己分析其逻辑功能。

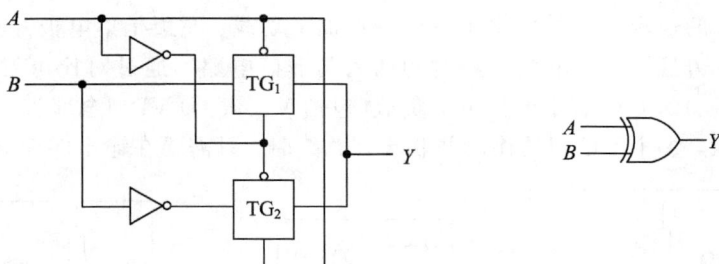

图 3-20　用反相器和传输门构成的异或门及符号

3.4.2　三态门(Three-state Gate)

三态门不是一种新的逻辑运算门，而是在普通门电路的基础上加上控制电路构成的，如三态与非门、三态异或门等。三态指的是输出不仅有高电平和低电平两个状态，还可以是高阻状态，即输出和输入之间是断开的。三态门在数字计算机中应用非常普遍，当一组位通过并行数据线传送到总线上之后，需要与总线之间阻断，以免长时间占用总线，影响其它数据的传输。就像我们打完电话之后要挂断，不要一直占线使其它电话打不进来一样。

三态门有 TTL 结构和 CMOS 结构两种，这里不再详细介绍电路内部构成，大家只需认识三态门的符号和功能即可。图 3-21 分别是三态输出的反相器和与非门的逻辑符号。

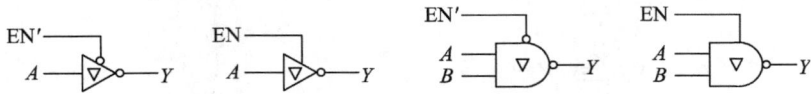

图 3-21 三态反相器和三态与非门的逻辑符号

要注意在原来的逻辑门符号内加了一个小的正三角形，另外多了一个控制端 EN。控制端带小圆圈的要标识成 EN′，说明是低电平有效；控制端没有小圆圈的要标识成 EN，说明是高电平有效。低电平有效是指当控制端为 0 时，门电路能实现原来的逻辑功能，当控制端为 1 时，输出为高阻状态；高电平有效是指当控制端为 1 时，门电路能实现原来的逻辑功能，当控制端为 0 时，输出为高阻状态。

图 3-21 中，第一个和第三个分别是低电平有效的反相器和两入与非门，即只有控制端 EN′为 0 时，反相器和与非门的逻辑功能才能正常实现；当控制端不满足低电平即为 1 时，输出和输入之间是阻断状态。同理，图 3-21 中第二个和第四个为高电平有效的反相器和两入与非门，当 EN 为 1 时，原来的逻辑功能正常实现，EN 为 0 时输出为高阻状态。

3.4.3 集电极开路门 (Open Collector Gate)

集电极开路门主要用于实现"线与"逻辑和驱动大电流负载。首先必须清楚的是，集电极开路门 (CMOS 系列有漏极开路门与之相对应) 不是一种新的逻辑运算门，而是把对应的逻辑门电路最后一级的输出三极管从集电极断开的一种电路。什么是"线与"呢？在用门电路实现"与"逻辑功能时，多根线之间是必须通过与门来实现的，不能把几根线直接接在一起；但通过 OC 门输出的几根线就可以直接接在一起，实现"与"的功能并驱动负载。

OC 门的内部电路及原理符号见图 3-22，中间方框内是集电极开路的两入与非门逻辑符号，在原来的逻辑门符号中多了一个菱形加下划线；左边是集电极开路的两入与非门的内部电路，右边是没有集电极开路时的两入与非门电路。通过对比可发现，OC 门的输出级不再是推挽方式，V_5 管子的集电极负载 (包括 V_4、R_4 和 VD_3) 全部省去并与电源断开。但在实际使用时，多个 OC 门的输出并联接到总线时，只需要在输出 Y 和电源之间接一个

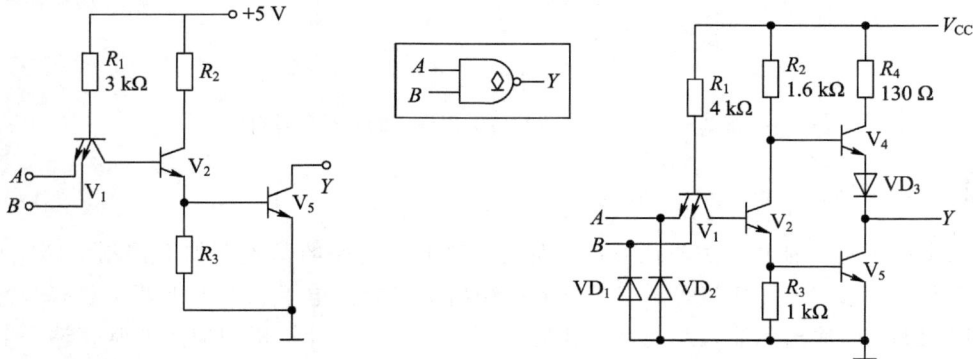

图 3-22 集电极开路 2 入与非门内部电路及原理符号

公共电阻即可(只有接了这个公共电阻,才能与后边的总线构成回路),通称为上拉电阻。上拉电阻的阻值与实现线与的 OC 门的个数、负载大小、电源等有关,通过公式可计算出其最大值和最小值,一般取值在最小值附近。常用器件的上拉电阻可以按照器件使用说明手册上的给定参数来取值。

常用的单总线数字温度传感器 DS18B20,在与单片机之间实现一点或多点通讯时,就是采用上拉电阻的形式与单总线实现线与的。DS18B20 采用 CMOS 技术,耗电量很小,数据线输出为漏极开路;共有三根线,一个接电源,一个接地,另外一个是数据线;数据线与电源之间接 4.7 kΩ 上拉电阻 R1。如图 3-23 所示,多个 DS18B20 与总线之间分时串行传送温度数据和命令字节。

另外在图 3-23 中,单片机 P0 口的每个输出端内部电路也为漏极开路,必须加上拉排阻 RP1(1 kΩ 以内),才能驱动液晶显示器,否则无法显示。

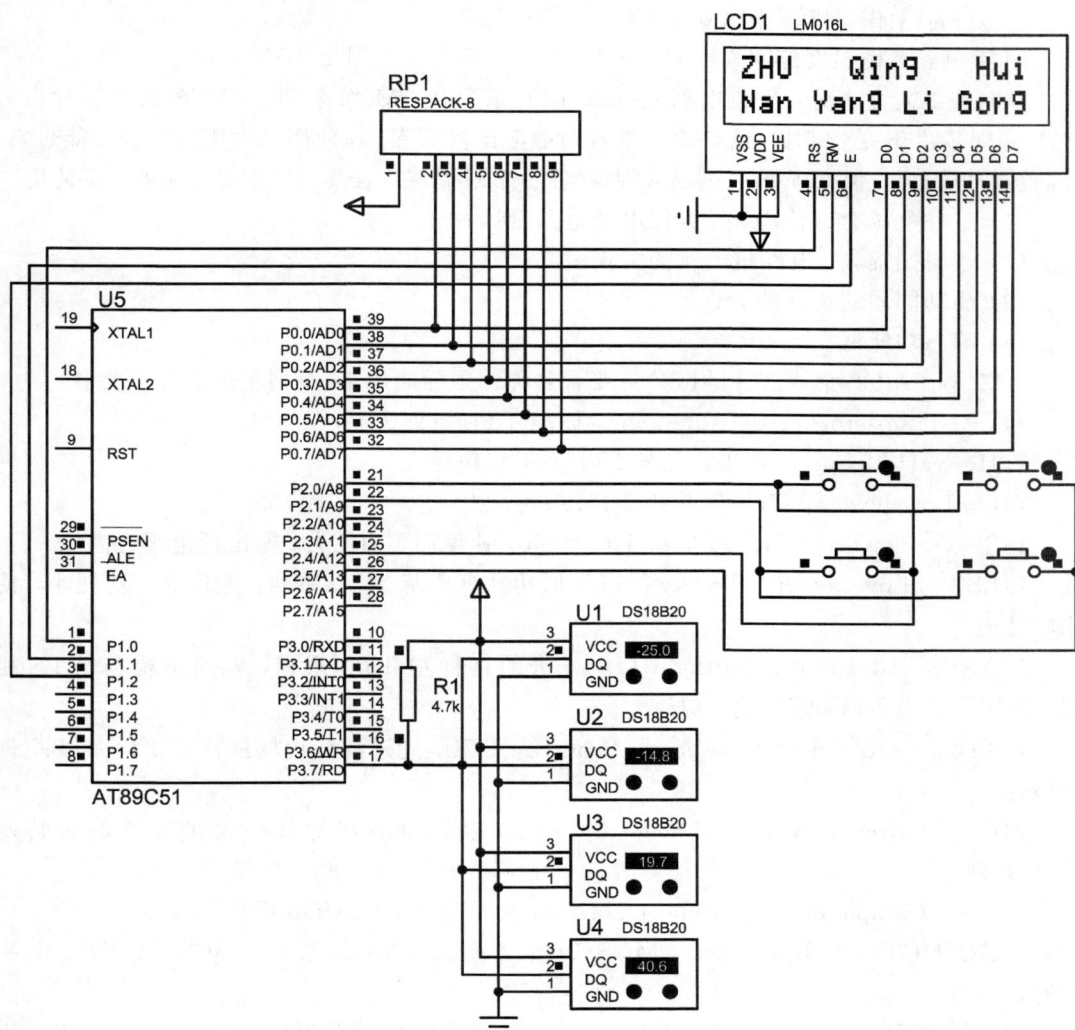

图 3-23　DS18B20 与单片机的单总线接法

3.5 数字集成芯片实用常识
(Practical Common Sense of Digital Integrated Chip)

3.5.1 数字集成芯片分类及命名(Classification and Nomenclature of Digital Integrated Chip)

从用途上分,集成电路分为民用 74 系列和军用 54 系列(集成芯片分别冠以 74 或 54 开头)。二者具有完全相的电路结构和电气性能参数,只是 54 系列的工作温度范围更宽,电源允许的范围更大。

74 系列:工作温度范围为 $0 \sim 70℃$,电源电压范围为 $5 V \pm 5\%$;

54 系列:工作温度范围为 $-55 \sim +125℃$,电源电压范围为 $5 V \pm 10\%$。

从制造工艺上来分,集成电路主要有 TTL 系列和 CMOS 系列。CMOS 系列芯片没有 TTL 系列芯片开关速度快,且 CMOS 芯片对静电比较敏感,在使用时不用的管脚不能悬空,以防被静电击穿。但 CMOS 系列易大规模集成,价格低廉,且具有以下优点而被广泛使用:

(1) 工作电源允许范围大,方便电源电路设计;

(2) 逻辑摆幅大,电路抗干扰能力强;

(3) 驱动同系列负载能力强;

(4) 静态功耗低。

TTL 和 CMOS 集成芯片的区分主要看名称。国际通用 74 系列集成芯片主要有:

74——Transistor-Transistor Logic,标准 TTL 系列。

74H——High-speed TTL,高速 TTL 系列,功耗大。

74L—Low-power TTL,低功耗 TTL 系列。

74S——Schottky TTL,肖特基 TTL 系列,速度高,功耗大,输出低电平升高。

74LS——Low-power Schottky TTL,低功耗肖特基 TTL 系列,速度高,功耗小,使用较普遍。

74AS——Advanced Schottky TTL,先进的肖特基 TTL 系列,电路结构与 74LS 相似,采用了低电阻值,速度高,功耗大。

74ALS——Advanced Low-power Schottky TTL,先进的低功耗肖特基 TTL 系列,性能最优。

74F——Fairchild Advanced Schottky TTL,美国仙童半导体生产的先进的肖特基 TTL 系列。

74C——Complementary Metal-Oxide-Semiconductor,CMOS 系列。

74HC/HCT——High-speed CMOS Logic,高速 CMOS 系列,HCT 与 TTL 电平兼容。

74AC/ACT——Advanced CMOS Logic,先进的 CMOS 系列,ACT 与 TTL 电平兼容(亦称 ACL)。

74AHC/AHCT——Advanced High-speed CMOS Logic,先进的高速 CMOS 系列

（AHCT 与 TTL 电平兼容）。

74FCT——FACT 扩展系列，与 TTL 电平兼容。

74FACT——Fairchild Advanced CMOS Technology，美国仙童半导体生产的先进的 CMOS 系列。

国际标准的 CMOS 4000 系列由于性能落后而现在使用较少。

3.5.2 数字集成芯片管脚的处理(Processing of Digital Integrated Chip Pin)

1. 集成芯片多余输入端的处理

数字集成芯片多余的输入端一般不能悬空，必须适当接线才能使芯片正常工作，否则会影响整个系统电路的功能，给电路增加不必要的故障查找麻烦。

尽管 TTL 芯片多余的输入管脚悬空时有时为高电平，但 CMOS 芯片多余的输入管脚不能悬空。为了顺利得到实验结果，建议养成好的习惯，不管 TTL 还是 CMOS 芯片，不用的输入管脚按照芯片的逻辑功能接相应的电平或管脚。

与门、与非门：多余的管脚接高电平，或与其它使用的管脚并联。

或门、或非门：多余的管脚接低电平，或与其它使用的管脚并联。

2. 集成芯片逻辑功能的转换

在做实验或设计数字电路时，为了减少集成芯片的使用数量，有时可用常用或已使用芯片中多余的逻辑门来代替所需的其他逻辑门(箭头为高电平)。

(1) 74LS00(两入与非门)接成反相器，如图 3-24(a)所示。

(2) 74LS00(两入与非门)接成两入与门，如图 3-24(b)所示。

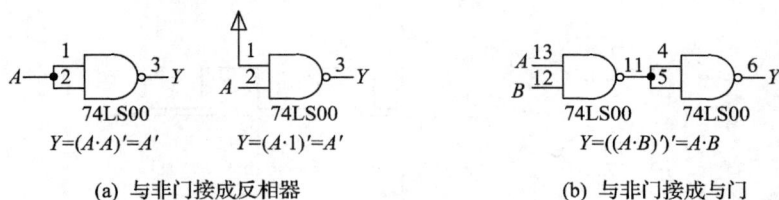

$Y=(A\cdot A)'=A'$　　　$Y=(A\cdot 1)'=A'$　　　$Y=((A\cdot B)')'=A\cdot B$

(a) 与非门接成反相器　　　　**(b) 与非门接成与门**

图 3-24　74LS00 与非门的逻辑功能转换

(3) 74LS02(两入或非门)接成反相器，如图 3-25(a)所示。

(4) 74LS02(两入或非门)接成两入或门，如图 3-25(b)所示。

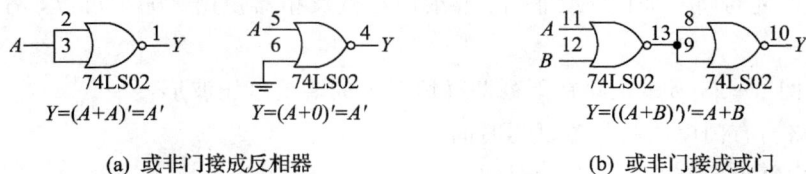

$Y=(A+A)'=A'$　　　$Y=(A+0)'=A'$　　　$Y=((A+B)')'=A+B$

(a) 或非门接成反相器　　　　**(b) 或非门接成或门**

图 3-25　74LS02 或非门的逻辑功能转换

(5) 74LS86(异或门)接成反相器，如图 3-26(a)所示。

(6) 74LS86(异或门)接成传输门，如图 3-26(b)所示。

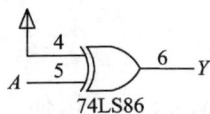

(a) 异或门接成反相器 (b) 异或门接成传输门

图 3-26 74LS86 异或门的逻辑转换

3. 集成芯片的电源和接地

在连接实验电路或焊接复杂电路时,有时会忘记数字集成芯片的电源和接地。通常双排针封装的数字集成芯片的右上端(即最大管脚号)为电源,左下端为地。在焊接电路时,习惯把电源线排在电路的上边一排,接地线排在下边一排,集成芯片布在中间,接线方便又美观。另外注意,应先焊接集成芯片的插座,调试时再安装芯片,以免把芯片烫坏。

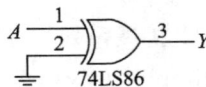

习　题

（Exercises）

1. 试画出图 3-27 中各个门电路输出端的电压波形,输入端 A、B 的电压波形如图 3-27所示。

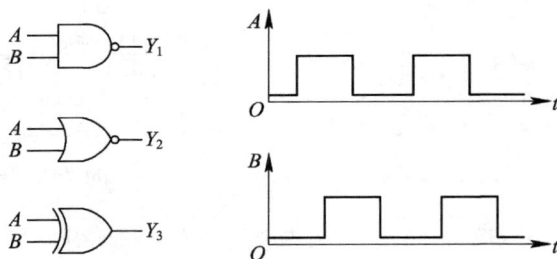

图 3-27

2. 试说明能否将与非门、或非门、异或门当做反相器使用。如果可以,各输入端应如何连接?

3. 画出图 3-28 所示电路在下列两种情况下的输出电压波形:

(1) 忽略所有门电路的传输延迟时间;

(2) 考虑每个门都有传输延迟时间 t_{pd}。

输入端 A、B 的电压波形如图 3-28 所示。

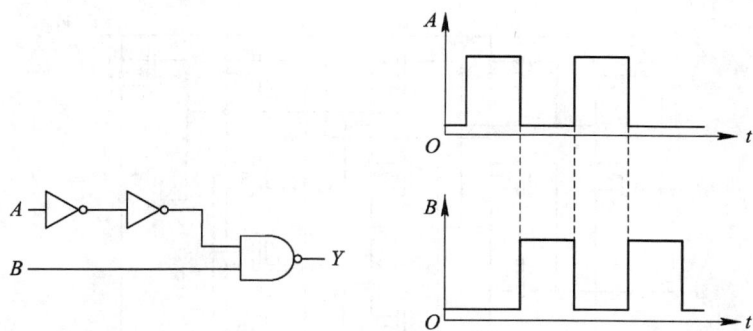

图 3 - 28

4. 试分析图 3 - 29 中各电路的逻辑功能，写出输出逻辑函数表达式。

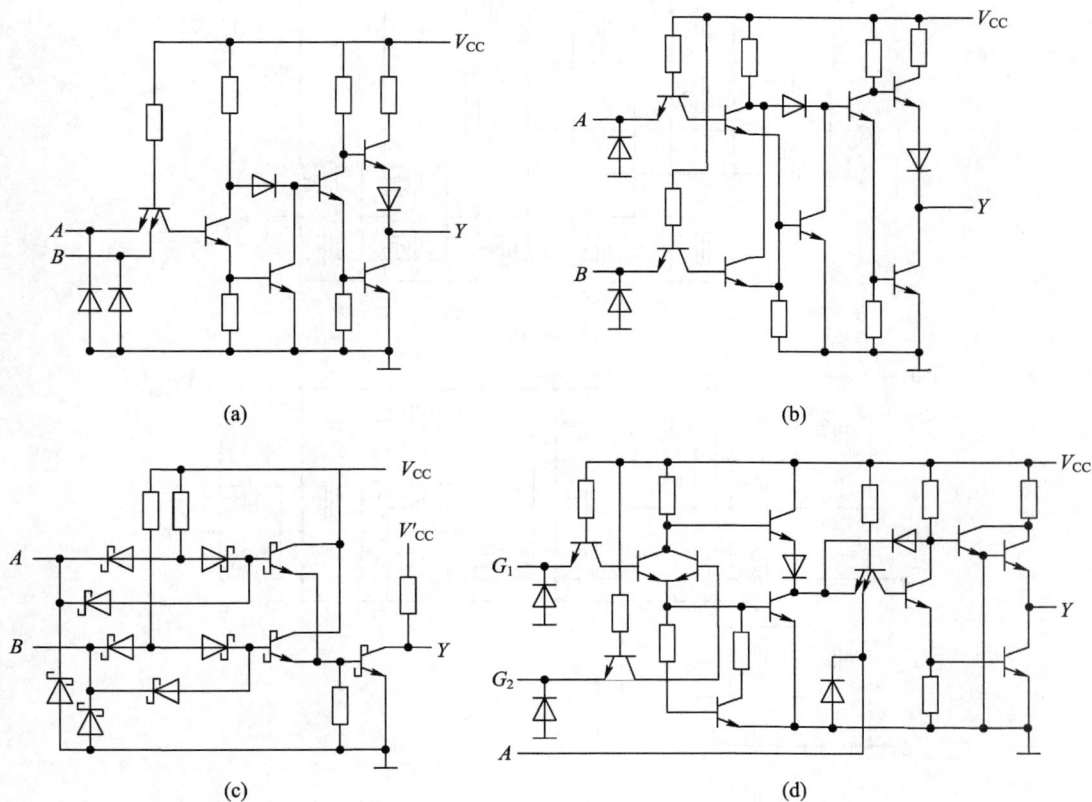

(a)

(b)

(c)

(d)

图 3 - 29

5. 试分析图 3 - 30 中各电路的逻辑功能，写出输出逻辑函数表达式。

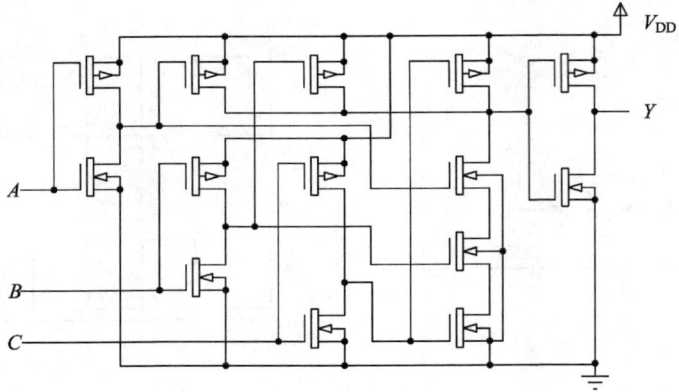

(a)

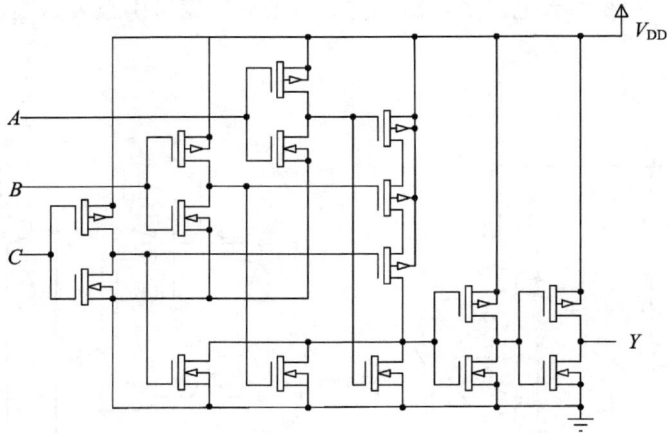

(b)

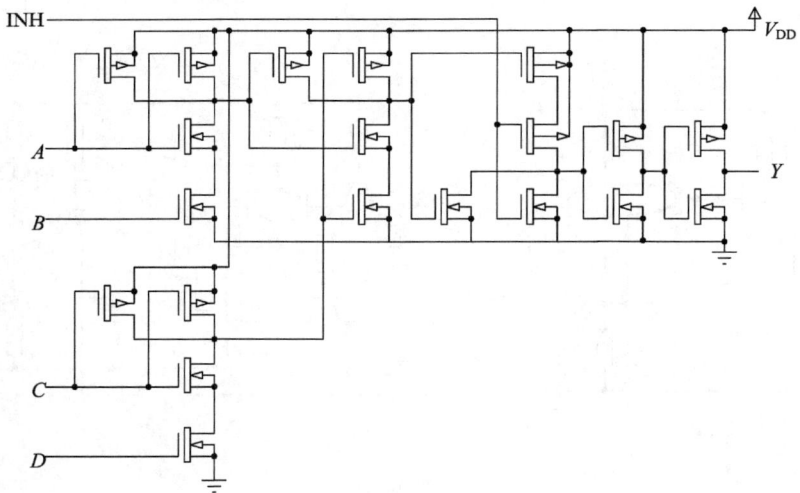

(c)

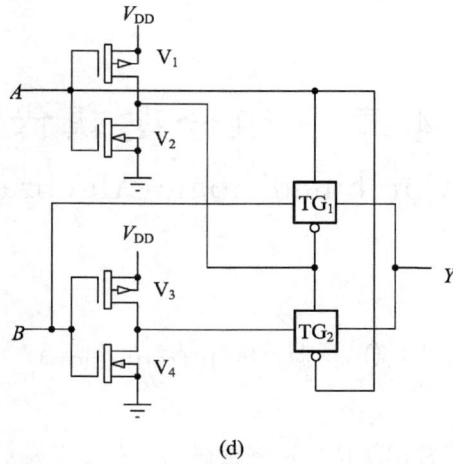

(d)

图 3 - 30

6. 试画出图 3 - 31 中(a)、(b)两个电路的输出电压波形,输入电压波形如图 3 - 31(c)所示。

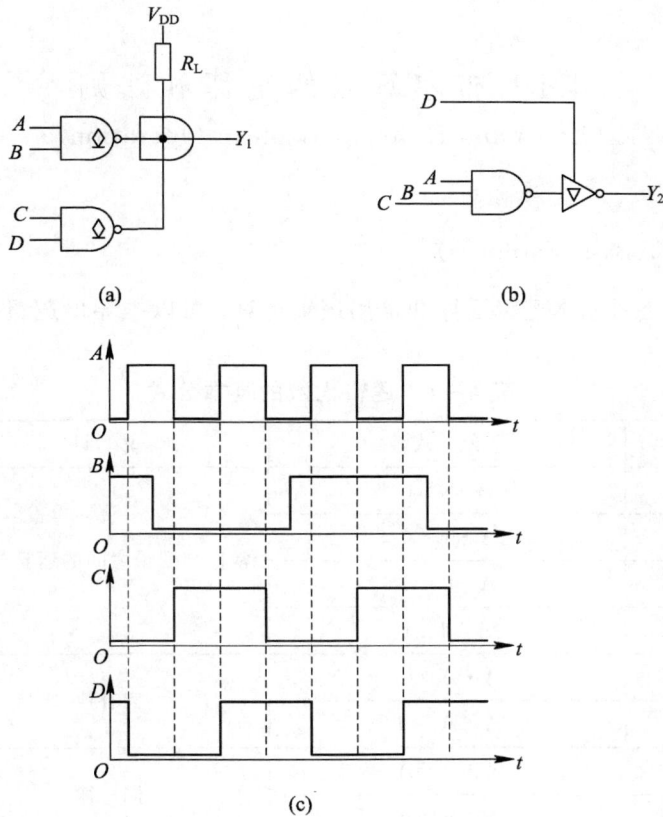

(a)

(b)

(c)

图 3 - 31

第 4 章 组合逻辑代数

(Combined Logic Algebra)

4.0 概述 (Introduction)

在数字逻辑电路中，通常用 1 位二进制数码的 0 和 1 来表示一个事物的两种不同逻辑状态。当两个二进制数码表示不同的逻辑状态时，借助于布尔代数，我们可以按照指定的某种因果关系来进行逻辑运算。虽然在二值逻辑中，每个变量的取值只有 0 和 1 两种可能，即只能表示两种不同的逻辑状态，但是我们可以用多变量的不同状态组合表示事物的多种逻辑状态，从而处理复杂的逻辑问题。

4.1 布尔算术的定律和法则
(Laws and Rules of Boolean Operation)

4.1.1 基本公式 (Basic Formulas)

用与、或、非三种基本逻辑运算和常用逻辑运算，可以推导出逻辑代数的基本公式，如表 4-1 所示。

表 4-1 逻辑代数的基本公式

序号	公 式	说 明
1	$A \cdot 0 = 0$	常量与变量之间的运算规则
2	$A \cdot 1 = A$	
3	$A + 0 = A$	
4	$A + 1 = 1$	
5	$A \cdot A' = 0$	互补律
6	$A + A' = 1$	
7	$A \cdot A = A$	同一律
8	$A + A = A$	
9	$(A')' = A$	还原律

续表

序号	公　式	说　明
10	$A \cdot B = B \cdot A$	交换律
11	$A + B = B + A$	
12	$A \cdot (B \cdot C) = (A \cdot B) \cdot C$	结合律
13	$A + (B + C) = (A + B) + C$	
14	$A \cdot (B + C) = A \cdot B + A \cdot C$	分配律
15	$A + B \cdot C = (A + B) \cdot (A + C)$	
16	$(A + B)' = A' \cdot B'$	摩根定律
17	$(A \cdot B)' = A' + B'$	

　　这些公式的正确性可以采用列真值表的方法来加以验证。列出等式左边函数与右边函数的真值表，如果等式两边的真值表相同，即任何一组变量的取值代入公式时两边的结果都相等，说明等式成立。

　　例如，要证明 $A + A = A$ 时，令 $A = 1$，则 $A + A = 1 + 1 = 1 = A$；再令 $A = 0$，则 $A + A = 0 + 0 = 0 = A$。除此之外，别无其他可能，因此 $A + A = A$。

　　再如，要证明摩根定律时，在真值表中列出 A、B 所有可能的取值，对每一种取值组合情况下等式左右两边的结果进行比较。如表 4-2 所示。

表 4-2　摩根定律的证明

A	B	$(A+B)'$	$A' \cdot B'$	$(A \cdot B)'$	$A' + B'$
0	0	$(0+0)' = 1$	$0' \cdot 0' = 1$	$(0 \cdot 0)' = 1$	$0' + 0' = 1$
0	1	$(0+1)' = 0$	$0' \cdot 1' = 0$	$(0 \cdot 1)' = 1$	$0' + 1' = 1$
1	0	$(1+0)' = 0$	$1' \cdot 0' = 0$	$(1 \cdot 0)' = 1$	$1' + 0' = 1$
1	1	$(1+1)' = 0$	$1' \cdot 1' = 0$	$(1 \cdot 1)' = 0$	$1' + 1' = 0$

　　可以看出，在 A 和 B 的任何取值下，摩根定律 $(A+B)' = A' \cdot B'$ 和 $(A \cdot B)' = A' + B'$ 都是成立的。

　　一些变量较多、较为复杂的公式，也可以利用其他相对比较简单的公式来进行推导。比如第 15 个公式，分配律 $A + B \cdot C = (A+B) \cdot (A+C)$ 的证明如下：

$$右端 = (A+B) \cdot (A+C)$$
$$= A \cdot A + A \cdot C + B \cdot A + B \cdot C$$
$$= A \cdot 1 + A \cdot C + A \cdot B + B \cdot C$$
$$= A \cdot 1 + A \cdot 1 + A \cdot C + A \cdot B + B \cdot C$$
$$= A(1+C) + A(1+B) + B \cdot C$$
$$= A \cdot 1 + A \cdot 1 + B \cdot C$$
$$= A + A + B \cdot C$$
$$= A + B \cdot C = 左端$$

证明过程中用到了表 4-1 中的交换律、同一律等基本公式。

4.1.2 常用公式(Common Formulas)

表 4-3 中给出了逻辑代数的若干常用公式,这些公式是利用基本公式导出的。熟练掌握这些常用公式,在化简逻辑函数的时候,能够带来很大的方便。

表 4-3 逻辑代数的若干常用公式

序号	公 式	说 明
18	$A + A \cdot B = A$	吸收定律
19	$A + A' \cdot B = A + B$	
20	$A \cdot B + A \cdot B' = A$	
21	$A \cdot (A + B) = A$	
22	$A \cdot B + A' \cdot C + B \cdot C = A \cdot B + A' \cdot C$	冗余定律
	$A \cdot B + A' \cdot C + B \cdot C \cdot D = A \cdot B + A' \cdot C$	冗余定律推论
23	$A \cdot (A \cdot B)' = A \cdot B'$	
	$A' \cdot (A \cdot B)' = A'$	

表 4-3 中给出的常用公式证明如下:

式 18:$A + A \cdot B = A$

证明:$A + A \cdot B = A \cdot 1 + A \cdot B = A \cdot (1 + B) = A \cdot 1 = A$

式 18 说明,两个乘积项相加时,如果其中一项以另一项为因子,则该项是多余的,可以删去。

式 19:$A + A' \cdot B = A + B$

证明:$A + A' \cdot B = (A + A') \cdot (A + B) = 1 \cdot (A + B) = A + B$

式 19 说明,两个乘积项相加时,如果一项取反后是另一项的因子,则此因子是多余的,可以消去。

式 20:$A \cdot B + A \cdot B' = A$

证明:$A \cdot B + A \cdot B' = A \cdot (B + B') = A \cdot 1 = A$

式 20 说明,两个乘积项相加时,若它们分别包含 B 和 B' 两个互反的因子而其他因子相同,则两项定能合并,且可将 B 和 B' 两个因子消去。

式 21:$A \cdot (A + B) = A$

证明:$A \cdot (A + B) = A \cdot A + A \cdot B = A + A \cdot B = A$

式 21 说明,变量 A 与包含 A 的和相乘时,其结果等于 A,即可以将和消掉。

式 22:$A \cdot B + A' \cdot C + B \cdot C = A \cdot B + A' \cdot C$

$A \cdot B + A' \cdot C + B \cdot C \cdot D = A \cdot B + A' \cdot C$

证明:
$$A \cdot B + A' \cdot C + B \cdot C = A \cdot B + A' \cdot C + (A + A') \cdot B \cdot C$$
$$= A \cdot B + A' \cdot C + A \cdot B \cdot C + A' \cdot B \cdot C$$
$$= A \cdot B + A' \cdot C$$

$$A \cdot B + A' \cdot C + B \cdot C \cdot D = A \cdot B + A' \cdot C + (A + A') \cdot B \cdot C \cdot D$$
$$= A \cdot B + A' \cdot C + A \cdot B \cdot C \cdot D + A' \cdot B \cdot C \cdot D$$
$$= A \cdot B + A' \cdot C$$

式 22 通常被称为冗余定理,第一式中的 $B \cdot C$ 和第二式中的 $B \cdot C \cdot D$ 称为冗余项。若两个乘积项中分别包含 A 和 A' 两个因子,而这两个乘积项的其余因子正好组成第三个乘积项,或者其余因子组成的乘积项是第三个乘积项的因子时,则第三个乘积项是多余的,可以消去。

式 23:$A \cdot (A \cdot B)' = A \cdot B'$;$A' \cdot (A \cdot B)' = A'$

证明:　　$A \cdot (A \cdot B)' = A \cdot (A' + B') = A \cdot A' + A \cdot B' = A \cdot B'$

$A' \cdot (A \cdot B)' = A' \cdot (A' + B') = A' \cdot A' + A' \cdot B' = A' + A' \cdot B' = A'$

式 23 说明,当 A 和一个乘积项的非相乘,且 A 为乘积项的因子时,则 A 这个因子可以消去;当 A' 和一个乘积项的非相乘,且 A 为乘积项的因子时,其结果就等于 A'。

4.1.3　逻辑代数的基本定理(Fundamental Theorem of Logical Algebra)

1. 代入定理

在任何一个包含变量 A 的逻辑等式中,若用另外一个逻辑式替换掉等式中的 A,则等式仍然成立,这就是代入定理。

因为变量 A 仅有 0 和 1 两种可能的状态,所以无论将 $A = 0$ 还是 $A = 1$ 代入逻辑等式,等式都一定成立;而任何一个逻辑式的取值也不外乎 0 和 1 两种可能,所以用它取代式中的 A 时,等式自然也成立;因此,可以将代入定理看作无需证明的公理。

利用代入定理很容易把表 4-1 中的基本公式和表 4-3 中的常用公式推广为多变量的形式。

【例 4-1】 用代入定理证明摩根定律也适用于多变量的情况。

证明:已知二变量的摩根定律为:

$(A + B)' = A' \cdot B'$ 及 $(A \cdot B)' = A' + B'$

用 $(B + C)$ 替换掉等式左边的 B,用 $(B \cdot C)$ 替换掉等式右边的 B,则得到:

$(A + (B + C))' = A' \cdot (B + C)' = A' \cdot B' \cdot C'$

$(A \cdot (B \cdot C))' = A' + (B \cdot C)' = A' + B' + C'$

对一个乘积项或逻辑式求反时,应在乘积项或逻辑式的外边加括号,然后对括号内的整个式子求反。

此外,在对复杂的逻辑式进行运算时,仍需遵守与普通代数一样的运算优先顺序,即先算括号里的内容,其次算乘法(与运算),最后算加法(或运算)。

2. 反演定理

对于任意一个逻辑式 Y,若将其中所有的"·"换成"+","+"换成"·",0 换成 1,1 换成 0,原变量换成反变量,反变量换成原变量,则得到的结果就是 Y'。这个规律称为反演定理。

反演定理为求取已知逻辑式的反逻辑式提供了方便。

在使用反演定理时,还需注意遵守以下两个原则:

(1) 仍需遵守"先括号、然后乘、最后加"的运算优先次序。

（2）不属于单个变量上的反号应保留不变。

回顾 4.1.1 节讲的摩根定律即可发现，它只不过是反演定理的一个特例。在后面的学习中会了解到，有时候根据已知条件，先求出一个逻辑函数的反函数会更方便，然后通过反演定理或摩根定理求出原函数。

【例 4 - 2】 已知 $Y = A(B+C) + CD$，求 Y'。

解 根据反演定理可得：

$$Y' = (A' + B' \cdot C')(C' + D') = A'C' + B'C' + A'D' + B'C'D'$$
$$= A'C' + B'C' + A'D'$$

如果利用基本公式和常用公式进行运算，也能得到同样的结果，但是要麻烦得多。

【例 4 - 3】 若 $Y = ((AB' + C)' + D)' + C$，求 Y'。

解 根据反演定理可得：$Y' = (((A' + B)C')'D')'C'$

3. 对偶定理

若两逻辑式相等，则它们的对偶式也相等，这就是对偶定理。

对于任何一个逻辑式 Y，若将其中的"·"换成"+"，"+"换成"·"，0 换成 1，1 换成 0，就会得到一个新的逻辑式 Y^D，这个 Y^D 就称为 Y 的对偶式，或者说 Y 和 Y^D 互为对偶式。

例如：

若 $Y = A(B+C)$，则 $Y^D = A + BC$；

若 $Y = (AB + CD)'$，则 $Y^D = ((A+B)(C+D))'$；

若 $Y = AB + (C+D)'$，则 $Y^D = (A+B)(CD)'$。

需要证明两个逻辑式相等时，可以通过证明它们的对偶式来完成，因为有些情况下证明它们的对偶式相等更加容易。要注意对偶定理和反演定理的区别。

【例 4 - 4】 试证明表 4 - 1 中的第 15 个公式，即 $A + BC = (A+B)(A+C)$。

解 首先写出等式两边的对偶式：$A(B+C)$ 和 $AB + AC$，根据乘法分配律可以很明显地看出两个式子是相等的；由对偶定理可知原来的两个式子也是相等的，即第 15 式成立。

4.2 逻辑函数及其表示方法
（Logic Function & It's Representation）

4.2.1 逻辑函数（Logic Function）

从前面讲过的各种逻辑关系可知，如果以逻辑变量作为输入，以运算结果作为输出，那么当输入变量的取值确定之后，输出的取值便随之而定。因此，输出与输入之间是一种函数关系，这种函数关系称为逻辑函数，写作：

$$Y = F(A, B, C \cdots)$$

由于变量和输出（函数）的取值只有 0 和 1 两种状态，所以我们所讨论的都是二值逻辑函数。

任何一件具体的因果关系都可以用一个逻辑函数来描述。例如，图 4 - 1 是一个举重裁判电路，可以用一个逻辑函数来描述它的逻辑功能。

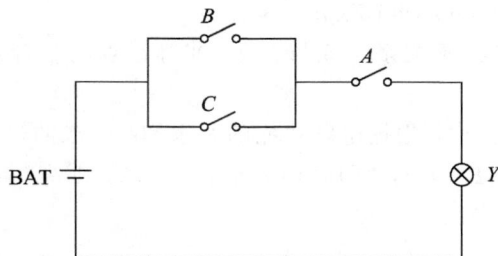

图 4 - 1　举重裁判电路

比赛规则规定，在一名主裁判和两名副裁判中，必须至少有两人(而且必须包括主裁判)认定运动员的动作合格，试举才算成功。比赛时主裁判掌握着开关 A，两名副裁判分别掌握着开关 B 和 C。当运动员举起杠铃时，裁判认为动作合格了就合上开关，否则不合。显然，指示灯 Y 的状态(亮与暗)是开关 A、B、C 状态(合上与断开)的函数。

通常以 1 表示开关闭合，0 表示开关断开；以 1 表示灯亮，0 表示灯暗，则指示灯 Y 是开关 A、B、C 的二值逻辑函数，即：

$$Y = F(A, B, C)$$

4.2.2　逻辑函数的表示方法(Representation of Logic Function)

常用的逻辑函数表示方法有逻辑真值表、逻辑函数式(简称逻辑式或函数式)、逻辑图、波形图、卡诺图等。这一节只介绍前面四种方法，用卡诺图表示逻辑函数的方法将在后面做专门介绍。

1. 逻辑真值表(Logic Truth Table)

将输入变量所有的取值组合及对应的输出值列出来，制成一一对应的表格，即可得到真值表。

仍以图 4 - 1 中所示的举重裁判电路为例，根据电路的工作原理不难看出，只有当开关 A 闭合($A = 1$)，同时 B、C 中至少有一个闭合($B = 1$ 或者 $C = 1$)时，灯泡 Y 才能亮($Y = 1$)。于是可以列出图 4 - 1 所示电路的真值表，如表 4 - 4 所示。

表 4 - 4　图 4 - 1 电路的真值表

输　　入			输　　出
A	B	C	Y
0	0	0	0
0	0	1	0
0	1	0	0
0	1	1	0
1	0	0	0
1	0	1	1
1	1	0	1
1	1	1	1

2. 逻辑函数式(Logic Function Expression)

将输出与输入之间的逻辑关系写成与、或、非等运算的组合式,即逻辑代数式,就得到了所需的逻辑函数式。

在图 4-1 所示的电路中,根据电路功能的要求和与、或的逻辑定义,"B 和 C 中至少有一个合上"可以表示为$(B+C)$,"同时还要求合上 A",则应写作 $A \cdot (B+C)$。因此可以得到输出的逻辑函数式为

$$Y = A \cdot (B + C) \tag{4-1}$$

3. 逻辑图(Logic Diagram)

将逻辑函数式中各变量之间的与、或、非等逻辑关系用图形符号表示出来,就可以画出表示函数关系的逻辑图。

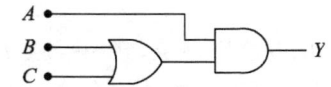

图 4-2 图 4-1电路的逻辑图

要画出图 4-1 电路对应的逻辑图,只需用逻辑运算的图形符号代替式(4-1)中的逻辑代数运算符号便可得到图 4-2 中所示的逻辑图了。

4. 波形图(Waveform)

将逻辑函数输入变量每一种可能出现的取值与对应的输出值按时间顺序依次排列起来,就可得到表示该逻辑函数的波形图,这种波形图也称为时序图。在逻辑分析仪和一些计算机仿真工具中,经常以这种波形图的形式表示分析结果。此外,也可以通过实验观察这些波形图,以检验实际逻辑电路的功能是否正确。

如果用波形图来描述图 4-1 电路功能的逻辑函数,只需要将表 4-4 给出的输入变量与对应的输出变量取值依时间顺序排列起来,就可以得到所要的波形图,如图 4-3 所示。

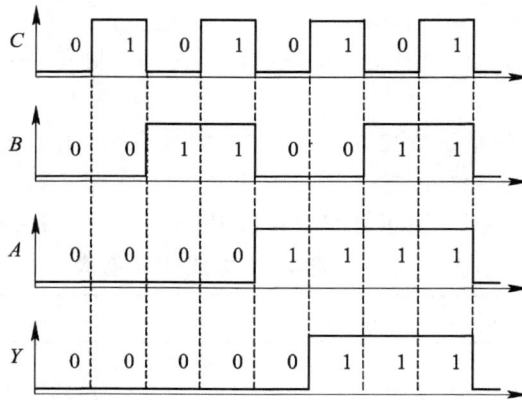

图 4-3 图 4-1电路的波形图

4.2.3 逻辑函数形式的转换(Conversion of Logic Function Forms)

既然同一个逻辑函数可以用多种不同的方法表示,那么这几种方法之间必然能够相互转换,并且这种转换在分析和设计数字逻辑电路时非常有用。

1. 真值表与逻辑函数式的相互转换

首先讨论从真值表得到逻辑函数式的方法。由真值表写出逻辑函数式一般按照下面的步骤来进行:

(1) 找出真值表中所有使逻辑函数 $Y=1$ 的输入变量的取值组合;

(2) 把每组取值组合写成一个乘积项,其中取值为 1 的写原变量,取值为 0 的写反变量;

(3) 将这些乘积项相加,就得到 Y 的逻辑函数式。

仍以图 4-1 中所示电路的逻辑函数为例,其真值表如表 4-4 所示。其中使 $Y=1$ 的输入变量的取值组合有三种,即 ABC 分别为 101、110 和 111;取值组合 101 对应的乘积项为 $AB'C$,110 对应的乘积项为 ABC',111 对应的乘积项为 ABC;最后把这些乘积项相加起来可得:

$$Y = AB'C + ABC' + ABC \tag{4-2}$$

根据逻辑代数的基本公式和常用公式,可以把式(4-2)转换为和式(4-1)相同的形式:

$$Y = AB'C + ABC' + ABC = AB'C + ABC' + ABC + ABC$$
$$= (AB'C + ABC) + (ABC' + ABC) = AC(B' + B) + AB(C' + C)$$
$$= AB + AC = A(B + C)$$

由逻辑式列出真值表的方法非常简单,只需将输入变量的各种取值组合逐一代入逻辑式中进行计算,将计算结果一一对应列表即可。

【例 4-5】 已知逻辑函数 $Y = A + B'C + A'BC'$,求出其对应的真值表。

解　将 A、B、C 的各种取值逐一代入函数式中进行计算,即得表 4-5 中的真值表。初学时为了避免出错,可以先将 $B'C$、$A'BC'$ 两项算出,再求出 Y 的值。

表 4-5　例 4-5 的真值表

A	B	C	$B'C$	$A'BC'$	Y
0	0	0	0	0	0
0	0	1	1	0	1
0	1	0	0	1	1
0	1	1	0	0	0
1	0	0	0	0	1
1	0	1	1	0	1
1	1	0	0	0	1
1	1	1	0	0	1

2. 逻辑函数式与逻辑图的相互转换

将给定的逻辑函数式转换为相应的逻辑图时,只需用逻辑图形符号代替逻辑函数式中的逻辑运算符号,并按运算优先顺序将它们连接起来,就可以得到所求的逻辑图了。

将给定的逻辑图转换为对应的逻辑函数式时,只需从逻辑图的输入端到输出端逐级写出每个图形符号的输出逻辑式,就可以在输出端得到所求的逻辑函数式了。

【例 4-6】 已知逻辑函数为 $Y = ((A + B'C)' + A'BC' + C)'$,画出其对应的逻辑图。

解　将式中所有的与、或、非运算符号用图形符号代替,并依据运算优先顺序将这些图形符号连接起来,可得到图 4-4 所示的逻辑图。

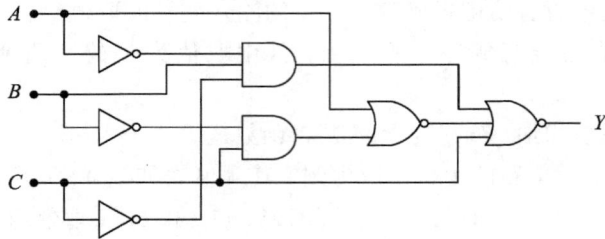

图 4 - 4　例 4 - 6 的逻辑图

【例 4 - 7】 已知函数的逻辑图如图 4 - 5 所示，试求它的逻辑函数式。

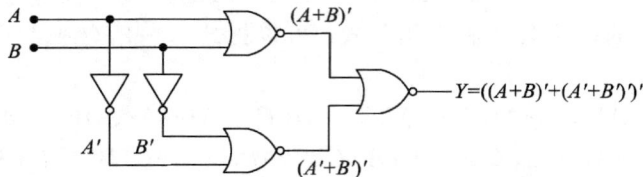

图 4 - 5　例 4 - 7 的逻辑图

解　从输入端 A、B 开始逐个写出每个图形符号输出端的逻辑式，可得：

$$Y = ((A + B)' + (A' + B')')'$$

对该式进行变换：

$$Y = (A + B)(A' + B') = AB' + A'B = A \oplus B$$

可见，输出 Y 和 A、B 间是异或逻辑关系。

通常来说，真值表和逻辑图之间的直接转换不是很直观，需要以逻辑函数式作为桥梁来进行转换。

3. 波形图与真值表的相互转换

在从已知的逻辑函数波形图求对应的真值表时，首先需要从波形图上找出每个时间段里输入变量与函数输出的取值，然后将这些输入、输出取值对应列表，就可得到所求的真值表。

在将真值表转换为波形图时，只需将真值表中所有的输入变量与对应的输出变量取值依次排列画成以时间为横轴的波形，就可得到所求的波形图。

【例 4 - 8】 已知逻辑函数 Y 的波形图如图 4 - 6 所示，试求该逻辑函数的真值表。

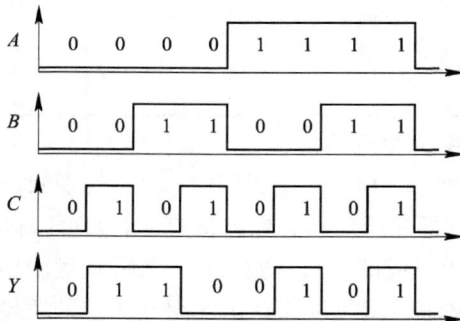

图 4 - 6　例 4 - 8 的波形图

解　只要将每种取值组合情况下 A、B、C 与 Y 的取值对应列表，即可得表 4 - 6 所示的真值表。

表 4 - 6　例 4 - 8 的真值表

A	B	C	Y
0	0	0	0
0	0	1	1
0	1	0	1
0	1	1	0
1	0	0	0
1	0	1	1
1	1	0	0
1	1	1	1

4.2.4　标准与或式和标准或与式(Standard AND-OR Form & Standard OR-AND Form)

1. 最小项(Minimum Term)

最小项是一个乘积项,用小写字母 m 加数字下标来表示,是指在 n 变量逻辑函数中,若 m 为包含 n 个因子的乘积项,而且这 n 个变量均以原变量或反变量的形式在 m 中出现一次,则称 m 为该组变量的最小项。

例如,A、B、C 三个变量的最小项有 $A'B'C'$、$A'B'C$、$A'BC'$、$A'BC$、$AB'C'$、$AB'C$、ABC'、ABC 共 8 个,即 2^3 个。n 变量的最小项应有 2^n 个。

输入变量的每一组取值都使一个对应的最小项的值等于 1。例如,在三变量 A、B、C 的最小项当中,当 $A=1$、$B=0$、$C=1$ 时,$AB'C=1$,而且这也是唯一一组能够使 $AB'C=1$ 的输入变量取值组合。如果把 $AB'C$ 的取值 101 看作一个二进制数,那么它所表示的十进制数就是 5。为了今后使用的方便,将 $AB'C$ 这个最小项记作 m_5。按照这一约定,就得到了三变量最小项的编号表,如表 4 - 7 所示。

表 4 - 7　三变量最小项的编号表

最小项	使最小项为 1 的变量取值			对应的十进制数	编号
	A	B	C		
$A'B'C'$	0	0	0	0	m_0
$A'B'C$	0	0	1	1	m_1
$A'BC'$	0	1	0	2	m_2
$A'BC$	0	1	1	3	m_3
$AB'C'$	1	0	0	4	m_4
$AB'C$	1	0	1	5	m_5
ABC'	1	1	0	6	m_6
ABC	1	1	1	7	m_7

根据同样的道理，将 A、B、C、D 这 4 个变量的 16 个最小项记作 $m_0 \sim m_{15}$。

最小项具有以下重要性质：

(1) 在输入变量的任何取值下必有一个最小项，而且仅有一个最小项的值为 1；

(2) 全体最小项之和为 1；

(3) 任意两个最小项的乘积为 0；

(4) 具有相邻性的两个最小项之和可以合并成一项并消去一对因子。

若两个最小项只有一个因子不同，则称这两个最小项具有相邻性。例如，$A'BC'$ 和 ABC' 两个最小项仅第一个因子不同，所以它们具有相邻性。这两个最小项相加时一定能合并成一项，并将一对不同的因子消去：

$$A'BC' + ABC' = (A' + A)BC' = BC'$$

2. 最大项(Maximum Term)

最大项也是一个乘积项，用大写字母 M 加数字下标来表示，是指在 n 变量逻辑函数中，若 M 为 n 个变量之和，而且这 n 个变量均以原变量或反变量的形式在 M 中出现一次，则称 M 为该组变量的最大项。

例如，三变量 A、B、C 的最大项有 $(A'+B'+C')$、$(A'+B'+C)$、$(A'+B+C')$、$(A'+B+C)$、$(A+B'+C')$、$(A+B'+C)$、$(A+B+C')$、$(A+B+C)$ 共 8 个，即 2^3 个。n 变量的最大项应有 2^n 个。可见，n 变量的最大项数目和最小项数目是相等的。

输入变量的每一组取值都使一个对应的最大项的值为 0。例如，在三变量 A、B、C 的最大项中，当 $A=1$、$B=0$、$C=1$ 时，$(A'+B+C')=0$。若将使最大项为 0 的 ABC 取值视为一个二进制数，并以其对应的十进制数给最大项编号，则 $(A'+B+C')$ 可以记作 M_5。由此得到的三变量最大项编号表，如表 4-8 所示。

表 4-8　三变量最大项的编号表

最大项	使最大项为 0 的变量取值			对应的十进制数	编号
	A	B	C		
$(A+B+C)$	0	0	0	0	M_0
$(A+B+C')$	0	0	1	1	M_1
$(A+B'+C)$	0	1	0	2	M_2
$(A+B'+C')$	0	1	1	3	M_3
$(A'+B+C)$	1	0	0	4	M_4
$(A'+B+C')$	1	0	1	5	M_5
$(A'+B'+C)$	1	1	0	6	M_6
$(A'+B'+C')$	1	1	1	7	M_7

根据最大项的定义同样可以得到它的主要性质：

(1) 在输入变量的任何取值下必有一个最大项，而且只有一个最大项的值为 0；

(2) 全体最大项之积为 0；

(3) 任意两个最大项之和为 1；

(4) 只有一个变量不同的两个最大项的乘积等于各相同变量之和。

如果将表 4 - 7 和表 4 - 8 加以对比则可发现，最大项和最小项之间存在如下关系：

$$M_i = m'_i \qquad\qquad (4-3)$$

例如，$m_0 = A'B'C'$，则 $m'_0 = (A'B'C')' = A + B + C = M_0$。

注意：最小项与最大项的下标序号要一致，表示在取同一组值时，结果互为反。

3. 标准与或式 (Standard AND-OR Formula)

逻辑函数的标准与或式即最小项之和的形式。按照由真值表得到逻辑函数式的步骤写出的就是逻辑函数的标准与或式。而利用逻辑代数的基本公式，可以把任意一个逻辑函数化成若干个最小项之和的形式，即标准与或式。首先将给定的逻辑函数式转化为若干乘积项之和的形式，然后再利用基本公式 $A + A' = 1$ 将每个乘积项中缺少的因子补全，这样就可以将与或形式的逻辑函数式转化为标准与或式。这种标准形式在逻辑函数的化简及计算机辅助分析和设计中得到了广泛的应用。

例如，给定逻辑函数为：

$$Y = ABC' + BC$$

则可化为：

$$Y = ABC' + (A + A')BC = ABC' + ABC + A'BC = m_3 + m_6 + m_7$$

或写作：

$$Y(A, B, C) = \sum m(3, 6, 7)$$

【例 4 - 9】　将逻辑函数 $Y = AB'C'D + A'CD + AC$ 展开为标准与或式。

解　利用公式 $A + A' = 1$：

$$
\begin{aligned}
Y &= AB'C'D + A'(B + B')CD + A(B + B')C \\
&= AB'C'D + A'BCD + A'B'CD + ABC(D + D') + AB'C(D + D') \\
&= AB'C'D + A'BCD + A'B'CD + ABCD + ABCD' + AB'CD + AB'CD' \\
&= m_3 + m_7 + m_9 + m_{10} + m_{11} + m_{14} + m_{15}
\end{aligned}
$$

或写作：

$$Y = \sum m(3, 7, 9, 10, 11, 14, 15)$$

4. 标准或与式 (Standard OR-AND Formula)

逻辑函数的标准或与式即最大项之积的形式。利用逻辑代数的基本公式和定理，可把任何一个逻辑函数式转化成若干多项式相乘的或与形式，然后再利用基本公式 $AA' = 0$ 将每个多项式中缺少的变量补齐，就可以将函数式的或与形式转化成最大项之积的形式了。

【例 4 - 10】　将逻辑函数 $Y = A'B + AC$ 转化为标准或与式。

解　首先可以利用基本公式 $A + BC = (A + B)(A + C)$ 将 Y 化成或与形式：

$$
\begin{aligned}
Y &= A'B + AC \\
&= (A'B + A)(A'B + C) \\
&= (A + B)(A' + C)(B + C)
\end{aligned}
$$

然后在第一个括号内加入一项 CC'，在第二个括号内加入 BB'，在第三个括号内加入 AA'，于是得到：

$$Y = (A + B + CC')(A' + BB' + C)(AA' + B + C)$$
$$= (A + B + C)(A + B + C')(A' + B + C)(A' + B' + C)(A + B + C)(A' + B + C)$$
$$= (A + B + C)(A + B + C')(A' + B + C)(A' + B' + C)$$
$$= M_0 \cdot M_1 \cdot M_4 \cdot M_6$$

或写作：

$$Y = \prod M(0, 1, 4, 6)$$

除此之外，也可以利用式(4-3)中给出的最大项和最小项之间的关系 $M_i = m'_i$，先把逻辑函数式化为标准与或式，然后再转换为标准或与式。

【例 4-11】 将例 4-10 中的逻辑函数 $Y = A'B + AC$ 化为标准或与式。

解 为了更清楚地说明解题思路，先写出逻辑函数 Y 的真值表，如表 4-9 所示，并在表中给出 Y' 的值。

表 4-9 例 4-11 的真值表

A	B	C	Y	Y'
0	0	0	0	1
0	0	1	0	1
0	1	0	1	0
0	1	1	1	0
1	0	0	0	1
1	0	1	1	0
1	1	0	0	1
1	1	1	1	0

显然 Y' 的结果和 Y 是相反的。

由真值表可写出 Y 和 Y' 的标准与或式：

$$Y = A'BC' + A'BC + AB'C + ABC = m_2 + m_3 + m_5 + m_7$$
$$Y' = A'B'C' + A'B'C + AB'C' + ABC' = m_0 + m_1 + m_4 + m_6$$

利用摩根定律和 $M_i = m'_i$，可以写出 Y 的标准或与式：

$$Y(A, B, C) = (Y')' = (m_0 + m_1 + m_4 + m_6)' = m'_0 \cdot m'_1 \cdot m'_4 \cdot m'_6$$
$$= M_0 \cdot M_1 \cdot M_4 \cdot M_6$$

可以看出，标准或与式中最大项的编号和标准与或式中最小项的编号恰好是相反的。利用这个规律，可以直接写出标准或与式对应的标准与或式。如：

逻辑函数 Y 的标准与或式为：

$$Y(A, B, C) = m_1 + m_5 + m_6 + m_7$$

则其标准或与式为：

$$Y(A, B, C) = M_0 \cdot M_2 \cdot M_3 \cdot M_4$$

4.2.5　**逻辑函数形式的变换**(Variation of Logic Function Forms)

除了可以把任意给定的逻辑函数式转换为标准与或式或者标准或与式外,在用电子器件组成实际的逻辑电路时,由于选用的器件具有不同的逻辑功能类型,还必须将逻辑函数式变换成相应的形式。例如,想用门电路实现如下的逻辑函数:

$$Y = AC + BC' \qquad (4-4)$$

逻辑函数式中包括一个非门、两个与门和一个或门,需要三种集成芯片。如果受到器件种类的限制,只能全部用与非门实现这个电路,这时就需要把式(4-4)变换成全部由与非运算组成的与非 – 与非形式。我们可以利用摩根定律将式(4-4)变换为:

$$Y = ((AC + BC')')' = ((AC)'(BC')')' \qquad (4-5)$$

式(4-5)对应的逻辑图如图 4-7 所示,只需要一块集成芯片 7400 上面的 4 个与非门就可以实现。其中图 4-7 最左边的与非门当作非门使用,因为其中一个输入端接在高电平 V_{DD} 上,所以有:

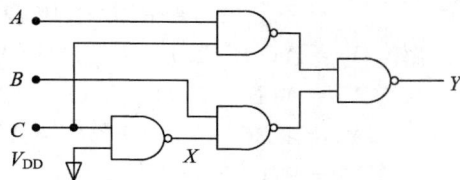

图 4-7　逻辑函数式(4-5)对应的逻辑图

$$X = (1 \cdot C)' = C'$$

功能相当于一个反相器。

或者把与非门的两个输入端连接起来,都接在输入端 C 上,有:

$$X = (C \cdot C)' = C'$$

也可以实现逻辑非的功能。

4.3　逻辑函数的化简方法
(Approaches of Logic Function Simplification)

在进行逻辑运算时常常会看到,同一个逻辑函数可以写成不同的逻辑式,而这些逻辑式的繁简程度又相差甚远。逻辑式越简单,所表示的逻辑关系就越明了,所使用到的电子器件就越少。因此,经常需要通过化简的手段来找出逻辑函数的最简形式。

例如,对于常用公式 $A + A'B = A + B$ 来说,相同的逻辑关系,等式左边的逻辑式对应的逻辑图需要一个非门、一个与门和一个或门来实现,而等式右边只需要用一个或门就可以实现了。

在与或逻辑函数式中,若其中包含的乘积项已经最少,而且每个乘积项里的因子也不能再减少时,则称此逻辑函数式为最简与或式。与或逻辑式最简形式的定义对其他形式的逻辑式也同样适用,即函数式中相加的乘积项不能再减少,而且每项中相乘的因子不能再减少时,则函数式为最简形式。化简逻辑函数的目的就是得到函数式的最简形式(通常是最简与或式),常用的化简方法有公式化简法和卡诺图化简法两种。

4.3.1　**公式法化简**(Simplifying Logic Algebra through Laws and Rules)

公式简化法的原理就是反复使用逻辑代数的基本公式和常用公式,消去函数式中多余的乘积项和多余的因子，以求得函数式的最简形式。

公式化简法没有固定的步骤，主要是基本公式和常用公式的熟练应用，并且能够用代入定理将公式应用范围进一步扩大。常使用的方法有如下几种：

1. 并项法

并项法是指利用常用公式中的 $AB+AB'=A$ 将两项合并为一项，并消去 B 和 B' 这一对因子；而且，根据代入定理可知，A 和 B 均可以是任何复杂的逻辑式。

【例 4-12】 试用并项法化简下列逻辑函数：
$$Y_1=A(B'CD)'+AB'CD$$
$$Y_2=AB'+ACD+A'B'+A'CD$$
$$Y_3=A'BC'+AC'+B'C'$$
$$Y_4=BC'D+BCD'+BC'D'+BCD$$

解 $Y_1=A((B'CD)'+B'CD)=A$

$Y_2=A(B'+CD)+A'(B'+CD)=B'+CD$

$Y_3=A'BC'+(A+B')C'=A'BC'+(A'B)'C'=(A'B+(A'B)')C'=C'$

$Y_4=B(C'D+CD')+B(C'D'+CD)=B(C\oplus D)+B(C\oplus D)'=B$

2. 吸收法

吸收法是指利用常用公式中的 $A+AB=A$ 将 AB 项消去。A 和 B 同样也可以是任何一个复杂的逻辑式。

【例 4-13】 试用吸收法化简下列逻辑函数：
$$Y_1=((A'B)'+C)ABD+AD$$
$$Y_2=AB+ABC'+ABD+AB(C'+D')$$
$$Y_3=A+(A'(BC)')'(A'+(B'C'+D)')+BC$$

解 $Y_1=((A'B)'+C)B\cdot AD+AD=AD$

$Y_2=AB+AB(C'+D+(C'+D'))=AB$

$Y_3=(A+BC)+(A+BC)(A'+(B'C'+D)')$
$\quad=A+BC$

3. 消项法

消项法是指利用常用公式中的冗余定理消去冗余项。

【例 4-14】 用消项法化简下列逻辑函数：
$$Y_1=AC+AB'+(B+C)'$$
$$Y_2=AB'CD'+(AB')'E+A'CD'E$$
$$Y_3=A'B'C+ABC+A'BD'+AB'D'+A'BCD'+BCD'E$$

解 $Y_1=AC+AB'+B'C'=AC+B'C'$

$Y_2=(AB')\cdot CD'+(AB')'\cdot E+CD'E\cdot A'$
$\quad=AB'CD'+(AB')'E=AB'CD'+A'E+BE$

$Y_3=(A\oplus B)'\cdot C+(A\oplus B)\cdot D'+CD'\cdot A'B+CD'\cdot BE$
$\quad=(A\oplus B)'\cdot C+(A\oplus B)\cdot D'$

4. 消因子法

消因子法是指利用常用公式 $A+A'B=A+B$ 将 $A'B$ 中的 A' 消去。A、B 均可以是任何复杂的逻辑式。

【例 4-15】 试利用消因子法化简下列逻辑函数：

$$Y_1 = B' + ABC$$

$$Y_2 = AB' + B + A'B$$

$$Y_3 = AC + A'D + C'D$$

解
$$Y_1 = B' + B \cdot AC = B' + AC$$
$$Y_2 = (AB' + B) + A'B = A + B + A'B = A + B$$
$$Y_3 = AC + (A' + C')D = AC + (AC)'D = AC + D$$

5. 配项法

(1) 根据基本公式中的 $A + A = A$，在逻辑函数式中重复写入某一项，有时能获得更加简单的化简结果。

【例 4-16】 试化简逻辑函数 $Y = A'BC' + A'BC + ABC$。

解　若在式中重复写入 $A'BC$，则可得到：

$$Y = A'BC' + A'BC + ABC + A'BC$$
$$= A'B(C' + C) + (A + A')BC$$
$$= A'B + BC$$

(2) 根据基本公式中的 $A + A' = 1$，在函数式中的某一项上乘以 $(A + A')$，然后拆成两项分别与其他项合并，有时能得到更加简单的化简结果。

【例 4-17】 试化简逻辑函数 $Y = AB' + A'B + BC' + B'C$。

解　利用配项法可将 Y 写成：

$$Y = AB' + A'B(C + C') + BC' + (A + A')B'C$$
$$= AB' + A'BC + A'BC' + BC' + AB'C + A'B'C$$
$$= (AB' + AB'C) + (A'BC + A'B'C) + (A'BC' + BC')$$
$$= AB' + A'C + BC'$$

在化简复杂的逻辑函数时，往往需要灵活、交替地综合运用上述方法，才能得到最后的化简结果。

【例 4-18】 化简逻辑函数 $Y = AC + B'C + BD' + CD' + A(B + C') + A'BCD' + AB'DE$。

解　$Y = AC + B'C + BD' + CD' + AB + AC' + A'BCD' + AB'DE$

(把 AC 和 AC' 结合，消去 C 和 C')

$$= A + B'C + BD' + CD' + AB + A'BCD' + AB'DE$$

(第一项是 A，后面乘积项中凡是含有因子 A 的都可以消去)

$$= A + B'C + BD' + CD' + A'BCD'$$

(对于 $B'C + BD'$，利用冗余定理，CD' 以及含有 CD' 的乘积项都是冗余项)

$$= A + B'C + BD'$$

在复杂的逻辑函数中，化简过程往往不是唯一的，在大多数情况下会得到相同的结果。

【例 4-19】 化简逻辑函数 $Y = ABC + ABD + A'BC' + CD + BD'$。

解　　　　$Y = ABC + ABD + A'BC' + CD + BD'$

$$=B(AD+D')+ABC+A'BC'+CD$$
$$=B(A+D')+ABC+A'BC'+CD$$
$$=AB+BD'+ABC+A'BC'+CD$$
$$=AB+BD'+A'BC'+CD$$
$$=B(A+A'C')+BD'+CD$$
$$=B(A+C')+BD'+CD$$
$$=AB+BC'+BD'+CD$$

接下来我们用两种方法来求解，一是利用摩根定律：

$$Y=AB+B(C'+D')+CD=AB+B(CD)'+CD$$
$$=AB+B+CD=B+CD$$

另一种方法是利用冗余定理：

$$Y=AB+BD'+(BC'+CD)=AB+BD'+(BC'+CD+BD)$$
$$=AB+B+BC'+CD=B+CD$$

最终得到相同的结果。

但有的时候，不同的化简过程也可能导致不同的化简结果。

【例 4 - 20】 化简逻辑函数 $Y=A'B'C'+A'B'C+A'BC+ABC+ABC'+AB'C'$

解 如果这样结合乘积项：

$$Y=(A'B'C'+A'B'C)+(A'BC+ABC)+(ABC'+AB'C')$$

提取公因子后可以得到：

$$Y=A'B'+BC+AC'$$

如果采用另一种结合方法：

$$Y=(A'B'C'+AB'C')+(A'B'C+A'BC)+(ABC+ABC')$$

则：

$$Y=B'C'+A'C+AB$$

这两个结果都是正确的，表示的是同一函数，可以分别列真值表进行验证。

4.3.2　卡诺图法化简(Simplifying Logic Algebra through Karnaugh Maps)

将逻辑函数的最小项表达式中的各最小项相应地填入一个特定的方格图内，这个方格图就称为卡诺图。因此，卡诺图是逻辑函数的一种图形表示。由于这种表示方法是由美国工程师莫里斯·卡诺(Maurice Karnaugh)首先提出的，所以将这种图形称为卡诺图(Karnaugh Map)。

1. 卡诺图的画法

如果逻辑函数有两个变量 A、B，则其最小项共有 4 项，分别为 $m_0=A'B'$，$m_1=A'B$，$m_2=AB'$，$m_3=AB$，可用有 4 个相邻方格的卡诺图来表示，如图 4-8 所示。图形左侧和上侧标注的 0 和 1 表示使对应小方格内的最小项为 1 的变量取值。比如左上角的方格，就对应 $A=0$ 且 $B=0$，而相应的最小项为 $m_0=A'B'$。

除此之外，也可以将 A 和 B 的取值放在表头斜线的同一侧，如图 4-9 所示。其中 AB 的取值是按照两位格雷码的顺序排列的，即按照这样的编码顺序依次变化时，相邻两个代码之间只有一位发生变化。这是两变量逻辑函数卡诺图的另一种画法。

$\diagdown$ B	0	1
A		
0	m_0	m_1
1	m_2	m_3

图 4-8　两变量(A、B)最小项的卡诺图

$\diagdown$ AB	00	01	11	10
	m_0	m_1	m_3	m_2

图 4-9　两变量(A、B)最小项卡诺图的另一种画法

同样地，我们也可以画出三变量、四变量、五变量等逻辑函数的卡诺图，都以最习惯的画法为例，分别如图 4-10、图 4-11 和图 4-12 所示。无论横向还是纵向，变量的取值总是按照格雷码的顺序排列的。

$\diagdown$ BC	00	01	11	10
A				
0	m_0	m_1	m_3	m_2
1	m_4	m_5	m_7	m_6

图 4-10　三变量(A、B、C)最小项卡诺图

$\diagdown$ CD	00	01	11	10
AB				
00	m_0	m_1	m_3	m_2
01	m_4	m_5	m_7	m_6
11	m_{12}	m_{13}	m_{15}	m_{14}
10	m_8	m_9	m_{11}	m_{10}

图 4-11　四变量(A、B、C、D)最小项的卡诺图

$\diagdown$ CDE	000	001	011	010	110	111	101	100
AB								
00	m_0	m_1	m_3	m_2	m_6	m_7	m_5	m_4
01	m_8	m_9	m_{11}	m_{10}	m_{14}	m_{15}	m_{13}	m_{12}
11	m_{24}	m_{25}	m_{27}	m_{26}	m_{30}	m_{31}	m_{29}	m_{28}
10	m_{16}	m_{17}	m_{19}	m_{18}	m_{22}	m_{23}	m_{21}	m_{20}

图 4-12　五变量(A、B、C、D、E)最小项的卡诺图

之所以采取这样的变量取值规则和最小项与方格的对应方式，主要目的是为了使逻辑上相邻的最小项在卡诺图中都是几何相邻的，这是利用卡诺图化简逻辑函数的重要依据。所谓逻辑相邻，是指两个最小项之间只有一个变量不同。而几何相邻，则包括三种情况：

(1) 相邻的两个方格。比如在四变量卡诺图中，m_7(0111 对应的方格)和 m_3、m_6、m_{15} 是几何相邻的。

(2) 处在同一列或者同一行两端的方格，也是几何相邻的。比如在四变量卡诺图中，m_3 和 m_{11} 是第三列的两端，是几何相邻的；同样，m_{12} 和 m_{14} 也是几何相邻的。因此，从几何位置上应当将卡诺图看成是上下、左右闭合的图形。

在二到四变量的卡诺图中，上面两种情况已经包含了所有几何相邻的情况，但是在五变量或者五变量以上的卡诺图中，还可能出现第三种情况。

（3）对折重合（对称位置）的方格同样是几何相邻的。在五变量卡诺图中，如果沿着中间的双竖线为轴折叠，左边的 16 个方格和右边的 16 个方格对应重合。比如 m_9 和 m_{13} 是对折重合的，虽然它们既不相邻，也不在行列的两端，但同样也是几何相邻项。但是因为五变量及五变量以上的逻辑函数的卡诺图失去了直观性，所以我们往往采用公式法进行化简，而不是卡诺图。

可以验证，凡是卡诺图中几何相邻方格对应的最小项，都是逻辑相邻的。比如五变量卡诺图中，$m_{17}=AB'C'D'E$ 对应的这个方格和 $m_{25}=ABC'D'E$ 是相邻方格，最小项的变量中仅 B 不同；和 $m_1=A'B'C'D'E$ 在同一列的两端，最小项的变量中仅 A 不同；和 $m_{21}=AB'CD'E$ 对折重合，最小项的变量中仅 C 不同。需要指出的是，卡诺图具有循环相邻的特性，比如四变量卡诺图中的第二列，m_1 和 m_5 相邻，m_5 和 m_{13} 相邻，m_{13} 和 m_9 相邻，m_9 又回来和 m_1 相邻；四个角 m_0、m_2、m_8、m_{10} 也是循环相邻的。

当逻辑函数为最小项之和表达式时，在卡诺图中找出和表达式中最小项对应的小方格填上 1，其余的小方格填上 0（有时也可以不写 0，用空格表示），就可以得到相应的卡诺图。也就是说，任何逻辑函数都等于其卡诺图中为 1 的方格所对应的最小项之和。

【例 4-21】 画出逻辑函数 $Y(A,B,C,D)=\sum m(0,1,2,3,4,8,10,11,14,15)$ 的卡诺图。

解 根据四变量卡诺图的形式，对函数中所有表达式中的各个最小项，在卡诺图相应方格中填入 1，其余填入 0，即可得到如图 4-13 所示的卡诺图。

Y \ CD AB	00	01	11	10
00	1	1	1	1
01	1	0	0	0
11	0	0	1	1
10	1	0	1	1

图 4-13 例 4-21 中的卡诺图

当逻辑函数的表达形式为其它形式时，可将其变换为标准与或式后，再画出卡诺图。

【例 4-22】 用卡诺图表示逻辑函数 $Y=A'B'C'D+A'BD'+ACD+AB'$。

解 首先将逻辑函数表示为最小项之和的形式：

$$Y=A'B'C'D+A'B(C+C')D'+A(B+B')CD+AB'(C+C')(D+D')$$
$$=A'B'C'D+A'BCD'+A'BC'D'+ABCD+AB'CD+AB'CD'$$
$$\quad+AB'C'D+AB'C'D'$$
$$=m_1+m_4+m_6+m_8+m_9+m_{10}+m_{11}+m_{15}$$

其卡诺图如图 4 - 14 所示。

Y $\diagdown$ CD / AB	00	01	11	10
00	0	1	0	0
01	1	0	0	1
11	0	0	1	0
10	1	1	1	1

图 4 - 14　例 4 - 22 中的卡诺图

有时候，逻辑函数是用真值表的形式直接给出的，而真值表是输入变量取值组合与输出之间的对应关系，这在卡诺图中也完全能够体现出来。在卡诺图中，输入变量取值组合位于图形的左侧和上侧，填图时把每种取值组合的输出变量写在对应的方格中即可。

【例 4 - 23】　逻辑函数 $Y(A，B，C，D)$ 的真值表如表 4 - 10 所示，画出其卡诺图。

表 4 - 10　例 4 - 23 的真值表

A	B	C	D	Y
0	0	0	0	1
0	0	0	1	0
0	0	1	0	0
0	0	1	1	0
0	1	0	0	1
0	1	0	1	1
0	1	1	0	0
0	1	1	1	0
1	0	0	0	1
1	0	0	1	0
1	0	1	0	1
1	0	1	1	0
1	1	0	0	1
1	1	0	1	0
1	1	1	0	0
1	1	1	1	1

解 把每种取值组合的输出变量写在对应的方格中，得到如图 4－15 所示的卡诺图。

Y (AB \ CD)	00	01	11	10
00	1	0	0	0
01	1	1	0	0
11	1	0	1	0
10	1	0	0	1

图 4－15　例 4－23 的卡诺图

2. 用卡诺图化简逻辑函数

1）化简的依据

利用卡诺图化简逻辑函数的方法称为卡诺图化简法或图形化简法。化简时依据的基本原理就是具有相邻性的最小项可以合并，并消去互为相反变量的因子。由于在卡诺图上，几何位置相邻与最小项逻辑上的相邻性是一致的，因而可直观地找出那些具有相邻性的最小项并将其合并化简。

比如在三变量逻辑函数 $Y=A'BC+AB'C'+AB'C+ABC'+ABC$ 的卡诺图（如图 4－16）中，$A'BC(m_3)$和 $ABC(m_7)$相邻，故可以合并为：

$$A'BC+ABC=BC$$

合并后将 A 和 A'一对因子消掉了，只剩下公因子 B 和 C。

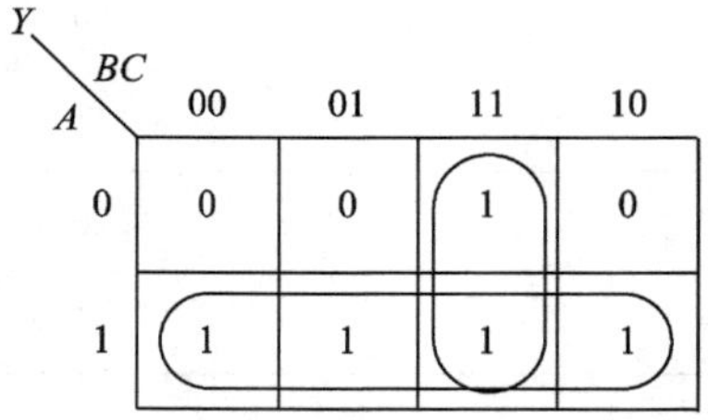

图 4－16　卡诺图相邻项合并示意

若四个最小项循环相邻，排列成一个矩形组，则可以合并为一项消去两对因子。图 4－13中，$A'BC$、$AB'C$、ABC'、ABC 四个最小项循环相邻，合并后可以得到：

$$AB'C'+AB'C+ABC'+ABC=AB'+AB=A$$

合并后消去了 B 和 B'、C 和 C'两对因子，只剩下公因子 A。

在更多变量的卡诺图中，如果有八个最小项循环相邻并且排列成一个矩阵组，则可以合并消去三对因子；同理，十六个最小项可消去四对因子，依此类推。

实际上，卡诺图中把相邻的最小项放在一起（图中的圈），实际上就是把相邻的最小项结合起来，即：

$$Y = A'BC + AB'C' + AB'C + ABC' + ABC$$
$$= (A'BC + ABC) + (AB'C' + AB'C + ABC' + ABC)$$

式中两个括号就对应图中的两个圈。

最小项 ABC 同时出现在两个圈中，也同时出现在两个括号中，是利用了基本公式中的同一律 $A + A = A$ 的结果。

2) 化简的步骤

用卡诺图化简逻辑函数时可以按如下步骤进行：

(1) 画出逻辑函数的卡诺图。

(2) 把可以合并的最小项，即几何相邻项或循环相邻项圈在一起。

画圈时应遵循以下原则：

① 只圈 1 不圈 0(也可只圈 0，但最终得到的是逻辑函数的反函数)；

② 一个圈内 1 的个数必须满足 2^n 个，$n = 0, 1, 2, 3, \cdots$；

③ 圈中包含的最小项的数目要尽可能多(即与或式中单个乘积项中消去的因子尽可能多)，总的圈数要尽可能少(即与或式中相加的乘积项尽可能少)；

④ 同一个值为 1 的最小项可以被重复包围在不同的圈内，但是每一个圈都至少要有一个不属于其它圈的 1，否则这个圈就是多余的，圈完后要注意检查是否有多余的圈。

(3) 写出每一个圈对应的乘积项。

(4) 将所有圈对应的乘积项加在一起。

下面通过一些例题来熟悉用卡诺图化简逻辑函数的方法。

【例 4 - 24】　利用卡诺图化简逻辑函数 $Y = AB'C' + AC + A'B + BC'$。

解　画出逻辑函数的卡诺图，如图 4 - 17 所示。

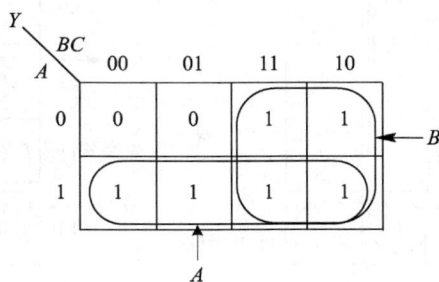

图 4 - 17　例 4 - 24 中的卡诺图

因此 $Y = A + B$。

我们并不需要写出每一个圈的最小项再进行化简，直接写出公因子即可。比如图 4 - 17 中右边四个方格对应的圈，不需要写出 $Y = A'BC + A'BC' + ABC + ABC' = A'B + AB = B$，可直接观察这四个方格对应的 A、B、C 的取值。显然上面两个方格对应 $A = 0$，说明最小项中有因子 A'；而下面两个方格对应 $A = 1$，说明最小项中有因子 A，A 和 A' 这一对原反变量在化简时会消去，C 也是一样；但是对于因子 B，四个方格中的 B 的取值都为 1，说明 B 是这四个最小项的公因子，化简之后可以保留在乘积项中；同理，下面一行四个方格的公因子直接写为 A。

【例 4 - 25】　利用卡诺图化简逻辑函数 $Y(A, B, C, D) = \sum m(1, 5, 6, 7, 11, 12, 13, 15)$。

解 画出逻辑函数的卡诺图，如图 4 - 18 所示。

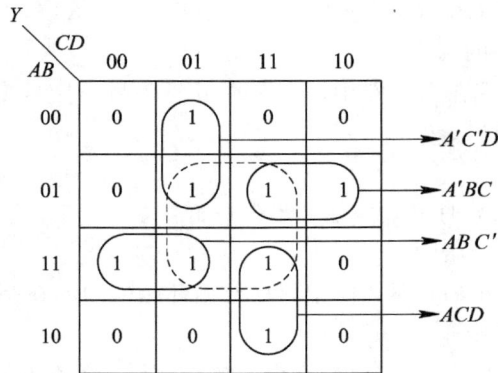

图 4 - 18 例 4 - 25 中的卡诺图

可知：$Y = A'C'D + A'BC + ABC' + ACD$

需要注意的是，图 4 - 18 虚线圈中并不包含专属的 1，所以这个圈是多余的。如果先圈出了，则在最后检查时应去掉，且对应的乘积项不应出现在函数式中。

【例 4 - 26】 利用卡诺图化简逻辑函数 $Y(A,B,C,D) = \sum m(0,1,2,3,5,7,10,11,15)$。

解 画出逻辑函数的卡诺图，如图 4 - 19 所示。

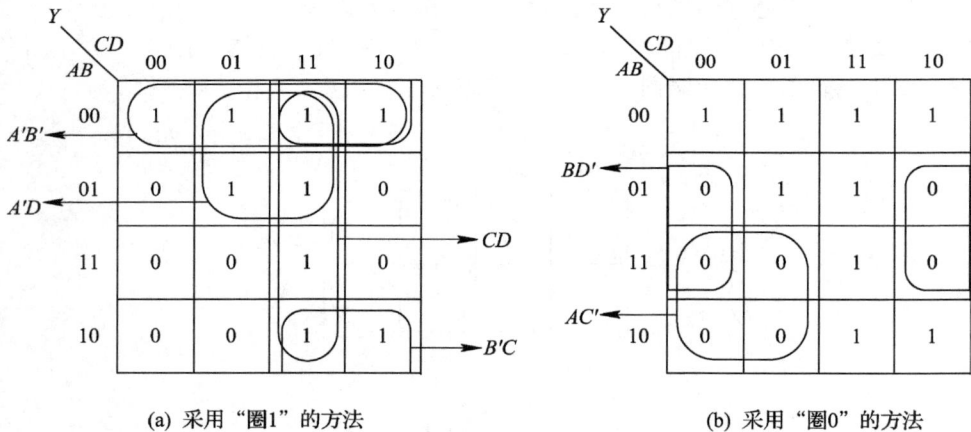

(a) 采用"圈1"的方法　　　　　　(b) 采用"圈0"的方法

图 4 - 19 例 4 - 26 中的卡诺图

如果采用我们所习惯的"圈 1"的方法，如图 4 - 20(a) 所示，可以得到：

$$Y = A'B' + A'D + B'C + CD$$

如果采用"圈 0"的方法，得到的是 Y' 的结果，如图 4 - 19(b) 所示：

$$Y' = AC' + BD'$$

对应的原函数则通过对反函数再求反得到：

$$Y = (Y')' = (AC' + BD')' = (AC')'(BD')'$$
$$= (A' + C)(B' + D) = A'B' + A'D + B'C + CD$$

可以得到相同的结果。

4.4　具有约束的逻辑函数的化简
(Simplification of Logic Function with Constraint)

4.4.1　约束项和约束条件(Constraint Term and Constraint Condition)

在分析某些具体的逻辑函数时,经常会遇到这样一种情况:输入变量的取值不是任意的,而是受到一定的限制,导致某些输入变量的取值组合不会出现。这种对输入变量取值所加的限制称为约束。约束可以是人为规定的,也可以是逻辑本身造成的。受到限制的变量被称为具有约束的变量,不可能出现的取值组合所对应的最小项称为约束项。

图 4-20 所示是一个自动供水系统。一个水箱由大小两台水泵 M_L 和 M_S 供水,水箱中设置了三个水位检测元件 A、B、C。当水面低于检测元件时,检测元件给出高电平;水面高于检测元件时,检测元件给出低电平。当水位超过 C 时,大小水泵都不工作;水位在 B 和 C 之间时,小水泵工作;水位在 A 和 B 之间时,大水泵工作;水位低于 A 时,大小水泵同时工作。可设计一个电路来控制水泵自动向水箱供水,用检测元件 A、B、C 给出的高、低电平作为输入信号,用电路的输出信号来控制水泵。

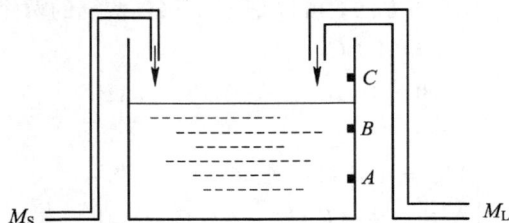

图 4-20　自动供水系统示意图

这是一个具体的逻辑函数,输入变量的每一种取值组合都有具体的含义,如表 4-11 所示。

表 4-11　图 4-20 系统的真值表

A	B	C	含义	M_L	M_S	含义
0	0	0	水面高于 C	0	0	两个水泵都不工作
0	0	1	水面在 B 和 C 之间	0	1	仅小水泵工作
0	1	0	不可能	×	×	不可能
0	1	1	水面在 A 和 B 之间	1	0	仅大水泵工作
1	0	0	不可能	×	×	不可能
1	0	1	不可能	×	×	不可能
1	1	0	不可能	×	×	不可能
1	1	1	水面低于 A	1	1	两个水泵同时工作

在 A、B、C 取值分别为 0、1、0 时,表明水位高于 A、低于 B、高于 C。根据常识知道,只要水箱正常放置,就不可能出现这种输入变量的取值组合。这是逻辑本身对输入变量取值组合的约束,不允许这种输入变量取值组合出现,对应的最小项 $A'BC'$ 就称为约束

项。只有一种输入变量的取值组合能够使最小项 $A'BC'$ 等于 1，即 010，而这种取值组合永远不会出现，因此 $A'BC'$ 只能等于 0。$A'BC'=0$ 就是这个逻辑函数的约束条件。在真值表和卡诺图中，约束项的取值组合对应的输出变量的值通常用"×"来表示，"×"既可以认为是 1，也可以认为是 0。既然这个取值组合根本不会出现，那么它出现时的结果是 1 还是 0 不会对逻辑关系有任何影响。打个不恰当的比方，一个人扬言要炸毁月球，需要你表态，因为没有这种可能性，所以你点头或摇头都可以。

同理，图 4-20 系统的逻辑函数中一共有四个约束条件：$A'BC'=0$，$AB'C'=0$，$AB'C=0$，$A'B'C=0$。可以把这四个约束条件联立起来，写成：

$$\begin{cases} A'BC'=0 \\ AB'C'=0 \\ AB'C=0 \\ ABC'=0 \end{cases}$$

也可以写成：

$$A'BC'+AB'C'+AB'C+ABC'=0$$

两者是等价的。

按照真值表转换逻辑函数的方法，可以把图 4-20 系统的两个逻辑函数分别写成：

$$\begin{cases} M_L=A'BC+ABC \\ A'BC'+AB'C'+AB'C+ABC'=0 \end{cases} \tag{4-6}$$

以及：

$$\begin{cases} M_S=A'B'C+ABC \\ A'BC'+AB'C'+AB'C+ABC'=0 \end{cases} \tag{4-7}$$

对于含有约束项的逻辑函数，必须同时列出约束项，这个逻辑函数才是完整的。也可用最小项之和的方式来简化书写，式(4-6)和(4-7)分别可以写成：

$$M_L=\sum m(3,7)+d(2,4,5,6) \tag{4-8}$$

$$M_S=\sum m(1,7)+d(2,4,5,6) \tag{4-9}$$

4.4.2 具有约束的逻辑函数的公式法化简

(Simplification of Logic Function with Constraints through Laws and Rules)

在化简具有约束项的逻辑函数时，如果能够合理利用约束条件，一般都能够使逻辑函数得到进一步的化简。

下面我们利用约束项来化简图 4-20 系统中的两个逻辑函数：

$$M_L=A'BC+ABC+0=A'BC+ABC+A'BC'+ABC'$$
$$=BC+BC'=B$$
$$M_S=A'B'C+ABC+0$$
$$=(A'B'C+AB'C)+(ABC+AB'C'+AB'C+ABC')$$
$$=B'C+(AB+AB')$$
$$=B'C+A$$

可以看出，利用约束项之后，逻辑函数得到了进一步的化简。但是，在确定化简时哪些约束项应该写入函数表示式，哪些约束项不写入时，公式法化简往往不太直观。这时就要用到卡诺图了。利用卡诺图化简含有约束项的逻辑函数时，可从图上直观地判断对约束项应该如何取舍。

4.4.3　具有约束的逻辑函数的卡诺图法化简

(Simplification of Logic Function with Constraints through Karnaugh Maps)

我们也可以用卡诺图对图 4-20 系统中的逻辑关系进行化简。图 4-21 中给出了式 (4-6) 和式 (4-7) 的卡诺图。

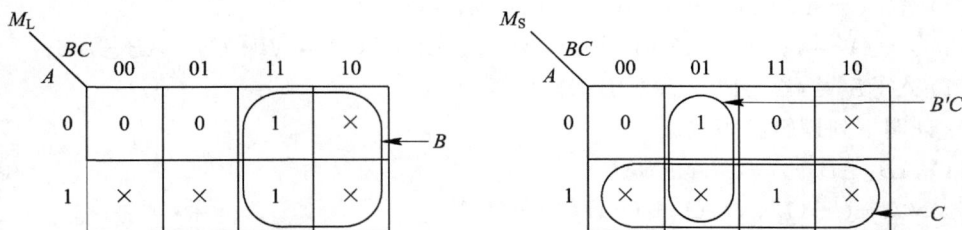

图 4-21　式 (4-6) 和式 (4-7) 的卡诺图

由图可得：

$$M_L = B$$
$$M_S = B'C + A$$

和公式法中得到的结果相同。

图中的 "×" 既可以当做 1 来处理，也可以当做 0 来处理。因此在画圈时，并不要求每个 "×" 都要圈到，但所有的 1 必须圈完。圈 "×" 只是为了得到一个最大的圈，消去更多的因子而已。

【例 4-27】　试化简具有约束项的逻辑函数 $Y(A, B, C, D) = \sum m(2, 4, 6, 8) + d(10, 11, 12, 13, 14, 15)$。

解　画出函数 Y 的卡诺图，如图 4-22 所示。

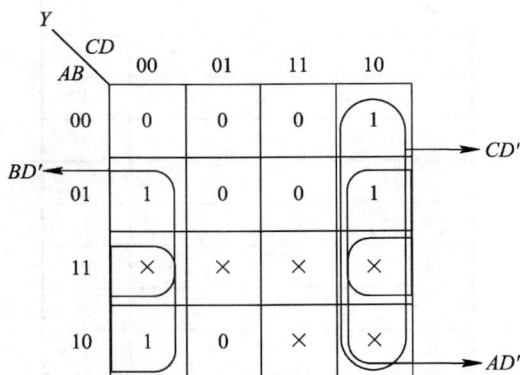

图 4-22　例 4-27 的卡诺图

由图可得：

$$Y = BD' + AD' + CD'$$

习 题
（Exercises）

1. 试用真值表的方法证明下列恒等式。

(1) $A \oplus 0 = A$；(2) $A \oplus 1 = A'$；(3) $A \oplus A = 0$；

(4) $A \oplus A' = 1$；(5) $(A \oplus B) \oplus C = A \oplus (B \oplus C)$；(6) $A(B \oplus C) = AB \oplus AC$；

(7) $A \oplus B' = (A \oplus B)' = A \oplus B \oplus 1$。

2. 证明下列逻辑恒等式。

(1) $AB' + B + A'B = A + B$；

(2) $(A + C')(B + D)(B + D') = AB + BC'$；

(3) $((A + B + C')'C'D)' + (B + C')(AB'D + B'C') = 1$；

(4) $A'B'C' + A(B + C) + BC = (AB'C' + A'B'C + A'BC')'$

3. 已知逻辑函数 X、Y 和 Z 的真值表如表 4 - 12(a)、(b)和(c)所示，试写出对应的逻辑函数式。

表 4 - 12(a)

A	B	C	D	X
0	0	0	0	0
0	0	0	1	1
0	0	1	0	1
0	0	1	1	0
0	1	0	0	1
0	1	0	1	0
0	1	1	0	0
0	1	1	1	1
1	0	0	0	1
1	0	0	1	0
1	0	1	0	0
1	0	1	1	1
1	1	0	0	0
1	1	0	1	1
1	1	1	0	1
1	1	1	1	0

表 4 − 12(b)

A	B	C	Y
0	0	0	0
0	0	1	1
0	1	0	1
0	1	1	0
1	0	0	1
1	0	1	0
1	1	0	0
1	1	1	0

表 4 − 12(c)

M	N	P	Q	Z
0	0	0	0	0
0	0	0	1	0
0	0	1	0	0
0	0	1	1	1
0	1	0	0	0
0	1	0	1	0
0	1	1	0	1
0	1	1	1	1
1	0	0	0	0
1	0	0	1	0
1	0	1	0	0
1	0	1	1	1
1	1	0	0	1
1	1	0	1	1
1	1	1	0	1
1	1	1	1	1

4. 写出下列逻辑函数的真值表。

(1) $Y_1 = A'B + BC + ACD'$

(2) $Y_2 = A'B'CD' + (B \oplus C)'D + AD$

5. 写出图 4-23(a)、(b)、(c)所示电路的输出逻辑函数式。

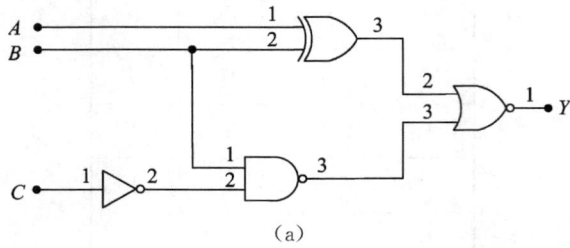

(a)

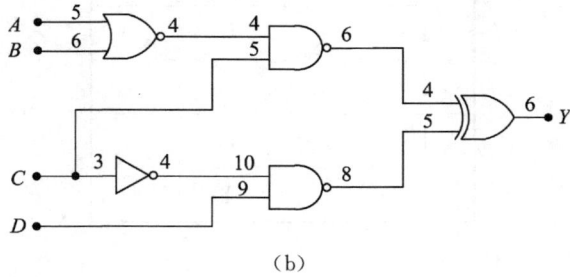

(b)

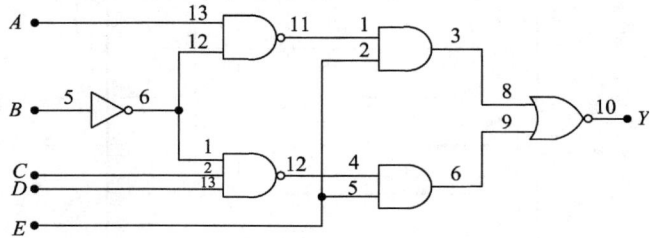

图 4-23(c)

6. 将下列各函数式化为标准与或式。

(1) $Y = A'BC + AC + B'C$；

(2) $Y = AB'C'D + BCD + A'D$ ；

(3) $Y = A + B + CD$；

(4) $Y = AB + ((BC)'(C' + D'))'$；

(5) $Y = LM' + MN' + NL'$ ；

(6) $Y = ((A \oplus B)'(C \oplus D)')'$

7. 将下列各式化为标准或与式。

(1) $Y = (A + B)(A' + B' + C')$；

(2) $Y = AB' + C$；

(3) $Y = A'BC' + B'C + AB'C$；

(4) $Y = BCD' + C + A'D$；

(5) $Y(A, B, C) = \sum (m_1, m_2, m_4, m_6, m_7)$

8. 利用逻辑代数的基本公式和常用公式化简下列各式。

(1) $Y=ACD'+D'$；　　　　　　　　(2) $Y=AB'(A+B)$；

(3) $Y=AB'+AC+BC$；　　　　　　(4) $Y=AB(A+B'C)$；

(5) $Y=E'F'+E'F+EF'+EF$；　　　(6) $Y=ABD+AB'CD'+AC'DE+A$；

(7) $Y=A'BC+(A+B')C$；　　　　　(8) $Y=AC+BC'+A'B$

9. 用公式法将下列逻辑函数化为最简与或形式。

(1) $Y=AB'+B+A'B$；

(2) $Y=AB'C+A'+B+C'$；

(3) $Y=(A'BC)'+(AB')'$；

(4) $Y=AB'CD+ABD+AC'D$；

(5) $Y=AB'(A'CD+(AD+B'C')')(A'+B)$；

(6) $Y=AC(C'D+A'B)+BC((B'+AD)'+CE)'$；

(7) $Y=AC'+ABC+ACD'+CD$；

(8) $Y=A+(B+C')'(A+B'+C)(A+B+C)$；

(9) $Y=BC'+ABC'E+B'(A'D'+AD)'+B(AD'+A'D)$；

(10) $Y=AC+AC'D+AB'E'F+B(D\oplus E)+BC'DE'+BC'D'E+ABE'F$。

10. 用卡诺图化简法化简以下逻辑函数。

(1) $Y=C+ABC$

(2) $Y=AB'C+BC+A'BC'D$

(3) $Y(A,B,C)=\sum m(1,2,3,7)$

(4) $Y(A,B,C,D)=\sum m(0,1,2,3,4,6,8,9,10,11,14)$

11. 用卡诺图化简法将下列逻辑函数化为最简与或形式。

(1) $Y=ABC+ABD+C'D'+AB'C+A'CD'+AC'D$

(2) $Y=AB'+A'C+BC+C'D$

(3) $Y=A'B'+BC'+A'+B'+ABC$

(4) $Y=A'B'+AC+B'C$

(5) $Y=AB'C'+A'B'+A'D+C+BD$

(6) $Y(A,B,C)=\sum m(0,1,2,5,6,7)$

(7) $Y(A,B,C,D)=\sum m(0,1,2,5,8,9,10,12,14)$

(8) $Y(A,B,C)=\sum m(1,4,7)$

12. 化简下列逻辑函数(方法不限)。

(1) $Y=AB'+A'C+C'D+D$

(2) $Y=A'(CD'+C'D)+BC'D+AC'D+A'CD'$

(3) $Y=((A'+B')D)'+(A'B'+BD)C'+A'C'BD+D'$

(4) $Y=AB'D+A'B'C'D+B'CD+(AB'+C)'(B+D)$

(5) $Y=(AB'C'D+AC'DE+B'DE'+AC'D'E)'$

13. 写出图 4-24 中各逻辑图的逻辑函数式，并化简为最简与或形式。

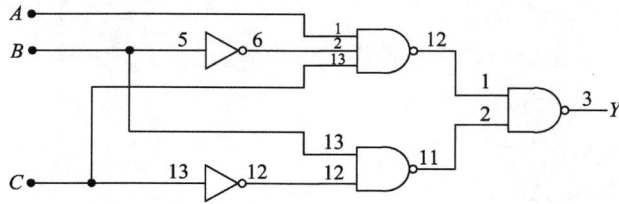

（a）

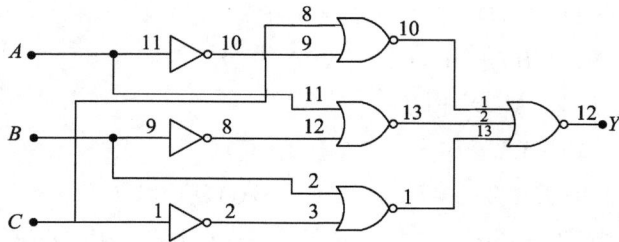

（b）

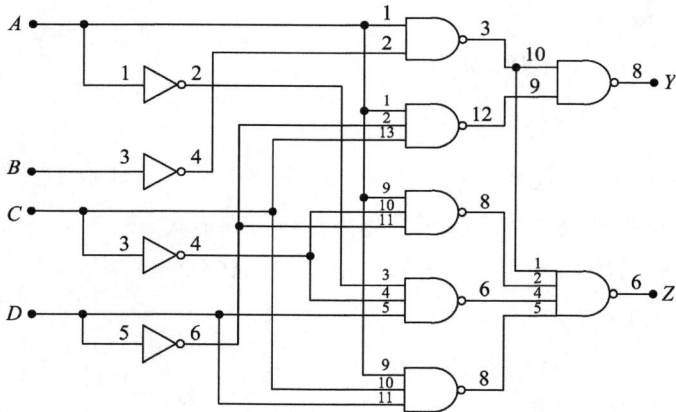

（c）

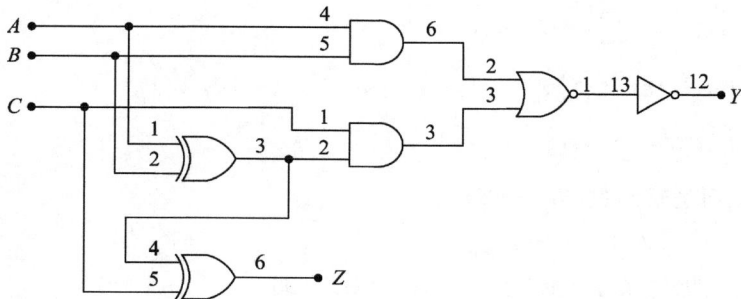

图 4-24（d）

14. 将下列具有约束项的逻辑函数化为最简与或形式。

(1) $Y = AB'C' + ABC + A'B'C + A'BC'$

约束条件为：$A'B'C' + A'BC = 0$

(2) $Y = (A+C+D)' + A'B'CD' + AB'C'D$

约束条件为：$AB'CD' + AB'CD + ABC'D' + ABC'D + ABCD' + ABCD = 0$

(3) $Y = CD'(A \oplus B) + A'BC' + A'C'D$

约束条件为：$AB + CD = 0$

(4) $Y = (AB'+B)CD' + ((A+B)(B'+C))'$

约束条件为：$ABC + ABD + ACD + BCD = 0$

15. 将下列具有约束项的逻辑函数化为最简的与或形式。

(1) $Y(A,B,C) = \sum m(0,1,2,4) + d(5,6)$

(2) $Y(A,B,C) = \sum m(1,2,4,7) + d(3,6)$

(3) $Y(A,B,C,D) = \sum m(3,5,6,7,10) + d(0,1,2,4,8)$

(4) $Y(A,B,C,D) = \sum m(2,3,7,8,11,14) + d(0,5,10,15)$

第 5 章　组合逻辑电路分析与设计
（Analysis and Design of Combinational Logic Circuit）

5.0　概述（Introduction）

根据逻辑功能不同，数字电路可分为组合逻辑电路（或组合电路）和时序逻辑电路（或时序电路）两大类。

组合逻辑电路任意时刻的输出仅仅取决于该时刻的输入，与电路原来的状态（各级门电路的输出）无关。电路由各种门电路组成，不包含存储单元（如锁存器、触发器等），不存在反馈电路，与时间无关，没有记忆功能。

时序逻辑电路中含有存储单元，具有记忆功能，因此时序逻辑电路与时间相关，任一时刻的输出不仅取决于当前电路的输入，而且还与电路的原来状态有关系。

组合逻辑电路结构图如图 5-1 所示，其中 x_1，x_2，$\cdots$，x_n 为输入信号，y_1，y_2，$\cdots$，y_m 为输出信号，输入输出之间的逻辑函数关系可用式（5-1）来表示。

图 5-1　组合逻辑电路结构框图

$$
\begin{cases}
y_1 = f_1(x_1, x_2, \cdots, .x_n) \\
y_2 = f_2(x_1, x_2, \cdots, x_n) \\
\vdots \\
y_m = f_m(x_1, x_2, \cdots, x_n)
\end{cases}
\tag{5-1}
$$

组合逻辑电路除了一般的应用外，还有一些比较典型的应用，如编码器、译码器、数据分配器、数据选择器、加法器、数值比较器等。

5.1　组合逻辑电路的分析和设计方法
（Analysis and Design Method of Combinational Logic Circuit）

本章我们主要学习组合逻辑电路的分析和设计方法，即给定一个组合逻辑电路，通过相应的方法来分析该电路的功能；给定一个电路的功能描述，按照一定的方法设计出该电路。这里的方法即前几章学习到的列真值表和代数表达式、公式法及卡诺图法化简等。分析和设计电路时，首先要了解组合逻辑电路的应用领域和场合，其次要掌握组合逻辑电路的一般分析、设计流程和方法，最后要熟练应用组合逻辑电路常用的集成芯片(编码器、译码器、数据选择器、加法器等)的功能及使用方法。

5.1.1　组合逻辑电路的分析方法(Analysis Method of Combinational Logic Circuit)

分析组合逻辑电路时，能根据给定的逻辑电路图，通过一定的分析方法描述出电路的功能。

分析步骤一般为：

(1) 写出逻辑电路输出函数的逻辑关系表达式。首先将逻辑电路图中各个门的输出都标上字母，然后从输入级开始，逐级推导出各个门的输出函数表达式。

注意：逻辑变量用大写英文字母表示，输入用 A、B、C、D 等，输出用 F、Y 等；逻辑常量用 0 和 1 表示。

(2) 化简。用公式法或卡诺图法对得到的输出函数表达式进行化简或变换，目的是使逻辑关系简单明了。

(3) 由逻辑函数表达式建立真值表。首先将输入信号的所有组合列表，然后将各组合代入输出函数，通过逻辑运算得到输出函数值。

(4) 分析真值表，判断逻辑电路的功能并进行语言描述。

【**例 5-1**】 试分析图 5-2 所示的组合逻辑电路图的功能。

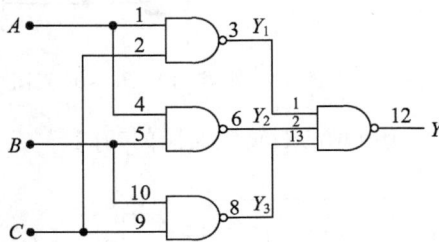

图 5-2　例 5-1 的组合逻辑电路

解　(1) 由电路图逐级写出各门电路的输出函数。

$$Y_1 = (AC)'$$
$$Y_2 = (AB)'$$
$$Y_3 = (BC)'$$

(2) 通过转换和化简，最终得到该组合电路的逻辑函数的表达式为：

$$Y = (Y_1 Y_2 Y_3)' = ((AC)'(AB)'(BC)')' = AC + AB + BC$$

(3) Y 对应的真值表如表 5-1 所示。

表 5-1　例 5-1 的真值表

A	B	C	Y
0	0	0	0
0	0	1	0
0	1	0	0
0	1	1	1
1	0	0	0
1	0	1	1
1	1	0	1
1	1	1	1

（4）分析真值表，判断逻辑电路的功能。

当输入 A、B、C 中有 2 个或 3 个为 1 时，输出 Y 为 1，否则输出 Y 为 0。所以这个电路实际上是一种三人表决用的组合逻辑电路，只要有两票或三票同意，表决就通过。输入为 1 表示同意，0 表示不同意；输出为 1 表示通过表决，输出为 0 表示不通过表决。

在 Proteus 中对该电路进行仿真，结果如图 5-3 所示。当 $A=0$，$B=1$，$C=0$ 时，只有一票同意，$Y=0$；当 $A=1$，$B=1$，$C=0$ 时，有两票同意，$Y=1$。

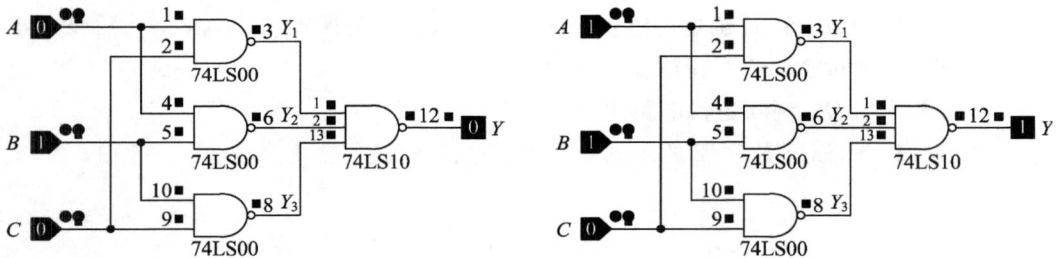

图 5-3　例 5-1 电路的 Proteus 仿真图

【例 5-2】　试分析图 5-4 所示的逻辑电路图的功能。

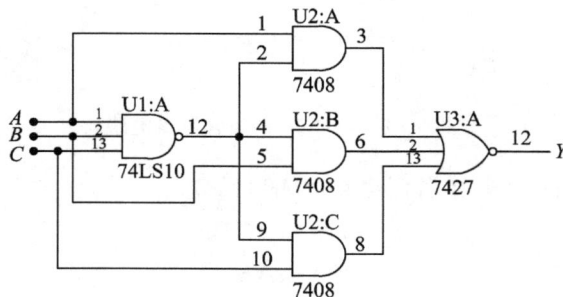

图 5-4　例 5-2 的组合逻辑电路

解　（1）由图 5-4 逐级写出各级门电路的输出函数表达式，该组合电路的逻辑函数 Y 为：

$$Y = (A(ABC)' + B(ABC)' + C(ABC)')' = ((A + B + C)(ABC)')'$$
$$= (A + B + C)' + ((ABC)')' = A'B'C' + ABC$$

（2）函数 Y 的真值表如表 5-2 所示。

表 5-2　例 5-2 的真值表

A	B	C	Y
0	0	0	1
0	0	1	0
0	1	0	0
0	1	1	0
1	0	0	0
1	0	1	0
1	1	0	0
1	1	1	1

（3）分析真值表，判断逻辑电路的功能。

当输入 A、B、C 全为 0 或全为 1 时，输出 Y 为 1，否则输出 Y 为 0。所以该组合逻辑电路可实现对输入的数码序列是否为全 0 或全 1 的检测功能，也就是判断输入的三个数码是否一致。Proteus 仿真效果如图 5-5 所示，A、B、C 全为 0 时，$Y=1$；A、B、C 为 011 时，$Y=0$。

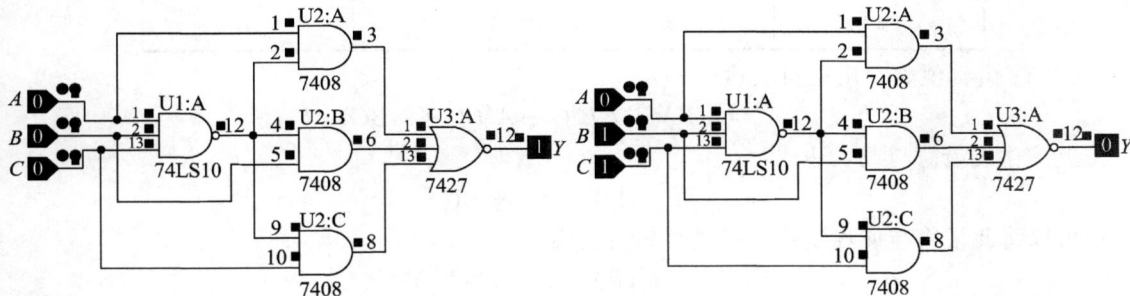

图 5-5　例 5-2 电路的 Proteus 仿真图

5.1.2　组合逻辑电路的设计方法

（Design Method of Combinational Logic Circuit）

组合逻辑电路的设计就是在给定的逻辑功能及要求的条件下，设计出满足功能要求的最简逻辑电路，其一般步骤如下：

（1）根据电路的功能描述，确定输入、输出变量的个数并对其命名，定义变量的逻辑状态含义（即 1 和 0 分别表示什么意思）；

（2）根据给定的逻辑关系，建立真值表；

（3）由真值表写出函数的逻辑表达式，并化简成最简与或表达式或题目要求的其它形式表达式（如与非与非表达式等，以便于用集成与非门实现）；

（4）根据得到的最简与或表达式或其它表达式，逐级画出门电路，并最终得到一个最简组合逻辑电路图。

【例 5 - 3】 设计一逻辑电路供三人（A、B、C）表决使用。每人面前有一电键，如果赞成就按电键，表示 1；如果不赞成就不按电键，表示 0。表决结果用指示灯来表示，如果多数赞成，则指示灯亮，$Y=1$；反之灯不亮，$Y=0$。要求用与非门实现。

解 （1）首先确定逻辑变量。三个输入变量用 A、B、C 表示，A、B、C 为电键，输出变量用 Y 表示，Y 为指示灯。

（2）根据以上分析列出如表 5 - 3 所示的真值表。

表 5 - 3　例 5 - 3 的真值表

A	B	C	Y
0	0	0	0
0	0	1	0
0	1	0	0
0	1	1	1
1	0	0	0
1	0	1	1
1	1	0	1
1	1	1	1

（3）由真值表写出逻辑表达式。

$$Y = ABC' + AB'C + A'BC + ABC$$

将上式化成最简与或表达式：

$$Y = AB + AC + BC$$

还可以将此最简与或表达式变换成与非表达式：

$$Y = ((AB)'(AC)'(BC)')'$$

（4）根据得到的与非表达式画出组合逻辑电路图，如图 5 - 6 所示。

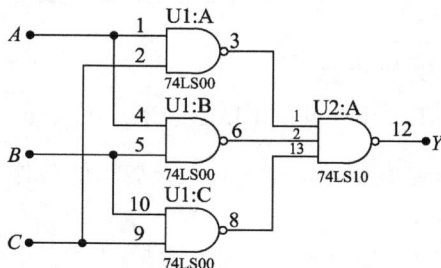

图 5 - 6　例 5 - 3 的组合逻辑电路

【例 5 - 4】 设计一个三输入信号的判别电路。要求三个输入信号有奇数个信号为高电平时输出高电平信号，有偶数个信号为高电平时输出低电平信号。

解 (1)进行电路功能描述。设三个输入信号的逻辑变量为 A、B、C，输出函数逻辑变量为 Y。当 A、B、C 高电平数为奇数个时，输出 Y 为高电平，否则为低电平。

(2)根据以上分析列出如表 5-4 所示的组合逻辑函数的真值表。

表 5-4 例 5-4 的真值表

A	B	C	Y
0	0	0	0
0	0	1	1
0	1	0	1
0	1	1	0
1	0	0	1
1	0	1	0
1	1	0	0
1	1	1	1

(3)画出卡诺图，如图 5-7 所示。

图 5-7 例 5-4 的逻辑函数卡诺图

由图 5-7 所示的卡诺图可知，该输出函数已经是最简了，其逻辑表达式如下：

$$Y = A'B'C + A'BC' + AB'C' + ABC = A \oplus B \oplus C$$

(4)根据逻辑表达式画出函数 Y 对应的逻辑电路，如图 5-8 所示。

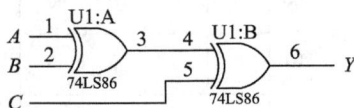

图 5-8 例 5-4 的组合逻辑电路

【例 5-5】 设计一个水位报警器，水位高度用 4 位二进制数 $A_3A_2A_1A_0$ 表示。水位上升至 5 m 时只有绿灯 G 亮，上升至 8 m 时只有黄灯 Y 亮，上升至 11 m 时只有红灯 R 亮；水位不可能达到 14 m。

解 设灯亮为 1，灯暗为 0。根据逻辑规定和功能要求，可得到相应的真值表，如表 5-5所示。由于题目中已说明水位不可能达到 14 m，因此真值表中最后两个组合 1110、1111 可当做约束项处理，对应的输出用 X 表示。

表 5 - 5 例 5 - 5 的真值表

输　　　　入				输　　　出		
A_3	A_2	A_1	A_0	G	Y	R
0	0	0	0	0	0	0
0	0	0	1	0	0	0
0	0	1	0	0	0	0
0	0	1	1	0	0	0
0	1	0	0	0	0	0
0	1	0	1	1	0	0
0	1	1	0	1	0	0
0	1	1	1	1	0	0
1	0	0	0	0	1	0
1	0	0	1	0	1	0
1	0	1	0	0	1	0
1	0	1	1	0	0	1
1	1	0	0	0	0	1
1	1	0	1	0	0	1
1	1	1	0	X	X	X
1	1	1	1	X	X	X

（2）根据真值表，分别画出如图 5 - 9 所示的各函数的卡诺图。

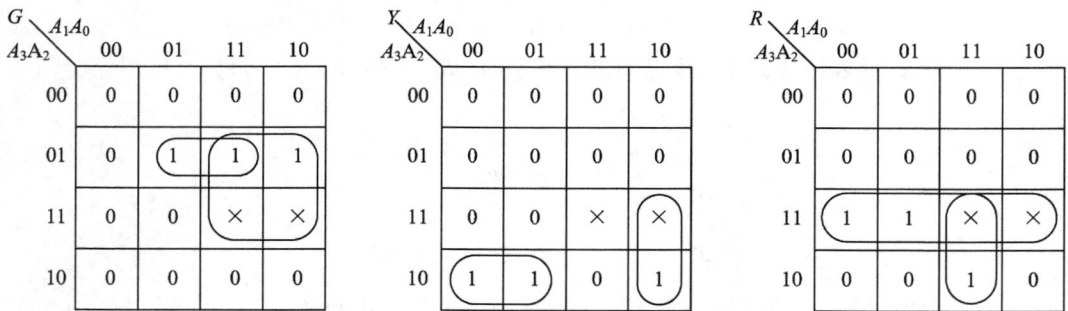

图 5 - 9 例 5 - 5 的逻辑函数卡诺图

（3）根据图 5 - 9 所示的卡诺图化简结果，分别写出逻辑函数 G、Y、R 的最简与或逻辑表达式如下：

$$G = A_2 A_1 + A_3' A_2 A_0, \quad Y = A_3 A_2' A_1' + A_3 A_1 A_0', \quad R = A_3 A_2 + A_3 A_1 A_0$$

（4）根据函数表达式画出水位报警器的组合逻辑电路，如图 5 - 10 所示。

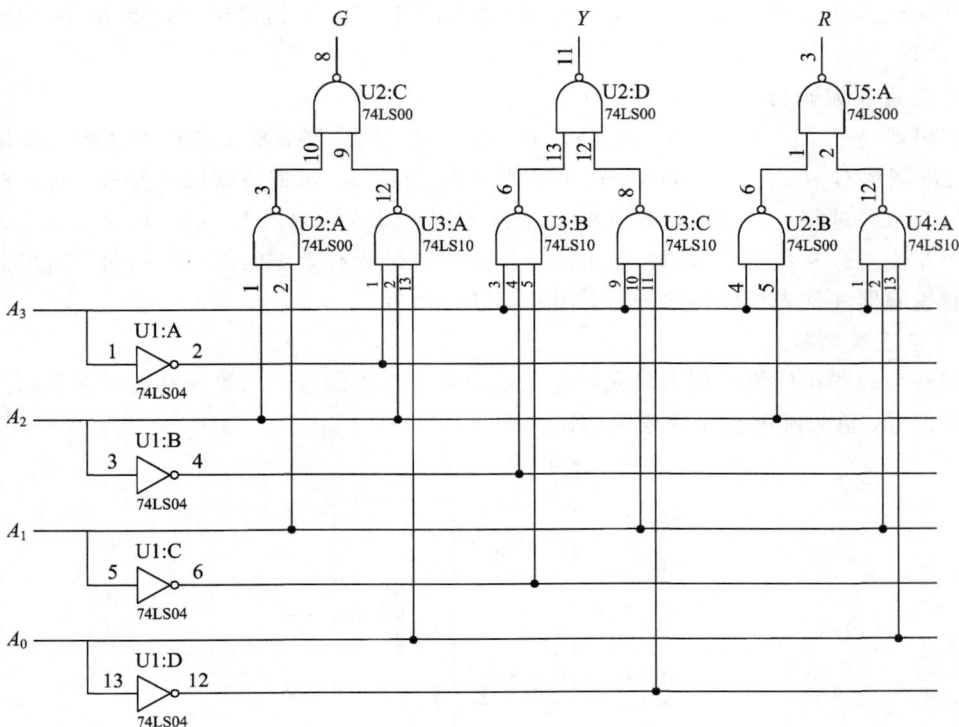

图 5-10　例 5-5 的组合逻辑电路

5.2　常用组合逻辑集成芯片
（Common Combinational Logic Integrated Chip）

随着集成电路工艺的不断发展，单个芯片的集成度越来越高，设计人员越来越将注意力集中于系统设计。在数字系统设计中，某些常用的组合逻辑电路已经制成了标准化、系列化的中规模集成电路芯片，供用户在设计时选择，由此得到了广泛应用。常见的中规模组合逻辑电路主要包括编码器、译码器、数据分配器、数据选择器、加法器、数值比较器等。本节主要讨论它们的功能、原理及应用。

5.2.1　编码器（Encoder）

什么是编码？大家都知道，每个人都有名字，每个手机都有一个电话号码，其作用就是为了区分不同的人和物，编码的功能亦类似于此。一般来说，用某种文字和符号或数字来表示某一对象或信号的过程，就称为编码。实现编码操作的电路称为编码器。

用某种文字和符号的编码难以用电路来实现，因此电路的编码主要用数字来表示。十进制数有 10 个数码，编码时需要有 10 个电路与之对应，较难实现，且复杂不经济。而二进制数只有 0 和 1 两个数码，只需要两个电路与之对应，且易于实现，因此数字电路普遍采用二进制码的不同组合来进行编码，表示某一信息（如文字、数字或符号）。例如两位二进制编码有 00、01、10、11 四种,可以表示四个信号。下面讨论二进制和二-十进制两种编码器。

1. 二进制编码器

编码器是一个多输入多输出电路,输入信号进入编码器后输出二进制代码。如果采用 n 位二进制数对 m 个信号进行编码,则需要满足 $2^n \geqslant m$。例如待编码信号有 8 个,$8 = 2^3$,所以用 3 位二进制进行编码,称为 8-3 线编码器;如果有 11 个输入信号,$2^4 > 11 > 2^3$,则需要用 4 位二进制数进行编码。按照同一时刻允许输入有效编码信号的数量,编码器可分为普通编码器和优先编码器两种,下面分别进行介绍。

1) 普通编码器

普通编码器在任何时刻都只允许输入一个有效编码信号。如果同时输入一个以上的有效编码信号,输出端就会出现逻辑错误。

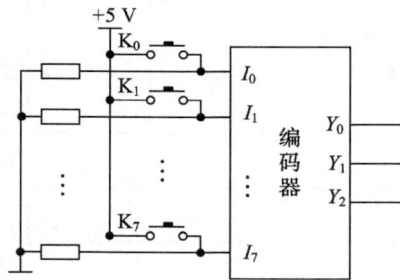

图 5-11　键盘输入电路

图 5-11 中的编码器实际上是一个 8 输入、3 输出的组合逻辑电路。为了简化编码器的电路设计,假设在任何时刻都有且仅有一个键按下。键按下时,对应的输入信号为高电平,即任何时刻,8 个输入信号 $I_0 \sim I_7$(对应 8 个按键 $K_0 \sim K_7$)中有且仅有一个输入为 1,其余输入为 0。因此,虽然 8 个输入变量共有 256 种组合,但只有 8 种组合是有效的,其余组合被称为无效组合。输出端被编为 3 位二进制代码 $Y_2 \sim Y_0$,构成 8-3 线编码器,其功能表如表 5-6 所示。

表 5-6　8-3 线编码器功能表

输　　入								输　　出		
I_0	I_1	I_2	I_3	I_4	I_5	I_6	I_7	Y_2	Y_1	Y_0
1	0	0	0	0	0	0	0	0	0	0
0	1	0	0	0	0	0	0	0	0	1
0	0	1	0	0	0	0	0	0	1	0
0	0	0	1	0	0	0	0	0	1	1
0	0	0	0	1	0	0	0	1	0	0
0	0	0	0	0	1	0	0	1	0	1
0	0	0	0	0	0	1	0	1	1	0
0	0	0	0	0	0	0	1	1	1	1

其实表 5-6 是由待编码的 8 个信号和对应的 3 位二进制代码列成的表格，这种对应关系是人为的。用 3 位二进制代码表示 8 个信号的方案很多，表 5-6 所列只是其中一种。每种方案都有一定的规律性，应便于记忆。

假设任何时刻有且只有一个键按下，则输出的 3 位二进制代码的逻辑表达式如下所示：

$$\begin{cases} Y_2 = I_4I_0'I_1'I_2'I_3'I_5'I_6'I_7' + I_5I_0'I_1'I_2'I_3'I_4'I_6'I_7' + I_6I_0'I_1'I_2'I_3'I_4'I_5'I_7' + I_7I_0'I_1'I_2'I_3'I_4'I_5'I_6' \\ Y_1 = I_2I_0'I_1'I_3'I_4'I_5'I_6'I_7' + I_3I_0'I_1'I_2'I_4'I_5'I_6'I_7' + I_6I_0'I_1'I_2'I_3'I_4'I_5'I_7' + I_7I_0'I_1'I_2'I_3'I_4'I_5'I_6' \\ Y_0 = I_1I_0'I_2'I_3'I_4'I_5'I_6'I_7' + I_3I_0'I_1'I_2'I_4'I_5'I_6'I_7' + I_5I_0'I_1'I_2'I_3'I_4'I_6'I_7' + I_7I_0'I_1'I_2'I_3'I_4'I_5'I_6' \end{cases}$$

考虑加入约束项（约束项非常多，例如 Y_2 表达式中第一项，当 I_4 为 1，其它输入也为 1 即为其约束项）进行化简，可得到式(5-2)：

$$\begin{cases} Y_2 = I_4 + I_5 + I_6 + I_7 \\ Y_1 = I_2 + I_3 + I_6 + I_7 \\ Y_0 = I_1 + I_3 + I_5 + I_7 \end{cases} \tag{5-2}$$

由式(5-2)的函数 Y_2、Y_1 和 Y_0 的表达式可画出如图 5-12 所示的电路图，这个电路是由三个或门组成的。

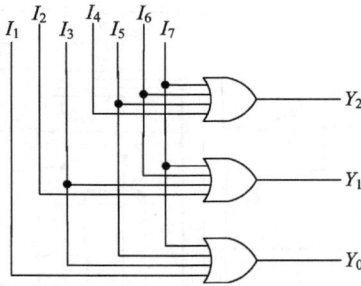

图 5-12　8-3 线普通编码器

从图 5-12 中可看到输入信号中没有 I_0，这是因为当 $I_1 \sim I_7$ 均为 0 时，I_0 一定为 1，输出结果为 000，即是对 I_0 的编码。

思考：当有两个输入信号（如 I_2 和 I_4）同时有效时，将出现什么情况？

普通编码器如果同时输入多个有效编码信号，输出端就会出现逻辑错误。因此在电路中通常采用能够识别信号优先级的优先编码器。

2）优先编码器

所谓优先编码器，是指对输入信号定义不同的优先级。当多个输入信号同时有效时，只对优先级最高的信号进行编码。

图 5-13 给出了集成 8-3 线优先编码器 74LS148 的逻辑图。编码器输入信号为 $I_7' \sim I_0'$ 时，低电平有效；输出信号为 $Y_2' \sim Y_0'$ 时，以二进制反码的形式表示。不考虑 G_1、G_2 和 G_3 构成的附加电路，则编码器电路为图 5-13 中虚线框内的部分。由图 5-13 写出输出逻辑式，如式(5-3)所示：

$$\begin{cases} Y_2' = ((I_4 + I_5 + I_6 + I_7) \cdot S)' \\ Y_1' = ((I_2I_4'I_5' + I_3I_4'I_5' + I_6 + I_7) \cdot S)' \\ Y_0' = ((I_1I_2'I_4'I_6' + I_3I_4'I_6' + I_5I_6' + I_7) \cdot S)' \end{cases} \tag{5-3}$$

为了增强电路扩展功能，74LS148 增加了 G_1、G_2 和 G_3 构成的附加电路，设置了输入使能端 S'、输出使能端 Y'_S 和扩展输出端 Y'_{EX}，其关系如式(5-4)所示。

$$\begin{cases} Y'_S = (I'_0 I'_1 I'_2 I'_3 I'_4 I'_5 I'_6 I'_7 S)' \\ Y'_{EX} = (Y'_S S)' \end{cases} \qquad (5-4)$$

三个端口均为低电平有效，具体分析如下：

（1）输入使能端 S'：低电平有效。

$S'=0$ 时，编码器可正常编码；$S'=1$ 时，编码器禁止编码。

（2）输出使能端 Y'_S：低电平有效。

$Y'_S=0$ 时，允许编码，但输入信号 $I'_7 \sim I'_0$ 一定全为高电平，表示无编码信号输入；$Y'_S=1$ 时，禁止编码。因此 $Y'_S=0$ 时表示"编码器工作，但无编码信号输入"。Y'_S 信号主要用于多片 74LS148 的级联，以便组成更多输入端的优先编码器。

（3）扩展输出端 Y'_{EX}：低电平有效。

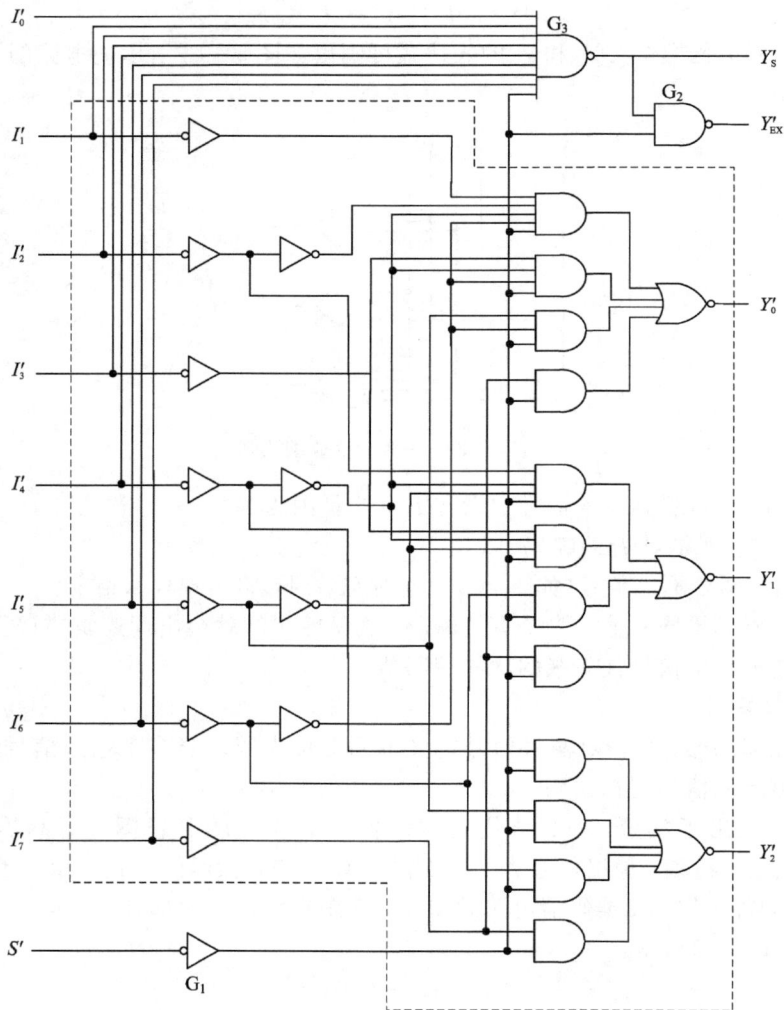

图 5-13 8-3线优先编码器 74LS148

$Y'_{EX}=0$ 时，表示有编码信号输入，即编码器输入信号 $I'_7 \sim I'_0$ 中至少有一个信号为低电平。因此 $Y'_{EX}=0$ 时表示"编码器工作，且有编码信号输入"。

列出附加控制端功能表，如表 5-7 所示。不管是输入还是输出信号，凡是带"非"的，均为低电平有效。为了强调说明以低电平作为有效输入信号，有时也将非门中表示反相的小圆圈画在输入端，如图 5-13 中左边一列非门的画法。

表 5-7　附加控制端功能表

Y'_S	Y'_{EX}	工 作 状 态
1	1	不工作，使能端无效
0	1	工作，但无输入
1	0	工作，且有输入
0	0	不可能出现

集成 8-3 线优先编码器 74LS148 的功能表如表 5-8 所示。由功能表可见，$S'=0$，电路正常工作状态下，允许 $I'_7 \sim I'_0$ 当中同时有几个输入端为低电平，即有编码信号输入。8 个输入信号中 I'_7 的优先级最高，I'_0 的优先级最低。当 $I'_7=0$ 时，无论其它输入端有无输入信号（表 5-8 中以 X 表示），输出端只给出 I'_7 的编码，即 $Y'_2 Y'_1 Y'_0 = 000$；当 $I'_7=1$，$I'_6=0$ 时，无论其它输入端有无输入信号，只对 I'_6 编码，即 $Y'_2 Y'_1 Y'_0 = 001$；其余的依此类推。

表 5-8 中出现的三种 $Y'_2 Y'_1 Y'_0 = 111$ 的情况，可以用 Y'_S、Y'_{EX} 的不同状态加以区分。

表 5-8　74LS148 优先编码器功能表

输　入									输　出				
S'	I'_7	I'_6	I'_5	I'_4	I'_3	I'_2	I'_1	I'_0	Y'_2	Y'_1	Y'_0	Y'_S	Y'_{EX}
1	X	X	X	X	X	X	X	X	1	1	1	1	1
0	1	1	1	1	1	1	1	1	1	1	1	0	1
0	0	X	X	X	X	X	X	X	0	0	0	1	0
0	1	0	X	X	X	X	X	X	0	0	1	1	0
0	1	1	0	X	X	X	X	X	0	1	0	1	0
0	1	1	1	0	X	X	X	X	0	1	1	1	0
0	1	1	1	1	0	X	X	X	1	0	0	1	0
0	1	1	1	1	1	0	X	X	1	0	1	1	0
0	1	1	1	1	1	1	0	X	1	1	0	1	0
0	1	1	1	1	1	1	1	0	1	1	1	1	0

74LS148 的引脚排列及逻辑功能示意图如图 5-14 所示。图 5-14（a）是 74LS148 的引脚排列图，芯片左侧有一缺口，最左下角为芯片 1 脚，芯片引脚的标注顺序为逆时针排列，其中 8 引脚接地，16 引脚接电源。芯片引脚生产时已经确定好，不能随意改变其顺序和功能。图 5-14（b）是逻辑功能示意图，它将输入端放在一侧，输出端放在另一侧。以低电平作为有效的输入或输出信号，则于框图外部相应的输入或输出端处加画小圆圈，并在外部标注的输入或输出端信号名称上加非号撇。

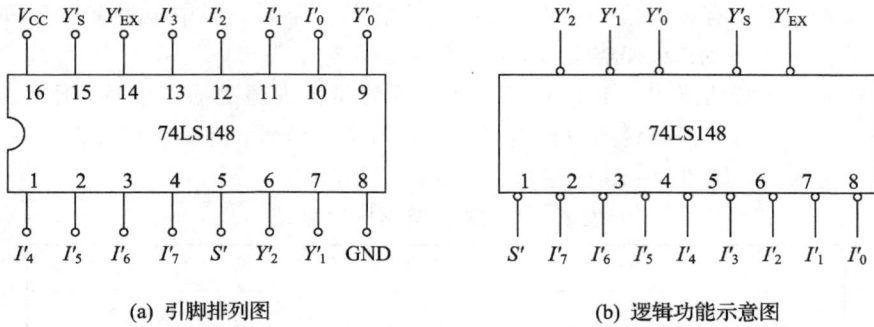

(a) 引脚排列图　　　　　　　　　　　(b) 逻辑功能示意图

图 5-14　74LS148 引脚排列图及逻辑功能示意图

3) 74LS148 的应用

（1）单片使用。

【例 5-6】　用一片 74LS148 构成 8 键编码电路。

解　如图 5-15 所示，EI′端应接地。8 个输入信号 $I_7'\sim I_0'$（对应 8 个按键 $K_7\sim K_0$）中有且仅有一个输入为 0，其余为 1。因此对其进行编码时，需要 3 位二进制代码，从 $Y_2'Y_1'Y_0'$ 输出。

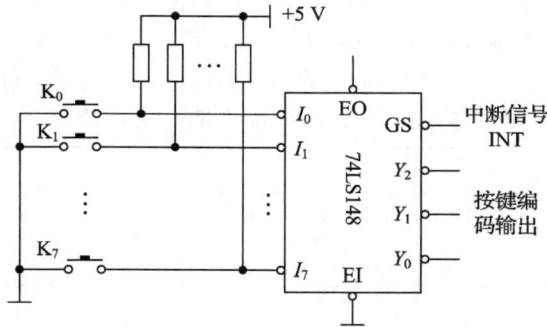

图 5-15　74LS148 构成的 8 键编码电路

在 Proteus 中对 74LS148 构成的 8 键编码电路进行仿真，结果如图 5-16～图 5-18 所示。图 5-16 中，$S'=$EI′，$Y_S'=$EO′，$Y_{EX}'=$GS′。$S'=1$ 时，芯片不工作，不进行编码，输出 $Y_2'Y_1'Y_0'=111$，$Y_S'=1$，$Y_{EX}'=1$。

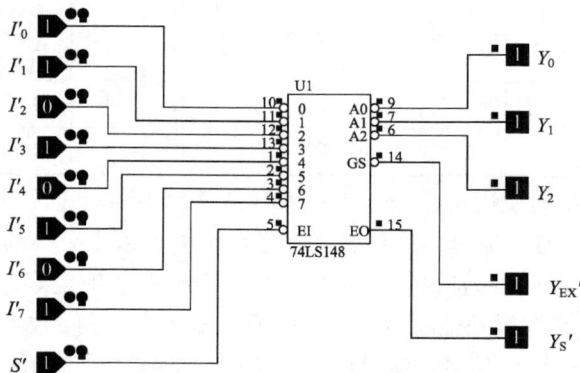

图 5-16　74LS148 单片使用 Proteus 仿真结果一

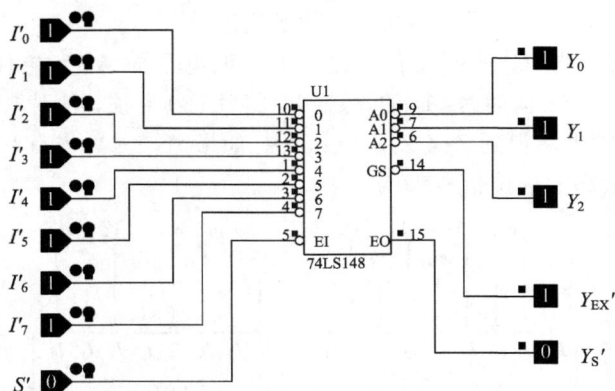

图 5-17　74LS148 单片使用 Proteus 仿真结果二

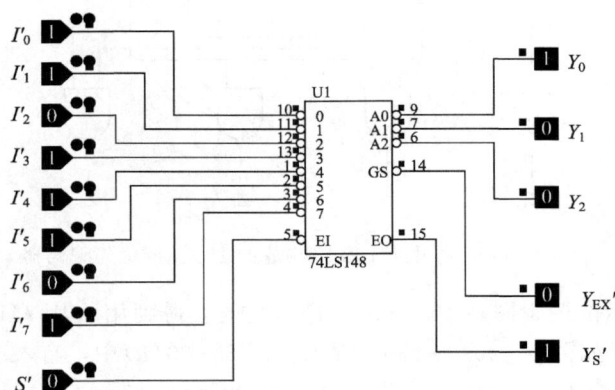

图 5-18　74LS148 单片使用 Proteus 仿真结果三

图 5-17 中，$S'=0$ 时，电路工作，芯片可正常编码，但输入 $I'_7 \sim I'_0$ 均为 1，无编码输入，因此输出 $Y'_2Y'_1Y'_0=111$，$Y'_S=0$，$Y'_{EX}=1$。图 5-18 中，$S'=0$ 时，芯片可以正常工作。6 端和 2 端都有信号输入，且 6 端的优先级高于 2 端，因此只对 6 端的输入信号 I'_6 进行编码，因此输出 $Y'_2Y'_1Y'_0=001$，取反即为 110，输出 $Y'_S=1$，$Y'_{EX}=0$。

(2) 级联使用。

【例 5-7】　用两片 74LS148 构成 16-4 线优先编码器，将 $A'_0 \sim A'_{15}$ 16 个低电平输入信号编为 0000~1111 的 16 个 4 位二进制代码，其中 A'_{15} 优先权最高，A'_0 优先权最低。

解　由于每片 74LS148 只有 8 个编码输入，所以需将 16 个输入信号分别接到两片 74LS148 上。现将 $A'_{15} \sim A'_8$ 8 个优先权高的输入信号接到第(1)片的 $I'_7 \sim I'_0$ 输入端，而将 $A'_7 \sim A'_0$ 8 个优先权低的输入信号接到第(2)片的 $I'_7 \sim I'_0$ 输入端。按照优先顺序的要求，只有 $A'_{15} \sim A'_8$ 均无输入信号时，才允许对 $A'_7 \sim A'_0$ 的输入信号编码。因此，只要将第(1)片的"无编码信号输入"信号 Y'_S 作为第(2)片的选通输入信号 S' 就行了。

此外，当第(1)片有编码信号输入时，其 $Y'_{EX}=0$，无编码信号输入时，$Y'_{EX}=1$，正好可以用作输出编码的第四位，以区分 8 个高优先权输入信号和 8 个低优先权输入信号的编码。编码输出的低 3 位应为两片输出 $Y_2Y_1Y_0$ 的逻辑或。

依照上面分析，可得到如图 5-19 所示的逻辑图。

由图 5-19 可见，当 $A'_{15} \sim A'_8$ 中任一输入端为低电平如 $A'_{14}=0$ 时，则片(1)的 $Y'_{EX}=0$，$Z_3=1$，$Y'_2 Y'_1 Y'_0=001$；同时片(1)的 $Y'_S=1$，将片(2)封锁，使片(2)的输出 $Y'_2 Y'_1 Y'_0=111$；于是在最后的输出端得到 $Z_3 Z_2 Z_1 Z_0=1110$。如果 $A'_{15} \sim A'_8$ 中有几个输入端为低电平，则只对其中优先权最高的一个信号编码。

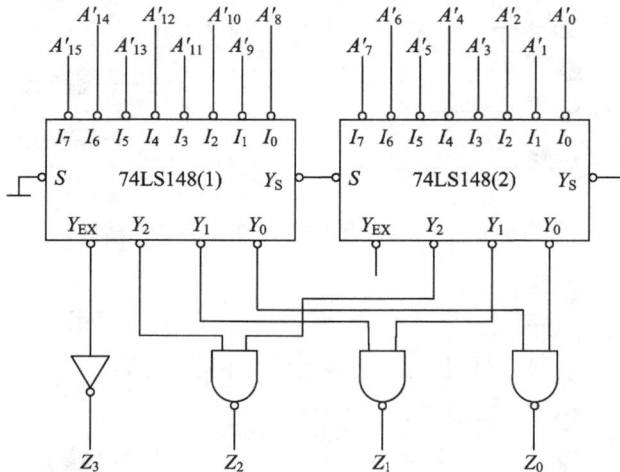

图 5-19　用两片 74LS148 构成的 16-4 线优先编码器

对图 5-19 所示的逻辑图在 Proteus 中进行仿真，得到用两片 74LS148 构成的 16-4 线优先编码器结果，如图 5-20(a)、(b)所示。图 5-20(a)中，输入端 $A'_{14}=0$，$A'_{12}=0$，$A'_5=0$，有 3 个信号输入；而 U1 片优先权高，U2 片优先权低，U1 片处于编码状态，只对 A'_{14} 进行编码，U1 输出 $Y'_2 Y'_1 Y'_0=001$；U1 的 $Y'_{EX}=0$，$Z_3=1$，U1 的 $Y'_S=1$，将 U2 片封锁，U2 输出 $Y'_2 Y'_1 Y'_0=111$。因此输出结果为 $Z_3 Z_2 Z_1 Z_0=1110$。

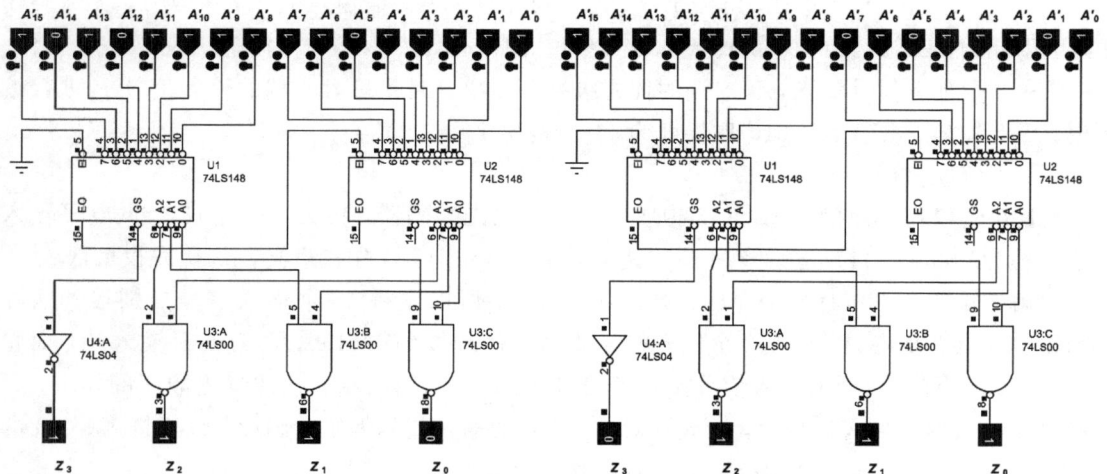

(a) 仿真结果一　　　　　　　　　　　　　　(b) 仿真结果二

图 5-20　74LS148 构成的 16-4 线优先编码器 Proteus 仿真结果

图 5-20(b)中，输入端 $A'_{15} \sim A'_8$ 均为 1，无信号输入，因此 U1 片不编码，其输出 $Y'_2Y'_1Y'_0 = 111$，U1 的 $Y'_{EX} = 1$，$Z_3 = 0$，U1 的 $Y'_S = 0$，使 U2 片可以编码。U2 片输入端 $A'_7 = 0$，$A'_5 = 0$，$A'_1 = 0$，只对 A'_7 编码，U2 输出 $Y'_2Y'_1Y'_0 = 000$，因此最终输出结果为 $Z_3Z_2Z_1Z_0 = 0111$。

2. 二–十进制编码器

在常用的优先编码器电路中，除了二进制编码器外，还有一类称为二–十进制优先编码器。它能将 $I'_0 \sim I'_9$ 10 个输入信号编成 10 个 BCD 码，其中 I'_9 优先权最高，I'_0 优先权最低。因为其输入信号有 10 个，输出端 4 个，也称 10-4 线优先编码器。

集成 10-4 线优先编码器 74LS147 的芯片引脚排列图如图 5-21 所示，输入输出均低电平有效。二–十进制编码器 74LS147 的功能表如表 5-9 所示。

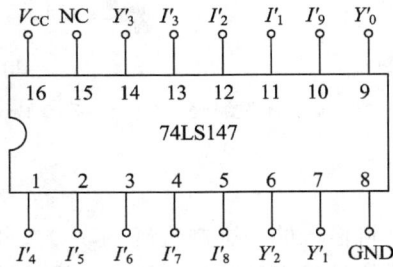

图 5-21　10-4 线优先编码器 74LS147 的芯片引脚排列图

表 5-9　二–十进制编码器 74LS147 的功能表

输　　　入									输　　　出			
I'_9	I'_8	I'_7	I'_6	I'_5	I'_4	I'_3	I'_2	I'_1	Y'_3	Y'_2	Y'_1	Y'_0
1	1	1	1	1	1	1	1	1	1	1	1	1
0	X	X	X	X	X	X	X	X	0	1	1	0
1	0	X	X	X	X	X	X	X	0	1	1	1
1	1	0	X	X	X	X	X	X	1	0	0	0
1	1	1	0	X	X	X	X	X	1	0	0	1
1	1	1	1	0	X	X	X	X	1	0	1	0
1	1	1	1	1	0	X	X	X	1	0	1	1
1	1	1	1	1	1	0	X	X	1	1	0	0
1	1	1	1	1	1	1	0	X	1	1	0	1
1	1	1	1	1	1	1	1	0	1	1	1	0

思考： 74LS147 芯片引脚排列图中为什么没有输入信号 I'_0？

在 Proteus 中对 10-4 线优先编码器 74LS147 进行仿真，结果如图 5-22 所示。在图 5-22 (a)中，$I'_3 = 0$，$I'_5 = 0$，$I'_8 = 0$，有三个输入信号，其中 I'_8 的优先权最高，因此对 I'_8 进行编码，输出为 0111。在图 5-22 (b)中，$I'_9 \sim I'_1$ 均为 1，对 $I'_9 \sim I'_1$ 都不编码，因此输出 1111 是对 I'_0 的编码。所以当 $I'_9 \sim I'_1$ 均无信号输入时，则输出是对 I'_0 信号进行的编码，因

此 74LS147 芯片引脚中没有输入信号 I_0'。

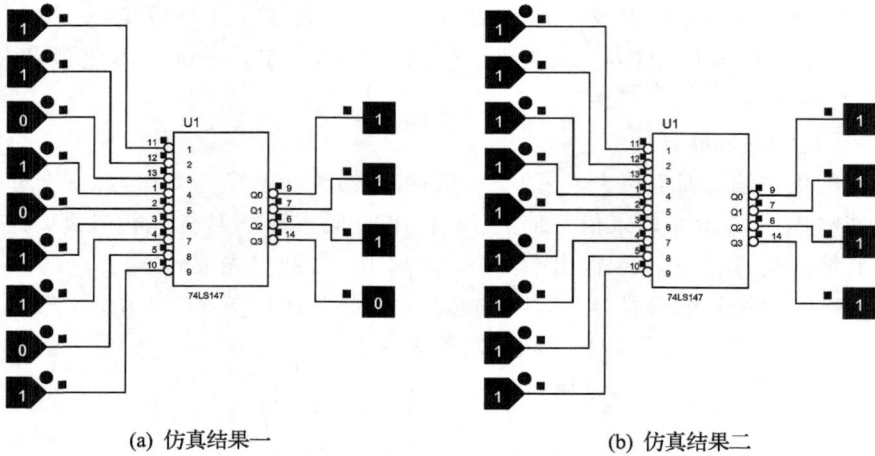

(a) 仿真结果一　　　　　　　　　　　　(b) 仿真结果二

图 5-22　10-4 线优先编码器 74LS147 的 Proteus 仿真

5.2.2　译码器(Decoder)

译码是编码的逆过程,是将输入的二进制代码(输入)按其编码时的原意译成对应的高或低电平信号(输出),该电平信号可表示某种文字、符号或数字。译码器是一个多输入多输出的组合逻辑电路,实现译码操作的电路称为译码器,也称解码器。

常用的译码器有二进制译码器、二-十进制译码器、显示译码器三类,下面分别介绍。

1. 二进制译码器

如果二进制译码器的输入端为 n 个,则输出端为 2^n 个,且对应于输入代码的每一种状态。2^n 个输出中有且仅有一个输出端为有效电平 1(或 0),其余输出端为相反电平 0(或 1)。

1) 2-4 线译码器 74LS139

2-4 线译码器 74LS139(输出低电平有效)的功能表如表 5-10 所示。其中 S' 为使能端,低电平有效,即 $S'=0$ 时,74LS139 允许译码,输入为两位二进制地址代码 A_1A_0,输出译成对应的四个信号 Y_3'、Y_2'、Y_1'、Y_0'。当输入 $A_1A_0=00$ 时,$Y_0'=0$;$A_1A_0=01$ 时,$Y_1'=0$;$A_1A_0=10$ 时,$Y_2'=0$;$A_1A_0=11$ 时,$Y_3'=0$。$S'=1$ 时,74LS139 禁止译码,输出 Y_3'、Y_2'、Y_1'、Y_0' 均为 1。

表 5-10　2-4 线译码器 74LS139 功能表

输 入			输 出			
S'	A_1	A_0	Y_3'	Y_2'	Y_1'	Y_0'
1	X	X	1	1	1	1
0	0	0	1	1	1	0
0	0	1	1	1	0	1
0	1	0	1	0	1	1
0	1	1	0	1	1	1

由表 5-10 可得出输出与地址代码的逻辑表达式,如式(5-5)所示。

$$Y'_0=(A'_1\cdot A'_0)', \quad Y'_1=(A'_1\cdot A_0)', \quad Y'_2=(A_1\cdot A'_0)', \quad Y'_3=(A_1\cdot A_0)' \quad (5-5)$$

2) 3 - 8 线译码器 74HC138

3 - 8 线译码器的功能表如表 5 - 11 所示，输入为 3 位二进制代码 A_2、A_1、A_0，输出为 8 个互斥的信号(高电平有效)Y_7、Y_6、Y_5、Y_4、Y_3、Y_2、Y_1、Y_0。当输入 $A_2A_1A_0=000$ 时，输出译成 $Y_0=1$；当输入 $A_2A_1A_0=001$ 时，输出译成 $Y_1=1$；其它依此类推。

表 5 - 11　3 - 8 线译码器功能表

输　　入			输　　　出							
A_2	A_1	A_0	Y_0	Y_1	Y_2	Y_3	Y_4	Y_5	Y_6	Y_7
0	0	0	1	0	0	0	0	0	0	0
0	0	1	0	1	0	0	0	0	0	0
0	1	0	0	0	1	0	0	0	0	0
0	1	1	0	0	0	1	0	0	0	0
1	0	0	0	0	0	0	1	0	0	0
1	0	1	0	0	0	0	0	1	0	0
1	1	0	0	0	0	0	0	0	1	0
1	1	1	0	0	0	0	0	0	0	1

用与非门组成的 3 - 8 线译码器 74HC138 如图 5 - 23 所示，其功能表如表 5 - 12 所示。S_1、S'_2、S'_3 为片选输入端(即使能端，采用三个使能端是为了便于扩展使用)，A_2、A_1、A_0 为地址输入端，$Y'_0\sim Y'_7$ 为输出端(低电平有效)。当 $S_1=0$ 或 $S'_2+S'_3=1$ 时，$S=0$，74HC138 禁止译码，$Y'_0\sim Y'_7$ 均为 1；当 $S_1=1$、$S'_2=0$、$S'_3=0$ 时，$S=1$，译码器 74HC138 正常工作。当输入 $A_2A_1A_0=000$ 时，输出译成 $Y'_0=0$；当输入 $A_2A_1A_0=001$ 时，输出译成 $Y'_1=0$；其它以此类推。

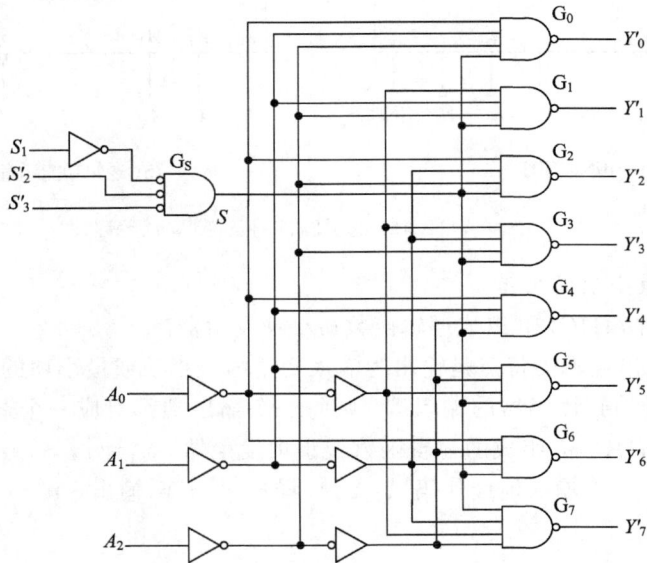

图 5 - 23　用与非门组成的 3 - 8 线译码器 74HC138

表 5-12 3-8 线译码器 74HC138 功能表

输	入				输	出						
使	能	选		择								
S_1	$S_2'+S_3'$	A_2	A_1	A_0	Y_0'	Y_1'	Y_2'	Y_3'	Y_4'	Y_5'	Y_6'	Y_7'
0	X	X	X	X	1	1	1	1	1	1	1	1
X	1	X	X	X	1	1	1	1	1	1	1	1
1	0	0	0	0	0	1	1	1	1	1	1	1
1	0	0	0	1	1	0	1	1	1	1	1	1
1	0	0	1	0	1	1	0	1	1	1	1	1
1	0	0	1	1	1	1	1	0	1	1	1	1
1	0	1	0	0	1	1	1	1	0	1	1	1
1	0	1	0	1	1	1	1	1	1	0	1	1
1	0	1	1	0	1	1	1	1	1	1	0	1
1	0	1	1	1	1	1	1	1	1	1	1	0

74HC138 的引脚排列及逻辑功能示意图如图 5-24 所示。

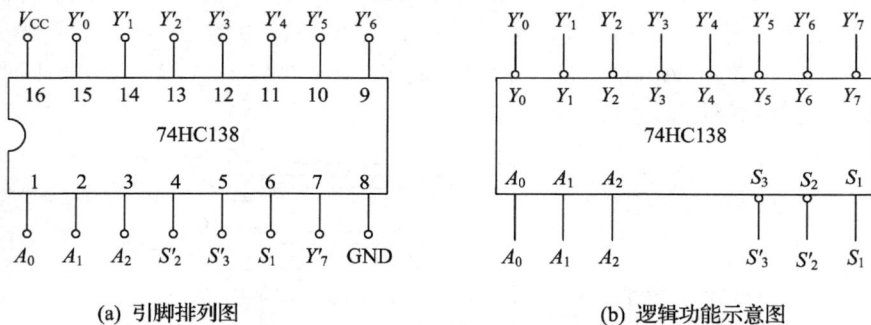

(a) 引脚排列图   (b) 逻辑功能示意图

图 5-24 74HC138 的引脚排列及逻辑功能示意图

3）逻辑函数最小项发生器

【例 5-8】 用 74HC138 组成逻辑函数最小项发生器。

解 译码器输出逻辑的特点是输出为输入变量的最小项或最小项的非。即如果将一逻辑函数的输入变量加到译码器的输入端，则每一个输出端都对应一个逻辑函数的最小项。图 5-25 为采用 74HC138 组成的逻辑函数最小项发生器，$S_1=1$，$S_2'=0$、$S_3'=0$，译码器 74HC138 正常工作。将输入地址代码 $A_2A_1A_0$ 译成 $Y_0'\sim Y_7'$ 输出，$Y_0'\sim Y_7'$ 即为 $A_2A_1A_0$ 的 8 个最小项的非。

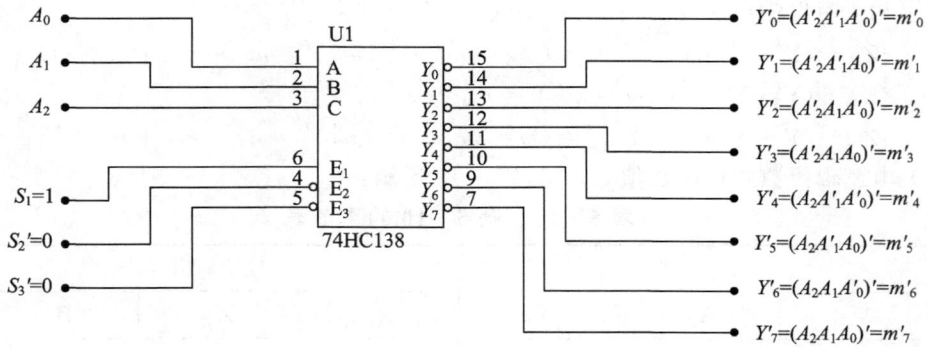

图 5-25　74HC138 组成的逻辑函数最小项发生器

4) 译码器的级联

【例 5-9】　用两片 3-8 线译码器 74HC138 组成 4-16 线译码器。

解　用两片 3-8 线译码器 74HC138 组成 4-16 线译码器电路，如图 5-26 所示。

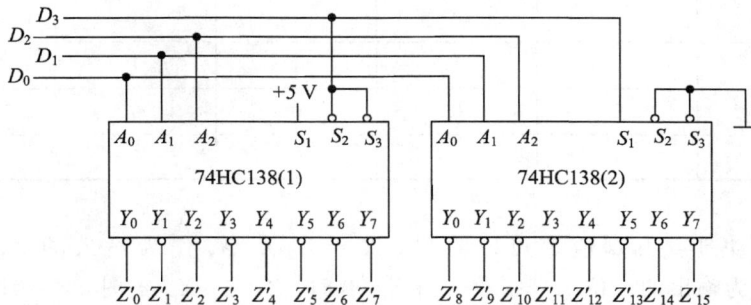

图 5-26　两片 74HC138 组成的 4-16 线译码器

$D_3=0$，74HC138 (1)工作，74HC138 (2)禁止。输入 $D_3D_2D_1D_0=0100$ 时，译码器 (1)输出 $Z'_0 \sim Z'_7 = 11110111$，译码器(2)输出 $Z'_8 \sim Z'_{15} = 11111111$。

$D_3=1$，74HC138 (1)禁止，74HC138 (2)工作。输入 $D_3D_2D_1D_0=1101$ 时，译码器 (1)输出 $Z'_0 \sim Z'_7 = 11111111$，译码器(2)输出 $Z'_8 \sim Z'_{15} = 11111011$。

5) 译码器的电路分析

【例 5-10】　由 3-8 线译码器 74HC138 所组成的电路如图 5-27 所示，要求：(1) 写出输出 Z_2、Z_1、Z_0 与输入 X_2、X_1、X_0 之间的逻辑函数式并化简；(2) 列出真值表；(3) 若 $X=X_2X_1X_0$，$Z=Z_2Z_1Z_0$，分析电路的逻辑功能。

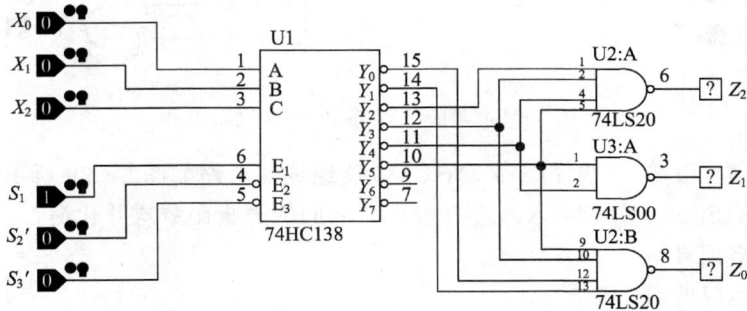

图 5-27　例 5-10 的组合逻辑电路

解 (1) 写出输出 $Z_2Z_1Z_0$ 的逻辑函数式，如下式所示：

$$\begin{cases} Z_2 = (Y'_2 \cdot Y'_3 \cdot Y'_4 \cdot Y'_5)' = (m'_2 \cdot m'_3 \cdot m'_4 \cdot m'_5)' = m_2 + m_3 + m_4 + m_5 \\ Z_1 = (Y'_4 \cdot Y'_5)' = (m'_4 \cdot m'_5)' = m_4 + m_5 \\ Z_0 = (Y'_0 \cdot Y'_1 \cdot Y'_3 \cdot Y'_5)' = (m'_0 \cdot m'_1 \cdot m'_3 \cdot m'_5)' = m_0 + m_1 + m_3 + m_5 \end{cases}$$

(2) 由逻辑函数式得出真值表，如表 5-13 所示：

表 5-13 例 5-10 的真值表

输 入			输 出		
X_2	X_1	X_0	Z_2	Z_1	Z_0
0	0	0	0	0	1
0	0	1	0	0	1
0	1	0	1	0	0
0	1	1	1	0	1
1	0	0	1	1	0
1	0	1	1	1	1
1	1	0	0	0	0
1	1	1	0	0	0

(3) 分析功能：由真值表可以看出，$X = X_2 X_1 X_0$ 作为输入的 3 位二进制数，$Z = Z_2 Z_1 Z_0$ 作为输出的 3 位二进制数。当 $X < 2$ 时，$Z = 1$；$X > 5$ 时，$Z = 0$；$2 \leqslant X \leqslant 5$ 时，$Z = X + 2$。

仿真结果如图 5-28 所示，输入 $X_2 X_1 X_0 = 000$，即 $X < 2$，输出 $Z_2 Z_1 Z_0 = 001$，即 $Z = 1$。

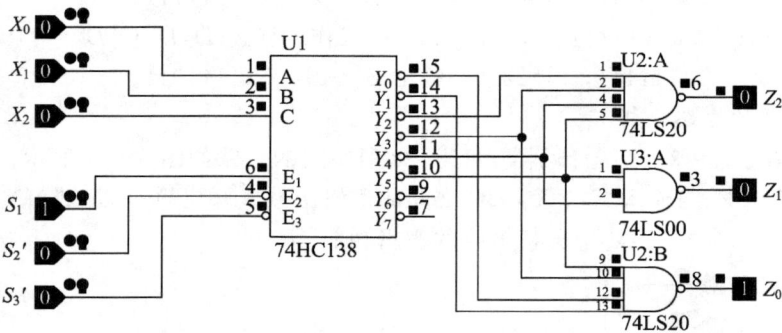

图 5-28 例 5-10 的 Proteus 电路仿真

【例 5-11】 由 3-8 线译码器 74HC138 所组成的电路如图 5-29 所示，要求：

(1) 写出输出 S_i、C_i 与输入 A_i、B_i、C_{i-1} 之间的逻辑函数式并化简；

(2) 列出真值表；

(3) 分析电路的逻辑功能。

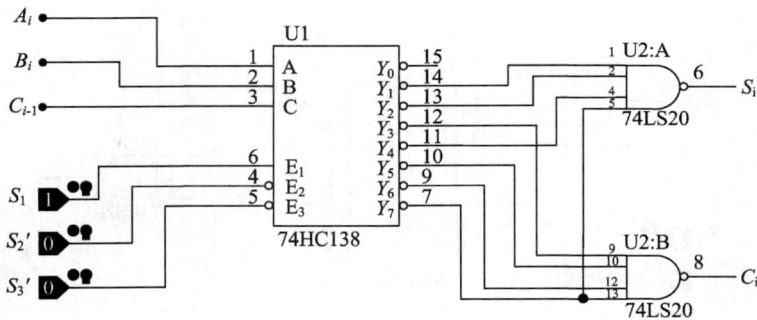

图 5 - 29　例 5 - 11 的组合逻辑电路

解　(1) 写出逻辑函数式,如下式所示:

$$\begin{cases} S_i = \sum m(1,2,4,7) \\ C_i = \sum m(3,5,6,7) \\ S_i = C'_{i-1}A'_iB_i + C'_{i-1}A_iB'_i + C_{i-1}A'_iB'_i + C_{i-1}A_iB_i = C_{i-1} \oplus A_i \oplus B_i \\ C_i = C'_{i-1}A_iB_i + C_{i-1}A'_iB_i + C_{i-1}A_iB'_i + C_{i-1}A_iB_i = C_{i-1}(A_i \oplus B_i) + A_iB_i \end{cases}$$

(2) 由逻辑函数式得出真值表,如表 5 - 14 所示:

表 5 - 14　例 5 - 11 的真值表

输　　入			输　　出	
C_{i-1}	A_i	B_i	S_i	C_i
0	0	0	0	0
0	0	1	1	0
0	1	0	1	0
0	1	1	0	1
1	0	0	1	0
1	0	1	0	1
1	1	0	0	1
1	1	1	1	1

(3) 分析功能:该电路为一全加器。输入 A_i、B_i 为两个加数,C_{i-1} 为低位的进位;输出 S_i 为本位和,C_i 为进位。

【例 5 - 12】　用一个 3 - 8 线译码器产生函数 $F = m_0 + m_2 + m_4 + m_7$,构成逻辑函数产生器。

解　使用集成芯片 74HC138,令 $S_1 = 1$,$S'_2 = S'_3 = 0$,则 74HC138 可正常译码。将 X、Y、Z 分别接到三位地址端 C、B、A 上,这时 $Y'_0 \sim Y'_7$ 是 X、Y、Z 组成的最小项的非,即 $Y'_0 = X'Y'Z' = m'_0$,$Y'_1 = X'Y'Z = m'_1$,$\cdots$ $Y'_7 = XYZ = m'_7$。因此可得:

$$F = (m'_0 \cdot m'_2 \cdot m'_4 \cdot m'_7)' = m_0 + m_2 + m_4 + m_7$$

根据以上分析,在 Proteus 中画出利用 3 - 8 线译码器 74HC138 产生的 F 函数电路,如图 5 - 30 所示。

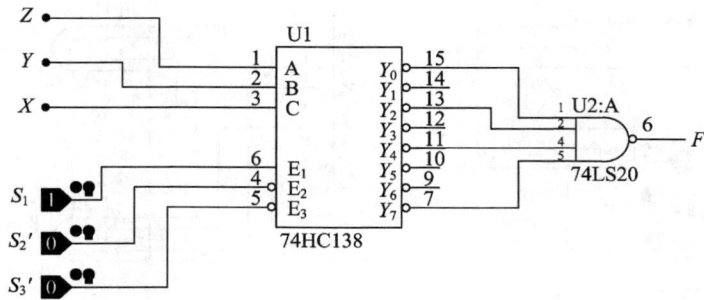

图 5 - 30　逻辑函数产生器

【例 5 - 13】　用二进制译码器实现码制转换。

解　如图 5 - 31 所示，将 8421 码作为 4 - 16 线译码器的地址代码，其输出 $Y_0 \sim Y_9$ 就转换为对应的十进制码。图 5 - 32 中将余 3 码作为 4 - 16 线译码器的地址代码，其输出 $Y_3 \sim Y_{12}$ 就转换为对应的十进制码。图 5 - 33 中将 2421 码（$A_3 A_2 A_1 A_0$）作为 4 - 16 线译码器的地址代码，其输出 $Y_0 \sim Y_4$ 和 $Y_{11} \sim Y_{15}$ 就转换为对应的十进制码，如表 5 - 15 所示。

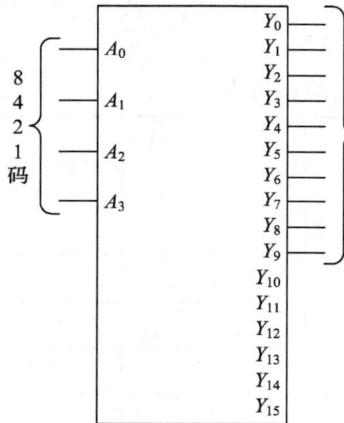

图 5 - 31　8421 码转换为十进制码

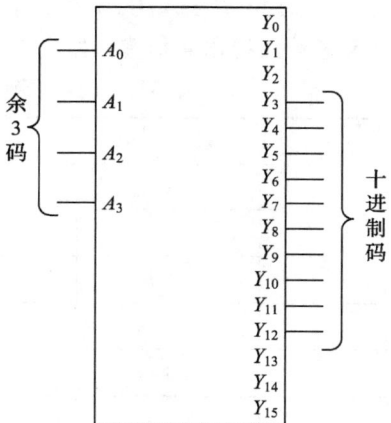

图 5 - 32　余 3 码转换为十进制码

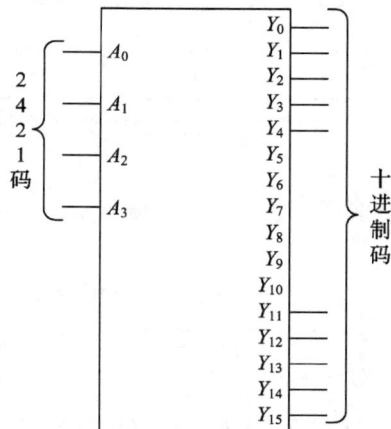

图 5 - 33　2421 码转换为十进制码

表 5 - 15 2421 码转换为十进制码

十进制数	2421 码				十进制码
	A_3	A_2	A_1	A_0	
0	0	0	0	0	Y_0
1	0	0	0	1	Y_1
2	0	0	1	0	Y_2
3	0	0	1	1	Y_3
4	0	1	0	0	Y_4
5	1	0	1	1	Y_{11}
6	1	1	0	0	Y_{12}
7	1	1	0	1	Y_{13}
8	1	1	1	0	Y_{14}
9	1	1	1	1	Y_{15}

2. 二-十进制译码器

二-十进制译码器的功能是将输入 BCD 码的 10 个代码译成 10 个高低电平输出信号,输入 BCD 码分别用 A_3、A_2、A_1、A_0 表示,输出用 $Y'_9 \sim Y'_0$ 表示。由于二-十进制译码器有 4 根输入线,10 根输出线,所以又称为 4 - 10 线译码器。逻辑表达式如式(5 - 6)所示。

$$\begin{cases} Y'_0 = A'_3 A'_2 A'_1 A'_0 \\ Y'_1 = A'_3 A'_2 A'_1 A_0 \\ Y'_2 = A'_3 A'_2 A_1 A'_0 \\ Y'_3 = A'_3 A'_2 A_1 A_0 \\ Y'_4 = A'_3 A_2 A'_1 A'_0 \end{cases} \quad \begin{cases} Y'_5 = A'_3 A_2 A'_1 A_0 \\ Y'_6 = A'_3 A_2 A_1 A'_0 \\ Y'_7 = A'_3 A_2 A_1 A_0 \\ Y'_8 = A_3 A'_2 A'_1 A'_0 \\ Y'_9 = A_3 A'_2 A'_1 A_0 \end{cases} \quad (5-6)$$

集成 4 - 10 线译码器 74LS42 的引脚排列及逻辑功能示意图如图 5 - 34 所示。74LS42 又称为 8421 BCD 码译码器,其逻辑功能表如表 5 - 16 所示。

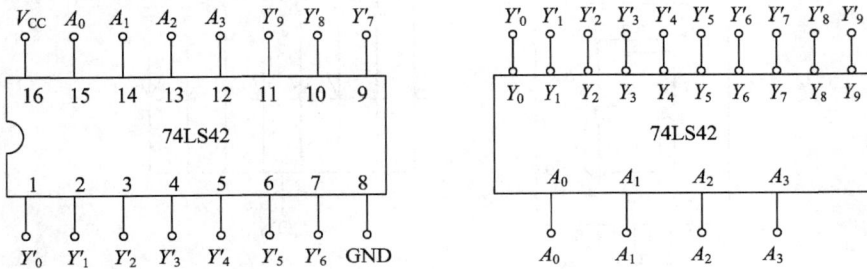

(a) 引脚排列图

(b) 逻辑功能示意图

图 5 - 34 74LS42 的引脚排列及逻辑功能示意图

表 5-16　二-十进制译码器 74LS42 功能表

序号	输入				输出									
	A_3	A_2	A_1	A_0	Y_0'	Y_1'	Y_2'	Y_3'	Y_4'	Y_5'	Y_6'	Y_7'	Y_8'	Y_9'
0	0	0	0	0	0	1	1	1	1	1	1	1	1	1
1	0	0	0	1	1	0	1	1	1	1	1	1	1	1
2	0	0	1	0	1	1	0	1	1	1	1	1	1	1
3	0	0	1	1	1	1	1	0	1	1	1	1	1	1
4	0	1	0	0	1	1	1	1	0	1	1	1	1	1
5	0	1	0	1	1	1	1	1	1	0	1	1	1	1
6	0	1	1	0	1	1	1	1	1	1	0	1	1	1
7	0	1	1	1	1	1	1	1	1	1	1	0	1	1
8	1	0	0	0	1	1	1	1	1	1	1	1	0	1
9	1	0	0	1	1	1	1	1	1	1	1	1	1	0
伪码	1	0	1	0	1	1	1	1	1	1	1	1	1	1
	1	0	1	1	1	1	1	1	1	1	1	1	1	1
	1	1	0	0	1	1	1	1	1	1	1	1	1	1
	1	1	0	1	1	1	1	1	1	1	1	1	1	1
	1	1	1	0	1	1	1	1	1	1	1	1	1	1
	1	1	1	1	1	1	1	1	1	1	1	1	1	1

3. 七段显示译码器

用来驱动各种显示器件，从而将用二进制代码表示的数字、文字、符号代码翻译成人们习惯的形式直观地显示出来的电路，称为显示译码器，其中常用的是七段显示器。

1) 七段 LED 数码管的结构

LED 数码管有共阴和共阳两种类型，共阴数码管的外形和内部结构分别如图 5-35（a)、(b)所示。

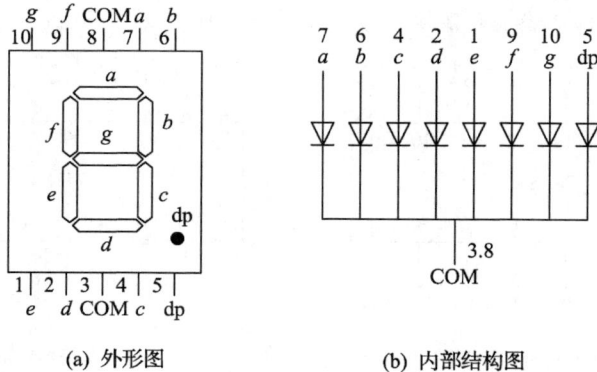

(a) 外形图　　　　(b) 内部结构图

图 5-35　共阴数码管的外形和内部结构图

2）显示原理

七段 LED 数码管中的 a～g 和 dp 实际上为发光二极管，利用点亮其中某几段来构成 0～9 这 10 个数字的字形，如图 5-36 所示，而 dp 为小数点。

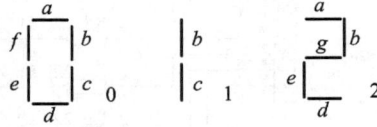

图 5-36　七段数码管显示原理图

当 $a～f=1$，$g=0$ 时，显示字形 0；当 $b=c=1$，$a=d=e=f=g=0$ 时，显示字形 1；当 $a=b=d=e=g=1$，$c=f=0$ 时，显示字形 2；其余依此类推。

3）显示译码器的逻辑功能

图 5-37 给出了显示译码器与数码管的接法。图 5-37（a）为共阴极接法，输入为 BCD 码，经显示译码器译为七段显示码 $Y_a～Y_g$ 输出，高电平点亮数码管对应的段，从而显示 0～9 这 10 个数字。图 5-37（b）是数码管内部电路图。

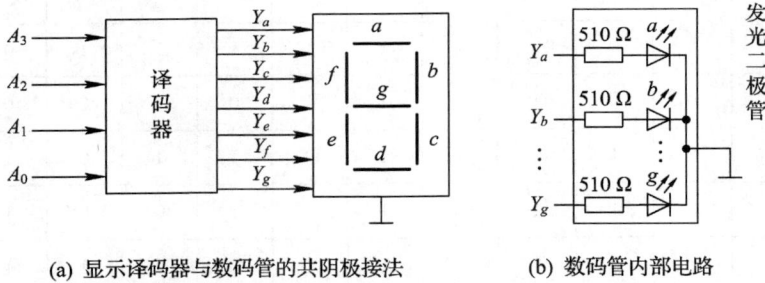

(a) 显示译码器与数码管的共阴极接法　　(b) 数码管内部电路

图 5-37　七段显示码驱动七段数码管原理图

图 5-38 给出了共阴极显示译码器 74LS48 的管脚排列。图 5-39 给出了一个在 Proteus 中用 7448 组成的显示电路仿真图。$LT'=RBI'=BI'/RBO'=1$，全都无效时，输入四位代码 DCBA＝0101，则输出被译为 5，数码管显示十进制数 5。

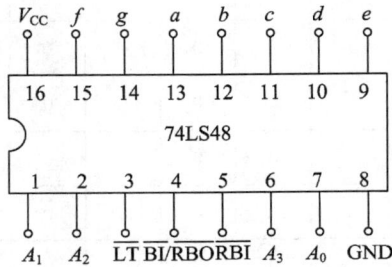

图 5-38　74LS48 的管脚排列图

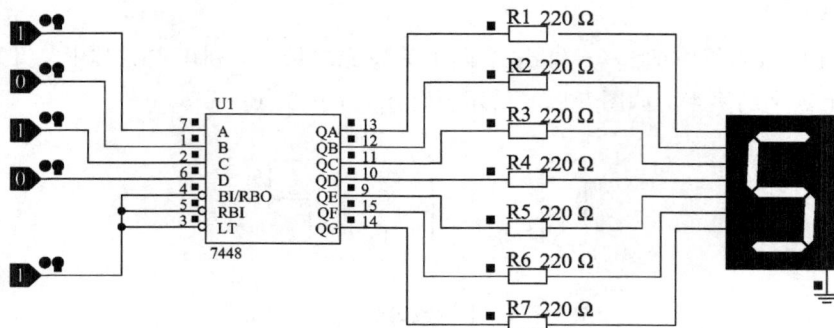

图 5-39　Proteus 中用 7448 驱动七段数码管的电路仿真

4）功能表

共阴极七段显示译码器的功能表如表 5-17 所示。

表 5-17　共阴极七段显示译码器的功能表

十进制数	输　入				输　出							显示字型
	A_3	A_2	A_1	A_0	a	b	c	d	e	f	g	
0	0	0	0	0	1	1	1	1	1	1	0	0
1	0	0	0	1	0	1	1	0	0	0	0	1
2	0	0	1	0	1	1	0	1	1	0	1	2
3	0	0	1	1	1	1	1	1	0	0	1	3
4	0	1	0	0	0	1	1	0	0	1	1	4
5	0	1	0	1	1	0	1	1	0	1	1	5
6	0	1	1	0	0	0	1	1	1	1	1	6
7	0	1	1	1	1	1	1	0	0	0	0	7
8	1	0	0	0	1	1	1	1	1	1	1	8
9	1	0	0	1	1	1	1	1	0	1	1	9
10	1	0	1	0	0	0	0	0	0	0	0	消隐
11	1	0	1	1	0	0	0	0	0	0	0	消隐
12	1	1	0	0	0	0	0	0	0	0	0	消隐
13	1	1	0	1	0	0	0	0	0	0	0	消隐
14	1	1	1	0	0	0	0	0	0	0	0	消隐
15	1	1	1	1	0	0	0	0	0	0	0	消隐

4. 显示译码器和数码管的应用设计与仿真

1) 74LS47 的测灯功能

74LS47 是共阳极接法的 BCD 码到七段显示译码器，输出低电平有效。74LS47 有七个输入端和七个输出端。七个输出端分别接数码管的 a、b、c、d、e、f、g 段；七个输入端中 D、C、B、A 接四位 BCD 码，另外三个端即 3、4、5 端是功能端，平时不用时一般都接高电平，不能悬空。这几个输入端究竟有什么用呢？先在 Proteus 中进行一个功能测试，照图 5-40 连接电路。

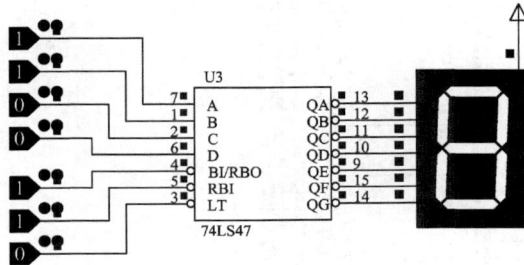

图 5-40　74LS47 功能测试

在 74LS47 的各输入端接 LOGICSTATE，先令 4、5 端为高电平，即使其引脚功能失效。令 3 端为低电平，此时数码管显示为 8；改变输入的 BCD 码，数码管显示不改变。因此，3 端为测灯输入端 LT(Light Test)，因为数码管容易缺段，用这个端可以判断所接数码管的哪个段已烧坏，为以后复杂电路的功能测试和故障查找带来方便。

2) 74LS47 的灭零功能

灭零输入端 RBI 和灭零输出端 RBO 配合使用，可使多位数字的最高位及小数点后最低位的 0 不显示，如图 5-41 所示。

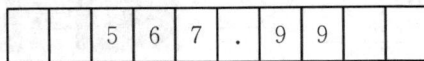

图 5-41　多位数字的灭零显示

74LS47 的 4、5 端是灭零输入和输出功能。如多个 74LS47 分别驱动数码管显示三位十进制数时，如果百位数为零，则不能显示，再判断十位数是否为零；如果十位数也是零，亦不能显示，此时个位是零可以显示。另外一种情况是当百位不为零时，即使十位为零也必须显示。按照这个规律，设计一种应用电路，如图 5-42 所示。

在图 5-42 中，百位显示译码器 U1 的灭零输入端 RBI 接地，灭零优先权最高，只要输入端的 BCD 码为零，输出端显示就灭掉；输出端显示灭零后，RBO 端就自动输出一个低电平信号，这个信号接到十位 U2 的灭零输入端 RBI 上，即十位的灭零优先权是建立在百位灭零的基础上的。个位 U3 不能灭零，故 RBI 端接高电平。

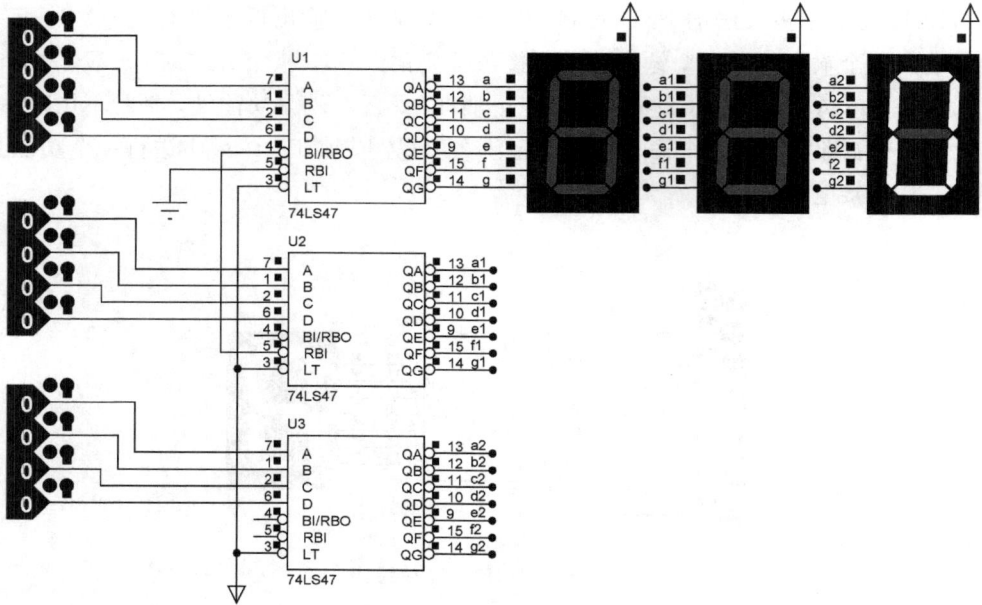

图 5-42　74LS47 灭零功能应用电路

仿真效果如图 5-43(a)、(b)所示。电路接好后，灭不灭零是自动的。

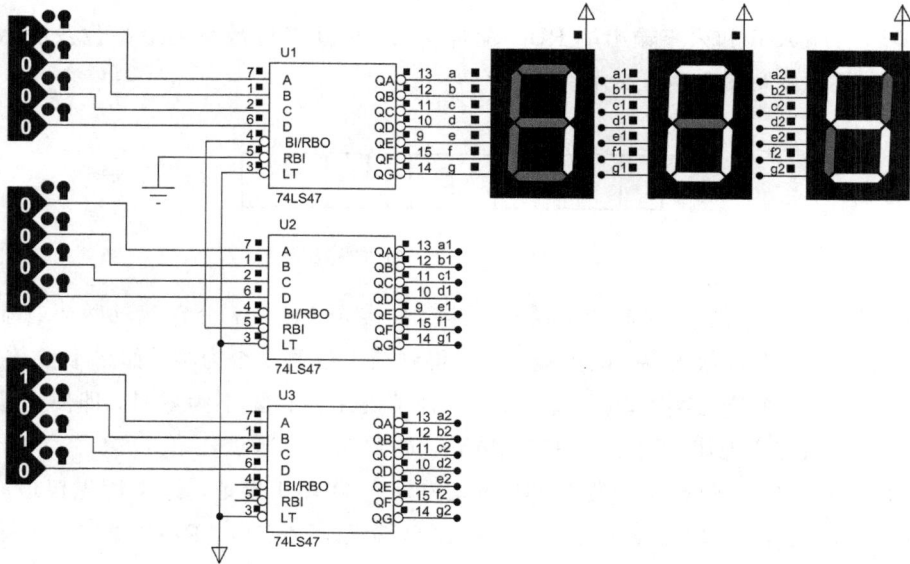

(a) 十位不灭零

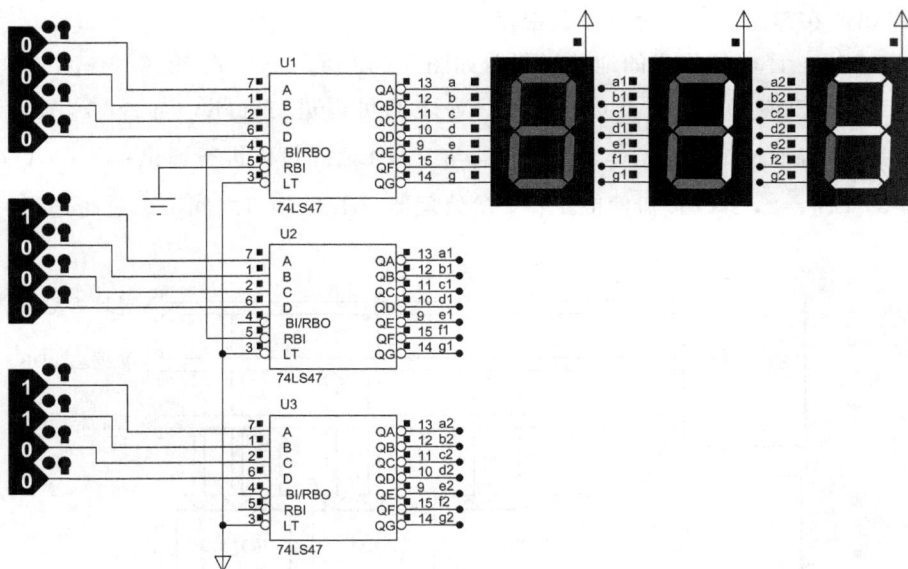

(b) 百位灭零

图 5 - 43　74LS47 灭零仿真结果

3) 七段四位位选共阴极数码管的应用

为了节省电路接线,数码管通常做成几位共段码数据线的形式,如用四位共阴极位选数码管来显示一个四位十进制数。四位十进制 BCD 码分时由 74LS48(驱动共阴极数码管)的输入端供给,要传送哪一位数,则选通对应的位选信号(即四个共阴极端),即为低电平。只要时间配合无误,即可分别在不同的位上显示不同的数据。一般数据和位选信号的扫描频率在 30 Hz 以上,人的肉眼不能分辨出显示间隔,因此可以看到四位数据同时在显示。图 5 - 44 为七段四位位选共阴极数码管的测试电路。

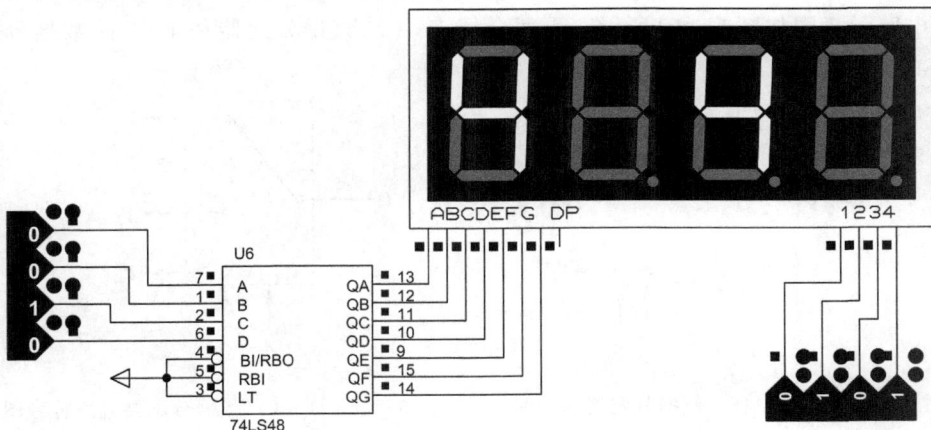

图 5 - 44　七段四位位选共阴极数码管的测试电路

图 5 - 44 中,数码管的 DP 引脚为每个数码管的小数点,需要显示时可单独控制,一般不从显示驱动器上接。

5. 译码器在存储器扩展地址中的应用

由 74HC138 译码器构成的地址译码器如图 5-45 所示。当 $A_2A_1A_0=000$ 时，$Y_0'=0$，$\overline{CS_1}=0$，ROM 使能工作，微处理器与 ROM 之间可以进行通讯；当 $A_2A_1A_0=001$ 时，$Y_1'=0$，$\overline{CS_2}=0$，RAM 使能工作，微处理器与 RAM 之间可以进行通讯；当 $A_2A_1A_0=010$ 时，$Y_2'=0$，$\overline{CS_3}=0$，I/O 接口使能工作，微处理器与 I/O 接口之间可以进行通讯。

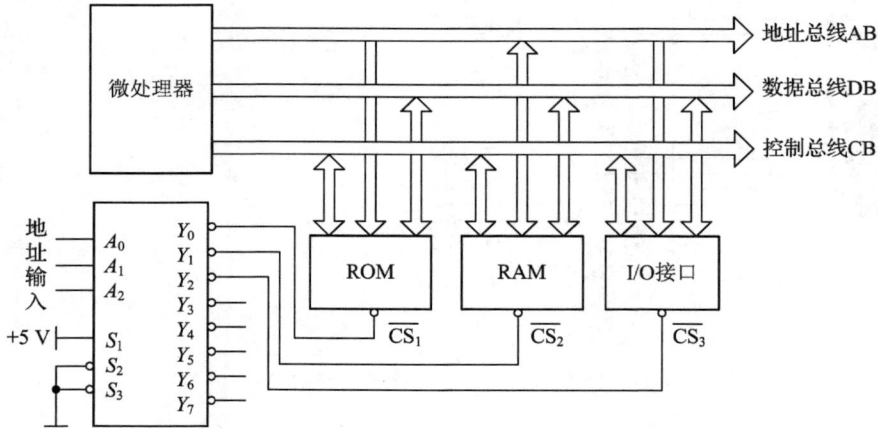

图 5-45　译码器在存储器扩展地址中的应用电路

5.2.3　数据分配器(Demultiplexer)

数据分配器又称为多路分配器，是将公共数据线上的输入信号按要求分配到多个指定的不同通道上的逻辑电路。数据分配器有 1 个数据输入端，n 个地址选择端，2^n 个数据输出端。由地址选择端来决定输入数据分配到哪些输出端口，属于单输入多输出的组合电路，其电路示意图如图 5-46 所示。下面介绍 1-4 路数据分配器和 1-8 路数据分配器的工作原理。

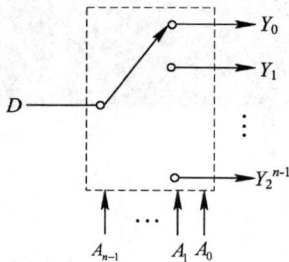

图 5-46　数据分配器示意图　　　图 5-47　1-4 路数据分配器电路符号图

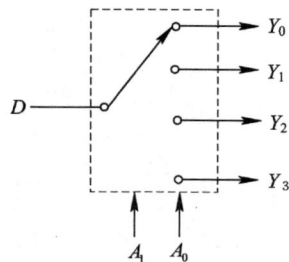

1. 1-4 路数据分配器

1-4 路数据分配器有 1 个数据输入端 D，2 个地址选择端 A_1、A_0，4 个数据输出端 Y_3、Y_2、Y_1、Y_0，电路符号图如图 5-47 所示，功能表如表 5-18 所示。

表 5 - 18　1 - 4 路数据分配器功能表

地址代码		数据输出			
A_1	A_0	Y_3	Y_2	Y_1	Y_0
0	0	0	0	0	D
0	1	0	0	D	0
1	0	0	D	0	0
1	1	D	0	0	0

根据功能表，写出数据分配器的输出信号逻辑表达式如式（5 - 7）所示。

$$Y_3 = A_1 A_0 D,\ Y_2 = A_1 A_0' D,\ Y_1 = A_1' A_0 D,\ Y_0 = A_1' A_0' D \tag{5 - 7}$$

由输出信号逻辑表达式画出逻辑电路图，如图 5 - 48 所示。当 $A_1 = A_0 = 0$ 时，输入数据 $D = 1$ 从数据输出端 Y_0 输出，因此 $Y_0 = 1$，而 Y_3、Y_2、Y_1 均为 0。

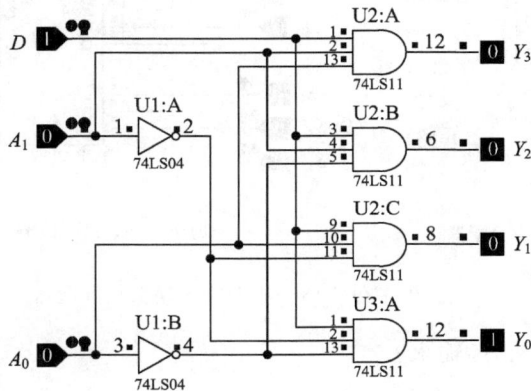

图 5 - 48　1 - 4 路数据分配器逻辑电路图

2. 集成数据分配器

由图 5 - 48 所示的 1 - 4 路数据分配器逻辑电路可知，分配器电路的核心与译码器相同，因此采用译码器加上相应的数据输入端便可构成数据分配器。根据输出的个数，数据分配器可分为四路分配器、八路分配器等。

如图 5 - 49 所示，把二进制译码器 74LS139 的使能端作为数据输入端 D，二进制代码输入端 A_1、A_0 作为地址码输入端，则带使能端的二进制译码器 74LS139 就构成了 1 - 4 路数据分配器。当 $A_1 = A_0 = 0$ 时，输入数据 $D = 0$ 从数据输出端 Y_0' 输出，因此 $Y_0' = 0$，而 Y_3'、Y_2'、Y_1' 均为 1。当送来的数据 $D = 1$ 时，74LS139 处于禁止状态，任意输出端均为 1，同样等效为信号 D 分配到与地址 A_1、A_0 对应的输出端 Y_0'。

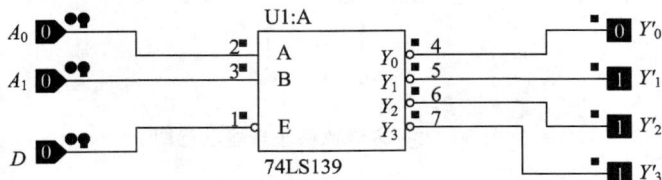

图 5 - 49　74LS139 构成的 1 - 4 路数据分配器

图 5 - 50(a) 所示为 74HC138 构成的 1 - 8 路数据分配器，由 CBA 三位地址代码决定

将输入的一路数据分配到电路 0～7 中的某一路上输出。

图 5-50(b) 为数据分配器在 Proteus 中的仿真。令译码器 74HC138 的选通控制端 $S_1=1$，$S_3'=0$，将 $A_2A_1A_0$ 连接到译码器的地址选择端 CBA，输入数据 D 连接到选通控制端 S_2'，即构成 1-8 路数据分配器，将总线来的数字信号(S_2' 端输入)输送到不同的下级电路(Y_0'～Y_7')中。当 $D=0$ 时，74HC138 正常工作，经 $A_2A_1A_0$ 选定的对应输出端 Y' 输出为 0，其它输出端为高电平，因此等效为信号 D 分配到 $A_2A_1A_0$ 对应的输出端 Y'；当送来的数据 $D=1$ 时，74HC138 处于禁止状态，任意输出端均为 1，同样等效为信号 D 分配到与地址 $A_2A_1A_0$ 对应的输出端 Y'。如当 $A_2A_1A_0=011$ 时，数据从 Y_3' 上输出，其它以此类推。

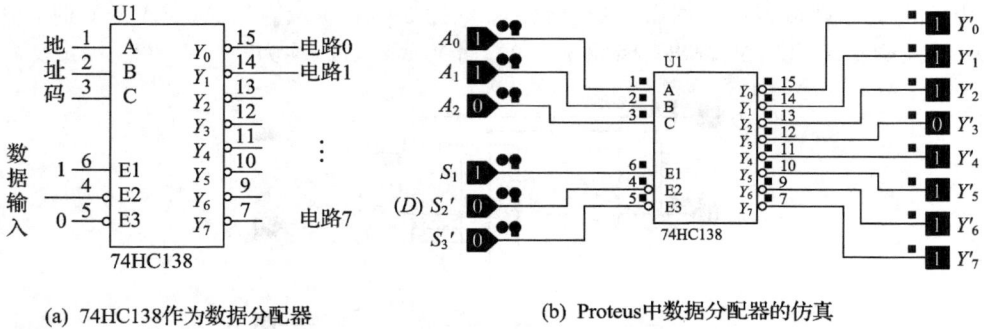

(a) 74HC138作为数据分配器   (b) Proteus中数据分配器的仿真

图 5-50　74HC138 构成 1-8 路数据分配器

思考：为什么数据从 S_2' 输入？

5.2.4　数据选择器(Multiplexer)

根据需要从多路数据输入信号中选出其中一路输出到公共数据线上的逻辑电路，称为数据选择器(Data Selector)，也称为多路选择器(Multiplexer)、多路开关、多路复用器。逻辑功能正好与多路分配器的相反，属于多输入单输出的组合逻辑电路。

如图 5-51 所示，多数路据选择器的输入端有 2^n 个(D_0～$D_{2^{n-1}}$)，而输出端只有 1 个(Y)。

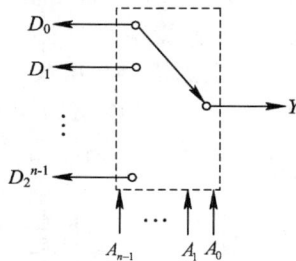

图 5-51　多路数据选择器示意图

1. 2 选 1 数据选择器

2 选 1 数据选择器逻辑图如图 5-52 所示，其中 D_0 和 D_1 是两个数据输入端，A 为控制信号，输出数据端为 Y。

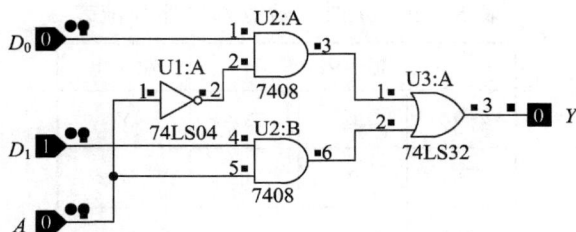

图 5－52　2 选 1 数据选择器

当 $A=0$ 时，与门 U2:A 打开，输出 D_0，与门 U2:B 封锁，输出 0，两者求或，则输出 $Y=D_0$；当 $A=1$ 时，与门 U2:A 封锁，输出 0，与门 U2:B 打开，输出 D_1，两者求或，则输出 $Y=D_1$。

其功能表如表 5－19 所示。

表 5－19　2 选 1 数据选择器功能表

输　入		输　出
D	A	Y
D_0	0	D_0
D_1	1	D_1

输出与输入之间的逻辑表达式为式(5－8)所示：

$$Y=A'D_0+AD_1 \tag{5－8}$$

将电路进行封装，得集成化的 2 选 1 数据选择器如图 5－53 所示。

图 5－53　集成化的 2 选 1 数据选择器

2. 4 选 1 数据选择器

4 选 1 数据选择器的电路符号图如图 5－54 所示。

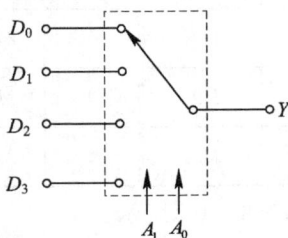

图 5－54　4 选 1 数据选择器电路符号图

4 选 1 数据选择器的输入数据端为 $D_0 \sim D_3$，地址变量为 A_1、A_0，选择哪一路数据输出由 A_1、A_0 两位地址码决定，其功能表如表 5－20 所示。

表 5 - 20　4 选 1 数据选择器功能表

输　入			输　出
D	A_1	A_0	Y
D_0	0	0	D_0
D_1	0	1	D_1
D_2	1	0	D_2
D_3	1	1	D_3

逻辑表达式如式(5-9)所示：

$$Y = A_1'A_0'D_0 + A_1'A_0 D_1 + A_1 A_0' D_2 + A_1 A_0 D_3 \tag{5-9}$$

集成电路数据选择器如 74HC153，是双 4 选 1 的数据选择器，其芯片引脚图如图 5-55 所示，功能表如表 5-21 所示。

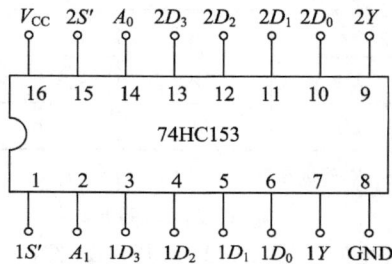

图 5 - 55　4 选 1 数据选择器 74HC153 引脚图

表 5 - 21　4 选 1 数据选择器 74HC153 功能表

输　入				输　出	输　入				输　出
$1S'$	$1D$	A_1	A_0	$1Y$	$2S'$	$2D$	A_1	A_0	$2Y$
1	X	X	X	0	1	$2D_1$	X	X	0
0	$1D_0$	0	0	$1D_0$	0	$2D_2$	0	0	$2D_0$
0	$1D_1$	0	1	$1D_1$	0	$2D_3$	0	1	$2D_1$
0	$1D_2$	1	0	$1D_2$	0	$2D_2$	1	0	$2D_2$
0	$1D_3$	1	1	$1D_3$	0	$2D_3$	1	1	$2D_3$

输出与输入的逻辑表达式如式(5-10)所示：

$$1Y = [(A_1'A_0') \cdot 1D_0 + (A_1'A_0) \cdot 1D_1 + (A_1 A_0') \cdot 1D_2 + (A_1 A_0) \cdot 1D_3] \cdot 1S$$
$$2Y = [(A_1'A_0') \cdot 2D_0 + (A_1'A_0) \cdot 2D_1 + (A_1 A_0') \cdot 2D_2 + (A_1 A_0) \cdot 2D_3] \cdot 2S$$

$$(5-10)$$

对 74HC153 的功能进行仿真，可得如图 5-56 所示的仿真结果。

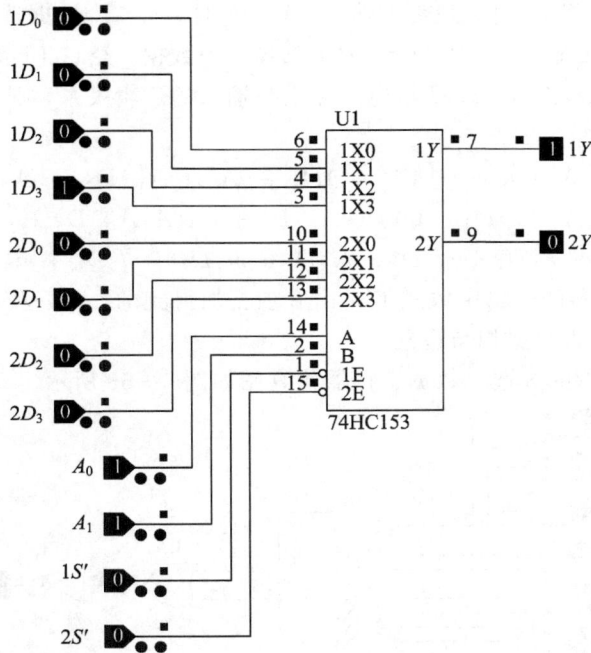

图 5-56　Proteus 中双 4 选 1 数据选择器 74HC153 仿真图

$1S'=0$，$2S'=0$，两个数据选择器均可以工作，地址变量 $B=1$，$A=1$，选择 $1D_3$、$2D_3$输出，因此 $1Y=1$，$2Y=0$。

【例 5-14】　用双 4 选 1 数据选择器构成 8 选 1 数据选择器。

解　双 4 选 1 数据选择器，有 8 个数据输入端，刚好用作 8 选 1 数据选择器的 8 路数据端。8 路数据中选择哪一个作为输出，必须用三位地址代码来确定，而 4 选 1 数据选择器的地址代码只有两位，因此第三位地址代码只能借用控制端 S'。

用一片 74HC153，将输入地址代码 A_1、A_0 接到芯片的公共地址输入端 A_1、A_0，高位输入地址代码 A_2 接 S'_1，A'_2 接至 S'_2，同时将两个数据选择器的输出求或(相加)，就得到图 5-57所示的 8 选 1 数据选择器。

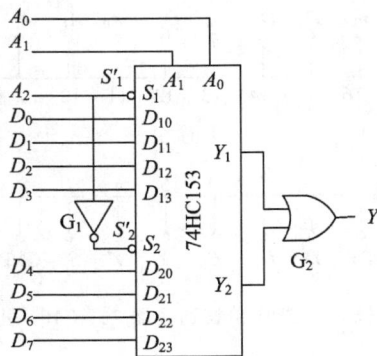

图 5-57　由 74HC153 扩展的 8 选 1 数据选择器

$A_2=0$ 时，第一个数据选择器工作，第二个不工作，由 A_1、A_0 的状态决定，从 $D_0\sim$

D_3 中选择一路数据，经 G_2 门送到输出端 Y；$A_2 = 1$ 时，第二个数据选择器工作，第一个不工作，由 A_1、A_0 的状态决定，从 $D_4 \sim D_7$ 中选择一路数据，经 G_2 门送到输出端 Y。

用逻辑函数式表示图 5-57 所示电路输出与输入的逻辑关系，则得到：

$$Y = Y_1 + Y_2$$
$$= (A_2'A_1'A_0')D_0 + (A_2'A_1'A_0)D_1 + (A_2'A_1A_0')D_2 + (A_2'A_1A_0)D_3$$
$$+ (A_2A_1'A_0')D_4 + (A_2A_1'A_0)D_5 + (A_2A_1A_0')D_6 + (A_2A_1A_0)D_7$$
$$= m_0D_0 + m_1D_1 + m_2D_2 + m_3D_3 + m_4D_4 + m_5D_5 + m_6D_6 + m_7D_7$$

8 选 1 数据选择器的逻辑函数式 Y 是由 8 项相加得到的，每一项都由输入地址代码的最小项与其对应的输入数据相与得到。

由 74HC153 扩展的 8 选 1 数据选择器仿真图如图 5-58 所示。

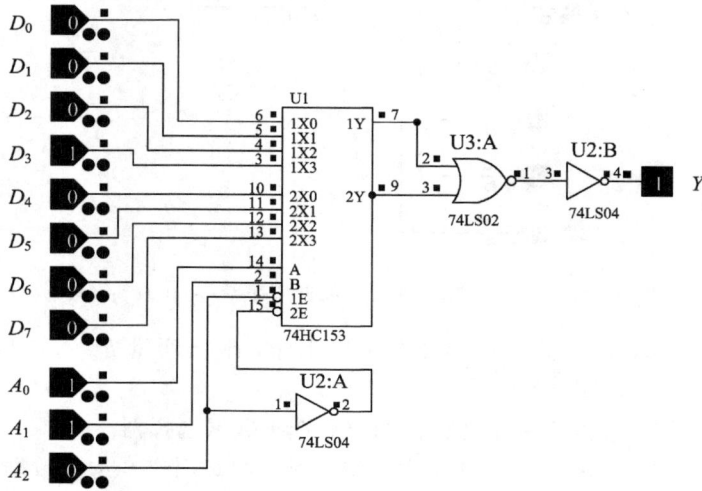

图 5-58　由 74HC153 扩展的 8 选 1 数据选择器仿真图

输入三位地址代码 $A_2A_1A_0 = 011$，选择 D_3 输出，因此 $Y = D_3 = 1$。

3. 8 选 1 数据选择器

集成 8 选 1 数据选择器 74HC151，其引脚图如图 5-59 所示。

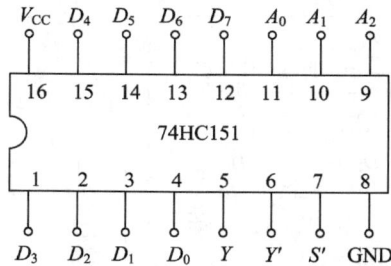

图 5-59　8 选 1 数据选择器 74HC151 引脚图

图中，S' 为控制端，$D_0 \sim D_7$ 为 8 路数据输入端，$A_2 \sim A_0$ 为三位地址代码输入端，Y、Y' 为输出端。$S' = 1$ 时，选择器被禁止，无论地址码是什么，Y 总是等于 0；$S' = 0$ 时，选择器工作。

输出与输入的逻辑关系用逻辑函数式表示为式(5-11)：

$$Y = (A_2'A_1'A_0')D_0 + (A_2'A_1'A_0)D_1 + (A_2'A_1A_0')D_2 + (A_2'A_1A_0)D_3$$
$$+ (A_2A_1'A_0')D_4 + (A_2A_1'A_0)D_5 + (A_2A_1A_0')D_6 + (A_2A_1A_0)D_7 \quad (5-11)$$

图 5-60 是在 Proteus 中对 8 选 1 数据选择器 74HC151 的仿真图,同学们可以自己练习,进行仿真验证其功能。74HC151 的功能表如表 5-22 所示。

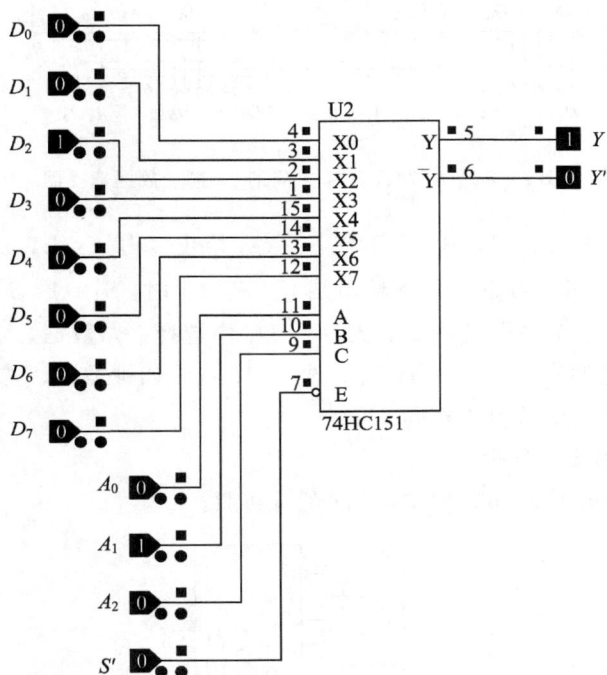

图 5-60　8 选 1 数据选择器 74HC151 仿真图

表 5-22　74HC151 的功能表

输 入					输 出	
S'	D	A_2	A_1	A_0	Y	Y'
1	X	X	X	X	0	1
0	D_0	0	0	0	D_0	D_0'
0	D_1	0	0	1	D_1	D_1'
0	D_2	0	1	0	D_2	D_2'
0	D_3	0	1	1	D_3	D_3'
0	D_4	1	0	0	D_4	D_4'
0	D_5	1	0	1	D_5	D_5'
0	D_6	1	1	0	D_6	D_6'
0	D_7	1	1	1	D_7	D_7'

用 2 片 8 选 1 数据选择器 74HC151 构成 16 选 1 的数据选择器如图 5-61 所示。

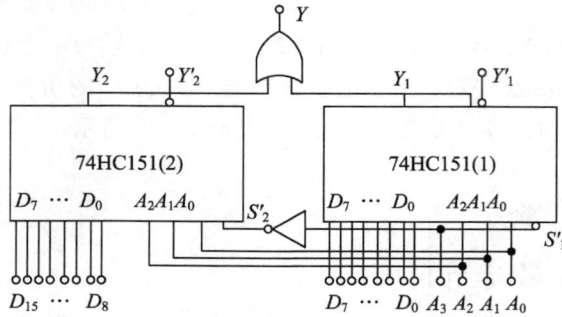

图 5-61　由 74HC151 扩展的 16 选 1 数据选择器

$A_3=0$ 时，$S_1'=0$、$S_2'=1$，片(1)工作，片(2)禁止。由 A_2、A_1、A_0 的状态决定，从 $D_0 \sim D_7$ 中选择一路数据，经或门送到输出端 Y。$A_3=1$ 时，$S_1'=1$、$S_2'=0$，片(1)禁止、片(2)工作。由 A_2、A_1、A_0 的状态决定，从 $D_8 \sim D_{15}$ 中选择一路数据，经或门送到输出端 Y。

数据选择器常见的有 2 选 1、4 选 1、8 选 1、16 选 1 四种类型，工作原理类似，只是数据输入端和地址输入端的数量不相同。

4. 数据选择器的应用分析

【例 5-15】　分析图 5-62 所示电路的逻辑功能。

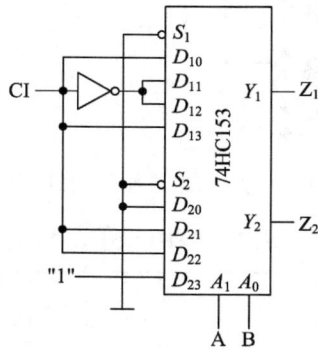

图 5-62　例 5-15 的电路图

解　由 $S_1'=S_2'=0$ 可知，74HC153 正常工作，且 $A_1=A$，$A_0=B$，于是有：

$$Z_1 = A_1'A_0'D_{10} + A_1'A_0 D_{11} + A_1 A_0' D_{12} + A_1 A_0 D_{13}$$

$$= A'B'CI + A'BCI' + AB'CI + ABCI$$

$$Z_2 = A_1'A_0'D_{20} + A_1'A_0 D_{21} + A_1 A_0' D_{22} + A_1 A_0 D_{23}$$

$$= A'B' \cdot 0 + A'BCI + AB'CI + AB \cdot 1$$

$$= A'BCI + AB'CI + AB$$

函数 Z_1 和 Z_2 的二合一真值表如表 5-23 所示。

由真值表可判断出这是一个全加器电路。

表 5 - 23　例 5 - 15 的真值表

输　　入			输　　出	
A	B	CI	Z_1	Z_2
0	0	0	0	0
0	0	1	1	0
0	1	0	1	0
0	1	1	0	1
1	0	0	1	0
1	0	1	0	1
1	1	0	0	1
1	1	1	1	1

【例 5 - 16】 用数据选择器构成数据分时传送系统。

解　利用数据选择器和数据分配器一起构成数据分时传送系统，如图 5 - 63 所示。74LS151 是 8 选 1 数据选择器；74LS138 的 S_1 接高电平，S_3 接地，数据从 S_2 端输入，构成数据分配器。

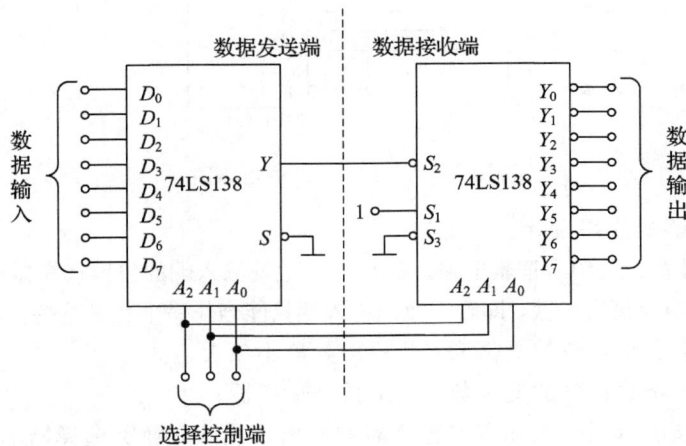

图 5 - 63　例 5 - 16 的电路图

74LS151 的使能端 S 接地，数据选择器可正常工作，8 路数据从其 8 个输入端 $D_0 \sim D_7$ 输入，然后选择控制端 $A_2 A_1 A_0$ 选择 $D_0 \sim D_7$ 中的某一路数据从 Y 端输出；Y 端送出的数据从 74LS138 的 S_2 端输入，然后选择控制端 $A_2 A_1 A_0$ 将其分配到 8 个输出端 $Y_0 \sim Y_7$ 中的某一路输出。例如 $A_2 A_1 A_0 = 001$ 时，D_1 端输入的数据 0 被选中从 74LS151 的 Y 端输出，并使 74LS138 的 S_2 端为低电平，这时 74LS138 正常工作，将数据 0 分配到 Y_1 端输出。

【例 5 - 17】 用数据选择器构成序列信号发生器，产生 01000110 循环序列信号。

解　根据序列信号的位数，可判断应使用 8 选 1 数据选择器（74LS151）。序列信号的输出是分时从一根线输出的，因此把数据选择器的输出 Y 作为序列发生器的输出；74LS151 的 8 路输入 $X_0 \sim X_7$ 分别接外部 $D_0 \sim D_7$，并分别按 01000110 的电平顺序接好；

74LS151 的地址端 A、B、C 分别接外部 $A_0 \sim A_2$，并使其按 $000 \sim 111$ 的顺序循环，即当 $A_2 A_1 A_0$ 为 $000 \sim 111$ 时，依次选中 $D_0 \sim D_7$ 端的数据作为输出。因此其 Y 端将输出 01000110 的序列信号，如图 5-64 所示。

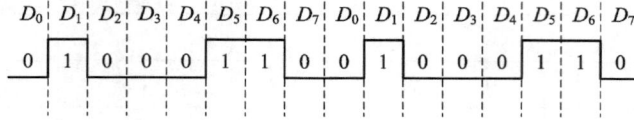

图 5-64 例 5-17 的输入信号序列

序列信号发生器的电路如图 5-65 所示。

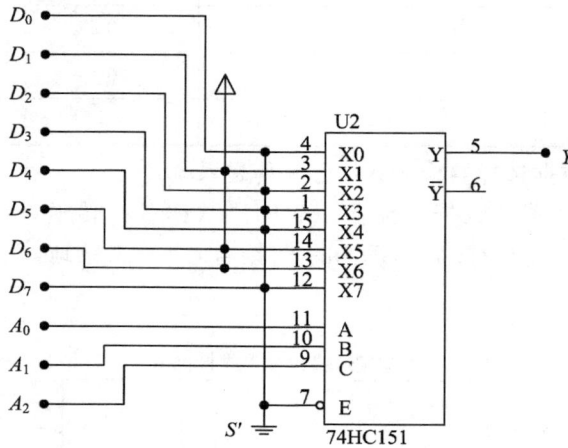

图 5-65 例 5-17 的电路图

5. 数据选择器的应用设计

用数据选择器可设计组合逻辑电路。具有 n 个地址输入端的数据选择器可以实现任一变量数不大于 $n+1$ 的组合逻辑函数，即若干数据输入端只能当作一个变量看待。具体步骤如下：

（1）列出所求逻辑函数的真值表，并写出其最小项表达式；

（2）根据上述函数包含的变量数，选定数据选择器；

（3）对比所求逻辑函数式和数据选择器的输出表达式，确定选择器输入变量的表达式或取值；

（4）按照求出的表达式或取值连接电路，画出电路图。

【例 5-18】 请用 4 选 1 数据选择器 74LS153 完成一组合逻辑函数 $Y = AB' + AC' + A'B'C' + ABC$ 的电路设计。

解 令 A、B、C 作为地址输入线，且使 $A_2 = A$、$A_1 = B$、$A_0 = C$。

将所给的逻辑函数表示成最小项之和的形式，即得：

$$Y = AB'(C + C') + AC'(B + B') + A'B'C' + ABC$$
$$= AB'C + AB'C' + ABC' + AB'C' + A'B'C' + ABC$$
$$= (A + A')B'C' + AB'C + ABC' + ABC$$
$$= 1 \cdot B'C' + AB'C + ABC' + ABC$$
$$= D_{10}A_1'A_0' + D_{11}A_1'A_0 + D_{12}A_1A_0' + D_{13}A_1A_0$$

双 4 选 1 数据选择器 74LS153 的一个 4 选 1 数据选择器的输出端逻辑函数为：

当 $S_1'=0$，$S_1=1$ 时，$Y_1=D_{10}A_1'A_0'+D_{11}A_1'A_0+D_{12}A_1A_0'+D_{13}A_1A_0$

和所给函数相比较得：$D_{10}=1$，$D_{11}=D_{12}=D_{13}=A$。

综上分析得其连线图 5-66 如下，此时 74LS153 的输出端 Y_1 即是所求逻辑函数 Y。

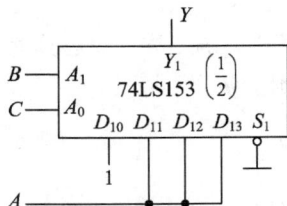

图 5-66　例 5-18 的电路实现

【例 5-19】　用数据选择器 74HC151 完成组合逻辑函数 $F=AB'+AC'+A'B'C'+ABC$ 的电路设计。

解　令 A、B、C 作为地址输入端，且使 $A_2=A$、$A_1=B$、$A_0=C$。

将所给的逻辑函数表示成最小项之和的形式，即得：

$$F=AB'(C+C')+A(B+B')C'+A'B'C'+ABC$$
$$=AB'C+AB'C'+ABC'+A'B'C'+ABC$$
$$=A_2A_1'A_0+A_2A_1'A_0'+A_2A_1A_0'+A_2'A_1'A_0'+A_2A_1A_0$$

令 8 选 1 数据选择器 74HC151 的使能端 $S'=0$，此时其输出端逻辑函数为：

$$Y=D_0(A_2'A_1'A_0')+D_1(A_2'A_1'A_0)+D_2(A_2'A_1A_0')+D_3(A_2'A_1A_0)$$
$$+D_4(A_2A_1'A_0')+D_5(A_2A_1'A_0)+D_6(A_2A_1A_0')+D_7(A_2A_1A_0)$$

和所给函数相比较得：

$$F=1(A_2A_1'A_0)+1(A_2A_1'A_0')+1(A_2A_1A_0')+1(A_2'A_1'A_0')+1(A_2A_1A_0)$$

故其数据位分别为 $D_0=D_4=D_5=D_6=D_7=1$，$D_1=D_2=D_3=0$

综上分析得其电路图 5-67 如下，此时 74HC151 的输出端 Y 即是所求逻辑函数 F。

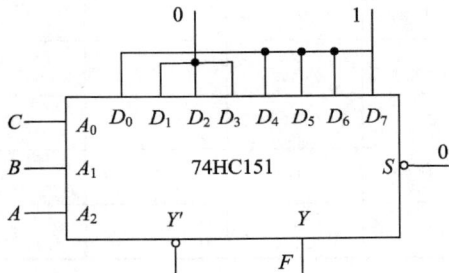

图 5-67　例 5-19 的电路图

用数据选择器来实现逻辑函数时，应注意以下几点：

(1) 当逻辑函数的变量个数与数据选择器选择输入端个数相等时，可直接用数据选择器来实现所要实现的逻辑函数。

（2）当逻辑函数的变量个数多于数据选择器选择输入端数目时，应分离出多余变量，将余下的变量分别有序地加到数据选择器的数据输入端。

（3）一个数据选择器只能用来实现一个多输入变量的单输出逻辑函数。

5.2.5　加法器（Adder）

在数字系统中对二进制数进行加、减、乘、除运算时，都是转化成加法运算完成的，所以加法运算是构成运算电路的基本运算。

加法运算的基本规则为：

（1）逢二进一；

（2）最低位是两个数最低位的相加，不需考虑进位；

（3）其余各位都是三个数相加，包括加数、被加数和低位来的进位；

（4）任何位相加都产生两个结果：本位和以及向高位的进位。

如 $A=1101$，$B=1001$，计算 $A+B$。

列竖式计算如下：

$$
\begin{array}{r}
1\ 1\ 0\ 1 \\
+\ 1\ 0\ 0\ 1 \\
\hline
1\ 0\ 1\ 1\ 0
\end{array}
$$

因此 $A+B=10110$。

1. 一位加法器

1）半加器

能对两个一位二进制数进行相加，得到和及进位的电路称为半加器。半加运算不用考虑从低位来的进位，按照二进制数运算规则可得到如表 5-24 所示的功能表，其中 A 是加数，B 是被加数，S 是本位和，C_O 是进位。

表 5-24　半加器功能表

输　入		输　出	
A	B	S	C_O
0	0	0	0
0	1	1	0
1	0	1	0
1	1	0	1

由功能表可以得到逻辑表达式，如式（5-12）所示：

$$\begin{cases} S=A'B+AB'=A \oplus B \\ C_O=AB \end{cases} \tag{5-12}$$

由式（5-12）可以得到半加器逻辑图及符号，如图 5-68(a)、(b)所示。

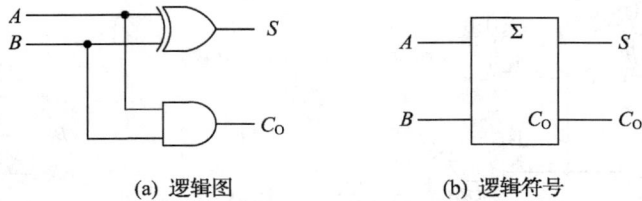

(a) 逻辑图　　　　　　　　　　(b) 逻辑符号

图 5-68　半加器的逻辑图及逻辑符号

2) 全加器

能对两个一位二进制数相加并考虑低位来的进位,得到和及进位的逻辑电路称为全加器。全加器功能表如表 5-25 所示,表中 A 是加数, B 是被加数, C_I 是低位的进位, S 是本位和, C_O 是进位。

表 5-25　全加器功能表

输	入		输	出
C_I	A	B	S	C_O
0	0	0	0	0
0	0	1	1	0
0	1	0	1	0
0	1	1	0	1
1	0	0	1	0
1	0	1	0	1
1	1	0	0	1
1	1	1	1	1

从功能表可得到表达式如式(5-13)所示。

$$\begin{cases} S = C_I'A'B + C_I'AB' + C_IA'B' + C_IAB = C_I \oplus A \oplus B \\ C_O = C_I'AB + C_IA'B + C_IAB' + C_IAB = AB + C_I(A \oplus B) \end{cases} \tag{5-13}$$

或者由功能表可得式(5-14):

$$\begin{cases} S = \sum m(1, 2, 4, 7) \\ C_O = \sum m(3, 5, 6, 7) \end{cases} \tag{5-14}$$

化简后得式(5-15):

$$\begin{cases} S = C_I \oplus A \oplus B \\ C_O = AB + C_I(A \oplus B) \end{cases} \tag{5-15}$$

由逻辑表达式可画出电路逻辑图如图 5-69(a)所示。当 $A=1$, $B=1$, $C_I=1$ 时,得本位和 $S=1$,进位输出 $C_O=1$,其逻辑符号如图 5-69(b)所示。

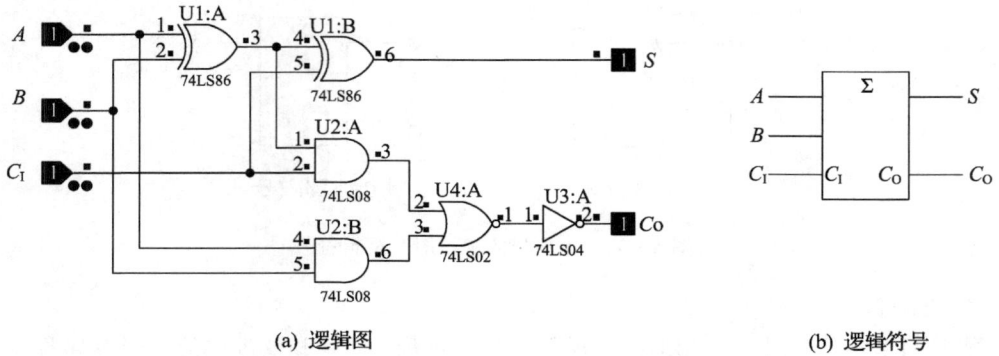

(a) 逻辑图　　　　　　　　　　　　(b) 逻辑符号

图 5-69　全加器的逻辑图及逻辑符号

3）集成一位全加器

74LS183 是双一位全加器，其逻辑符号如图 5-70(a)所示。输入信号三个，分别为低位进位 C_I 和两个加数 A、B（第一个全加器低位进位 C_{I1} 和两个加数 A_1、B_1，第二个全加器低位进位 C_{I2} 和两个加数 A_2、B_2）；输出信号两个，分别为全加和 S 与本级进位 C_O。

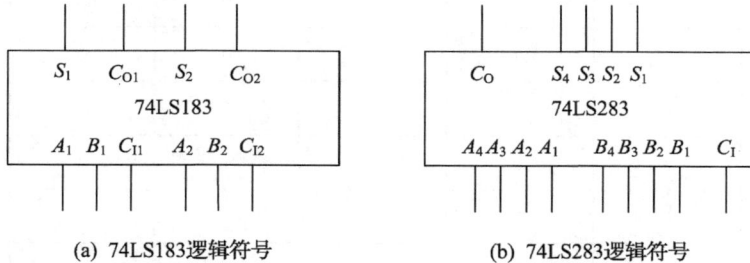

(a) 74LS183逻辑符号　　　　　　　(b) 74LS283逻辑符号

图 5-70　74LS183 和 74LS283 的逻辑符号

2. 多位加法器

1）串行进位加法器

将全加器串联可构成 n 位加法器，每个全加器表示一位二进制数据，构成方法是依次将低位全加器的进位 C_O 输出端连接到高位全加器的进位输入端 C_I。

图 5-71 由四个全加器组成，可实现两个四位二进制数的相加，第一个数是 $A(A_3A_2A_1A_0)$，第二个数是 $B(B_3B_2B_1B_0)$，$A+B$ 所得的和为 $S_3S_2S_1S_0$，C_O 为进位输出。

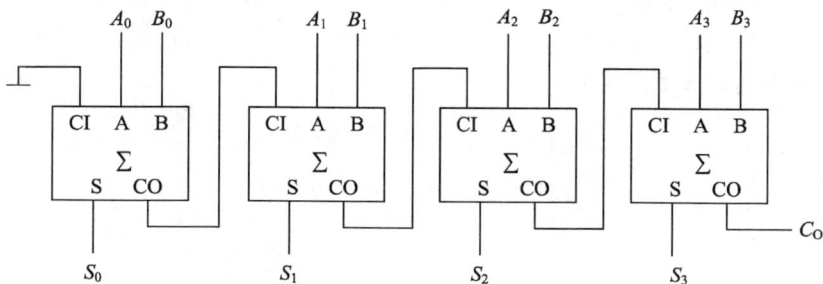

图 5-71　串行进位加法器

注意：最低位没有进位输入，故 $C_{I0}=0$，直接接地即可。

这种加法器的每一位相加结果都必须等到低一位的进位产生之后才能形成，即进位在各级之间是串联关系，所以称为串行进位加法器。

由于必须等待前级进位才能形成本级的进位和全加和，所以当位数很多时，运算速度会很慢。该种形式的加法器结构简单，可在不要求运算速度的设备中使用。

2）超前进位加法器

为了提高运算速度，必须设法减小由进位引起的时间延迟。方法就是事先由两个加数构成各级加法器所需要的进位，如图 5-72 所示的超前进位加法器，C_{11} 直接由加数 A_0、被加数 B_0 和最低位进位位 C_{10} 形成。

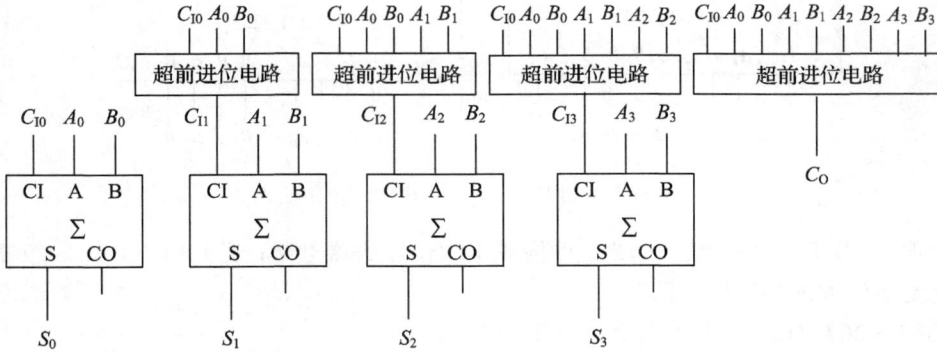

图 5-72　超前进位加法器

集成加法器 74LS283 就是超前进位加法器，其逻辑符号如图 5-70(b)所示。74LS283 能够完成两个 4 位二进制数 $A_4A_3A_2A_1$ 和 $B_4B_3B_2B_1$ 的加法运算，执行加数、被加数和低位来的进位三者之间的加法运算，运算后得到一个四位的和输出 $S_4S_3S_2S_1$，进位输出是 C_0，产生进位的时间一般为 22 ns。

3. 加法器的应用

利用加法器可实现 N 位二进制数的加法运算以及代码转换、减法运算等功能。

1）四位二进制数的加法器

74LS283 可完成四位二进制数的加法运算，如图 5-73 所示。

输入 $A_3A_2A_1A_0=0011$，$B_3B_2B_1B_0=0010$，进位输入为 0，则 $A_3A_2A_1A_0+B_3B_2B_1B_0=S_3S_2S_1S_0=0101$，进位输出 $C_4=0$。

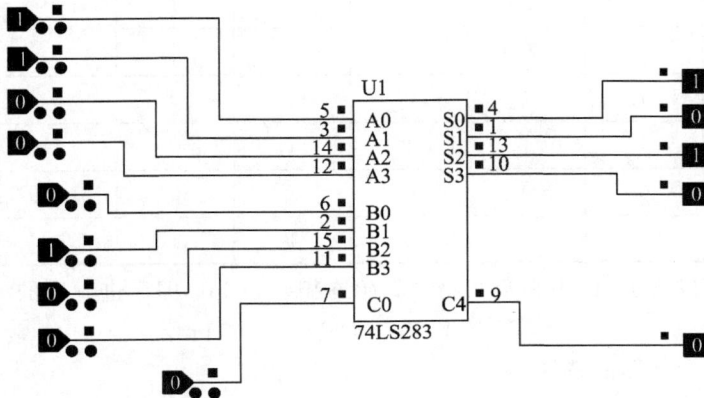

图 5-73　用 74LS283 构成的 4 位加法器

2）八位二进制数的加法器

一片 74LS283 只能完成四位二进制数的加法运算，因此八位二进制数的加法运算需要两片 74LS283 级联构成才能完成，其电路如图 5-74 所示，其中 74LS283（1）为低位片，74LS283（2）为高位片。

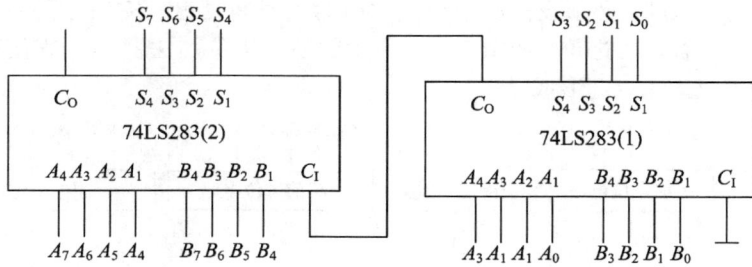

图 5-74　用 74LS283 构成的 8 位加法器

同理，4 片 74LS283 级联起来，可构成十六位加法器电路；若干片 74LS283 级联起来，可构成更多位数的加法器电路。

【例 5-20】 试用加法器实现如下代码转换。

（1）试用四位加法器 74LS283 实现 8421 BCD 码至余 3 码的转换。

解　设输入 8421 码用变量 $DCBA$ 表示，输出余 3 码用变量 $Y_3Y_2Y_1Y_0$ 表示，则得 8421 BCD 码转换为余 3 码真值表，如表 5-26 所示。

表 5-26　8421 BCD 码转换为余 3 码真值表

输　　入				输　　出			
D	C	B	A	Y_3	Y_2	Y_1	Y_0
0	0	0	0	0	0	1	1
0	0	0	1	0	1	0	0
0	0	1	0	0	1	0	1
0	0	1	1	0	1	1	0
0	1	0	0	0	1	1	1
0	1	0	1	1	0	0	0
0	1	1	0	1	0	0	1
0	1	1	1	1	0	1	0
1	0	0	0	1	0	1	1
1	0	0	1	1	1	0	0

仔细观察可发现 BCD 码和余 3 码之间始终相差 0011，即十进制数的 3，故可得：

$$Y_3Y_2Y_1Y_0 = DCBA + 0011$$

其实这正是余 3 码的特征。

根据上式，用一片 4 位加法器 74LS283 便可接成所要求的代码转换电路，如图 5-75 所示。

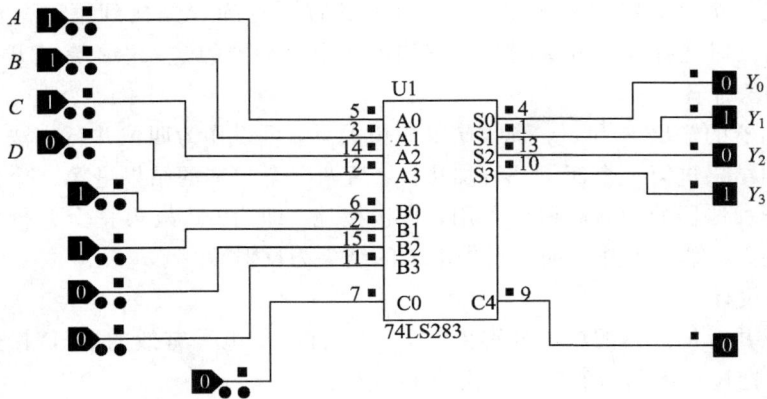

图 5-75　8421 BCD 码转换为余 3 码

图 5-75 中，输入的 8421 BCD 码为 $DCBA = 0111$，$0111 + 0011 = 01010$，进位为 0，因此结果是 1010，因此 8421 BCD 码 0111 转换成的余 3 码为 1010。

(2) 用 1 片 74LS283 将余 3 码转换成 8421 BCD 码。

解　　　　　　余 3 码 $-0011 = $ 8421 BCD 码

设输入余 3 码用变量 $DCBA$ 表示，输出 8421 码用变量 $Y_3 Y_2 Y_1 Y_0$ 表示，则得式(5-16)：

$$Y_3 Y_2 Y_1 Y_0 = DCBA + [0011]_{补} = DCBA + 1101 \qquad (5-16)$$

根据式(5-16)，用一片 4 位加法器 74LS283 便可接成题目中所要求的代码转换电路，如图 5-76 所示。

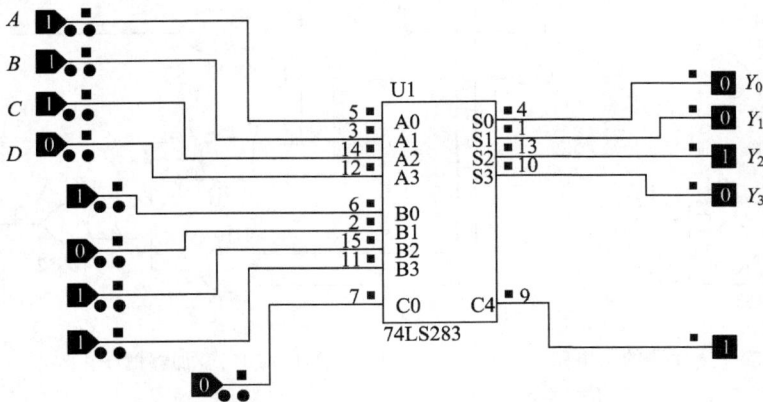

图 5-76　余 3 码转换为 8421 BCD 码

图 5-76 中，输入的余 3 码为 $DCBA = 0111$，$0111 + 1101 = 10100$，舍弃进位，则最终结果是 0100，因此余 3 码 0111 转换成的 8421 BCD 码为 0100。

【例 5-21】 在 Proteus 中设计一个有六人参与的投票表决系统：每人手持一个开关，可以选择 Yes、No 和弃权。投票系统能自动统计并显示选择 Yes 的票数和选择 No 的票数。

解　(1) 电路分析。

每人一个三位开关，六人共六个。因为开关为布尔量，不能输入到四位并行加法器(有权值)中，只能接到一位二进制加法器，因此为了减少加法器的数量，这里使用全加器。每个全加器的 A、B 及 C_i 都可作为独立的输入，之间没有权值关系。把前三人的赞同选择开关接到第一个全加器的输入端，后三个人的赞同选择开关接到第二个全加器的输入端，六个人的反对选择开关分别接到第三和第四个全加器的输入端；弃权开关什么也不连接，即不作加法计算。

每个全加器的输出 S 和 C_0 都具有 2^1 权值关系，可以作为四位并行加法器的输入。前两个全加器的结果进第一个四位并行加法器，后两个全加器的结果进第二个四位并行加法器。四位并行加法器的输入高两位不用，直接接地，即为 0。故第一个并行加法器加出来的结果为赞同票，第二个并行加法器加出来的结果为反对票。

（2）电路设计。

两个四位并行加法器的输出分别接 74LS47，即把低电平有效的 BCD 接到七段显示译码器上，然后把显示译码器的输入端高位 D 接地。

在 Proteus 中画出电路原理图。为了使全加器的输入端得到可靠的电平，必须在每一个开关两端接适当的电阻值，并接电源和地。接地电阻为 10 kΩ，共 12 个；接电源电阻为 500 Ω，只有一个。

Proteus 中没有全加器 74LS183 的仿真模型。为此利用层次原理图的设计方法，设计一个全加器 74LS183$'$。在 Proteus 中单击子电路模式图标 □ Subcircuit Mode，在图形编辑区拖出一个大小合适的矩形并命名；在对象选择器中选择 INPUT，并在矩形框的左边框线上单击三次，生成三个输入端；然后在对象选择器中选择 OUTPUT，并在矩形框的右边单击两次，生成两个输出端；分别双击这些端对其进行命名，生成全加器的父电路，如图 5 - 77 所示。

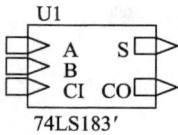

图 5 - 77 全加器的父电路   图 5 - 78 全加器的子电路

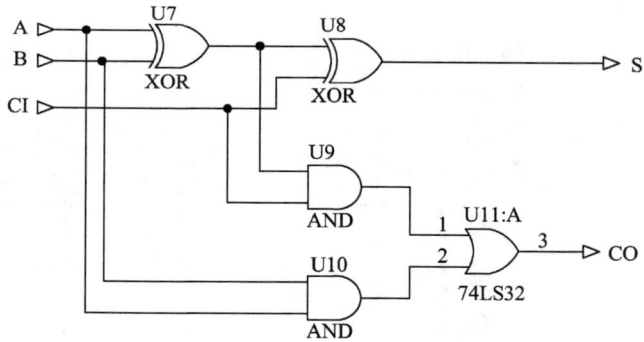

右键单击图 5 - 77 中全加器的矩形空白区，出现右键菜单；选择 Goto Child Sheet，即转到全加器的子电路，此时会自动打开一个新的绘图画面；按图 5 - 78 画好全加器的子电路，使输入与输出的引脚名与父电路保持完全一致；单击存盘按钮，不用另起名字，在图形的空白区单击右键，选择右键菜单中的 Exit Parent Sheet，即返回到父电路；最后，把所有元件按以上分析连接成如图 5 - 79 所示的系统电路。注意到四个全加器的各子电路中的元件代号各不相同，且与上层电路中的元件代号亦不相同。

图 5 - 79 中，左下方电阻与电路的连接采用的是网络标号形式（$R_1 \sim R_{12}$），标有同一网络标号（Label）的两根线被视为连接在一起。

（3）Proteus 仿真。

在 Proteus 中运行仿真，第一个开关不动作，即选择弃权，第四个开关位于下方，即选择 No，其它四个开关都位于上方，即选择 Yes。仿真结果表明，系统显示的票数与选择开关一致。

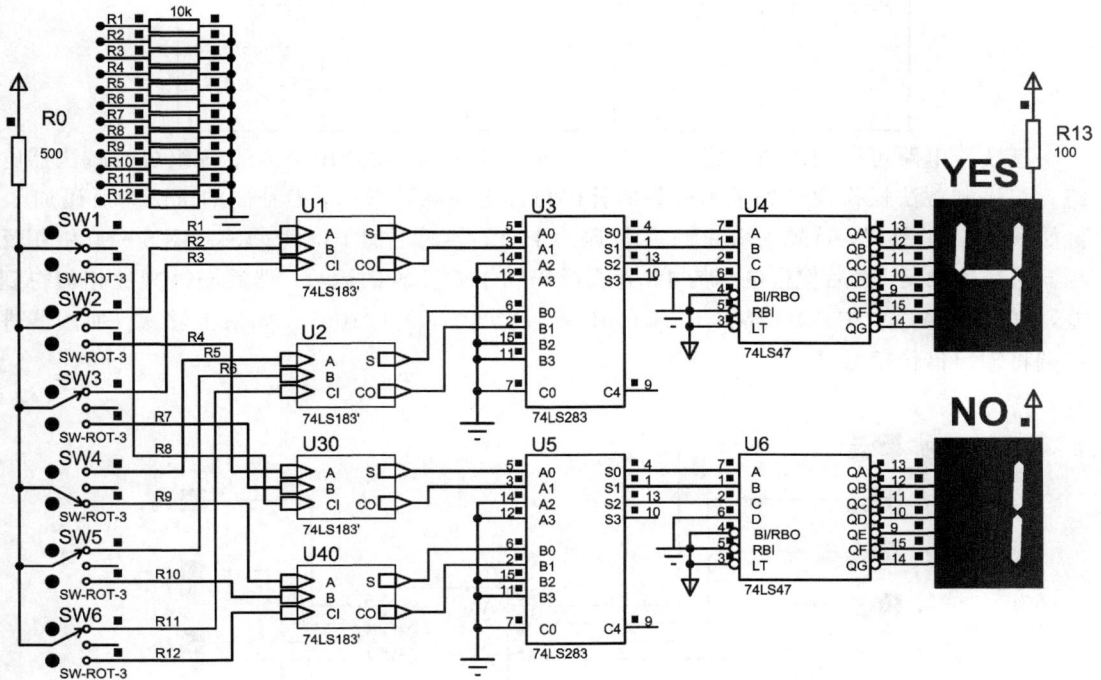

图 5 - 79　Proteus 中设计的投票表决电路

5.2.6　全减器（Full Subtractor）

1. 全减器定义

全减器是两个二进制数进行减法运算时使用的一种运算单元。最简单的全减器采用本位结果和借位来显示，二进制中是借一当二，所以可以使用两个输出变量的高低电平来实现减法运算。

2. 全减器功能表

全减器功能表如表 5 - 27 所示，其中 A 是被减数，B 是减数，C 是低位的借位，D 是本位差，J 是向高位的借位。

表 5 - 27　全减器功能表

输　　　　入			输　　　出	
A	B	C	D	J
0	0	0	0	0
0	0	1	1	1
0	1	0	1	1
0	1	1	0	1

续表

输	入		输	出
1	0	0	1	0
1	0	1	0	0
1	1	0	0	0
1	1	1	1	1

减法器电路可以用加法器集成芯片来实现，图 5-80 就是用 74LS283 组成的减法器电路。二进制减法操作通过先求出减数的补码再加上被减数求得，而补码的求法为反码加 1。例如求 0011 的补码，首先求出 0011 的反码为 1100，然后再加 1 得到 1101。图 5-80 中用反相器对减数求反，然后使进位端为 1，完成反码加 1 求补码的运算；然后与被减数相加得到差，如 $A_3A_2A_1A_0(0111) - B_3B_2B_1B_0(0011) = D_3D_2D_1D_0(0100)$。如果不够减，加法器进位端将输出借位信号 J。

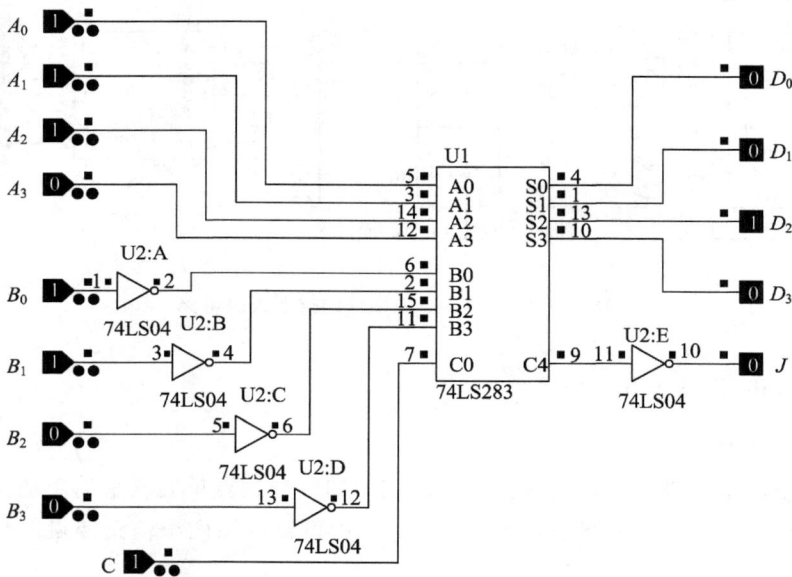

图 5-80 用 74LS283 组成的减法器电路

5.2.7 数值比较器(Data Comparator)

在数字系统中，经常需要对两个位数相同(可以是一位，也可是多位)的二进制数进行比较，以判断它们的大小关系。实现这种比较数值大小的逻辑电路称为数值比较器。

1. 一位数值比较器

一位数值比较器是对两个一位二进制数 A、B 进行大小比较的逻辑电路。比较的结果有 $A > B$、$A < B$ 和 $A = B$ 三种可能。设 $A > B$ 时 $Y_1 = 1$，$A < B$ 时 $Y_2 = 1$，$A = B$ 时 $Y_3 = 1$，得到一位数值比较器的真值表，如表 5-28 所示。

表 5-28　一位数值比较器的真值表

输　　入		输　　出		
A	B	$Y_1(A>B)$	$Y_2(A<B)$	$Y_3(A=B)$
0	0	0	0	1
0	1	0	1	0
1	0	1	0	0
1	1	0	0	1

由真值表可得输出逻辑表达式，如式（5-17）所示：

$$\begin{cases} Y_1 = AB' \\ Y_2 = A'B \\ Y_3 = (AB' + A'B)' = AB + A'B' \end{cases} \qquad (5-17)$$

由输出逻辑表达式可画出电路逻辑图，如图 5-81(a)所示。

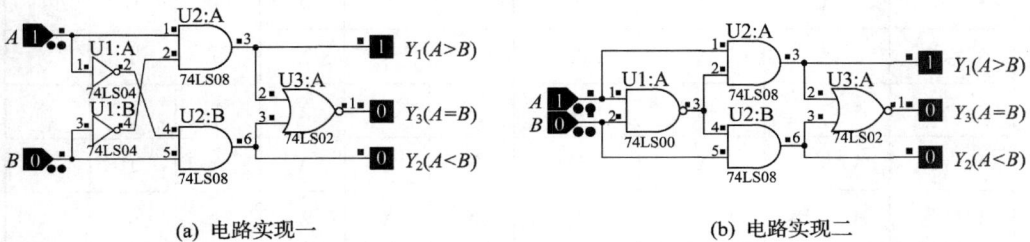

(a) 电路实现一　　　　　　　　　　　　(b) 电路实现二

图 5-81　一位数值比较器逻辑图

在图 5-81(b)所示的逻辑电路图中，可写出逻辑表达式为：

$$\begin{cases} Y_1 = A \cdot (AB)' = A \cdot (A' + B') = AB' \\ Y_2 = B \cdot (AB)' = B \cdot (A' + B') = A'B \\ Y_3 = (AB' + A'B)' = AB + A'B' \end{cases}$$

可看出图 5-81(b)也实现了一位二进制数的比较。因此，实现一位数值比较器的逻辑电路并不唯一。

2. 四位数值比较器

在进行两个多位数的大小关系比较时，应当从高位到低位逐位进行比较。若高位已经比较产生了结果，则低位不用再比较；若高位相等，则需进行低位的比较，直至产生明确的大小关系为止。

集成数值比较器 74LS85 是常见的四位二进制数值比较器，有 $A_3 A_2 A_1 A_0$ 和 $B_3 B_2 B_1 B_0$ 两组比较数据输入端，$Y_{(A>B)}$、$Y_{(A<B)}$、$Y_{(A=B)}$ 三个比较结果输出端。74LS85 的引脚图如图 5-82 所示，其功能表如表 5-29 所示。

由功能表可归纳出 74LS85 具有如下逻辑功能：

(1) 若输入数据大小关系为 $A>B$（即 $A_3 A_2 A_1 A_0 > B_3 B_2 B_1 B_0$），则 $Y_{(A>B)} = 1$，$Y_{(A<B)} = 0$，$Y_{(A=B)} = 0$，与三个级联输入端状态无关。

(2) 若输入数据大小关系为 $A<B$（即 $A_3 A_2 A_1 A_0 < B_3 B_2 B_1 B_0$），则 $Y_{(A>B)} = 0$，

$Y_{(A<B)}=1$，$Y_{(A=B)}=0$，与三个级联输入端状态无关。

（3）若输入数据大小关系为 $A=B$（即 $A_3A_2A_1A_0 = B_3B_2B_1B_0$），则 $Y_{(A>B)}=0$，$Y_{(A<B)}=0$，$Y_{(A=B)}=1$，比较的结果决定于三个级联输入端的状态：

若级联输入端 $I_{(A>B)}=1$，则 $Y_{(A>B)}=1$，$Y_{(A<B)}=0$，$Y_{(A=B)}=0$；

若级联输入端 $I_{(A<B)}=1$，则 $Y_{(A>B)}=0$，$Y_{(A<B)}=1$，$Y_{(A=B)}=0$；

若级联输入端 $I_{(A=B)}=1$，则 $Y_{(A>B)}=0$，$Y_{(A<B)}=0$，$Y_{(A=B)}=1$。

由此可见，级联输入端用于扩展芯片的逻辑功能，以便若干个芯片级联，实现更多位数据大小的比较。当只采用一片 74LS85 比较两组数据大小时，应使级联输入端的 $I_{(A=B)}=1$，$I_{(A>B)}=0$，$I_{(A<B)}=0$，这样就能比较出两组数据的大小。

表 5 - 29   四位数值比较器 74LS85 功能表

比 较 输 入				级 联 输 入			输 出		
A_3　B_3	A_2　B_2	A_1　B_1	A_0　B_0	$I_{(A>B)}$	$I_{(A<B)}$	$I_{(A=B)}$	$Y_{(A>B)}$	$Y_{(A<B)}$	$Y_{(A=B)}$
$A_3>B_3$	X	X	X	X	X	X	1	0	0
$A_3<B_3$	X	X	X	X	X	X	0	1	0
$A_3=B_3$	$A_2>B_2$	X	X	X	X	X	1	0	0
$A_3=B_3$	$A_2<B_2$	X	X	X	X	X	0	1	0
$A_3=B_3$	$A_2=B_2$	$A_1>B_1$	X	X	X	X	1	0	0
$A_3=B_3$	$A_2=B_2$	$A_1<B_1$	X	X	X	X	0	1	0
$A_3=B_3$	$A_2=B_2$	$A_1=B_1$	$A_0>B_0$	X	X	X	1	0	0
$A_3=B_3$	$A_2=B_2$	$A_1=B_1$	$A_0<B_0$	X	X	X	0	1	0
$A_3=B_3$	$A_2=B_2$	$A_1=B_1$	$A_0=B_0$	1	0	0	1	0	0
$A_3=B_3$	$A_2=B_2$	$A_1=B_1$	$A_0=B_0$	0	1	0	0	1	0
$A_3=B_3$	$A_2=B_2$	$A_1=B_1$	$A_0=B_0$	0	0	1	0	0	1

图 5 - 82 分别为 TTL 和 CMOS 集成数值比较器芯片 74LS85 和 CC14585 的引脚图。

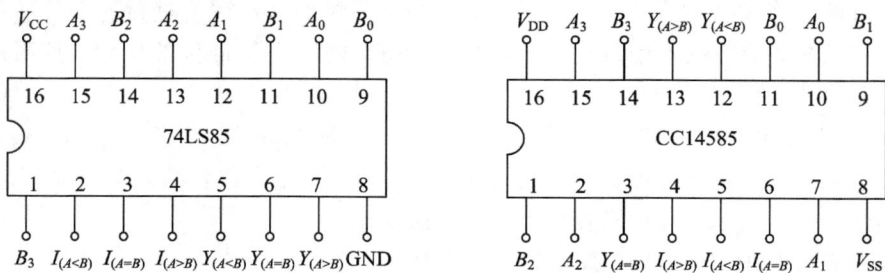

(a) TTL数值比较器引脚图   (b) CMOS数值比较器引脚图

图 5 - 82   数值比较器引脚图

集成数值比较器 74LS85 的功能仿真验证见图 5 - 83。

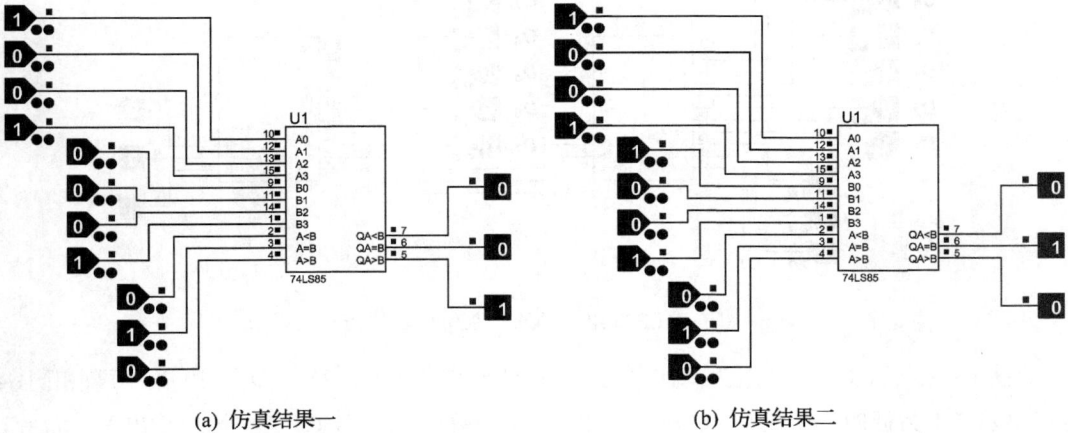

(a) 仿真结果一　　　　　　　　(b) 仿真结果二

图 5 - 83　Proteus 中数值比较器 74LS85 的仿真图

图 5 - 83(a)中，$A_3 \sim A_0 = 1001$，$B_3 \sim B_0 = 1000$，$A > B$，因此输出 $Q_{(A>B)} = 1$。图 5 - 83(b)中，$A_3 \sim A_0 = 1001$，$B_3 \sim B_0 = 1001$，$A = B$，因此输出 $Q_{(A=B)} = 1$。

【例 5 - 22】　用两片四位二进制数值比较器 74LS85 实现八位二进制数的比较。

解　采用两片 74LS85 进行级联时，令低位片 U1 的级联输入 $I_{(A=B)} = 1$，$I_{(A>B)} = 0$，$I_{(A<B)} = 0$；低位片 U1 的比较输出端与高位片 U2 的级联输入端相连，高位片 U2 的比较输出端的结果就是最终的比较结果。Proteus 中的仿真图如图 5 - 84、5 - 85 所示。

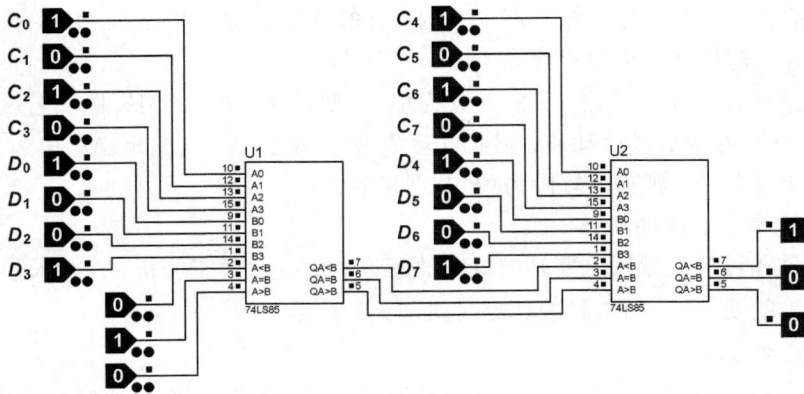

图 5 - 84　74LS85 组成的八位数值比较器仿真结果一

图 5 - 84 中，U2 芯片上为高四位的比较，$C_7 \sim C_4 (A_3 \sim A_0) = 0101$，$D_7 \sim D_4 (B_3 \sim B_0) = 1001$，$C < D$，因此输出 $Y_{(C<D)} = 1$，U1 上的低四位就不用再比较了。

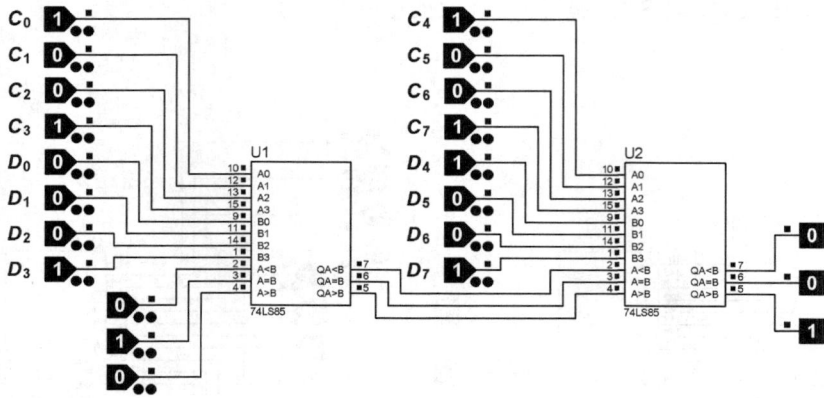

图 5-85　74LS85 组成的八位数值比较器仿真结果二

图 5-85 中，U2 芯片上为高四位的比较，$C_7 \sim C_4 = 1001$，$D_7 \sim D_4 = 1001$，两数相同；继续比较，U1 为低四位的比较，$C_3 \sim C_0 = 1001$，$D_3 \sim D_0 = 1000$，$C > D$，因此输出 $Y_{(C>D)} = 1$。

5.3　组合逻辑电路中的竞争和冒险
(Competition and Adventure in Combinational Logical Circuit)

5.3.1　产生竞争和冒险的原因 (Causes of Competition and Adventure)

1. 竞争和冒险的概念

在实际电路中，由于不同通路上门电路的数量不同，或者由于不同门电路的延迟时间不同，使电路中变量不可能完全同步变化，这种现象称为竞争。大多数组合逻辑电路都存在竞争，有的竞争不会对输出结果产生影响，有的竞争却会产生干扰脉冲（俗称毛刺），并造成错误输出，这种现象称为冒险。

根据产生干扰脉冲的极性，冒险可分为偏"1"型冒险和偏"0"型冒险。若输出稳态值为1，出现的干扰脉冲为负极性脉冲，则此冒险为偏"1"型冒险；若输出稳态值为0，出现的干扰脉冲为正极性脉冲，则称此冒险为偏"0"型冒险。

2. 产生竞争和冒险的原因

产生竞争和冒险的原因主要是门电路的延迟时间。为便于分析，设输入信号 A 由0跳变为1或由1跳变为0，门电路的延迟时间都为 t_{pd}。

1）偏"0"型冒险

如图 5-86(a)所示，不考虑门电路的延迟时间时，输出端 $Y_1 = AA' = 0$，输出 Y_1 应始终为0。如果考虑门电路的延迟时间，由于输入信号所经门电路的数量不同，当输入信号 A 由0跳变为1时，A' 经过非门的延迟时间 t_{pd} 才由1跳变为0，因此 A 与 A' 没有同步变化，出现了 A 与 A' 同时为1的情况。两者求与后，得到 $Y_1 = AA' = 1$，出现了正极性的干扰脉冲，如图 5-86 (b)所示，因此该电路存在偏"0"型冒险。

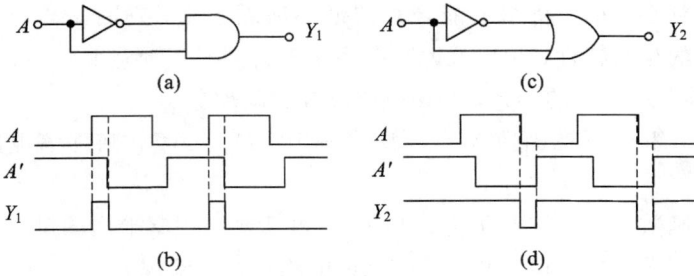

图 5-86 存在冒险的电路

2）偏"1"型冒险

如图 5-86（c）所示，不考虑门电路的延迟时间时，输出端 $Y_2 = A + A' = 1$，输出 Y_2 应始终为 1。如果考虑门电路的延迟时间，如图 5-86（d）中，由于输入信号所经门电路的数量不同，当输入信号 A 由 1 跳变为 0 时，A' 经过非门的延迟时间 t_{pd} 才由 0 跳变为 1，因此 A 与 A' 没有同步变化，出现了 A 与 A' 同时为 0 的情况。两者求或后，得到 $Y_2 = A + A' = 0$，出现了负极性的干扰脉冲，因此该电路存在偏"1"型冒险。

3. 检查竞争和冒险的方法

当设计的组合电路产生冒险时，输出端将会产生不正常的干扰信号，电路可能会出现逻辑功能错误，产生错误的输出，因此需要判断电路是否产生冒险。判别电路是否产生冒险的方法有代数判别法和卡诺图判别法。

1）代数判别法

采用代数判别法时，如果表达式中同时出现变量 A 与 A'，则可将其它变量的各种可能取值依次代入，此时如果表达式中包含 $A + A'$ 或 $A \cdot A'$，则该电路产生冒险。其中 $A \cdot A'$ 产生的冒险为偏"0"型冒险，$A + A'$ 产生的冒险为偏"1"型冒险。

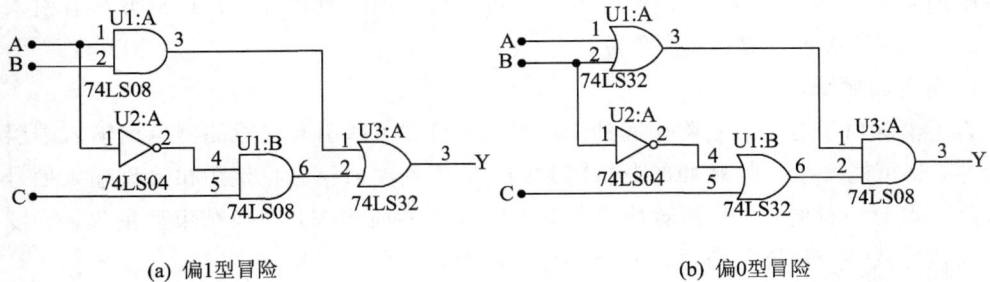

(a) 偏1型冒险　　　　　　　　　　　(b) 偏0型冒险

图 5-87 代数判别法电路

图 5-87（a）中，$Y = AB + A'C$。当 $B = C = 1$ 时，$Y = A + A'$，存在偏"1"型冒险现象。图 5-87（b）中，$Y = (A + B)(B' + C)$。当 $A = C = 0$ 时，$Y = B \cdot B'$，存在偏"0"型冒险现象。

2）卡诺图判别法

代数判别法一般用于逻辑表达式较为简单、输入变量较少的电路。对于表达式较为复杂的电路，可以用卡诺图判别法来判别是否存在冒险现象。

采用卡诺图判别法时，将图上能合并的最小项圈起来，判断是否存在两个卡诺圈相切。根据最小项的相邻特性，相切就说明有些变量会同时以原量和反量的形式存在，即同时出现了 $A+A'$ 或 $A \cdot A'$ 的形式，则该电路存在冒险现象。

【例 5 - 23】 组合逻辑函数 $Y = A'B'C' + BC'D' + AC$，判别该电路是否存在冒险现象。

解 画出该函数的卡诺图并化简，如图 5 - 88 所示。观察卡诺图可以发现 $A'B'C'$ 所在的卡诺圈与 $BC'D'$ 所在的卡诺圈相切，因此该电路存在冒险现象。

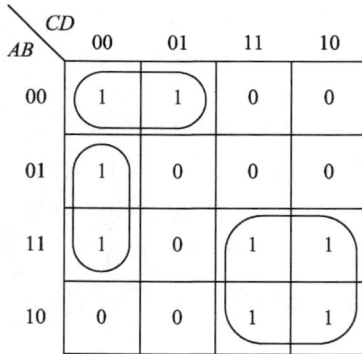

图 5 - 88　例 5 - 23 的卡诺图

进一步分析，当变量 $A=C=D=0$ 时，输出表达式包含了 $Y = B + B'$ 的形式。由此可见，该电路存在偏"1"型冒险现象。

5.3.2　消除竞争和冒险的方法(Methods of Clearing Competition and Adventure)

竞争产生的冒险会使电路产生干扰脉冲并可能导致电路产生错误的逻辑输出，因此采取措施消除竞争和冒险现象，以提高电路的可靠性。消除竞争冒险常用的方法有引入封锁脉冲、引入选通脉冲、增加冗余项等。

1. 引入封锁脉冲

为了消除由于竞争和冒险引起的干扰脉冲，可在可能引起冒险的门电路输入端引入封锁脉冲，将可能产生干扰脉冲的逻辑门封锁住，等到输入信号稳定后再允许输入信号通过门电路。需要注意的是，封锁脉冲应在输入信号转换前到来，转换结束后消失，宽度应大于输入信号从一个稳定状态过渡到新的稳定状态的时间。

2. 引入选通脉冲

引入选通脉冲是在可能引起冒险的门电路输入端加入选通脉冲，以屏蔽可能出现的窄带脉冲，在输出端获得稳定的输出波形。

3. 增加冗余项

增加冗余项法是在不改变电路功能的情况下增加一些冗余项，使输出函数在任何情况下都不会出现 $A+A'$ 或 $A \cdot A'$ 的形式，从而避免可能产生的竞争和冒险。从卡诺图角度看，可增加一些卡诺圈把相邻的最小项圈起来，避免卡诺圈相切，从而消除竞争和冒险现象。

例如 $Y=AB+A'C$ 存在竞争和冒险现象,增加冗余项 BC,即可消除竞争和冒险现象。

【例 5-24】　组合逻辑电路 $Y=A'D+CD'+A'BC$,判断该电路是否存在冒险现象。若存在,通过增加冗余项法消除竞争和冒险现象。

解　画出该电路的卡诺图,如图 5-89 所示。观察卡诺图可以发现,$A'D$ 和 CD' 的卡诺圈相切,因此该电路存在冒险现象。为了消除冒险现象,可将相切卡诺圈中相邻的 4 个最小项用新增加的卡诺圈圈起来,即在原逻辑函数中增加 $A'C$ 项,如图中虚线所示。由于 $A'C$ 冗余项的增加,在保持电路功能的情况下避免了卡诺圈相切,从而消除了电路存在的冒险现象。因此,经增加冗余项后的输出表达式为 $Y=A'D+CD'+A'BC+A'C$。

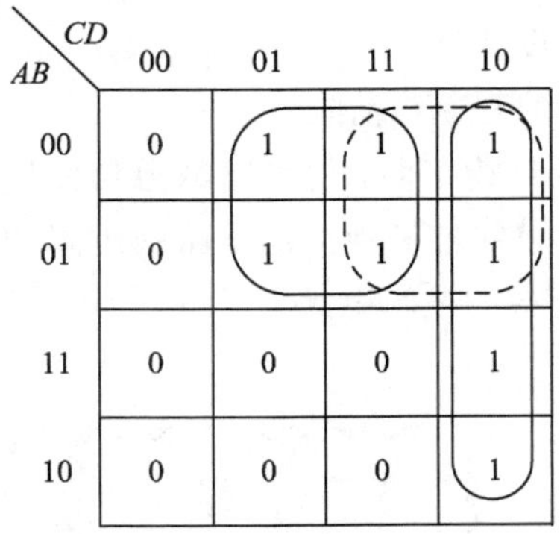

AB\\CD	00	01	11	10
00	0	1	1	1
01	0	1	1	1
11	0	0	0	1
10	0	0	0	1

图 5-89　增加冗余项法消除冒险

5.4　总　结(Summary)

　　本章讲述了逻辑电路的特点,介绍了门级组合逻辑电路的分析方法、设计方法和编码器、译码器、数据分配器、数据选择器、加法器、数值比较器等中规模集成器件及相应的功能电路,最后简要介绍了组合逻辑电路中的竞争和冒险现象及消除方法。希望读者熟悉这些电路和器件的逻辑功能,以便灵活应用。

　　组合逻辑电路是指在任一时刻,逻辑电路的输出状态只取决于输入各状态的组合,而与电路原来的状态无关。它由基本门构成,不含存贮电路和记忆元件,且无反馈线,其输入、输出逻辑关系遵照逻辑函数的运算法则。

　　下面我们来简要回顾一下这些内容:

　　(1)组合逻辑电路的分析:根据已经给定的逻辑电路,描述其逻辑功能。基本分析方法是根据所给定的逻辑图写出逻辑表达式;用逻辑代数法或卡诺图法化简,求出最简函数式;列出真值表;写出输出与输入的逻辑功能说明。

　　(2)组合逻辑电路的设计:根据设计要求构成功能正确、经济、可靠的电路。基本设计方法是根据实际问题所要求的逻辑功能,首先确定组合逻辑电路的输入变量和输出变量,并对它们进行逻辑状态赋值,确定逻辑 1 和逻辑 0 所对应的状态,然后准确列写真值表;根据真值表写出逻辑表达式,并用卡诺图法或逻辑代数法进行化简,求出最简逻辑表达式;按照最简逻辑表达式,画出相应的逻辑图。

（3）真值表是分析和应用各种逻辑电路的依据。

（4）编码器、译码器、数据分配器、数据选择器、加法器、数值比较器等是常用的典型组合逻辑电路，应重点掌握它们的外部逻辑功能及基本应用。

本章重点：

◆组合逻辑电路的概念。

◆组合逻辑电路的分析与设计方法。

◆常用组合模块的功能及应用。

本章难点：

◆灵活运用模块进行电路设计。

◆组合电路的竞争与冒险的判断与消除。

尽管各种组合逻辑电路的结构不同，但可归纳为几种基本的电路，分析和设计的方法是类似的。掌握了分析方法，就能够识别给定电路的逻辑功能；掌握了设计方法，就能够根据给定的逻辑要求设计出相应的逻辑电路。

习　题
（Exercises）

1. 填空题

（1）如果逻辑电路的输出只取决于电路当前输入，而与电路_____无关，这种电路称为_____。

（2）组合逻辑电路通常由_____组成。

（3）在编码器中，允许同时输入两个以上编码信号的编码器类型为_____。

（4）如果对 20 个对象进行二进制编码，则至少需要_____位二进制数。

（5）编码器输出端有 n 个，则其输入端的个数最多为_____。

（6）数字逻辑电路分为_____和_____两大类。

（7）七段译码驱动器 74S47 输出是低电平有效，配接的数码管必须采用_____极接法，而 74S48 输出是高电平有效，配接的数码管必须采用_____极接法。

2. 单选题

（1）组合逻辑电路任何时刻的输出信号，与该时刻的输入信号（　　　）；与电路原来所处的状态（　　　）；时序逻辑电路任何时刻的输出信号，与该时刻的输入信号（　　　）；与信号作用前电路所处的状态（　　　）。

A. 有关　　　　　　　　　　B. 无关

（2）进行组合电路设计的主要目的是获得（　　　）。

A. 逻辑电路图　　　　　　　B. 电路的逻辑功能

C. 电路的真值表　　　　　　D. 电路的逻辑表达式

（3）一个 8 - 3 线优先编码器，输入某位为 0 表示该位有信号输入，输出低电平有效；当输入最高位和最低位同时为 0 而其余位为 1 时，则输出编码应为（　　　）。

　　A. 000　　　　　　　　B. 011　　　　　　　　C. 100　　　　　　　　D. 111

（4）利用 2 个 74S138 和 1 个非门，可以扩展得到 1 个（　　　）线译码器。

　　A. 2 - 4　　　　　　　　B. 3 - 8　　　　　　　　C. 4 - 10　　　　　　　D. 无法确定

（5）集成门电路 74LS00 不用的引脚应接（　　　）更可靠。

　　A. 地　　　　　　　　　B. 高电平　　　　　　　C. 电阻　　　　　　　　D. 悬空

（6）译码器输入端 n 和输出端 N 的关系是（　　　）。

　　A. $2^n \leqslant N$　　　　　B. $2^n < N$　　　　　C. $2^n \geqslant N$　　　　D. $2^n > N$

（7）（　　　）是译码器芯片。

　　A. 74LS191　　　　　　B. 74HC138　　　　　　C. 74LS161　　　　　　D. 74HC148

（8）（　　　）电路能在选择控制信号的作用下，从几个数据中选择一个并将其送到一个公共的输出端。

　　A. 译码器　　　　　　　B. 编码器　　　　　　　C. 数据分配器　　　　D. 数据选择器

（9）数据选择器中，若有 7 条数据线，则至少需要（　　　）条地址线。

　　　　　　A. 2　　　　　　　　　B. 3　　　　　　　　　C. 5　　　　　　　　　D. 4

（10）一个具有 N 个地址端的数据选择器的功能是（　　　）。

　　A. N 选 1　　　　　　　B. $2N$ 选 1　　　　　　C. $2N$ 选 1　　　　　D. (2^{N-1}) 选 1

（11）只考虑向高位的进位，不考虑来自低位的进位的加法器称为（　　　）。

　　A. 半加器　　　　　　　B. 全加器　　　　　　　C. 串行加法器　　　　D. 并行加法器

（12）与四位串行位加法器相比，使用超前进位全加器的目的是（　　　）。

　　A. 完成自动加法进位　　　　　B. 完成四位加法

　　C. 完成四位串行加法　　　　　D. 提高运算速度

（13）下面器件中，属于组合逻辑电路的部件是（　　　）。

　　A.计数器　　　　　　　B. 寄存器　　　　　　　C. 触发器　　　　　　　D. 编码器

（14）图 5 - 90 为半加器逻辑电路图，其逻辑表达式为（　　　）。

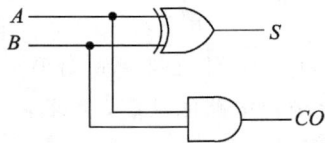

图 5 - 90

　　A. $S = A'B + AB'$　　$CO = A + B$

　　B. $S = A'B + AB'$　　$CO = (AB)'$

　　C. $S = A \oplus B$　　　　$CO = (AB)'$

　　D. $S = A \oplus B$　　　　$CO = AB$

（15）下列电路中，不属于组合逻辑电路的是（　　　）。

　　A. 编码器　　B. 译码器　　C. 数据选择器　　D. 计数器

3. 分析图 5 - 91 所示的组合逻辑电路的功能，要求：（1）列写输出表达式并化简；（2）列出真值表；（3）分析电路逻辑功能的特点。

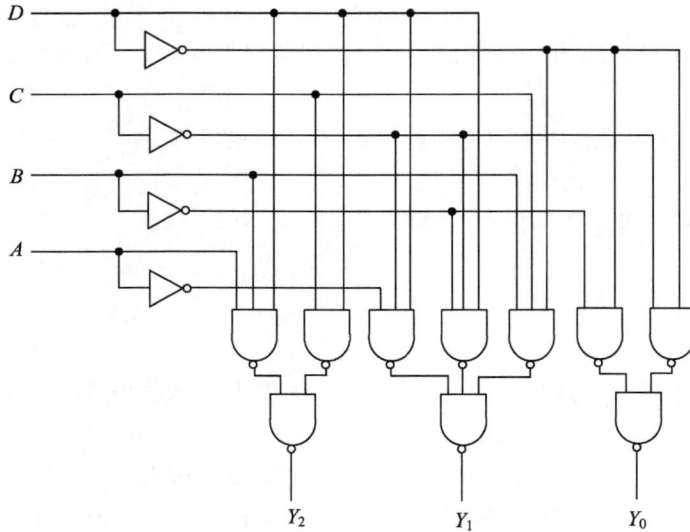

图 5 - 91

4. 分析图 5 - 92 所示的组合逻辑电路的功能，要求：（1）写输出表达式并化简；（2）列出真值表；（3）分析电路的逻辑功能。

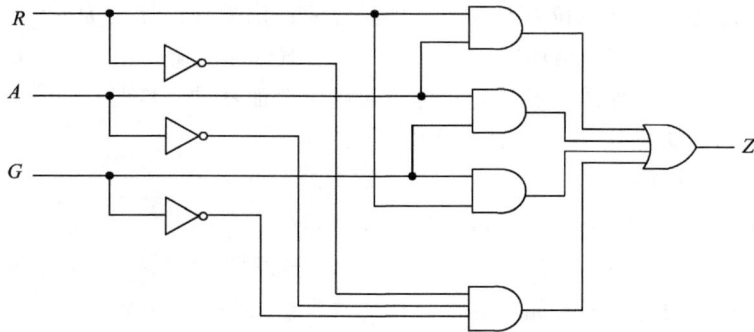

图 5 - 92

5. 编码和译码的作用分别是什么？什么是优先编码？

6. 分析图 5 - 93 所示的组合逻辑电路的功能，要求：（1）写输出表达式并化简；（2）列出真值表；（3）分析电路的逻辑功能。

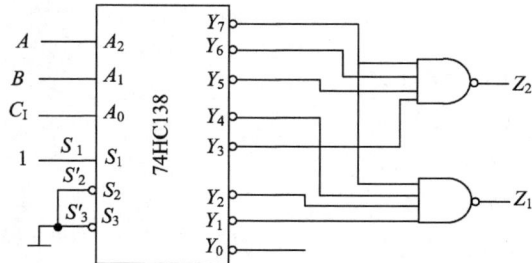

图 5 - 93

7. 分析图 5-94 所示的组合逻辑电路的工作原理，并说明该电路的逻辑功能。

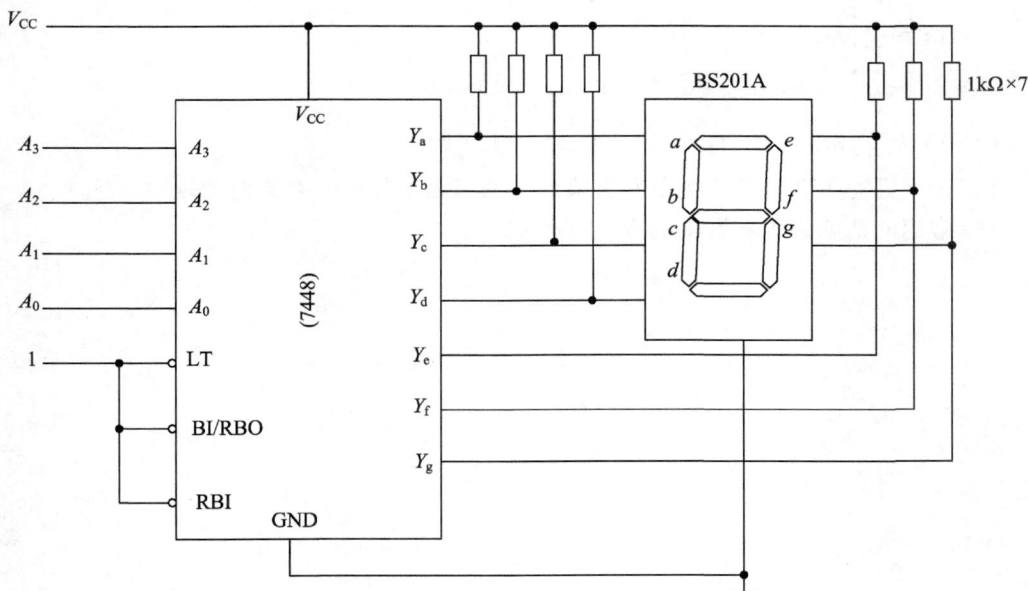

图 5-94

8. 交叉路口的交通管制灯有红、黄、绿三个。正常工作时，应该只有一盏灯亮，其它情况均属电路故障。试设计故障报警电路。

9. 请把 2-4 线译码器 74HC139 扩展成 3-8 译码器。

10. 用集成二进制译码器 74LS138 和与非门实现下列逻辑函数：

(1) $Y_1 = AB + AC'$

(2) $Y_2 = AB' + AC + A'BC$

11. 试用 3-8 线译码器 74HC138 设计一个多输出的组合逻辑电路，输出逻辑函数式为 $\begin{cases} Z_1 = AC' + A'BC + AB'C \\ Z_2 = BC + A'B'C' \end{cases}$。写出设计过程，并画出设计的组合逻辑电路图。

12. 用 3-8 线译码器 74HC138 和必要的门电路设计一个全加器。

13. 4 选 1 数据选择器 74LS153 的电路图如图 5-95 所示。请用 74LS153 完成组合逻辑函数 $Y = AB' + AC' + A'B'C' + ABC$ 的电路设计。

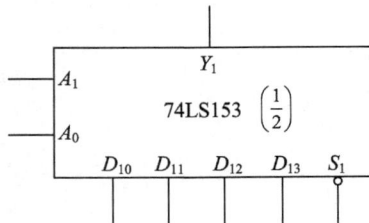

图 55-95

14. 用集成 8 选 1 数据选择器 74LS151 分别实现下列函数：

(1) $Y_1 = \sum m(2, 3, 6, 7)$

(2) $Y_2 = \sum m(0, 1, 2, 3, 6, 7)$

(3) $Y_3 = \sum m(0, 2, 3, 6, 7, 10, 13, 14)$

(4) $Y_4 = \sum m(2, 3, 4, 5, 7, 10, 11, 14, 15)$

15. 什么是竞争和冒险？竞争和冒险产生的原因是什么？有哪两种现象？

16. 常用的消除竞争和冒险的方法有哪些？

第 6 章　锁存器和触发器
(Latchs and Flip-Flops)

6.0　概述(Introduction)

本章介绍具有记忆功能的基本逻辑单元——锁存器和触发器,它们是构成时序逻辑电路必不可少的部分,因此在下一章学习时序逻辑电路之前,先要掌握好锁存器和触发器的电路构成和工作原理,区分锁存器与触发器的不同,知道它们的应用场合;掌握各类触发器的电路符号、功能表和波形分析,尤其是 SR 锁存器、D 触发器和 JK 触发器;了解什么是电平触发、脉冲触发和边沿触发方式及对应的符号标志。

双稳态是与锁存器和触发器密切相关的一个概念,即锁存器或触发器的输出端在不同的时间可以分别保持 0 态或 1 态的稳定状态,输出要么稳定为 0,要么稳定为 1。根据输入信号(一个或多个)的状态,输出状态将存储单元电路(锁存器或触发器等)置成 0 态或 1 态。输入信号消失后,0 或 1 态能保存下来,即具有记忆功能。双稳态存储单元电路是一种具有记忆功能的逻辑单元电路,它能储存一位二进制码。这和前面我们所学的组合逻辑电路是有本质区别的,在组合逻辑电路中,输入一旦不存在,相应逻辑的输出也就消失了。

双稳态触发器(Flip-Flop)是存储一位二进制信号(信息)的基本单元,缩写为 FF。多个双稳态触发器构成的复杂电路能够存储多位二进制数,这也是数字计算机的最基本存储原理。

6.1　SR 锁存器(SR Latch)

锁存器是由门电路和反馈线构成的电路,对输入的脉冲电平敏感,可在一个或多个电平作用下改变状态,不需要另外的时钟信号来同步(这是和触发器的重要区别)。在某些运算器电路中,有时会采用锁存器作为数据暂存器,而触发器多用作存储器。

SR 锁存器是具有一个复位输入端(Reset,简称 R)和一个置位输入端(Set,简称 S)的一位数据锁存器,分为低电平输入有效和高电平输入有效两种。对于前者来说,当复位端或置位端输入为 0 时,输出端相应被复位或置位;对于后者来说,当复位端或置位端输入为 1 时,输出端相应被复位或置位。下面分别进行介绍,注意二者的符号区别。

6.1.1 低电平输入有效的 SR 锁存器(SR Latch with Low Active Input Level)

1. 电路结构与工作原理

1) 电路结构

用与非门组成的 SR 锁存器电路结构如图 6-1(a)所示。两个与非门 U1:A、U1:B 在电路中的作用完全相同,所以习惯上将电路画成图 6-1(b)所示的形式,该电路有 S'_D、R'_D 两个输入端,以低电平作为输入信号。在图 6-1(b)中,小圆圈表示用低电平作为输入信号,或者称低电平有效;Q、Q'是两个互补输出端,正常情况下,两个输出端的状态保持相反。通常以 Q 端的逻辑电平表示锁存器的状态,即 $Q=1$,$Q'=0$,称为 1 态;$Q=0$,$Q'=1$,称为 0 态。S'_D(Set Direct)称为置位端或直接置 1 输入端,无需与时钟同步;R'_D(Reset Direct)称为复位端或直接置 0 端或清 0 端,无需与时钟同步。

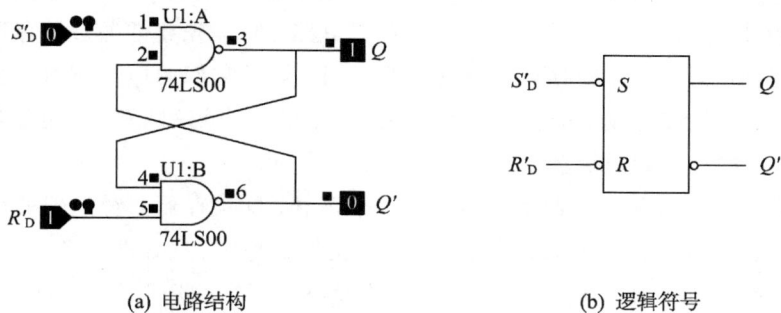

(a) 电路结构   (b) 逻辑符号

图 6-1 用与非门组成的 SR 锁存器

2) 工作原理

当 $S'_D=1$,$R'_D=0$ 时:设锁存器初态为 1 态,输出将翻转为 0 态,在 $R'_D=0$ 信号消失以后(即 R'_D 回到 1),由于有 Q 端的低电平接回到与非门的另一个输入端,因而电路的 0 状态得以保持;设初态为 0 态,锁存器则保持 0 态不变。因此不论锁存器原来为何种状态,当 $S'_D=1$,$R'_D=0$ 时,都将使锁存器置 0(或称为复位)。

当 $S'_D=0$,$R'_D=1$ 时:设初态为 0 态,输出将翻转为 1 态,在 $S'_D=0$ 信号消失以后(即 S'_D 回到 1),由于有 Q'端的低电平接回到与非门的另一个输入端,因而电路的 1 状态得以保持;设初态为 1 态,锁存器则保持 1 态不变。因此不论锁存器原来为何种状态,当 $S'_D=0$,$R'_D=1$ 时,都将使锁存器置 1(或称为置位)。

当 $S'_D=1$,$R'_D=1$ 时:设初态为 0 态,输出将保持为 0 态;设初态为 1 态,锁存器则保持 1 态不变。因此当 $S'_D=1$,$R'_D=1$ 时,锁存器将保持原来的状态,即锁存器具有保持、记忆功能。

当 $S'_D=0$,$R'_D=0$ 时:当信号 $S'_D=R'_D=0$ 时,输出 Q 和 Q'将同时变为 1。当 S'_D 和 R'_D 由 0 变为 1 时,由于与非门的翻转时间不可能完全相同,锁存器输出状态可能是 1 态,也可能是 0 态,不能根据输入信号确定。

对与非门组成的 SR 锁存器进行仿真,如 6-1(a)所示,$S'_D=0$,$R'_D=1$,电路具有置 1 功能,因此输出 $Q=1$,$Q'=0$。

将上述关系用表 6-1 表示。因为锁存器新状态 Q^*(次态)不仅与输入状态有关,而且与锁存器原来状态 Q(初态)有关,所以将 Q 也作为一个变量列入了真值表。Q 称为状态变量,将这种含有状态变量的真值表称为锁存器的功能表(或特性表)。

表 6-1 低电平有效 SR 锁存器功能表

S_D'	R_D'	Q	Q^*	功 能
1	1	0	0	保持
1	1	1	1	
1	0	0	0	置 0
1	0	1	0	(存 0)
0	1	0	1	置 1
0	1	1	1	(存 1)
0	0	0	1①	约束项
0	0	1	1①	禁用

注:① 表示 S_D'、R_D' 的 0 状态同时消失后输出 Q^* 状态不确定。

由于 $S_D'=R_D'=0$ 时,出现了 $Q=Q'=1$ 状态,这既不是定义的 1 状态,也不是定义的 0 状态。而且,S_D' 和 R_D' 同时回到 1 以后,无法断定锁存器将回到 1 状态还是 0 状态。因此在正常工作时应遵守 $S_D R_D=0$ 的约束条件,即不允许输入 $S_D'=R_D'=0$ 的信号。

2. 动作特点

SR 锁存器的触发条件为任何时刻。

【例 6-1】 在图 6-2(a)所示的 SR 锁存器电路中,已知 S_D' 和 R_D' 的电压波形如图 6-2(b)中所示,试画出 Q 和 Q' 端对应的电压波形。

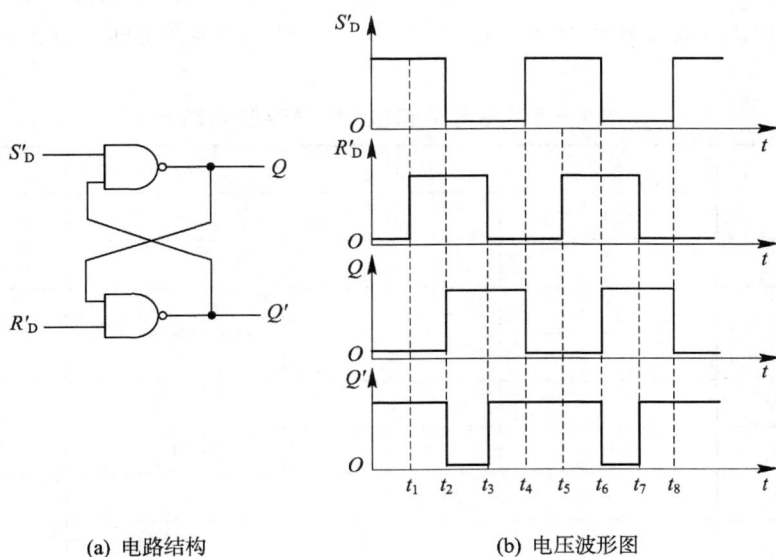

(a) 电路结构   (b) 电压波形图

图 6-2 例 6-1 的电路和电压波形

解 实质上,这是一个用已知的 R_D' 和 S_D' 的状态确定 Q 和 Q' 状态的问题。只要根据每个时间区间里 S_D' 和 R_D' 的状态查询锁存器的功能表,即可找出 Q 和 Q' 的相应状态,并画出它们的波形图,如图 6-2(b)所示。

对于这样简单的电路，从电路图上也能直接画出 Q 和 Q' 端的波形图，而不必去查功能表。

从图 6-2(b)所示的波形图上可以看到，虽然在 $t_3 \sim t_4$ 和 $t_7 \sim t_8$ 期间输入端出现了 $S'_D = R'_D = 0$ 的状态，但由于 S'_D 首先回到了高电平，所以锁存器的次态是可以确定的。

6.1.2 高电平输入有效的 SR 锁存器(SR Latch with High Active Input Level)

如图 6-3(a)所示，将两个或非门 U1:A、U1:B 接成反馈也可以组成 SR 锁存器。两个或非门的作用相同，所以画成图 6-3(b)的形式。引出输入端 S_D、R_D 分别用来置 1 或置 0，高电平有效，因此在图 6-3(b)中不用加小圆圈。S_D(Set Direct)称为直接置 1 端(置位端)，R_D(Reset Direct)称为直接置 0 端(复位端)。

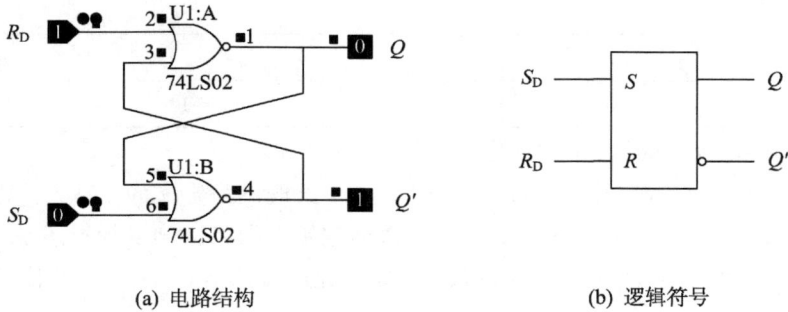

(a) 电路结构　　　　　　　　　　　　(b) 逻辑符号

图 6-3　用或非门组成的 SR 锁存器

分析图 6-3(a)所示电路，得到如表 6-2 所示的 SR 锁存器功能表。当 $S_D = R_D = 1$ 时，出现了非定义的 $Q = Q' = 0$，信号同时消失后，即 S_D、R_D 同时回到 0 以后锁存器的状态 Q^* 不定，所以正常工作状态下，应遵循 $S_D R_D = 0$ 的约束条件，即不应加 $S_D = R_D = 1$ 的输入信号。

表 6-2　高电平有效 SR 锁存器功能表

S_D	R_D	Q	Q^*	功　能
0	0	0	0	保持
0	0	1	1	
0	1	0	0	置 0
0	1	1	0	(存 0)
1	0	0	1	置 1
1	0	1	1	(存 1)
1	1	0	0[①]	约束项
1	1	1	0[①]	禁用

注：①表示 S_D、R_D 的 1 状态同时消失后输出 Q^* 状态不确定。

对用或非门组成的 SR 锁存器进行仿真，如图 6-3(a)所示，$S_D = 0$，$R_D = 1$，电路具有置 0 功能，因此输出 $Q = 0$，$Q' = 1$。

由图 6-1(a)和图 6-3(a)可见，在 SR 锁存器中，输入信号直接加在输出门上，所以输入信号在全部作用时间里,都能直接改变输出端 Q 和 Q' 的状态。正是由于这个缘故,也将 $S'_D(S_D)$ 称为直接置位端,将 $R'_D(R_D)$ 称为直接复位端,并且将这个电路称为直接置位、复位锁存器(Set-Reset Latch)。

6.1.3 SR 锁存器的应用(Application of SR Latch)

集成电路 74LS279 内含 4 个 SR 锁存器,输入信号低电平有效,其芯片引脚排列图如图 6-4(a)所示,仿真图如图 6-4(b)所示。输入信号 $1R'=0$,$1S'_1=1$,$1S'_2=1$,第 1 个 SR 锁存器具有置 0 功能,因此 $1Q=0$;输入信号 $2R'=0$,$2S'=1$,第 2 个 SR 锁存器具有置 0 功能,因此 $2Q=0$;输入信号 $3R'=1$,$3S'_1=0$,$3S'_2=1$,第 3 个 SR 锁存器具有置 1 功能,因此 $3Q=1$;输入信号 $4R'=1$,$4S'=0$,第 4 个 SR 锁存器具有置 1 功能,因此 $4Q=1$。

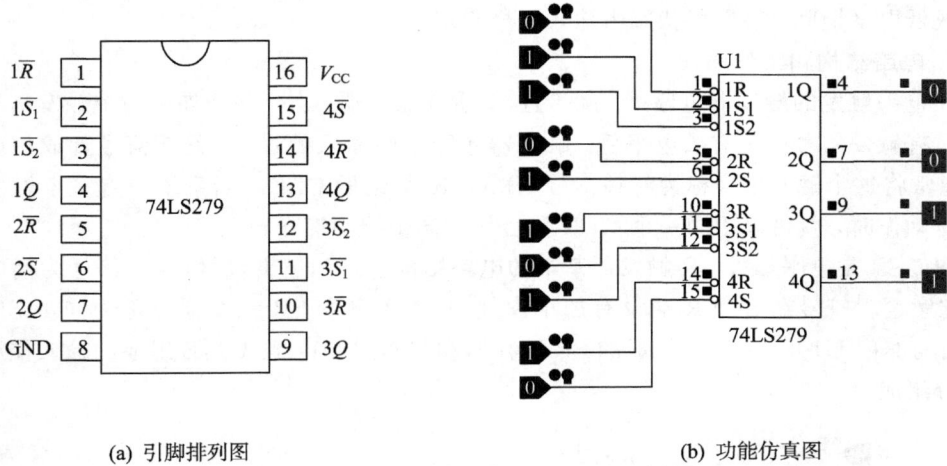

(a) 引脚排列图   (b) 功能仿真图

图 6-4 74LS279 的芯片引脚排列图及功能仿真

利用 74LS279 的锁存功能,可以设计防抖动开关,如图 6-5 所示。电源 V_{cc} 经电阻 R_2 接至第 4 个 SR 锁存器的输入端 $4R'$,$4R'=1$;经电阻 R_1 接至第 4 个 SR 锁存器的输入端 $4S'$,$4S'=1$,因此 SR 锁存器具有保持功能。按下图中的按钮后 $4S'$ 接地,$4S'=0$,将 $4Q$ 置 1;松开按钮,$4S'$ 恢复为 1,SR 锁存器具有保持功能,输出 $4Q$ 将维持 1 不变,可以消除按动按钮时手的抖动所带来的误输出,其工作波形图如图 6-6 所示。

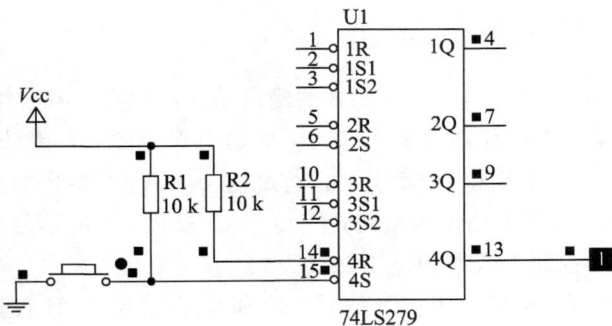

图 6-5 防抖动开关   图 6-6 工作波形图

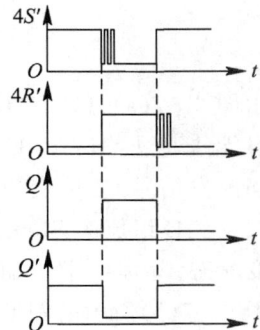

6.2 触发器(Flip-Flops)

触发器与锁存器结构上的主要区别在于触发器多了一个时钟输入信号。但是,对输出状态起决定作用的置位、复位信号只有在时钟的高电平期间(电平触发)或在时钟信号的上升沿或下降沿瞬间起作用(边沿触发),这逐步消减了输入端对输出的控制功能。

6.2.1 电平触发的触发器(Level Triggered Flip-Flops)

对于电平触发的触发器,触发脉冲 CLK 为上升沿或下降沿时,触发器状态不变;CLK 为高或低电平期间,触发器状态由输入信号确定。

1. 电路结构和工作原理

在电平触发的触发器电路中,除了置 1、置 0 输入端以外,又增加了一个触发信号输入端。只有触发信号变为有效电平后,触发器才能按照输入的置 1、置 0 信号置成相应的状态,通常将这个触发信号称为时钟信号(CLOCK),记做 CLK。当系统中有多个触发器需要同时动作时,就可以用同一个 CLK 信号作为同步控制信号。

图 6-7 是电平触发 SR 触发器基本的电路结构形式和逻辑符号(输入信号为高电平有效,注意逻辑符号在 S 和 R 端没有加小圆圈)。电平触发 SR 触发器也称为同步 SR 触发器,由与非门 U1:C、U1:D 组成的 SR 锁存器和与非门 U1:A、U1:B 组成的输入控制电路两部分组成。

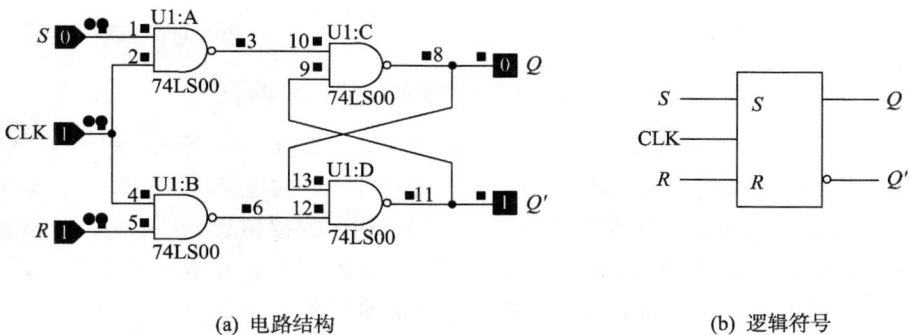

(a) 电路结构   (b) 逻辑符号

图 6-7　电平触发 SR 触发器

由图 6-7(a)可知,当 CLK=0 时,门 U1:A、U1:B 的输出始终停留在 1 状态,SR 端的信息无法通过 U1:A、U1:B 影响 SR 锁存器的输入状态,故输出保持原来的状态不变。只有当触发信号 CLK 变成高电平以后,S 和 R 信号才能通过门 U1:A、U1:B 加到由门 U1:C、U1:D 组成的 SR 锁存器上,触发电路发生变化,使 Q 和 Q' 根据 S、R 信号的改变而改变状态。因此,将 CLK 的这种控制方式称为电平触发方式。

图 6-7(b)所示的图形符号中,CLK 是一个控制信号。S 和 R 表示受 CLK 控制的两输入信号,只有在 CLK 为有效电平时(CLK=1),S 和 R 信号才能起作用。CLK 输入端处没有小圆圈,表示 CLK 以高电平为有效信号。(如果在 CLK 输入端画有小圆圈,则表示

CLK 以低电平为有效信号。)

图 6-7(a)电路的功能表如表 6-3 所示，其中 Q 是时钟到来前触发器的状态，Q^* 是时钟到来后触发器的状态。从表 6-3 中可见，只有当 CLK=1 时，触发器输出端的状态才受输入信号的控制。而且在 CLK=1 时，这个功能表与 SR 锁存器的功能表是一样的。同时，电平触发 SR 触发器的输入信号同样应当遵守 SR=0 的约束条件，否则当 S、R 同时由 1 变为 0，或者 $S=R=1$ 时 CLK 变为 0，触发器的次态将无法确知。

高电平触发 SR 触发器的触发条件为 CLK =1。

表 6-3　电平触发 SR 触发器功能表

CLK	S	R	Q	Q^*	功　能
0	X	X	0	0	$Q^*=Q$
0	X	X	1	1	
1	0	0	0	0	保持
1	0	0	1	1	$Q^*=Q$
1	0	1	0	0	置 0
1	0	1	1	0	$Q^*=0$
1	1	0	0	1	置 1
1	1	0	1	1	$Q^*=1$
1	1	1	0	1①	约束项
1	1	1	1	1①	禁用

注：①表示 CLK 回到低电平后输出 Q^* 状态不确定。

在某些应用场合，有时需要在 CLK 的有效电平到达之前预先将触发器置成指定的状态。因此，在实际电路中往往还设置有异步置 1 输入端 S'_D 和异步置 0 输入端 R'_D，如图 6-8所示，图 6-8(a)是电路结构，图 6-8(b)是其逻辑符号。

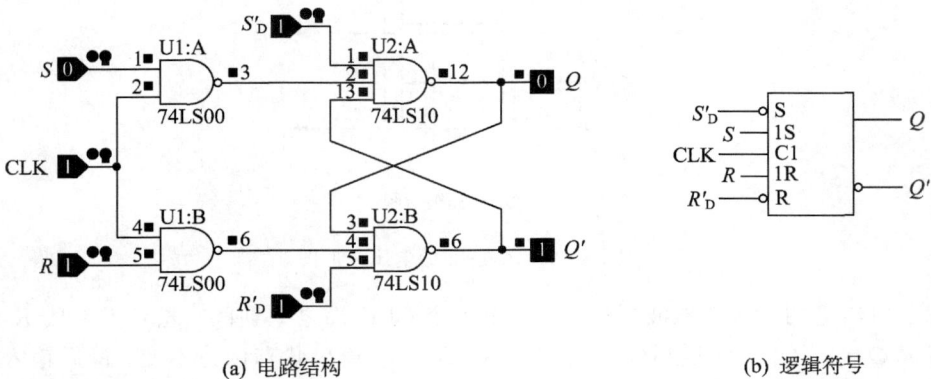

(a) 电路结构　　　　　　　　　　　　(b) 逻辑符号

图 6-8　带异步置 1 和置 0 端的电平触发 SR 触发器

只要在 S'_D 或 R'_D 端加入低电平，即可立即将触发器置 1 或置 0，而不受时钟信号和输入信号的控制。因此，将 S'_D 称为异步置 1(置位)端，将 R'_D 称为异步置 0(复位)端。触发器在时钟信号控制下，正常工作时应使 S'_D 和 R'_D 处于高电平。

此外，在图 6-8 所示电路的具体情况下，用 S'_D 或 R'_D 将触发器置位或复位应当在 CLK＝0 的状态下进行，否则 S'_D 或 R'_D 返回高电平以后预置的状态不一定能保存下来。

对其进行仿真，如图 6-8(a)所示。$R'_D=1$，$S'_D=1$，触发器既不清零，也不置 1；CLK ＝1，脉冲有效，触发器可以正常工作，这时输入信号 $S=0$，$R=1$，触发器具有置 0 功能，因此输出 $Q=0$ 和 $Q'=1$。

2. 电平触发方式的动作特点

（1）只有当 CLK 变为有效电平时，触发器才能接收输入信号，并按照输入信号将触发器的输出置成相应的状态。

（2）在 CLK＝1 的全部时间里，S 和 R 状态的变化都可能引起输出状态的改变。在 CLK＝1 回到 0 以后，触发器保存的是 CLK 回到 0 以前的瞬间状态。

根据上述的动作特点可以想象到，如果在 CLK＝1 期间，S、R 的状态多次发生变化，那么触发器输出的状态也将发生多次翻转，这就降低了触发器的抗干扰能力。

【例 6-2】 已知电平触发 SR 触发器的输入信号波形如图 6-9(a)所示，试画出 Q、Q' 端的电压波形。设触发器的初始状态为 $Q=0$。

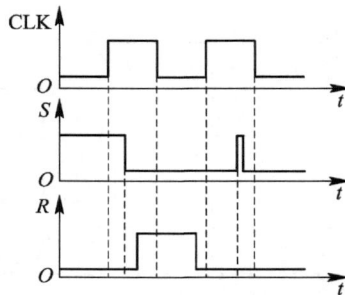

(a) 输入信号波形图

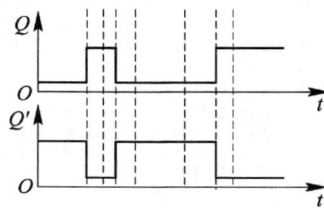

(b) 电压波形图

图 6-9 例 6-2 的电压波形图

解 由给定的输入电压波形可见，在第一个 CLK 高电平期间，先是 $S=1$、$R=0$，输出被置成 $Q=1$、$Q'=0$；随后输入变成了 $S=R=0$，输出状态保持不变；最后输入又变为 $S=0$、$R=1$，输出被置成 $Q=0$、$Q'=1$，故 CLK 回到低电平以后触发器停留在 $Q=0$、$Q'=1$的状态，如图 6-9(b)所示。

在第二个 CLK 高电平期间，若 $S=0$、$R=0$，则触发器的输出状态应保持不变。但由于在此期间 S 端出现了一个干扰信号，因而触发器被置成了 $Q=1$。

【例 6-3】 已知电平触发 SR 触发器的输入信号波形如图 6-10(a)所示，试画出 Q、

Q'端的电压波形。设触发器的初始状态为 $Q=0$。

解 由给定的输入电压波形可见，在第一个 CLK 高电平期间，$S=0$、$R=0$，输出保持初始状态 $Q=0$ 不变，CLK 回到低电平以后触发器停留在 $Q=0$、$Q'=1$ 的状态，如图 6-10(b)所示。

在第二个 CLK 高电平期间，$S=1$、$R=0$，输出被置成 $Q=1$、$Q'=0$。

在第三个 CLK 高电平期间，$S=0$、$R=1$，输出被置成 $Q=0$、$Q'=1$。

在第四个 CLK 高电平期间，$S=1$、$R=1$，输出被置成 $Q=1$、$Q'=1$。CLK 回到低电平以后触发器的状态不确定。

电平触发 SR 触发器存在的问题是时钟脉冲不能过宽，否则会出现空翻现象，即在一个时钟脉冲期间触发器翻转一次以上，如图 6-11 所示。

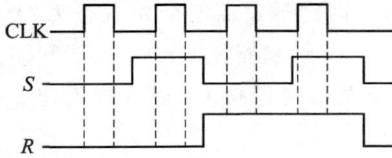

(a) 输入信号波形图

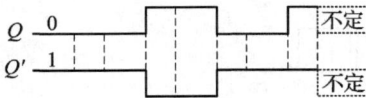

(b) 电压波形图

图 6-10 例 6-3 的电压波形

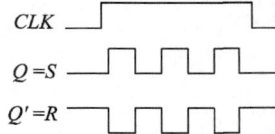

图 6-11 电平触发 SR 触发器的空翻现象

为了能适应单端输入信号的需要，在一些集成电路产品中把如图 6-7(a)所示的电路改接成图 6-12(a)的形式，得到电平触发的 D 触发器，图 6-12(b)是其逻辑符号。

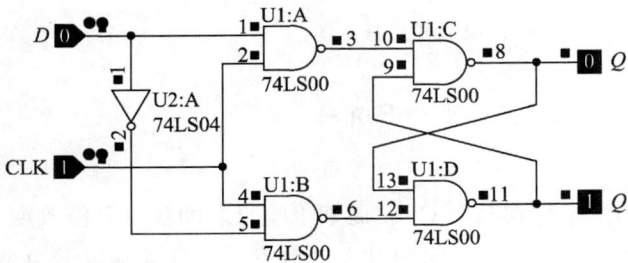

(a) 电路结构

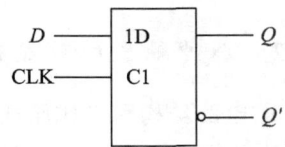

(b) 逻辑符号

图 6-12 电平触发 D 触发器

由图 6-12 可见，若 $D=1$，则 CLK 变为高电平以后触发器被置成 $Q=1$，CLK 回到低电平以后触发器保持 1 状态不变；若 $D=0$，则 CLK 变为高电平以后触发器被置成 $Q=0$，CLK 回到低电平以后触发器保持 0 状态不变。因为它仍然工作在电平触发方式下，所以同样具有电平触发器的动作特点，其功能表如表 6-4 所示。

表 6 - 4 电平触发 D 触发器功能表

CLK	D	Q	Q^*	功　能
0	X	0	0	$Q^* = Q$
0	X	1	1	
1	0	0	0	置 0，$Q^* = D$
1	0	1	0	
1	1	0	1	置 1，$Q^* = D$
1	1	1	1	

【例 6 - 4】 若图 6 - 12 所示的电平触发 D 触发器的 CLK 和输入端 D 的电压波形如图 6 - 13 中所给出，试画出 Q 和 Q' 端的电压波形。假定触发器的初始状态为 $Q = 0$。

解 根据表 6 - 4 所示的功能表可知，电平触发 D 触发器在 CLK = 1 期间输出 Q 与输入 D 的状态相同，而当 CLK 变为低电平以后，触发器将保持 CLK 变成低电平之前的状态。据此可画出 Q 和 Q' 的电压波形，如图 6 - 13 所示。

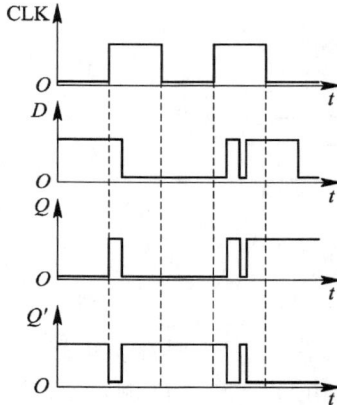

图 6 - 13 例 6 - 4 的电压波形图

6.2.2 脉冲触发的触发器(Pulse Triggered Flip-Flops)

1. 电路结构和工作原理

为了提高触发器的工作可靠性，最好在每个 CLK 周期里输出端的状态只能改变一次。为此，在电平触发触发器的基础上，又设计出了脉冲触发的触发器。脉冲触发器由两个电平触发器组成，接收输入信号的触发器称为主触发器，提供输出信号的触发器称为从触发器，因此也经常将这种电路称为主从触发器(Master-Slave Flip-Flop)。不过由于主从触发器存在一次空翻现象，已基本被淘汰。这里简要了解一下其结构和工作原理，考研的同学可以详细参考相关书籍。

1) 主从 SR 触发器(Master-Slave SR Flip-Flop)。

主从 SR 触发器的电路结构与逻辑符号如图 6 - 14 所示。主从 SR 触发器由两级电平触发 SR 触发器串联组成，各级的门控端由互补时钟信号控制。

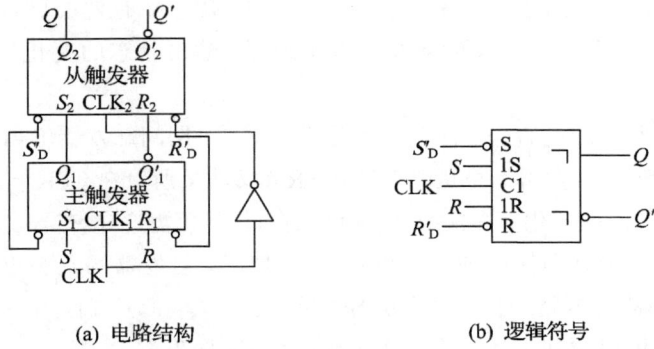

(a) 电路结构   (b) 逻辑符号

图 6-14 主从 SR 触发器

当 CLK＝1 时,主触发器会根据 S 和 R 的状态进行翻转,而从触发器保持原来的状态不变。

当 CLK 由高电平返回低电平(即有效电平消失)以后,无论 S、R 的状态如何改变,主触发器的状态都不再改变,与此同时从触发器按照与主触发器相同的状态进行翻转。因此,在一个 CLK 的变化周期里,触发器输出端的状态只可能改变一次。

例如 CLK＝0 时触发器的初始状态为 $Q＝0$。当 CLK 由 0 变为 1 以后,若这时 $S＝1$、$R＝0$,主触发器将被置 1,即 $Q_1＝1$、$Q_1'＝0$,而从触发器保持 0 状态不变;当 CLK 回到低电平以后,主触发器的输出不变,从触发器的 CLK′变成高电平,其输入为 $S_2＝Q_1＝1$,$R_2＝Q_1'＝0$,因而输出被置成 $Q＝1$,$Q'＝0$。

在图形符号中用框内的"┐"表示延迟输出,即 CLK 回到低电平(有效电平消失)以后,输出状态才改变。因此,图 6-14 所示电路输出状态的变化发生在 CLK 信号的下降沿。

将上述的逻辑关系列成表格,就得到如表 6-5 所示脉冲触发 SR 触发器的功能表。

表 6-5 主从 SR 触发器功能表

CLK	R_D'	S_D'	S	R	Q	Q^*	功　能
X	0	1	X	X	X	0	预置 0
X	1	0	X	X	X	1	预置 1
X	1	1	X	X	X	Q	$Q^*＝Q$
⎍↴	1	1	0	0	0	0	保持
⎍↴	1	1	0	0	1	1	$Q^*＝Q$
⎍↴	1	1	0	1	0	0	置 0
⎍↴	1	1	0	1	1	0	$Q^*＝0$
⎍↴	1	1	1	0	0	1	置 1
⎍↴	1	1	1	0	1	1	$Q^*＝1$
⎍↴	1	1	1	1	0	1[①]	约束项
⎍↴	1	1	1	1	1	1[①]	禁用

注：①表示 CLK 回到低电平后输出 Q^* 状态不确定。

表 6-5 中 CLK 一栏中的"⌐⌐"符号表示 CLK 高电平有效的脉冲触发特性。（CLK 以低电平为有效信号时，在 CLK 输入端加有小圆圈，输出状态的变化发生在 CLK 脉冲的上升沿。）

从电平触发到脉冲触发的这一演变，克服了 CLK＝1 期间触发器输出状态可能发生多次翻转的问题。但由于主触发器本身是电平触发 SR 触发器，所以在 CLK＝1 期间 Q_1 和 Q_1' 的状态仍然会随 S、R 状态的变化而多次改变，而且输入信号仍需遵守 SR＝0 的约束条件。

为了使用方便，最好即使出现了 $S＝R＝1$ 的情况，触发器的次态也是确定的，因而需要进一步改进触发器的电路结构，将主从 SR 触发器的 Q 和 Q' 端作为一对附加的控制信号接回到输入端，就可以达到上述要求，这便是主从 JK 触发器。

2）主从 JK 触发器（Master-Slave JK Flop-Flop）

主从 JK 触发器的这一对反馈线通常在制造集成电路时已在内部接好。为表示与主从 SR 触发器在逻辑功能上的区别，以 J、K 表示两个信号输入端，并将图 6-15 所示的电路称为主从结构 JK 触发器（简称主从 JK 触发器）。

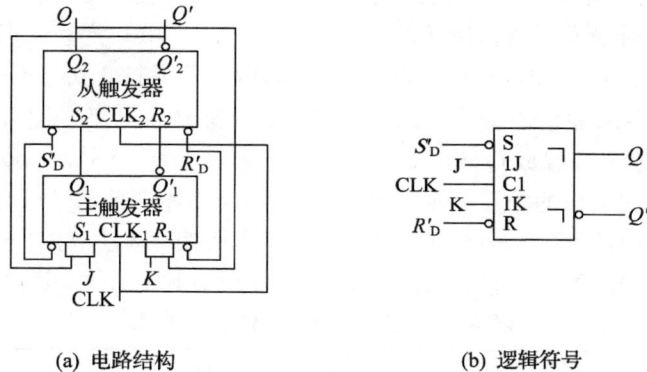

(a) 电路结构　　　　　　(b) 逻辑符号

图 6-15　主从 JK 触发器

若 $J＝1$，$K＝0$，则 CLK＝1 时主触发器置 1（原来是 0 则置成 1，原来是 1 则保持 1），待 CLK＝1 以后从触发器亦随之置 1，即 $Q^*＝1$。

若 $J＝0$，$K＝1$，则 CLK＝1 时主触发器置 0，待 CLK＝0 以后从触发器也随之置 0，即 $Q^*＝0$。

若 $J＝K＝0$，触发器保持原来状态不变，即 $Q^*＝Q$。

若 $J＝K＝1$，就需要分别考虑两种情况。第一种情况是 $Q＝0$，主触发器置 1，CLK＝0 以后从触发器也跟着置 1，即 $Q^*＝1$；第二种情况是 $Q＝1$，CLK＝1 时主触发器置 0，CLK＝0 以后从触发器也跟着置 0，即 $Q^*＝0$。综合以上两种情况可知，无论 $Q＝1$ 还是 $Q＝0$，触发器的次态均可统一表示为 $Q^*＝Q'$。也就是说，当 $J＝K＝1$ 时，CLK 下降沿到达后，触发器将翻转为与初态相反的状态。

将上述的逻辑关系用一个表格来表示，即得到如表 6-6 所示的主从 JK 触发器的功能表。

表 6-6　主从 JK 触发器功能表

CLK	R'_D	S'_D	J	K	Q	Q^*	功　能
X	0	1	X	X	X	0	预置0
X	1	0	X	X	X	1	预置1
X	1	1	X	X	X	Q	$Q^*=Q$
⊓↓	1	1	0	0	0	0	保持
⊓↓	1	1	0	0	1	1	$Q^*=Q$
⊓↓	1	1	0	1	0	0	置0
⊓↓	1	1	0	1	1	0	$Q^*=0$
⊓↓	1	1	1	0	0	1	置1
⊓↓	1	1	1	0	1	1	$Q^*=1$
⊓↓	1	1	1	1	0	1	计数
⊓↓	1	1	1	1	1	0	$Q^*=Q'$

　　在有些集成电路触发器产品中，输入端 J 和 K 不止一个。这种情况下，J_1 和 J_2、K_1 和 K_2 是与的逻辑关系。如果用特性表描述它的逻辑功能，则应该以 $J_1 \cdot J_2$ 和 $K_1 \cdot K_2$ 分别代替 J 和 K。

2. 脉冲触发方式的动作特点

　　通过上面的分析可以看到，脉冲触发方式具有两个值得注意的动作特点：

　　(1) 触发器的翻转分两步进行：第一步，在 CLK＝1 期间主触发器接收输入端(S、R 和 J、K)的信号，被置成相应的状态，而从触发器保持原来状态；第二步，CLK 下降沿到来时，从触发器按照主触发器的状态翻转，所以 Q、Q' 端状态的改变发生在 CLK 的下降沿。(若 CLK 以低电平为有效信号，则 Q 和 Q' 状态的变化发生在 CLK 的上升沿。)

　　(2) 因为主触发器本身是一个电平触发 SR 触发器，所以在 CLK＝1 的全部时间里输入信号都将对主触发器起控制作用。

　　由于存在这样两个动作特点，在使用主从结构触发器时经常会遇到这样一种情况，就是在 CLK＝1 期间，输出由输入信号的状态来确定，因而必须考虑整个 CLK＝1 期间输入信号的变化过程才能确定触发器的次态。此过程比较麻烦，克服办法是采用边沿触发的 JK 触发器或 D 触发器。

6.2.3　边沿触发的触发器(Edge Triggered Flip-Flops)

　　边沿触发器有维持阻塞结构、传输延迟结构等类型，其动作特点是：触发器的次态仅取决于时钟脉冲的上升沿(也称为正边沿)或下降沿(也称为负边沿)到达时输入信号的逻辑状态，而在这以前或以后，输入信号的变化对触发器输出的状态没有影响。这一特点有效地提高了触发器的抗干扰能力，从而提高了电路的工作可靠性。

1. 边沿触发 JK 触发器

　　利用传输延迟结构的边沿触发 JK 触发器逻辑符号如图 6-16(a)所示，功能表如表 6-7所示。其工作波形图如图 6-16(b)所示，CLK 下降沿前接收 J、K 信号，下降沿时触发器翻转（其次态 Q^* 的状态由其现态 Q 和输入信号 J、K 决定，即 $Q^* = JQ' + K'Q$）；下降沿后输入 J、K 不再起作用，触发器保持原来状态。

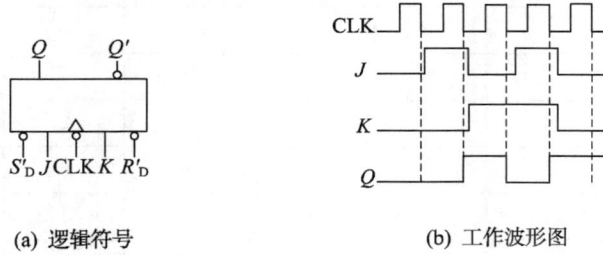

(a) 逻辑符号   (b) 工作波形图

图 6-16　边沿触发 JK 触发器逻辑符号

表 6-7　边沿触发 JK 触发器功能表

输 入					输 出		备 注
CLK	R'_D	S'_D	J	K	Q	Q^*	功能
X	0	1	X	X	X	0	预置0
X	1	0	X	X	X	1	预置1
X	1	1	X	X	X	Q	$Q^* = Q$
↓	1	1	0	0	0	0	保持
↓	1	1	0	0	1	1	$Q^* = Q$
↓	1	1	0	1	0	0	置0
↓	1	1	0	1	1	0	$Q^* = 0$
↓	1	1	1	0	0	1	置1
↓	1	1	1	0	1	1	$Q^* = 1$
↓	1	1	1	1	0	1	计数
↓	1	1	1	1	1	0	$Q^* = Q'$

　　74LS112 是常用的 JK 触发器，其逻辑符号如图 6-17 所示，内含两个 JK 触发器 U1:A 和 U1:B，是下降沿有效的边沿触发器。它的功能表同表 6-7 所示，其中 $R' = R'_D$，$S' = S'_D$。

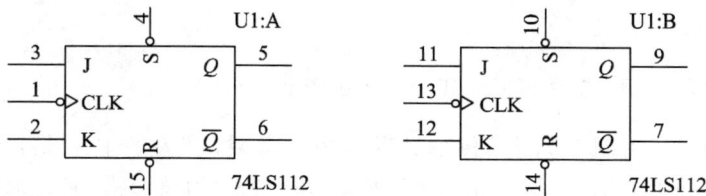

图 6-17　74LS112 的逻辑符号

2. 边沿触发 D 触发器

　　维持阻塞结构的边沿触发 D 触发器逻辑符号如图 6-18(a)所示，功能表如表 6-8 所示。图 6-18(b)、(c)是 D 触发器的工作波形图，CLK 上升沿前接收信号，上升沿时触发器翻转(其 Q 的状态与 D 状态一致,但 Q 的状态总比 D 的状态变化晚一步,即 $Q^* = D$);上升沿后输入 D 不再起作用,触发器保持原有状态,即不会空翻。

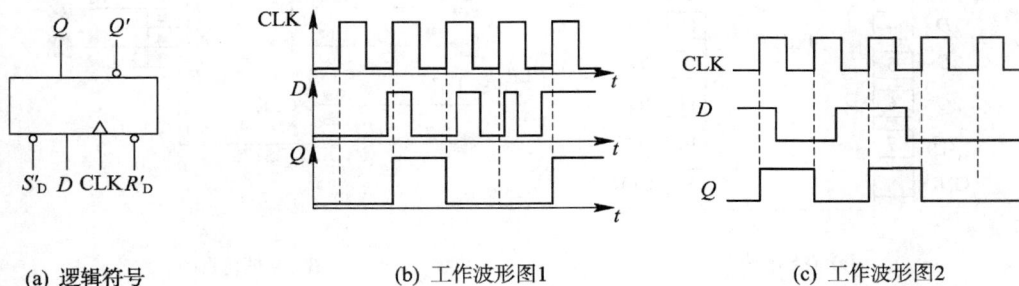

| (a) 逻辑符号 | (b) 工作波形图1 | (c) 工作波形图2 |

图 6 - 18　边沿触发 D 触发器逻辑符号及波形图

表 6 - 8　边沿触发 D 触发器功能表

CLK	R'_D	S'_D	D	Q^*	功　能
X	0	1	X	0	预置 0
X	1	0	X	1	预置 1
X	1	1	X	Q	$Q^* = Q$
↑	1	1	0	0	置 0 $Q^* = 0$
↑	1	1	0	0	
↑	1	1	1	1	置 1 $Q^* = 1$
↑	1	1	1	1	

　　74LS74 是常用的双 D 触发器,其逻辑符号如图 6 - 19 所示,其中 U1:A 是 74LS74 的第一个 D 触发器,U1:B 是 74LS74 的第二个 D 触发器。它的功能表同表 6 - 8 所示,其中 $R' = R'_D$,$S' = S'_D$。

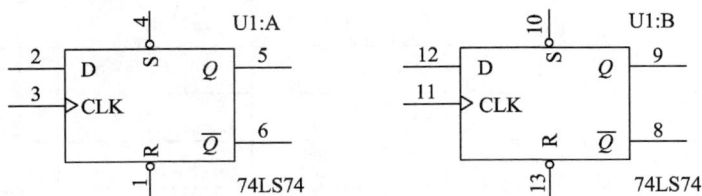

图 6 - 19　74LS74 的逻辑符号

　　74LS175 是常用的集成触发器,内含 4 个边沿触发的 D 触发器,可以组成 4 位寄存器,其逻辑符号及功能仿真图如图 6 - 20 所示。图 6 - 20(a)中,R'_D 是清零使能端,D 是信号输入端,Q、Q' 是输出端。将图 6 - 20(b)中的清零使能端 $MR(R'_D)$ 接高电平 1,即不进行清零操作,然后输入 $D_0 D_1 D_2 D_3 = 0110$;在输入脉冲的上升沿,其输出 $Q_0 Q_1 Q_2 Q_3$ 即被置成 0110。

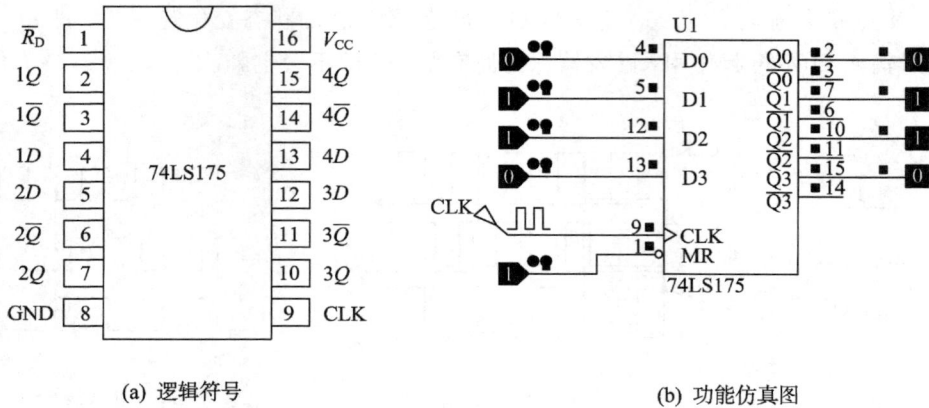

(a) 逻辑符号　　　　　　　　　　　(b) 功能仿真图

图 6-20　集成边沿触发器 74LS175

6.2.4　触发器功能汇总(Function Summary of Flip-Flops)

1. 触发器按逻辑功能的分类

每一种触发器电路的信号输入方式都不同,有单端输入的,也有双端输入的,而且触发器的次态与输入信号逻辑状态间的关系也不相同,所以它们的逻辑功能也不完全一样。按照逻辑功能的不同特点,通常将时钟控制的触发器分为 SRFF、JKFF、DFF、TFF 等几种类型。

1) SR 触发器功能描述

凡在时钟信号作用下逻辑功能符合表 6-9 所规定的逻辑功能的触发器,无论触发方式如何,均称为 SR 触发器。SR 锁存器电路不受触发信号(时钟)控制,不属于这里所定义的 SR 触发器。

表 6-9　SR 触发器的功能表

S	R	Q	Q^*	功　能
0	0	0	0	保持,$Q^*=Q$
0	0	1	1	
0	1	0	0	置 0,$Q^*=0$
0	1	1	0	
1	0	0	1	置 1,$Q^*=1$
1	0	1	1	
1	1	0	不定	不允许
1	1	1	不定	

把表 6-9 所规定的逻辑关系写成逻辑函数式,则得到:

$$\begin{cases} Q^* = S'R'Q + SR'Q' + SR'Q = SR' + S'R'Q \\ SR = 0 \qquad (\text{约束条件}) \end{cases}$$

利用约束条件将上式化简,可得出:

$$\begin{cases} Q^* = S + R'Q \\ SR = 0 \qquad （约束条件） \end{cases}$$

该式称为 SR 触发器的特性方程。

另外，还可以用图 6-21 所示的状态转换图形象地表示 SR 触发器的逻辑功能。图 6-21 以两个圆圈分别代表触发器的两种状态，用箭头表示状态转换的方向，同时在箭头的旁边标注转换条件。

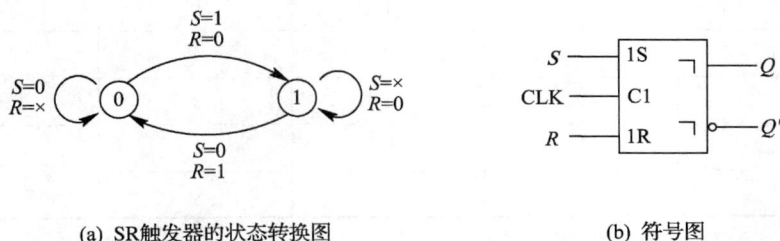

(a) SR触发器的状态转换图 　　　　　　(b) 符号图

图 6-21　SR 触发器的状态转换图及符号图

这样，在描述触发器的逻辑功能时就有了功能表、特性方程和状态转换图三种方法。

2) D 触发器功能描述

凡在时钟信号作用下逻辑功能符合表 6-10 所规定的逻辑功能的触发器，无论触发方式如何，均称为 D 触发器。

表 6-10　D 触发器功能表

D	Q	Q^*	功　能
0	0	0	
0	1	0	$Q^* = D$
1	0	1	
1	1	1	

由功能表可写出 D 触发器的特性方程：

$$Q^* = D$$

D 触发器的状态图如图 6-22 所示。

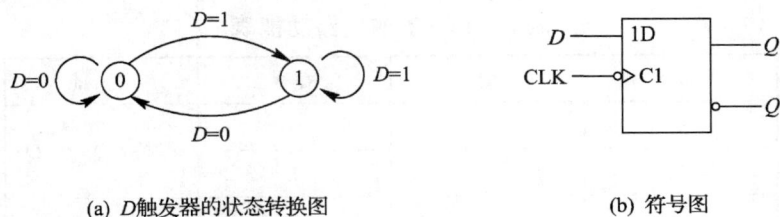

(a) D触发器的状态转换图 　　　　　　(b) 符号图

图 6-22　D 触发器的状态转换图及符号图

3) JK 触发器功能描述

凡在时钟信号作用下逻辑功能符合表 6-11 所规定的逻辑功能的触发器，无论触发方式如何，均称为 JK 触发器。

表 6-11　JK 触发器功能表

J	K	Q	Q^*	功　能
0	0	0	0	保持，$Q^*=Q$
0	0	1	1	
0	1	0	0	置 0，$Q^*=0$
0	1	1	0	
1	0	0	1	置 1，$Q^*=1$
1	0	1	1	
1	1	0	1	计数，$Q^*=Q'$
1	1	1	0	

由功能表可写出 JK 触发器的特性方程：

$$Q^* = JQ' + K'Q$$

JK 触发器的状态转换图如图 6-23 所示。

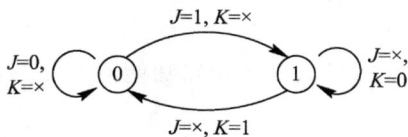

(a) JK触发器的状态转换图　　　　　　　　　(b) 符号图

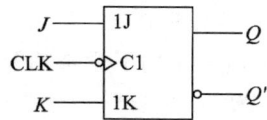

图 6-23　JK 触发器的状态转换图及符号图

【例 6-5】　在同步工作条件下，JK 触发器的现态 $Q=0$，要求 $Q^*=0$，则应使 __(B)__。

　　(A) $J=1$，$K=0$　　　(B) $J=0$，$K=\times$　　　(C) $J=\times$，$K=0$　　　(D) $J=K=1$

4）T 和 T'触发器功能描述

在某些应用场合下，需要这样一种触发器：当控制信号 $T=1$ 时，每来一个时钟信号它的状态就翻转一次；而当 $T=0$ 时，时钟信号到达后它的状态保持不变。具备这种功能的触发器称为 T 触发器，其功能表如表 6-12 所示。

表 6-12　T 触发器功能表

T	Q	Q^*	功　能
0	0	0	保持，$Q^*=Q$
0	1	1	
1	0	1	计数，$Q^*=Q'$
1	1	0	

由功能表可写出 T 触发器的特性方程：

$$Q^* = TQ' + T'Q$$

其状态转换图和逻辑符号如图 6-24 所示。

事实上，如果将 JK 触发器的 J、K 端连接在一起，并将输入端命名为 T，就得到了 T 触发器。因此，触发器的定型产品中没有专门的 T 触发器。

当 T 触发器的输入端固定地接高电平 1 时，就得到了 T′ 触发器，其特性方程为 $Q^* = Q'$。即每来一个 CLK 信号，触发器就翻转一次，因此 T′ 触发器具有计数功能。

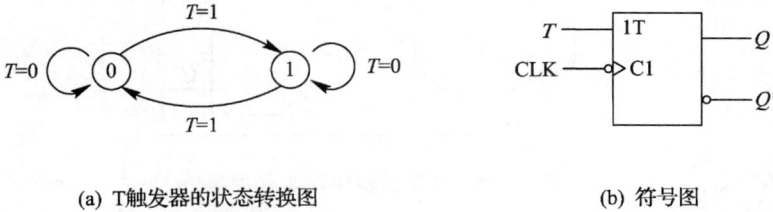

(a) T触发器的状态转换图   (b) 符号图

图 6-24 T 触发器的状态转换图及符号图

5）触发器之间的转换

如图 6-25 所示，令 JK 触发器的输入端 $J = S$，$K = R$，则 JK 触发器就变成了 SR 触发器。将 JK 端接在一起，令 $J = K = T$，则 JK 触发器就会转化为 T 触发器。

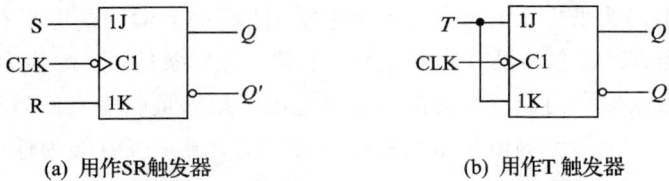

(a) 用作SR触发器   (b) 用作T 触发器

图 6-25 将 JK 触发器用作 SR、T 触发器

如图 6-26 所示，令 JK 触发器的 $J = K = 1$，$Q^* = Q'$，JK 触发器就会转化为 T′ 触发器，这时触发器具有计数功能；将 D 触发器的 Q' 连接到输入端，则 $Q^* = Q'$，D 触发器就转化为了 T′ 触发器，同样具有计数功能。

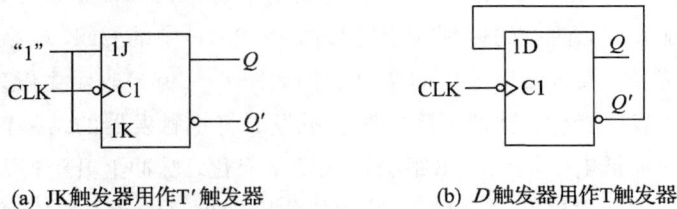

(a) JK触发器用作T′触发器   (b) D 触发器用作T触发器

图 6-26 JK、D 触发器用作 T′ 触发器

如图 6-27 所示，令 $J = D$，$K = D'$，则 $Q^* = JQ' + K'Q = D$，可将 JK 触发器转换成 D 触发器。

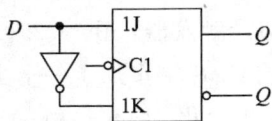

图 6-27 JK 触发器用作 D 触发器

如图 6-28 所示，将 D 触发器的输出端经与门、或门引回输入端，得到 $Q^* = D = TQ' + T'Q$，可将 D 触发器转换为 T 触发器。

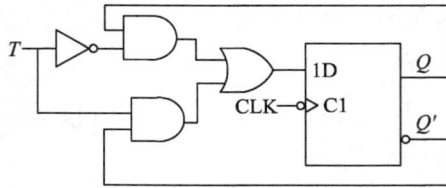

图 6-28　D 触发器用作 T 触发器

2. 触发器电路结构与逻辑功能触发方式的关系

1）触发器的触发方式

所谓触发器的触发方式，是指触发器在控制脉冲的什么阶段（上升沿、下降沿和高或低电平期间）接收输入信号改变状态。各触发器的触发方式汇总如图 6-29 所示。

其中图 6-29（a）为低电平有效的 SR 锁存器，图 6-29（b）为高电平有效的 SR 锁存器。这两个不是触发器，因为它们没有触发脉冲，不具备触发条件，因此称为锁存器。

电平触发的触发器在门控脉冲的高电平或低电平期间接收输入信号改变状态，故为电平触发方式。图 6-29（c）为高电平触发的电平触发器，图 6-29（d）为低电平触发电平触发器，两者的区别在于符号图 6-29（d）中的 CLK 端多加了一个小圆圈。门控触发器存在的问题是"空翻"，所谓空翻就是在一个控制信号期间触发器发生多于一次的翻转。如门控 T 触发器在控制信号为高电平期间不停地翻转。这种触发器是不能构成计数器的。

主从触发器在门控脉冲的一个电平期间主触发器接收信号，另一个电平期间从触发器改变状态，故为主从触发方式。图 6-29（e）为高电平有效的脉冲触发器，图 6-29（f）为低电平有效的脉冲触发器，两者的区别在于符号图 6-29（f）中的 CLK 端多加了一个小圆圈，符号图中的"⌐"符号，表示延迟输出的意思。例如图 6-29（e）表示主触发器在脉冲高电平期间输出跟随输入发生变化，脉冲下降沿时从触发器将主触发器的结果输出；而 6-29（f），表示主触发器在脉冲低电平期间输出跟随输入发生变化，脉冲上升沿时从触发器将主触发器的结果输出。这种触发器在一个 CLK 脉冲的作下输出只能动作一次，但存在的问题是主触发器接收信号期间，如果输入信号发生改变，将使触发器状态的确定复杂化。故在使用主从触发器时，尽可能不让输入信号发生改变。

边沿触发器是在门控脉冲的上升沿或下降沿接收输入信号改变状态，故为边沿触发方式。图 6-29（g）为上升沿触发的边沿触发器，图 6-29（h）为下降沿触发的边沿触发器，两者的区别在于符号图 6-29（h）中的 CLK 端多加了一个小圆圈。图 6-29（g）表示触发器的输出在脉冲上升沿时刻跟随输入发生变化，图 6-29（h）表示触发器的输出在脉冲下降沿时刻跟随输入发生变化。这种触发器的触发沿到来之前，输入信号要稳定地建立起来，触发沿到来之后仍需保持一定时间，也就是要注意这种触发器的建立时间和保持时间。

另外，要注意如果同一功能的触发器触发方式不同，即使输入相同输出也不相同。

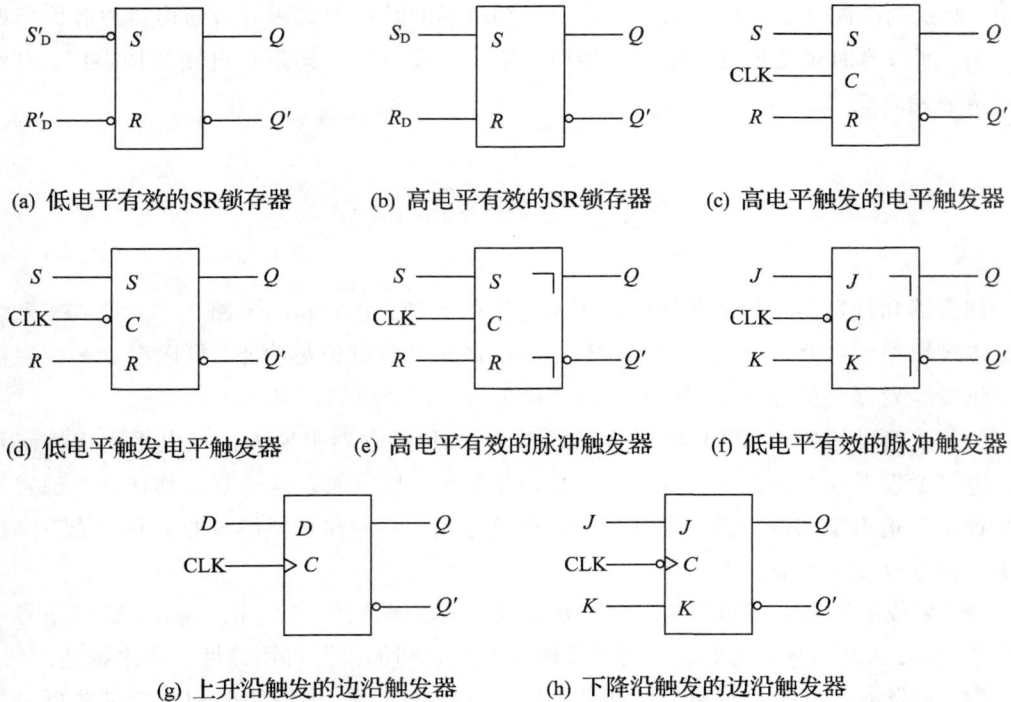

(a) 低电平有效的SR锁存器　　(b) 高电平有效的SR锁存器　　(c) 高电平触发的电平触发器

(d) 低电平触发电平触发器　　(e) 高电平有效的脉冲触发器　　(f) 低电平有效的脉冲触发器

(g) 上升沿触发的边沿触发器　　(h) 下降沿触发的边沿触发器

图 6-29　各触发器的触发方式汇总

2) 电路结构与逻辑功能的关系

将触发器结构及动作特点进行汇总，如表 6-13 所示。

表 6-13　触发器结构汇总表

结构名称	动作特点(触发条件)	备　注
锁存器(基本触发器)	任何时刻	抗干扰能力很差，可控性差
电平触发器	CLK=1 或 0 期间	一般，可能多次变化
主从触发器	CLK 的边沿	较好，主触发器抗干扰能力差
边沿触发器	CLK 边沿：上升/下降沿	抗干扰能力强，可控性最好

触发器的电路结构与逻辑功能之间不存在固定的对应关系，用同一种电路结构形式可以接成不同逻辑功能的触发器；反过来说，同样一种逻辑功能的触发器也可以用不同的电路结构实现。

3) 电路结构与触发方式的关系

电路的触发方式是由电路的结构形式决定的，所以电路结构形式与触发方式之间有固定的对应关系。凡是采用同步 SR 结构的触发器，无论其逻辑功能如何，一定是电平触发方式；凡是采用主从结构的触发器，无论其逻辑功能如何，一定是脉冲触发方式；凡是采用两个电平 D 触发器结构、维持阻塞结构或者利用门电路传输延迟时间结构组成的触发器，无论其逻辑功能如何，一定是边沿触发方式。

逻辑功能和触发方式是触发器最重要的两个属性，因此触发器集成电路器件的说明资料中, 对这两个属性都有明确的说明。由于触发器的触发方式和电路结构类型有固定的对应关系, 所以有时也给出电路结构类型而不给出触发方式。知道了电路结构类型, 自然也就知道触发方式了。

6.3　总结(Summary)

锁存器和触发器是构成各种时序逻辑电路的基础, 它们和门电路一样, 是数字系统中的基本逻辑单元电路。它们与门电路最主要的区别是具有记忆功能, 可以存储一位二值信号。集成触发器是构成计数器、寄存器和移位寄存器等电路的基本单元。

（1）锁存器是对时钟信号电平敏感的电路。SR 锁存器由输入信号电平直接控制其状态。电平触发器在时钟信号的高电平或低电平期间, 接收输入信号改变其状态。触发器是对时钟信号边沿敏感的电路, 根据不同的电路结构, 它们在时钟信号的上升沿或下降沿接收输入信号改变其状态。

（2）集成触发器的逻辑功能可以用功能表、函数表达式、时序图(输入、输出信号对应波形图)等方法来描述, 其次态与现态及输入变量之间的关系可用特性方程来描述。

（3）触发器的分类与转换。依据电路结构、触发方式、逻辑功能和制造工艺可对触发器进行分类, 同类功能的触发器可采用不同结构的电路来实现, 相同结构形式的电路可构成不同逻辑功能的触发器, 并可通过外接电路实现功能转换。

本章要求掌握不同类型触发器的功能特点和触发方式, 能够正确地使用触发器, 为进一步学习时序电路打好基础。

习　题
(Exercises)

1. 填空题

（1）按逻辑功能分, 触发器有 _____ 、_____ 、_____ 、_____ 、_____五种。

（2）描述触发器逻辑功能的主要有_____ 、_____ 、_____ 、_____ 等几种方法。

（3）触发器有_____个稳定状态, 在适当_____的作用下, 触发器可以从一种稳定状态转变到另一种稳定状态, 当 $Q'=0$, $Q=1$ 时, 称为_____状态。

（4）同步触发器在一个 CLK 脉冲高电平期间发生多次翻转的现象称为_____。

（5）两种可防止空翻的触发器是_____触发器和_____触发器。

（6）JK 触发器的特性方程是 _____, 它具有 _____ 、_____ 、和_____功能。

（7）由于电路的结构形式不同，触发器的触发方式也不一样，有电平触发、_____触发和_____触发三种触发方式。

（8）由与非门构成的 SR 锁存器，当 $R_D'=1$、$S_D'=0$ 时，该锁存器的输出 $Q=$ _____；当 $R_D'=0$、$S_D'=1$ 时，该锁存器的输出 $Q=$ _____。

（9）D 触发器的特征方程是_____。

2. 选择题

（1）触发器有（　　）个稳定状态。

  A. 0　　　　　　　　　　B. 1

  C. 2　　　　　　　　　　D. 3

（2）由与非门构成的 SR 锁存器，当 R_D'、S_D' 都接高电平时，该锁存器具有（　　）功能。

  A. 置 1　　　　　　　　　B. 保持

  C. 不定　　　　　　　　　D. 置 0

（3）由与非门构成的 SR 锁存器，当 $R_D'=0$、$S_D'=1$ 时，该锁存器具有（　　）功能。

  A. 置 1　　　　　　　　　B. 保持

  C. 置 0　　　　　　　　　D. 不定

（4）由或非门构成的 SR 锁存器，当 $R_D=0$，$S_D=1$ 时，该锁存器具有（　　）功能。

  A. 置 0　　　　　　　　　B. 置 1

  C. 不变　　　　　　　　　D. 保持

（5）同步 SR 触发器的两个输入信号 $RS=00$，要使它的输出从 0 变到 1，则应使 R 和 S 端分别为（　　）。

  A. 00　　　　　　　　　　B. 01

  C. 10　　　　　　　　　　D. 11

（6）如果把 D 触发器的输出端 Q' 反馈连接到输入端 D，则输出 Q 的脉冲的波形频率为 CLK 脉冲频率的（　　）。

  A. 二倍频　　　　　　　　B. 四倍频

  C. 二分频　　　　　　　　D. 四分频

（7）如图 6 - 30 所示，D 触发器具有（　　）功能。

  A. 保持　　　　　　　　　B. 置 0

  C. 置 1　　　　　　　　　D. 计数

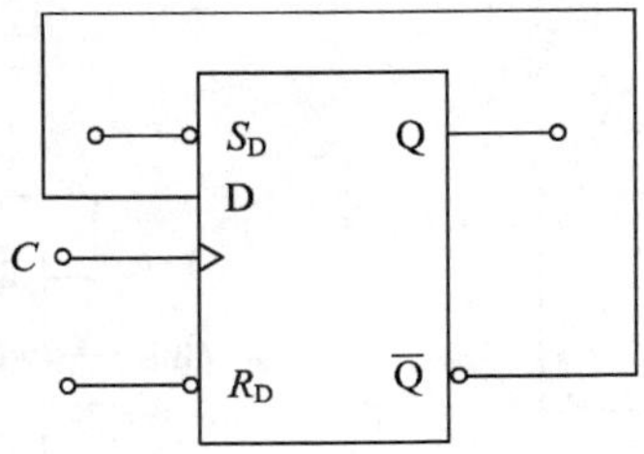

图 6 - 30

（8）要使 JK 触发器的输出端 Q 从 1 变为 0，它的输入信号 JK 应为（　　）。

A. 00   B. 01

C. 10   D. 无法确定

(9) 如果把 JK 触发器的输入端接到一起，则 JK 触发器就转换成了（   ）触发器。

A. D   B. T

C. T$'$ D. SR

(10) 当 JK 触发器在时钟 CLK 作用下，欲使 $Q^* = Q'$，则必须使（   ）。

A. JK＝01   B. JK＝10

C. JK＝00   D. JK＝11

(11) 为了使触发器克服空翻现象，应采用（   ）。

A. CLK 高电平触发   B. CLK 低电平触发

C. CLK 低电位触发   D. CLK 边沿触发

(12) 图 6 - 31 所示的电路是（   ）。

A. SR 触发器   B. T$'$ 触发器

C. SR 锁存器   D. T 触发器

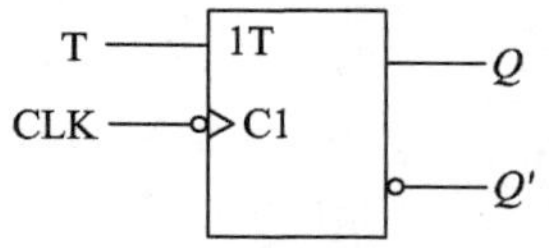

图 6 - 31

3. 判断题：

(1) 触发器有两个稳定状态：$Q＝1$ 称为 1 状态，$Q＝0$ 称为 0 状态。   （   ）

(2) 在 SR、JK、D 和 T 触发器中，只有 T 触发器具有约束条件。   （   ）

(3) 同一种电路结构可以实现不同逻辑功能的触发器。   （   ）

(4) 在 SR、JK、D 触发器中，只有 D 触发器具有约束条件。   （   ）

(5) 因为 D 触发器的特性方程为 $Q^* = D$，与 Q 无关，所以它不具备记忆功能。 （   ）

4. 为什么 SR 锁存器的输入信号需要遵守 SR＝0 的约束条件？

5. 设图 6 - 32 中各触发器的初始状态 $Q = 0$，请分析电路，并画出 Q 端的波形。

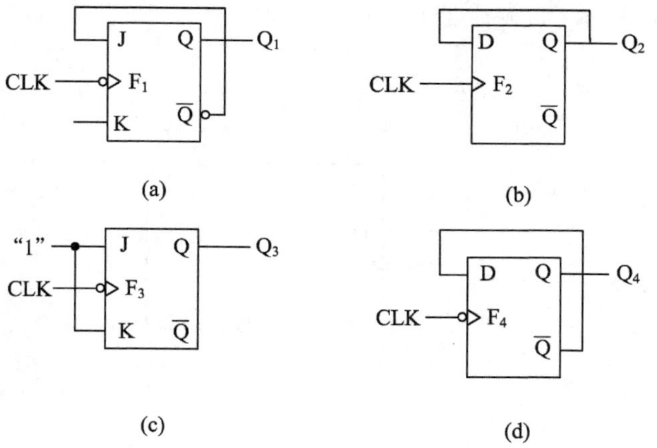

(a)   (b)

(c)   (d)

图 6 - 32

6. 若是 CLK 脉冲下降沿触发的 JK 型触发器，设初态 $Q=0$（$Q'=1$），试根据图 6-33 中 CLK、J、K 端波形画出 Q 和 Q' 端的相应波形。

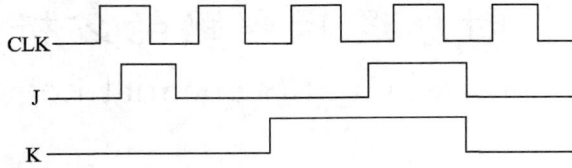

图 6-33

7. 请分析图 6-34 所示电路，要求：(1)判断两个触发器的功能；(2)画出图中输出 Q_1、Q_2 的波形，假设初始状态皆为 0。

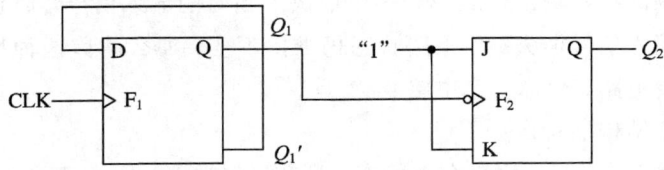

图 6-34

第 7 章　时序逻辑电路的分析与设计
（Analysis and Design of Sequential Logic Circuit）

7.0　概述（Introduction）

电路任一时刻的稳定输出（和状态）不仅取决于当时的输入信号，而且与电路原来的状态也有关。如果输入信号消失后，电路状态仍维持不变，那么就称这种具有存储记忆功能的电路为时序逻辑电路，简称时序电路。

时序逻辑电路结构的特点如下：

（1）必须包含存储单元，用来存储状态，具有记忆功能；通常还包含组合逻辑电路；

（2）存储单元的输出状态一般要反馈到组合逻辑电路的输入端。

1. 时序逻辑电路的分类

1）按电路中触发器的动作特点分类

按电路中触发器的动作特点，时序逻辑电路可分为同步时序逻辑电路和异步时序逻辑电路两种。在同步时序逻辑电路中，所有触发器状态的变化都是在同一时钟信号作用下同时发生的；而在异步时序逻辑电路中，触发器不是在同一时钟信号作用下，其状态的变化不是同时发生的。

2）按电路输出信号的特点分类

按电路输出信号的特点，时序逻辑电路可分为米利型（Mealy）和穆尔型（Moore）两种。在米利型电路中，输出信号不仅取决于存储电路的状态，还取决于输入变量；在穆尔型电路中，输出信号仅仅取决于存储电路的状态。可见，穆尔型电路可看作是米利型电路的特例。

根据上述两种电路的特点可知，除了时钟信号外，米利型时序电路必须有外界激励信号端，而穆尔型时序电路则不需要外界输入信号，完全依靠触发器来实现状态的更替。

2. 时序逻辑电路的基本结构和描述方法

1）基本结构

时序逻辑电路的结构框图如图 7-1 所示，通常包含组合逻辑电路（各种逻辑门）和存储电路（触发器）两部分。其中组合电路的功能是实现一些逻辑上的控制，它不是必须存在的；而存储电路则必须有，并且它的输出 $Q(q_1 \sim q_l)$ 要反馈给组合电路，并与外界输入信号 $X(x_1 \sim x_i)$ 进行一些逻辑运算后，再作为输入激励信号 $Z(z_1 \sim z_k)$ 作用到触发器的输入端，以对其次态 $Q^*(q_1^* \sim q_l^*)$ 产生影响。同时，整个时序电路除了触发器状态输出外，有时还需要从组合电路部分输出信号 $Y(y_1 \sim y_j)$。

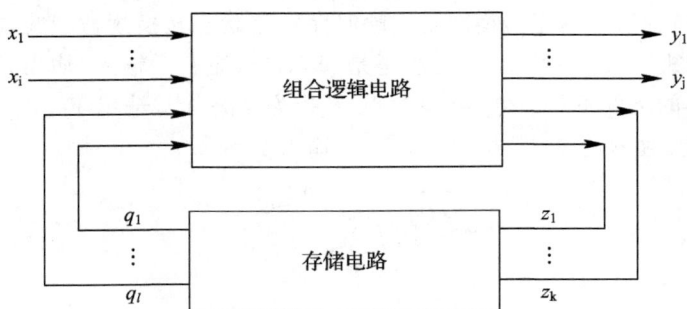

图 7 - 1　时序逻辑电路的结构框图

2)描述方法

描述一个时序电路的逻辑功能有多种方法,如逻辑表达式、状态转换表、状态转换图和时序波形图等,这些方法可以相互转换。

(1)逻辑表达式法。

逻辑表达式是指通过一组数学方程描述时序电路的功能。这种方法最简洁,但比较抽象、不直观,不能直接观察出具体的逻辑功能。

时序电路的逻辑功能表达式具体包括以下几种方程:

① 输出方程。输出方程是时序电路输出变量的逻辑表达式。

$$\begin{cases} \text{Mealy:} Y = f(X,Q) \\ \text{Moore:} Y = f(Q) \end{cases} \tag{7-1}$$

式(7-1)给出了输出变量 Y 的一般形式,米利型电路的输出变量是输入变量 X 和触发器现态 Q 的函数,而穆尔型电路的输出变量仅是触发器现态 Q 的函数。

② 驱动方程。驱动方程又称激励方程、控制方程和输入方程,是触发器输入信号的逻辑表达式。

$$Z = g(X,Q) \tag{7-2}$$

式(7-2)给出了触发器的驱动方程,它通常是输入变量 X 和触发器现态 Q 的函数。当时序电路无输入信号时,驱动方程将只是触发器现态 Q 的函数。

③ 状态方程。状态方程又称次态方程,是触发器次态输出的逻辑表达式。将驱动方程代入特性方程(描述触发器逻辑功能的逻辑表达式)可得状态方程:

$$Q^* = h(X,Q) \tag{7-3}$$

式(7-3)给出了触发器的次态方程,它通常是输入变量 X 和触发器现态 Q 的函数。当时序电路无输出信号时,次态方程将只是 Q 的函数。

注意:Q 表示存储电路中每个触发器的现态,Q^* 表示存储电路中每个触发器的次态。

④ 时钟方程。时钟方程是控制时钟 CLK 的逻辑表达式,给出了各触发器时钟信号的来源。同步时序电路的时钟方程只有一个,而异步时序电路的时钟方程有两个或两个以上。

触发器的时钟一般由外界 CLK 信号直接提供,但有时也会通过一些逻辑门电路再接到触发器上,或由电路的内部信号产生。

(2)状态转换表法。

状态转换表是反映输出 Y、次态 Q^* 与输入 X、现态 Q 之间关系的表格。

（3）状态转换图法。状态转换图是反映时序电路状态转换规律及相应输入、输出取值关系的图形。如图 7 - 2 所示，图中的箭尾是现态，标注表示输入/输出，箭头是次态。在输入信号 A 为 0 的条件下，Q_2Q_1 由现态 00 转换为次态 01，输出 $Y=0$；在输入信号 A 为 1 的条件下，Q_2Q_1 由现态 01 转换为次态 00，输出 $Y=0$。

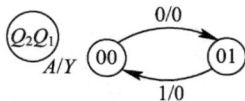

图 7 - 2　状态转换图

（4）时序波形图法。

时序波形图又叫工作波形图，用波形的形式形象地表达了输入信号、输出信号、电路的状态等的取值在时间上的对应关系。

这四种方法从不同侧面突出了时序电路逻辑功能的特点，它们在本质上是相同的，可以互相转换。

7.1　时序逻辑电路的分析方法
（Analysis Methods of Sequential Logic Circuit）

分析一个时序逻辑电路，就是根据已知的时序逻辑电路找出其实现的功能。具体来说，就是找出电路的状态和输出信号在输入信号和时钟信号作用下的变化规律。

在分析时序逻辑电路时，只要将状态变量和输入信号一样当作逻辑函数的输入变量处理，那么分析组合逻辑电路的一些运算方法仍然可以使用。不过，由于任意时刻状态变量的取值都和电路的历史情况有关，所以分析起来要比组合电路复杂一些。

7.1.1　同步时序逻辑电路的分析方法（Analysis Methods of Synchronous Sequential Logic Circuit）

由于同步时序电路中所有触发器都是在同一时钟信号作用下工作的，所以分析方法比较简单。一般来说，同步时序逻辑电路的分析步骤分为以下三步：

1. 列出相关方程

列出相关方程即列出各种逻辑表达式，然后观察时序电路的输入、输出和状态变量，列出时钟方程、驱动方程、次态方程、输出方程。具体过程如下：

（1）对于同步时序逻辑电路，所有时钟端是连接在一起的，时钟方程可省略；

（2）写出各个触发器的驱动方程；

（3）写出时序电路的输出方程；

（4）写出各个触发器的次态方程。

2. 列出状态转换表（或状态转换图、时序图）

（1）由各个触发器的状态方程和时序电路的输出方程构造状态转换表、状态转换图；

（2）如果电路不是很复杂，画一个时序图。

3. 说明电路的逻辑功能

根据状态转换表、状态转换图或时序图显示的分析结果，主要是观察状态循环情况，描述出电路的具体逻辑功能，并判断电路是否能自启动。

在具体的分析过程中，上述各步骤并不是每一步都需要，而是按照题目情况，灵活处理。

【**例 7 - 1**】 分析图 7 - 3 所示的同步时序逻辑电路。要求：(1)写出电路的驱动方程、状态方程和输出方程；(2)列出状态转换表，画出状态转换图；(3)分析其逻辑功能，并检查电路是否能自启动。

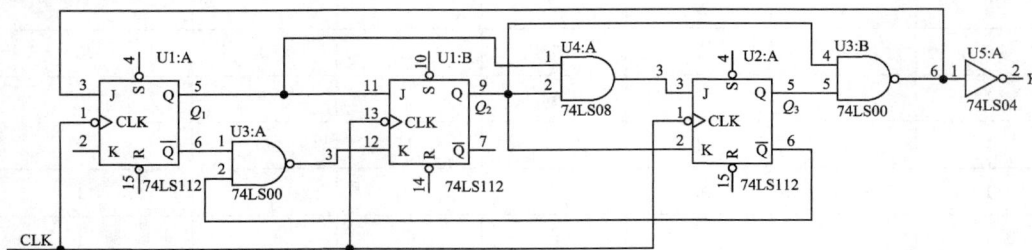

图 7 - 3 例 7 - 1 的电路图

解 该电路为没有输入变量的同步时序逻辑电路，使用了三个下降沿触发的边沿 JK 触发器，分别是 U1:A、U1:B、U2:A；触发器的状态组合 $Q_3Q_2Q_1$ 代表了时序电路的工作状态；另外电路还有一个输出信号 Y。

(1)根据电路连接情况列出各种方程(同步电路不必列写时钟方程)。

① 列驱动方程。

$$\begin{cases} J_1 = (Q_2Q_3)', & K_1 = 1 \\ J_2 = Q_1, & K_2 = (Q_1'Q_3')' \\ J_3 = Q_1Q_2, & K_3 = Q_2 \end{cases}$$

② 列次态方程。将上述驱动方程代入 JK 触发器的特性方程 $Q^* = JQ' + K'Q$，得次态方程：

$$\begin{cases} Q_1^* = J_1Q_1' + K_1'Q_1 = (Q_2Q_3)'Q_1' \\ Q_2^* = J_2Q_2' + K_2'Q_2 = Q_1Q_2' + Q_1'Q_3'Q_2 \\ Q_3^* = J_3Q_3' + K_3'Q_3 = Q_1Q_2Q_3' + Q_2'Q_3 \end{cases}$$

③ 列输出方程。

$$Y = Q_2Q_3$$

(2)列出状态转换表、状态转换图和时序图。

① 列出状态转换表。设电路现态(初态)$Q_3Q_2Q_1 = 000$，代入到次态方程和输出方程中，得到次态 $Q_3Q_2Q_1 = 001$，输出 $Y = 0$；然后将次态 001 作为新的初态再代入次态方程和输出方程中，如此反复操作，就得到如表 7 - 1 所示的电路状态转换表。

② 画出状态转换图。为了更清晰地说明电路的工作状态转换过程，画出如图 7 - 4 所示的状态转换图，以圆圈表示电路的各个状态，以箭头表示状态转换的方向，同时箭头旁边还注明了状态转换前的输入变量的取值和输出值。通常将输入变量取值写在斜线以上，

将输出值写在斜线以下。由于电路没有输入逻辑变量，所以斜线上方没有注字。000～110 这 7 个状态构成了一个循环，时序电路正常工作时就是按照这个状态循环进行的，这个循环称为有效循环，这 7 个状态称为有效状态。

表 7-1　例 7-1 的状态转换表

Q_3	Q_2	Q_1	$Q_3{}^*$	$Q_2{}^*$	$Q_1{}^*$	Y
0	0	0	0	0	1	0
0	0	1	0	1	0	0
0	1	0	0	1	1	0
0	1	1	1	0	0	0
1	0	0	1	0	1	0
1	0	1	1	1	0	0
1	1	0	0	0	0	1
1	1	1	0	0	0	1

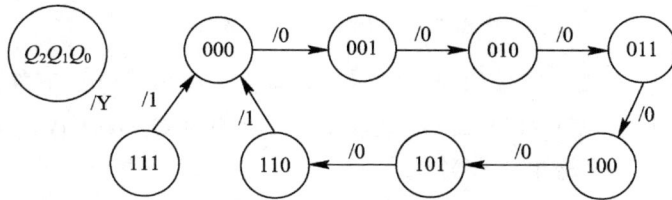

图 7-4　例 7-1 的状态转换图

注意：当电路运行到 110 状态时，Y 端会输出高电平作为标志。

用 3 位二进制编码共可以表示 8 个状态，有效状态之外的那个状态 111 称为无效状态。转换图中也给出了以无效状态为初态时的转换情况，可以看出无效状态的次态是 000。这说明即使电路以无效状态为初始工作状态，最终也能转换为有效状态，进入有效循环，这种能力称为自启动。

如果无效状态组成循环，则称为无效循环。电路一旦进入无效状态，就不能进入正常工作状态（有效循环），此时电路就不能自启动，需要人工干预。因此检验一个存在无效输出状态的时序电路是否能够自启动，必须将所有无效输出状态代入次态方程进行验算，检验经历一定个数的次态（如果这些次态也是无效状态）后是否能进入有效循环，如果都能进入有效循环，则电路能够自启动；否则不能自启动。

具有自启动能力的时序电路抗干扰能力强，在进行时序电路设计时要考虑自启动。

（3）分析电路的逻辑功能。

对时序电路逻辑功能的判断要结合状态转换表、状态转换图或时序图中的有效循环情况给出。

通过观察表 7-1 和图 7-4 发现，每经过 7 个时钟脉冲，该电路就会完成一个循环过程，所以该电路有对时钟脉冲进行计数的功能；又因为电路每记录 7 个时钟脉冲就从 Y 端输出一个脉冲信号，所以该电路是一个同步七进制加法计数器，Y 端是进位输出端。因此该电路具有自启动功能。

【例 7 - 2】　分析图 7 - 5 所示的同步时序逻辑电路的功能。要求：(1)写出电路的驱动方程、状态方程和输出方程；(2)列出状态转换表，画出电路的状态转换图；(3)分析其逻辑功能，说明该电路能否自启动。

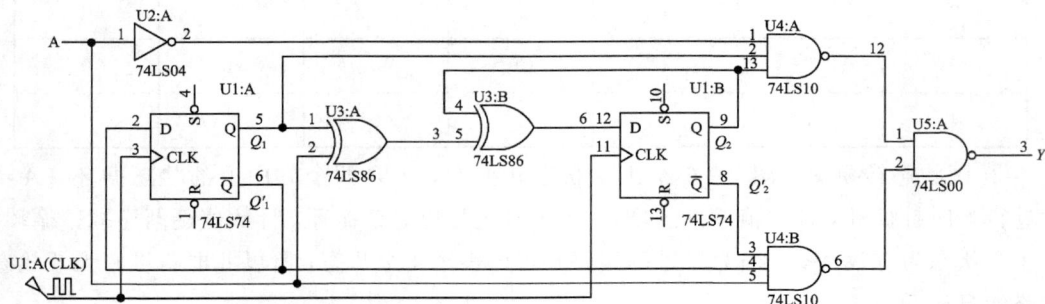

图 7 - 5　例 7 - 2 的电路图

解　该电路为具有输入变量的米利型同步时序逻辑电路，使用了两个上升沿触发的边沿 D 触发器，分别是 U1:A、U1:B；触发器的状态组合 $Q_2 Q_1$ 代表了时序电路的工作状态；另外电路还有一个输出信号 Y。

(1)根据电路连接情况列出各种方程(同步电路不必列写时钟方程)。

① 列驱动方程。

$$\begin{cases} D_1 = Q'_1 \\ D_2 = A \oplus Q_1 \oplus Q_2 \end{cases}$$

② 列次态方程。

将上述驱动方程代入 D 触发器的特性方程 $Q^* = D$，得次态方程：

$$\begin{cases} Q_1^* = D_1 = Q'_1 \\ Q_2^* = D_2 = A \oplus Q_1 \oplus Q_2 \end{cases}$$

③ 列输出方程。

$$Y = ((A'Q_1 Q_2)' \cdot (AQ'_1 Q'_2)')' = A'Q_1 Q_2 + AQ'_1 Q'_2$$

(2)列状态转换表及状态转换图。

① 列状态转换表。设电路现态(初态)$Q_2 Q_1 = 00$，分别考虑 $A = 0$、$A = 1$ 两种情况下的状态转换情况，如表 7 - 2 所示。

表 7 - 2　例 7 - 2 的状态转换表

(a) $A = 0$ 时

CLK	A	Q_2	Q_1	Q_2^*	Q_1^*	Y
1	0	0	0	0	1	0
2	0	0	1	1	0	0
3	0	1	0	1	1	0
4	0	1	1	0	0	1

(b) $A=1$ 时

CLK	A	Q_2	Q_1	Q_2^*	Q_1^*	Y
1	1	0	0	1	1	1
2	1	1	1	1	0	0
3	1	1	0	0	1	0
4	1	0	1	0	0	0

② 画状态转换图。图 7-6 给出了状态转换图，包含两个方向上的状态循环。$A=0$ 时进行顺时针循环，计数值逐渐递增；$A=1$ 时进行逆时针循环，计数值逐渐递减。循环中的 4 个状态为有效状态，因为二进制编码共可以表示 4 个状态，所以此电路没有无效状态，电路能自启动。

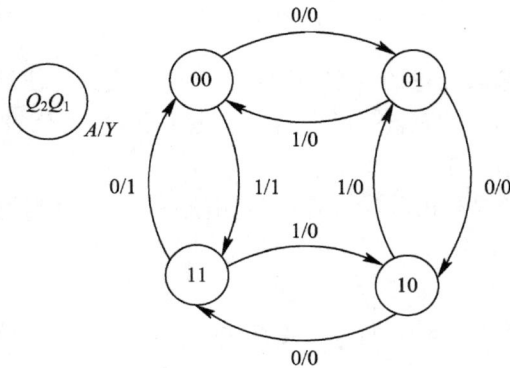

图 7-6　例 7-2 的状态转换图

(3) 分析电路的逻辑功能。

根据状态表和状态图可以发现，每经过 4 个时钟脉冲，该电路的状态完成一个递增或递减的循环过程。所以当 $A=0$ 时，该电路可完成二位二进制（四进制）加法计数；$A=1$ 时，可完成二位二进制减法计数功能，计数对象是时钟脉冲。Y 端可看成进/借位输出端。

注意：有效状态是指在时序电路中被利用了的状态；有效循环是指有效状态构成的循环；无效状态是指在时序电路中没有被利用的状态；无效循环是指无效状态构成的循环；自启动是指如果在 CLK 作用下，无效状态能自动地进入到有效循环中，则称电路能自启动，否则称不能自启动。

7.1.2　异步时序逻辑电路的分析方法(Analysis Methods of Asynchronous Sequential Logic Circuit)

异步时序逻辑电路的分析过程和同步时序逻辑电路相同，不同的是触发条件不是同时满足，所以计算状态方程时要格外注意。

在异步时序电路中，由于触发器并不都在同一个时钟信号下动作，因此在计算电路的次态时，需要考虑每个触发器的时钟信号，只有那些有时钟信号的触发器才需要用特性方程去计算次态，而没有时钟信号的触发器将保持原来的状态不变。因此，在分析异步时序电路时，要找出每次电路状态转换时哪些触发器有时钟信号，哪些触发器没有时钟信号。可见，分析异步时序电路要比分析同步时序电路复杂。

下面通过具体例子说明异步时序逻辑电路的分析方法和步骤。

【例 7 - 3】 已知异步时序电路的逻辑图如图 7 - 7 所示，试分析它的逻辑功能并画出电路的状态转换图。

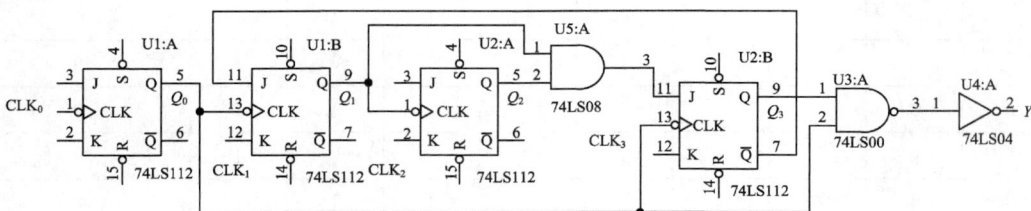

图 7 - 7 例 7 - 3 的异步时序逻辑电路

解 首先根据逻辑图可写出驱动方程为：

$$\begin{cases} J_0 = K_0 = 1 \\ J_1 = Q'_3, \ K_1 = 1 \\ J_2 = K_2 = 1 \\ J_3 = Q_1 Q_2, \ K_3 = 1 \end{cases}$$

将上述驱动方程组代入 JK 触发器的特性方程 $Q^* = JQ' + K'Q$ 后，得到电路状态方程：

$$\begin{cases} Q_0{}^* = Q'_0 \cdot \text{clk}_0 \\ Q_1{}^* = Q'_3 \cdot Q'_1 \cdot \text{clk}_1 \\ Q_2{}^* = Q'_2 \cdot \text{clk}_2 \\ Q_3{}^* = Q_1 Q_2 Q'_3 \cdot \text{clk}_3 \end{cases}$$

上式中以小写的 clk 表示时钟信号，它不是一个逻辑变量。对下降沿动作的触发器而言，clk＝1 仅表示时钟输入端有下降沿到达；对上升沿动作的触发器而言，clk＝1 表示时钟输入端有上升沿到达。clk＝0 表示没有时钟信号到达，触发器保持原来的状态不变。

根据电路图写出输出方程为：

$$Y = Q_0 Q_3$$

画电路的状态转换图需列出电路的状态转换表。在计算触发器的次态时，首先应找出每次电路状态转换时各个触发器是否有 clk 信号。因此，在给定的脉冲 clk_0 的连续作用下，列出 Q_0 的对应值(如表 7 - 3 中所示)。根据 Q_0 的下降沿(Q_0 每次从 1 变 0)即是脉冲 clk_1 和 clk_3 的作用时刻，即可得到表 7 - 3 中 clk_1 和 clk_3 的对应值；而 Q_1 的下降沿(Q_1 每次从 1 变 0)即是脉冲 clk_2 的作用时刻。以 $Q_3 Q_2 Q_1 Q_0 = 0000$ 为初态代入驱动方程、状态方程及输出方程，依次计算下去，就得到了表 7 - 3 所示的状态转换表。

表 7 - 3 例 7 - 3 的状态转换表

clk₀ 的顺序	触发器状态				时钟信号				输出 Y
	Q_3	Q_2	Q_1	Q_0	clk_3	clk_2	clk_1	clk_0	
0	0	0	0	0	0	0	0	0	0
1	0	0	0	1	0	0	0	1	0
2	0	0	1	0	1	0	1	1	0
3	0	0	1	1	0	0	0	1	0
4	0	1	0	0	1	1	1	1	0
5	0	1	0	1	0	0	0	1	0
6	0	1	1	0	0	0	0	1	0
7	0	1	1	1	0	0	0	1	0
8	1	0	0	0	1	1	1	1	0
9	1	0	0	1	0	0	0	1	1
10	0	0	0	0	1	0	1	1	0

图 7 - 7 所示的电路中有 4 个触发器，它们的状态组合有 16 种，而表 7 - 3 中只包含了 10 种，因此需要分别求出其余 6 种状态下的输入和次态，并将这些计算结果补充到表 7 - 3 中，才是完整的状态转换表。完整的电路状态转换图如图 7 - 8 所示。状态转换图表明，当电路处于表 7 - 3 中所列的 10 种状态以外的任何一种状态时，都会在时钟信号的作用下最终进入表 7 - 3 中的状态循环中去，因此该电路可以自启动。

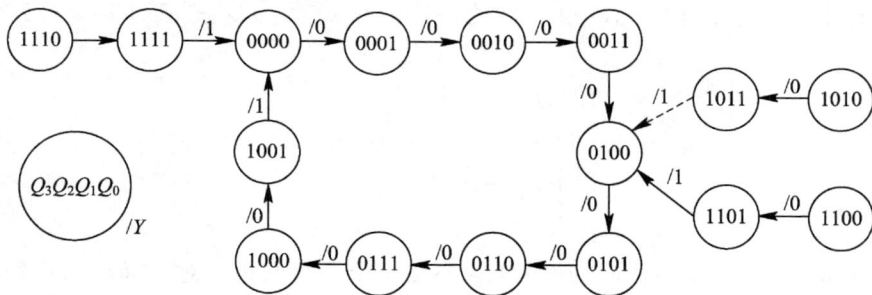

图 7 - 8 例 7 - 3 的状态转换图

从图 7 - 8 还可以看出，图 7 - 7 所示电路是一个异步十进制加法计数器电路。

7.2 计 数 器 (Counters)

计数器可对输入的时钟脉冲进行计数，以及对其它物理量进行计量。计数器是最常见的时序电路，它常用于计数、分频、定时及产生数字系统的节拍脉冲等。

计数器种类很多，按照触发器是否同时翻转可分为同步计数器和异步计数器；按照计数顺序的增减，分为加、减计数器，计数顺序增加称为加计数器，计数顺序减少称为减计数器，计数顺序可增可减称为可逆计数器；按计数容量(M)和构成计数器的触发器个数(N)之间的关系可分为二进制和非二进制计数器。计数器所能记忆的时钟脉冲个数(容量)称为计数器的模，$M=2^N$时为二进制计数器，否则为非二进制计数器。二进制计数器按二进制的规律累计脉冲个数，它也是构成其它进制计数器的基础。要构成 n 位二进制计数器，需用 n 个具有计数功能的触发器。当然二进制计数器也可称为 $M=2^N$ 计数器。

7.2.1　异步计数器(Asynchronous Counter)

1. 异步二进制计数器

异步计数器在做加 1 计数时是采取从低位到高位逐位进位的方式工作的，因此其中各个触发器不是同步翻转的。

先讨论二进制计数器的构成方法。按照二进制加法计数规则，如果每一位已经是 1，则再计入 1 时应变为 0，同时向高位发出进位信号，使高位翻转。若使用下降沿动作的 T 触发器组成计数器并令 $T=1$，则只要将低位触发器的 Q 端接至高位触发器的时钟输入端即可。当低位由 1 变为 0 时，Q 端的下降沿正好可以作为高位的时钟信号。

图 7-9 是用下降沿触发的 T 触发器组成的 3 位二进制加法计数器，T 触发器是令 JK 触发器的 $J=K=1$ 而得到的。

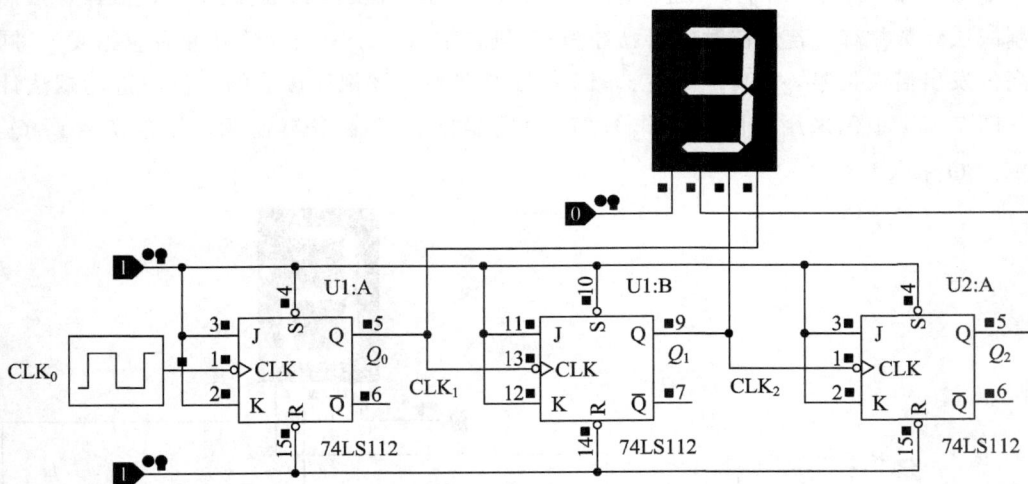

图 7-9　下降沿动作的异步二进制加法计数器

因为所有的触发器都是在时钟信号下降沿动作的，所以进位信号应从低位的 Q 端引出，Q_0 接 CLK_1，Q_1 接 CLK_2，最低位触发器的时钟信号 CLK_0 就是要记录的计数输入脉冲。用上升沿触发的 T 触发器同样可以组成异步二进制加法计数器，但每一级触发器的进位脉冲应改为由 Q' 端输出，即 Q_0' 接 CLK_1，Q_1' 接 CLK_2。将图 7-9 中的输出 Q_0、Q_1、Q_2 接到数码管的低三位输入端上，最高位接 0，则数码管可显示数字 0-1-2-3-4-5-6-7-0，是 3 位异步二进制加法计数器，也是八进制计数器。

根据 T 触发器的翻转规律，即可画出在一系列 CLK_0 脉冲信号作用下 Q_0、Q_1、Q_2 的电压波形，如图 7 - 10 所示。由图 7 - 10 可知，触发器输出端次态的建立要比 CLK 下降沿滞后一个触发器的传输延迟时间 t_{pd}。

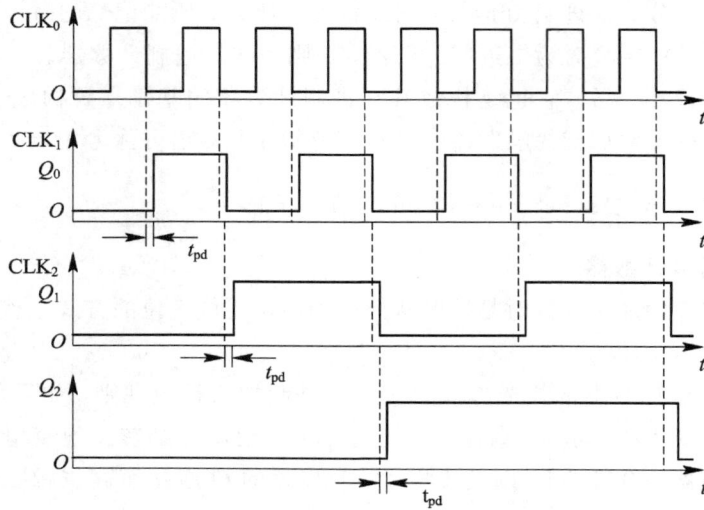

图 7 - 10　图 7 - 9 电路的时序图

如果将 T 触发器之间按二进制减法计数规律连接，就得到二进制减法计数器。按照二进制减法计数规律，若低位触发器已经为 0，则再输入一个减法计数脉冲后应翻成 1，同时向高位发出借位信号，使高位翻转。图 7 - 11 就是按上述规律接成的 3 位二进制减法计数器。图 7 - 11 中仍采用下降沿动作的 JK 触发器接成 T 触发器使用，并令 $T = 1$，Q_0' 接 CLK_1，Q_1' 接 CLK_2。

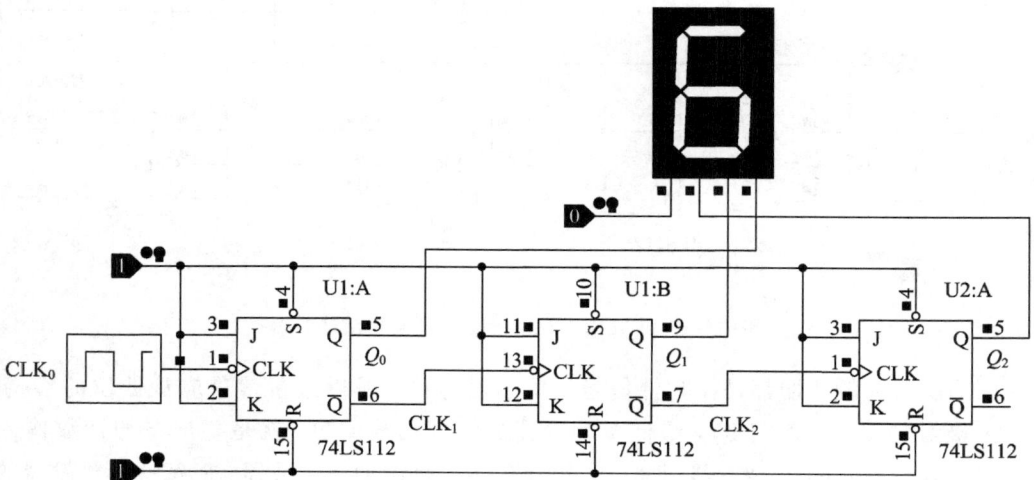

图 7 - 11　三位异步二进制减法计数器

将图 7 - 11 中的输出 Q_0、Q_1、Q_2 接到数码管的低三位输入端上，最高位接 0，则数码管可显示数字 0 - 7 - 6 - 5 - 4 - 3 - 2 - 1 - 0，其时序图如图 7 - 12 所示。

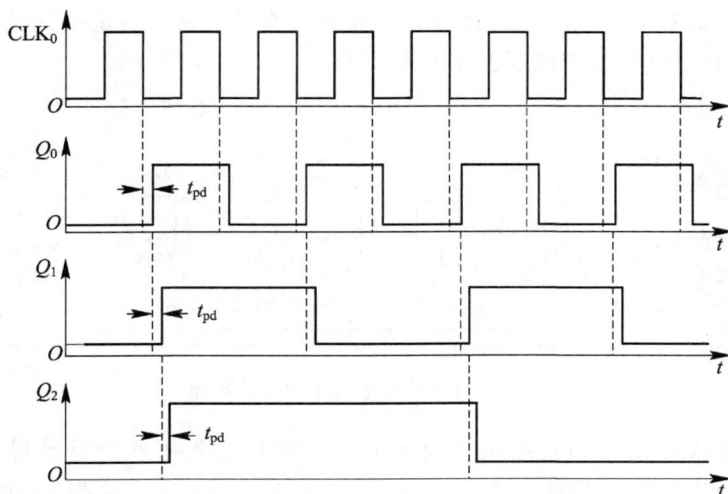

图 7 - 12　图 7 - 11 电路的时序图

　　将异步二进制减法计数器和异步二进制加法计数器相比即可发现，它们都是将低位触发器的一个输出端接到高位触发器的时钟输入端而组成的。在采用下降沿动作的 T 触发器时，加法计数器以 Q 端为输出端，减法计数器以 Q' 端为输出端；而在采用上升沿动作的 T 触发器时，情况正好相反，加法计数器以 Q' 端为输出端，减法计数器以 Q 端为输出端。

　　目前常见的异步二进制加法计数器产品有 4 位的(如 74LS293、74LS393、74HC393等)、7 位的(如 CC4024 等)、12 位的(如 74HC4040 等)和 14 位的(如 74HC4020 等)几种类型。以 74LS393 为例，其功能仿真如图 7 - 13 所示，每片 74LS393 内含两个 4 位异步二进制加法计数器(U1:A 和 U1:B)，下降沿有效，MR 是清零端，高电平有效。图 7 - 13(a)中，MR=0，无效不清零，在 CLK 作用下计数，数码管显示 0~9 及 A~F；图 7 - 13(b)中，MR=1，有效清零，数码管显示数字 0。

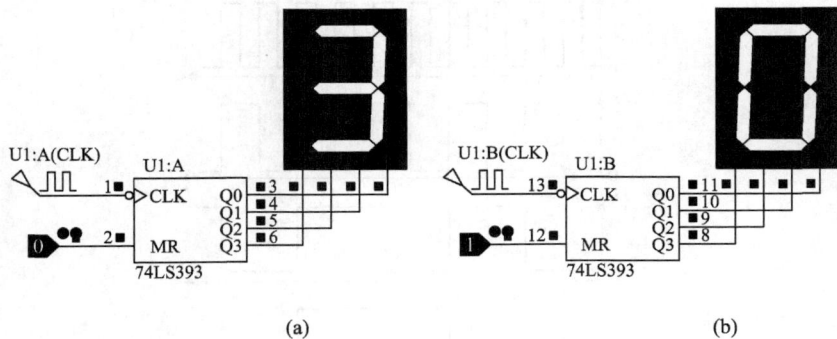

图 7 - 13　4 位异步二进制加法计数器 74LS393

2. 异步十进制计数器

　　异步十进制加法计数器是在 4 位异步二进制加法计数器的基础上加以修改而得到的。修改时要解决的问题是如何使 4 位二进制计数器在计数过程中跳过 1010 到 1111 这 6 个状态。

图 7-14 所示电路是异步十进制加法计数器的典型电路。假定所用的触发器为 TTL 电路，J、K 端悬空时相当于接逻辑 1 电平。

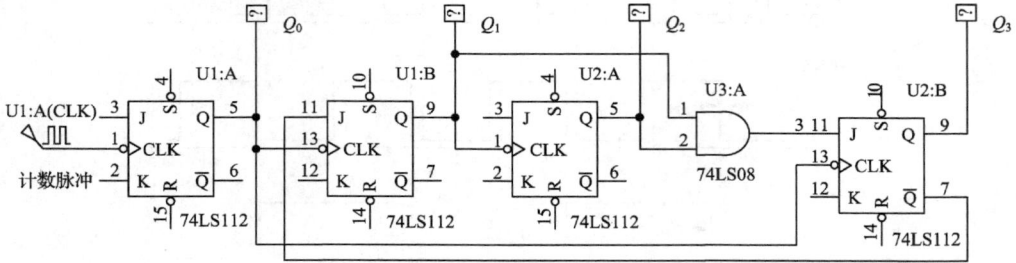

图 7-14 异步十进制加法计数器

如果计数器从 $Q_3Q_2Q_1Q_0 = 0000$ 开始计数，则在输入第八个计数脉冲以前 U1:A、U1:B 和 U2:A 的 J 和 K 始终为 1，即工作在 T 触发器的 $T = 1$ 状态，因而工作过程和异步二进制加法计数器相同。在此期间虽然 Q_0 输出的脉冲也送给了 U2:B，但由于每次 Q_0 的下降沿到达时 $J_3 = Q_1Q_2 = 0$，所以 U2:B 一直保持 0 状态不变。

当第 8 个计数脉冲输入时，由于 $J_3 = K_3 = 1$，所以 Q_0 的下降沿到达以后 U2:B 由 0 变为 1，同时 J_1 也随 Q_3' 变为 0 状态；第 9 个计数脉冲输入以后，电路状态变成 $Q_3Q_2Q_1Q_0 =$ 1001；第十个计数脉冲输入以后，U1:A 翻成 0，同时 Q_0 的下降沿使 U2:B 置 0，于是电路从 1001 返回到 0000，跳过了 $1010 \sim 1111$ 这 6 个状态，成为十进制计数器。

将上述过程用电压波形表示，即得如图 7-15 所示的时序图。根据时序图又可列出电路的状态转换表，画出电路的状态转换图。

通过这个例子可以看出，在分析一些比较简单的异步时序电路时，可以采取从物理概念出发直接画波形图的方法分析它的功能，而不一定要按前面介绍的异步时序电路的分析方法去写方程式。

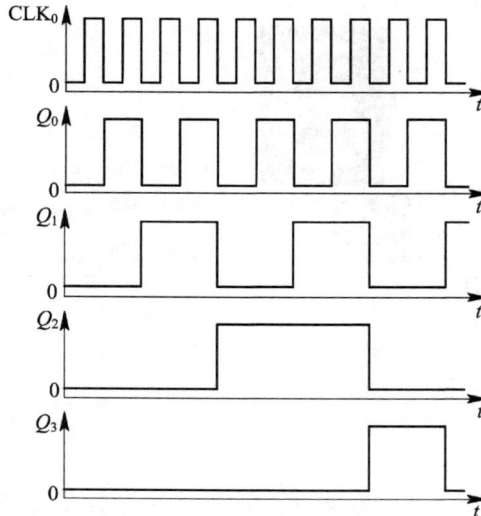

图 7-15 图 7-14 电路的波形图

在讨论异步时序电路的分析方法时曾以图 7-7 所示电路作为例子,它与图 7-14 所示电路的差别仅在于多了一个进位输出端 Y。因此,图 7-7 所示电路的状态转换表和状态转换图就是异步十进制加法计数器的状态转换表和状态转换图。

74LS290 就是按照图 7-14 所示电路的原理制成的异步十进制加法计数器,它的引脚排列与逻辑功能示意图如图 7-16 所示。若以 CLK_0 为计数输入端、Q_0 为输出端,即得到二进制计数器(或二分频器);若以 CLK_1 为输入端、Q_3、Q_2、Q_1 为输出端,则得到五进制计数器(或五分频器);若将 CLK_1 与 Q_0 相连,同时以 CLK_0 为输入端、Q_3、Q_2、Q_1、Q_0 为输出端,则得到十进制计数器(或十分频器)。因此,又将这个电路称为二-五-十进制异步计数器。

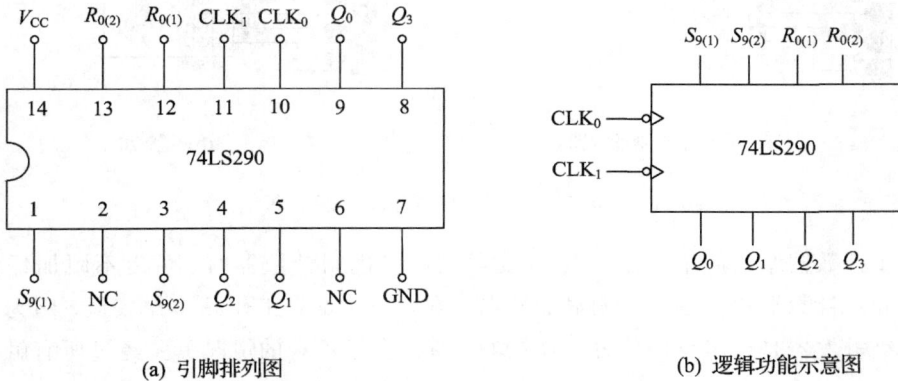

(a) 引脚排列图　　　(b) 逻辑功能示意图

图 7-16　74LS290 引脚排列与逻辑功能示意图

74LS290 中还设置了两个置 0 输入端 $R_{0(1)}$、$R_{0(2)}$ 和两个置 9 输入端 $S_{9(1)}$、$S_{9(2)}$,以便于工作时根据需要将计数器预先置成 0000 或 1001 状态。74LS290 功能表如表 7-4 所示。

表 7-4　74LS290 功能表

$R_{0(1)}.R_{0(2)}$	$S_{9(1)}.S_{9(2)}$	CLK_0	CLK_1	Q_3	Q_2	Q_1	Q_0
1	0	X	X	0	0	0	0
X	1	X	X	1	0	0	1
0	0	CLK	0	二进制计数			
0	0	0	CLK	五进制计数			
0	0	CLK	Q_0	8421 码十进制计数			

芯片 74LS 90 的引脚排列与逻辑功能同 74LS290 一样。对 74LS90 的逻辑功能进行 Proteus 仿真,如图 7-17 所示,其中 CKA=CLK_0,CKB=CLK_1,$R_{9(1)}$=$S_{9(1)}$,$R_{9(2)}$=$S_{9(2)}$。图 7-17 (a)中,$R_{0(1)}$=$R_{0(2)}$=$R_{9(1)}$=$R_{9(2)}$=0,74LS90 既不清 0,也不置 9,计数脉冲从 CKA 端输入,将输出端 Q_0 与 CKB 连接,在计数脉冲作用下,数码管显示其输出在 0~9 之间循环变化,因此构成了十进制计数器。图 7-17 (b)中,$R_{0(1)}$=$R_{0(2)}$=0,74LS90

不清零，$R_{9(1)}=R_{9(2)}=1$，74LS90 为置 9 功能，因此只能输出 9。

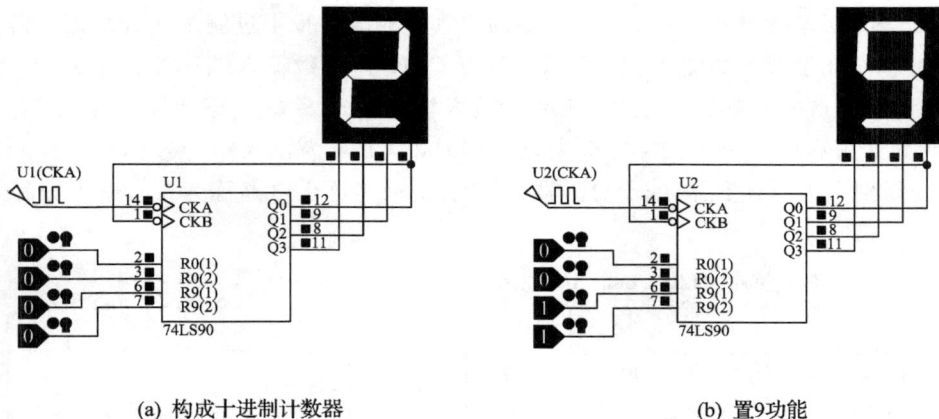

(a) 构成十进制计数器　　　　　　(b) 置9功能

图 7 - 17　74LS90 逻辑功能仿真

异步计数器结构简单。在用 T 触发器构成二进制计数器时，可以不附加任何其它电路。但异步计数器也存在两个明显的缺点，第一个缺点是工作频率比较低，因为异步计数器的各级触发器是以串行进位方式连接的，所以在最不利的情况下要经过所有触发器的传输延迟时间之和以后，新状态才能稳定建立起来；第二个缺点是在电路状态译码时存在竞争和冒险现象。这两个缺点使异步计数器的应用受到了很大的限制。

7.2.2　同步计数器(Synchronous Counter)

目前生产的同步计数器芯片基本上分为二进制和十进制两种，首先讨论同步二进制计数器。

1. 同步二进制计数器

1）同步二进制加法计数器

根据二进制加法运算规则可知，在一个多位二进制数的末位上加 1 时，若其中第 i 位（即任何一位）以下各位皆为 1 时，则第 i 位应改变状态（或由 0 变成 1，或由 1 变成 0），而最低位的状态在每次加 1 时都要改变。

同步计数器通常用 JK 触发器构成，其结构形式有两种：一种是控制输入端 JK 的状态，每次 CLK 信号（也就是计数脉冲）到达时，使该翻转的那些触发器的输入控制端 $J_i=K_i=1$，不该翻转的 $J_i=K_i=0$；另一种形式是控制时钟信号，每次计数脉冲到达时，只能加到该翻转的那些触发器的 CLK 输入端上，而不能加给那些不该翻转的触发器，同时将所有的触发器接成 $J_i=K_i=1$ 的状态，这样就可以用计数器电路的不同状态来记录输入的 CLK 脉冲数目。

按照计数规则，最低位每次输入计数脉冲时都要翻转，故 $J_0=K_0=1$。因此 n 位二进制同步加法计数器的电路连接规律为：

驱动方程为：

$$\begin{cases} J_0 = K_0 = 1 \\ J_1 = K_1 = Q_0 \\ J_2 = K_2 = Q_1 Q_0 \\ \vdots \\ J_{n-1} = K_{n-1} = Q_{n-2} Q_{n-3} \cdots Q_1 Q_0 \end{cases} \tag{7-4}$$

输出方程为：

$$C = Q_{n-1} Q_{n-2} \cdots Q_1 Q_0 \tag{7-5}$$

图 7-18 所示电路就是按式(7-4)、(7-5)接成的 4 位二进制同步加法计数器。两电路的功能完全相同，区别在于图 7-18(a)是控制输入端 JK 的状态，图 7-18(b)是控制时钟信号。

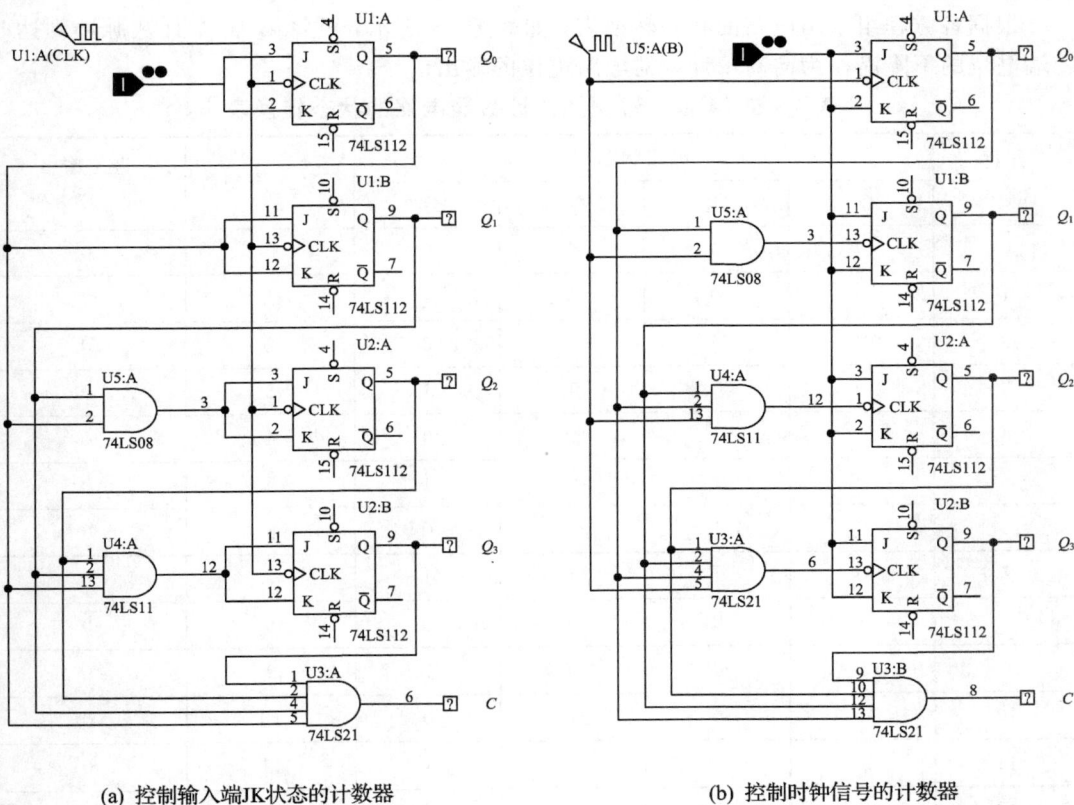

(a) 控制输入端JK状态的计数器　　　　　　　　(b) 控制时钟信号的计数器

图 7-18　4 位二进制加法计数器

由图 7-18(a)可见，各触发器的驱动方程为：

$$\begin{cases} J_0 = K_0 = 1 \\ J_1 = K_1 = Q_0 \\ J_2 = K_2 = Q_1 Q_0 \\ J_3 = K_3 = Q_2 Q_1 Q_0 \end{cases}$$

将上式代入 JK 触发器的特性方程式，得到电路的状态方程为：

$$
\begin{cases}
Q_0^* = Q_0' \\
Q_1^* = Q_0 Q_1' + Q_0' Q_1 \\
Q_2^* = Q_0 Q_1 Q_2' + (Q_0 Q_1)' Q_2 \\
Q_3^* = Q_0 Q_1 Q_2 Q_3' + (Q_0 Q_1 Q_2)' Q_3
\end{cases}
$$

将状态方程组进行化简,可得:

$$
\begin{cases}
Q_0^* = Q_0' \\
Q_1^* = Q_1 \oplus Q_0 \\
Q_2^* = Q_2 \oplus (Q_1 Q_0) \\
Q_3^* = Q_3 \oplus (Q_2 Q_1 Q_0)
\end{cases}
$$

输出方程为:

$$
C = Q_3 Q_2 Q_1 Q_0
$$

根据各方程组求出电路的状态转换表,如表 7-5 所示,可将第 16 个计数脉冲到达时 C 端电位的下降沿作为向高位计数器电路进位的输出信号。

表 7-5　4 位二进制加法计数器电路的状态转换表

计数顺序	电路状态				等效十进制数	进位输出 C
	Q_3	Q_2	Q_1	Q_0		
0	0	0	0	0	0	0
1	0	0	0	1	1	0
2	0	0	1	0	2	0
3	0	0	1	1	3	0
4	0	1	0	0	4	0
5	0	1	0	1	5	0
6	0	1	1	0	6	0
7	0	1	1	1	7	0
8	1	0	0	0	8	0
9	1	0	0	1	9	0
10	1	0	1	0	10	0
11	1	0	1	1	11	0
12	1	1	0	0	12	0
13	1	1	0	1	13	0
14	1	1	1	0	14	0
15	1	1	1	1	15	1
16	0	0	0	0	0	0

图 7-19 和图 7-20 分别是图 7-18 所示电路的状态转换图和时序图。由时序图可以看出,若计数输入脉冲的频率为 f_0,则 Q_0、Q_1、Q_2 和 Q_3 端输出脉冲的频率将依次为

$\dfrac{1}{2}f_0$、$\dfrac{1}{4}f_0$、$\dfrac{1}{8}f_0$ 和 $\dfrac{1}{16}f_0$。针对计数器的这种分频功能，也将它称为分频器。分频器 Q_0 为 2 分频，Q_1 为 4 分频；Q_2 为 8 分频；Q_3 和 C 为 16 分频。电子表就是对 32768 Hz 进行 2^{15} 分频，进而对得到的 1 Hz 信号进行计数实现计时的。

此外，每输入 16 个计数脉冲计数器工作一个循环，并在输出端 C 产生一个进位输出信号，所以又将图 7-18 所示电路称为十六进制计数器。计数器中能计到的最大数称为计数器的容量，它等于计数器所有各位全为 1 时的数值，如 n 位二进制计数器的容量等于 2^n-1。

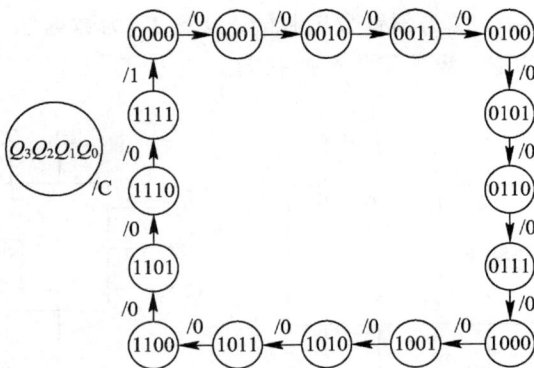

图 7-19　4 位二进制加法计数器的状态转换图

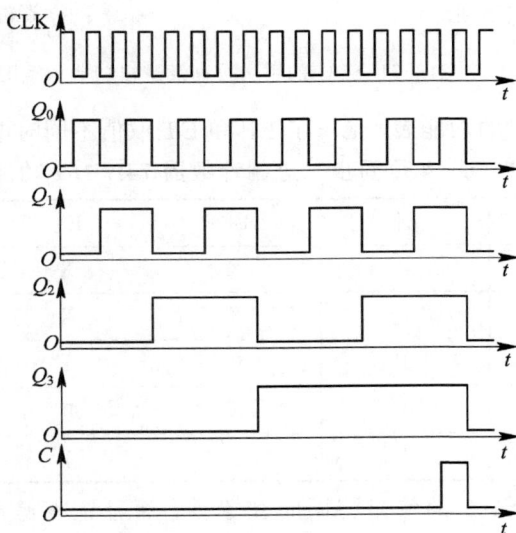

图 7-20　4 位二进制加法计数器的时序图

图 7-18(b) 给出了采用控制时钟信号方式构成的 4 位同步二进制计数器。由于每个触发器的 JK 输入端都恒为 1，所以只要在每个触发器的时钟输入端加一个时钟脉冲 CLK_i，这个触发器就会翻转一次。由图可见，对于除 U1:A 以外的每个触发器，只有在低位触发器全部为 1 时，计数脉冲 CLK 才能通过与门送到这些触发器的输入端使之翻转。这些触发器的时钟信号可表示为：

$$\text{clk}_i = \text{CLK} \prod_{j=0}^{i-1} Q_j, \quad i = 1, 2, \cdots, n-1 \tag{7-6}$$

式中，CLK_i 只表示一个完整的时钟脉冲，既不表示高电平也不表示低电平；CLK 即输入的计数脉冲。

2) 集成同步二进制加法计数器 74LS161/163

在实际生产的计数器芯片中，往往还附加了一些控制电路，以增加电路的功能和使用的灵活性。图 7-21 为中规模集成的 4 位同步二进制计数器 74LS161 的引脚排列及逻辑功能示意图。74LS161 除了具有二进制加法的计数功能外，还具有预置数、保持和异步置零等附加功能。图 7-21 中，L_D' 为预置数控制端，$D_0 \sim D_3$ 为数据输入端，C 为进位输出端，R_D' 为异步清零端，EP 和 ET 为工作状态控制端。

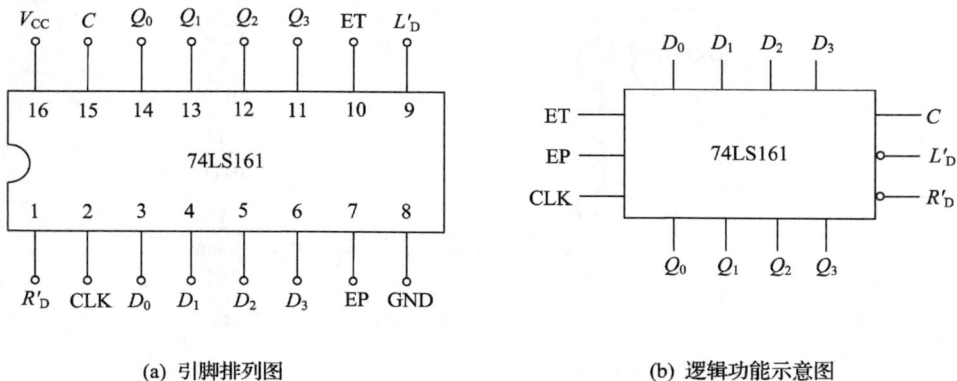

(a) 引脚排列图　　　　　　　　(b) 逻辑功能示意图

图 7-21　74LS161 的引脚排列及逻辑功能示意图

表 7-6 是 74LS161 的功能表，给出了 EP 和 ET 取值不同时电路的工作状态。

表 7-6　4 位同步二进制计数器 74LS161 功能表

CLK	R_D'	L_D'	EP	ET	工作状态
X	0	X	X	X	清零(异步)
↑	1	0	X	X	预置数(同步)
X	1	1	0	1	保持(包括 C)
X	1	1	X	0	保持($C=0$)
↑	1	1	1	1	计数

当 $R_D' = 0$ 时，74LS161 的输出将同时被置零，而且置零操作不受其它输入状态的影响。

当 $R_D' = 1$、$L_D' = 0$ 时，电路工作在同步预置数状态。这时 74LS161 的输出状态由 $D_0 \sim D_3$ 的状态决定，当 CLK 上升沿到达输出被置为 $D_0 \sim D_3$。

当 $R_D' = L_D' = 1$ 而 EP = 0、ET = 1 时，CLK 信号到达时它们保持原来的状态不变，同时 C 的状态也得到保持。如果 ET = 0，则 EP 无论为何状态，计数器的状态也将保持不变，但这时进位输出 C 等于 0。

当 $R_D' = L_D' = \text{EP} = \text{ET} = 1$ 时，电路工作在计数状态，与图 7-18 所示电路的工作状态

相同。从电路的 0000 状态开始连续输入 16 个计数脉冲后，电路将从 1111 状态返回 0000 状态，C 端从高电平跳变至低电平。因此，可以利用 C 端输出的高电平或下降沿作为进位输出信号。

注意：74LS161 具有异步清零和同步置数功能，且清零端和置数端可以改变计数器的状态变化规律。

此外，有些同步计数器(如 74LS162、74LS163)是采用同步置零方式的，应注意其与 74LS161 异步置零方式的区别。在同步置零计数器电路中，R'_D 出现低电平后要等下一个 CLK 信号到达时才能将触发器置零；而在异步置零的计数器电路中，只要 R'_D 出现低电平，触发器立即被置零，不受 CLK 的控制。

4 位同步二进制计数器 74LS163 的功能表如表 7 - 7 所示。

表 7 - 7　4 位同步二进制计数器 74LS163 功能表

CLK	R'_D	L'_D	EP	ET	工作状态
↑	0	X	X	X	清零(同步)
↑	1	0	X	X	预置数(同步)
X	1	1	0	1	保持(包括 C)
X	1	1	X	0	保持($C=0$)
↑	1	1	1	1	计数

注意：74LS163 具有同步清零和同步置数功能。

74LS163 的引脚排列和 74LS161 相同，不同之处是 74LS163 采用同步清零方式。

3) 同步二进制减法计数器

根据二进制减法计数规则，在 n 位二进制减法计数器中，只有当第 i 位以下各位触发器同时为 0 时，再减 1 才能使第 i 位触发器翻转。因此，采用控制 JK 端方式组成同步二进制减法计数器时，n 位触发器的连接规律为：

驱动方程为：

$$\begin{cases} J_0 = K_0 = 1 \\ J_1 = K_1 = Q'_0 \\ J_2 = K_2 = Q'_1 Q'_0 \\ \vdots \\ J_{n-1} = K_{n-1} = Q'_{n-2} Q'_{n-3} \cdots Q'_1 Q'_0 \end{cases} \tag{7-7}$$

输出方程为：

$$B = Q'_{n-1} Q'_{n-2} \cdots Q'_1 Q'_0 \tag{7-8}$$

同理，采用控制时钟方式组成同步二进制减法计数器时，各触发器的时钟信号可写成：

$$\mathrm{clk}_i = \mathrm{CLK} \prod_{j=0}^{i-1} Q'_j, \quad i = 1, 2, \cdots, n-1 \tag{7-9}$$

图 7-22 所示电路是根据式(7-7)及(7-8)组成的同步二进制减法计数器电路。

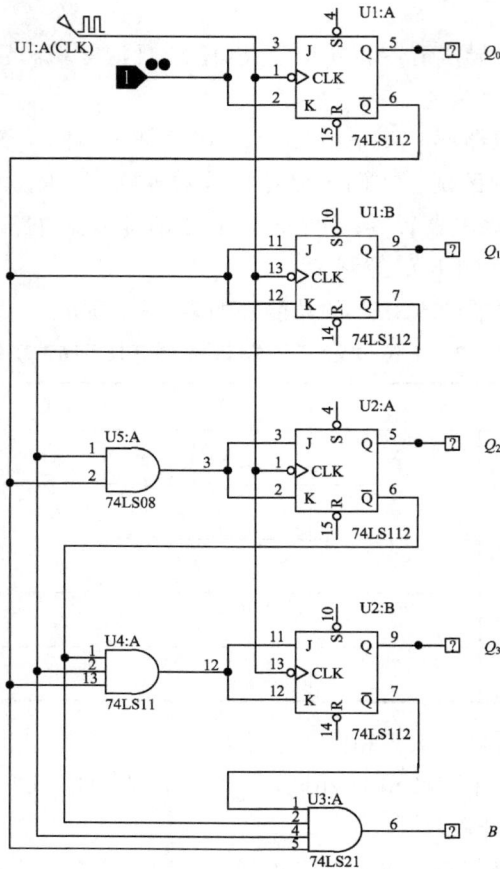

图 7-22　同步二进制减法计数器电路

2. 同步十进制计数器

1) 同步十进制加法计数器

同步十进制加法计数器是在同步二进制加法计数器基础上修改而来的，两者基本原理一致，电路都只用到 0000 ～1001 的十个状态。

图 7-23 所示电路是由 T 触发器(用 JK 触发器接成)组成的同步十进制加法计数器电路，是在图 7-18(a)同步二进制加法计数器电路的基础上略加修改而成的。

由图 7-23 可知，如果从 0000 开始计数，则直到输入第九个计数脉冲为止，它的工作过程与图 7-18(a)的二进制计数器相同；输入第九个计数脉冲后电路进入 1001 状态，这时 Q_3' 的低电平使门 U3:A 的输出为 0，而 Q_0 和 Q_3 的高电平使门 U3:B 的输出为 1，所以 4 个触发器的输入控制端分别为 $T_0=1$、$T_1=0$、$T_2=0$、$T_3=1$；因此，当第十个计数脉冲输入后，U1:B 和 U2:A 维持 0 状态不变，U1:A 和 U2:B 从 1 翻转为 0，故电路返回 0000 状态。

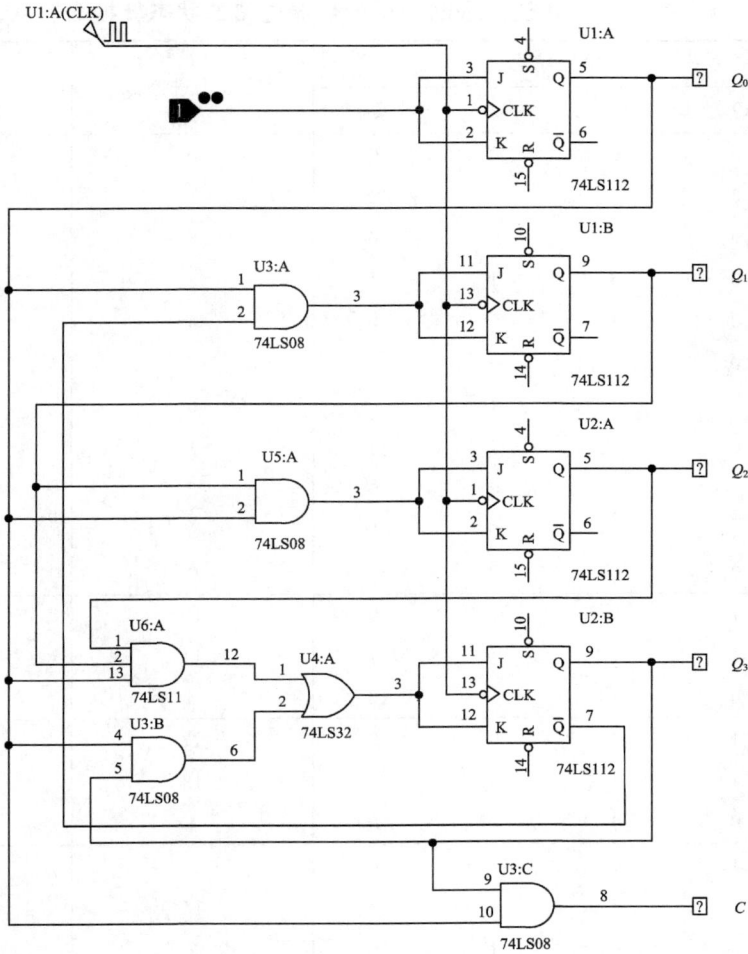

图 7-23　用 T 触发器组成的同步十进制加法计数器电路

从逻辑图上可写出电路的驱动方程为：

$$\begin{cases} T_0 = 1 \\ T_1 = Q_0 Q_3' \\ T_2 = Q_0 Q_1 \\ T_3 = Q_0 Q_1 Q_2 + Q_0 Q_3 \end{cases}$$

将上式代入 T 触发器的特性方程即得到电路的状态方程：

$$\begin{cases} Q_0^* = Q_0' \\ Q_1^* = Q_0 Q_3' Q_1' + (Q_0 Q_3')' Q_1 \\ Q_2^* = Q_0 Q_1 Q_2' + (Q_0 Q_1)' Q_2 \\ Q_3^* = (Q_0 Q_1 Q_2 + Q_0 Q_3) Q_3' + (Q_0 Q_1 Q_2 + Q_0 Q_3)' Q_3 \end{cases}$$

输出方程即进位输出 C 为：

$$C = Q_0 Q_3$$

根据状态方程和输出方程还可以进一步列出如表 7-8 所示的电路状态转换表，并画出如图 7-24 所示的电路状态转换图。由状态转换图可见，这个电路是能够自启动的。

表 7 – 8 4 位二进制加法计数器电路的状态转换表

计数顺序	电路状态				等效十进制数	进位输出 C
	Q_3	Q_2	Q_1	Q_0		
0	0	0	0	0	0	0
1	0	0	0	1	1	0
2	0	0	1	0	2	0
3	0	0	1	1	3	0
4	0	1	0	0	4	0
5	0	1	0	1	5	0
6	0	1	1	0	6	0
7	0	1	1	1	7	0
8	1	0	0	0	8	0
9	1	0	0	1	9	1
10	0	0	0	0	0	0
0	1	0	1	0	10	0
1	1	0	1	1	11	1
2	0	1	1	0	6	0
0	1	1	0	0	12	0
1	1	1	0	1	13	1
2	0	1	0	0	4	0
0	1	1	1	0	14	0
1	1	1	1	1	15	1
2	0	0	1	0	2	0

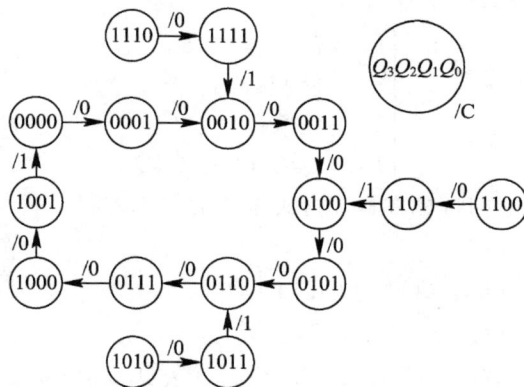

图 7 – 24 4 位二进制加法计数器电路的状态转换图

2）集成同步十进制加法计数器 74LS160/162

在图 7 – 23 所示电路的基础上增加同步预置数、异步置零和保持功能，就得到了中规模集成的同步十进制加法计数器 74LS160。74LS160 与 74LS161 的逻辑图和功能表均相同，不同的是 74LS160 是十进制，而 74LS161 是十六进制。74LS162 的功能同 74LS160 一样，区别在于 74LS160 是异步置零，而 74LS162 是采用同步置零。

　　3) 同步十进制减法计数器

　　图 7-25 是同步十进制减法计数器的逻辑图，它也是从同步二进制减法计数器电路的基础上演变而来的。为了实现从 $Q_3Q_2Q_1Q_0$ ＝0000 状态减 1 后跳变成 1001 状态，在电路处于全 0 状态时用与非门 U6:A 输出的低电平将与门 U3:A 和 U4:A 封锁，使 $T_1＝T_2＝0$；于是当计数脉冲到达后，U1:A 和 U2:B 翻成 1，而 U1:B 和 U2:A 维持 0 不变；之后继续输入减法计数脉冲时，电路的工作情况就与图 7-22 所示的同步二进制减法计数器一样了。

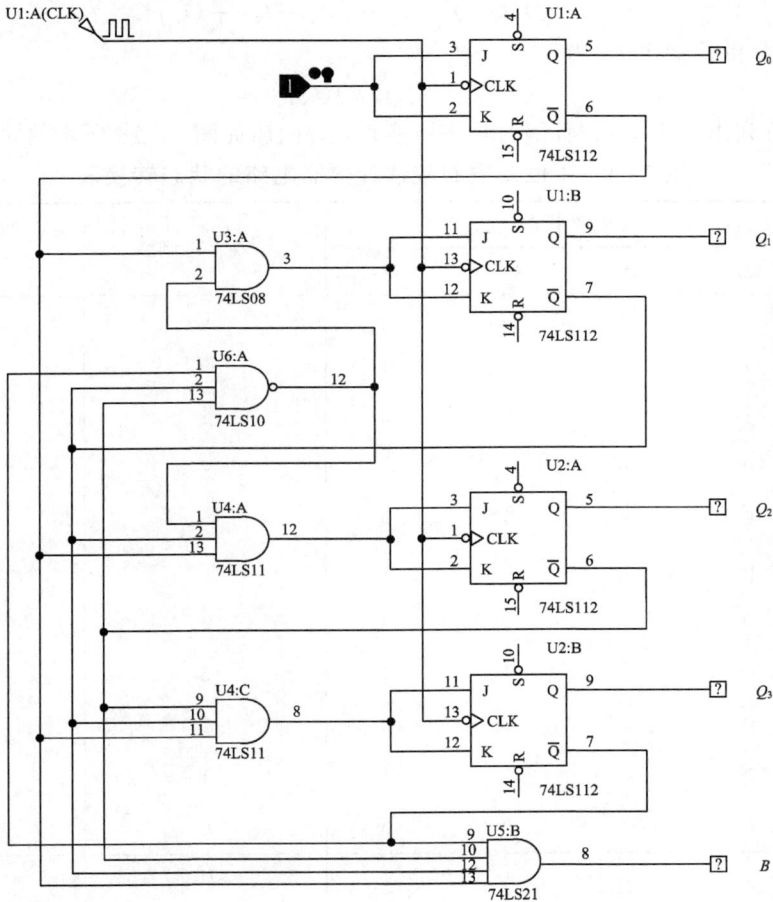

图 7-25　同步十进制减法计数器

由图 7-25 可直接写出电路的驱动方程：

$$\begin{cases} T_0 = 1 \\ T_1 = Q_0' (Q_1'Q_2'Q_3')' \\ T_2 = Q_0'Q_1'(Q_1'Q_2'Q_3')' \\ T_3 = Q_0'Q_1'Q_2' \end{cases}$$

将上式代入 T 触发器的特性方程得到电路的状态方程为：

$$\begin{cases} Q_0^* = Q_0' \\ Q_1^* = Q_0'(Q_1'Q_2'Q_3')'Q_1' + (Q_0'(Q_1'Q_2'Q_3'))'Q_1 \\ Q_2^* = Q_0'Q_1'(Q_1'Q_2'Q_3')'Q_2' + (Q_0'Q_1'(Q_1'Q_2'Q_3'))'Q_2 \\ Q_3^* = Q_0'Q_1'Q_2'Q_3' + (Q_0'Q_1'Q_2')'Q_3 \end{cases}$$

化简后得到：

$$\begin{cases} Q_0^* = Q_0' \\ Q_1^* = Q_0'(Q_2 + Q_3)Q_1' + Q_0Q_1 \\ Q_2^* = (Q_0'Q_1'Q_3)Q_2' + (Q_0 + Q_1)Q_2 \\ Q_3^* = (Q_0'Q_1'Q_2')Q_3' + (Q_0 + Q_1 + Q_2)Q_3 \end{cases}$$

输出方程（借位输出 B）为：

$$C = Q_0'Q_1'Q_2'Q_3'$$

通过计算列出如表 7-9 所示的状态转换表，并画出如图 7-26 所示的状态转换图。

表 7-9 4 位二进制减法计数器电路的状态转换表

计数顺序	电路状态				等效十进制数	借位输出 B
	Q_3	Q_2	Q_1	Q_0		
0	0	0	0	0	0	1
1	1	0	0	1	9	0
2	1	0	0	0	8	0
3	0	1	1	1	7	0
4	0	1	1	0	6	0
5	0	1	0	1	5	0
6	0	1	0	0	4	0
7	0	0	1	1	3	0
8	0	0	1	0	2	0
9	0	0	0	1	1	0
10	0	0	0	0	0	1
0	1	1	1	1	15	0
1	1	1	1	0	14	0
2	1	1	0	1	13	0
3	1	1	0	0	12	0
4	1	0	1	1	11	0
5	1	0	1	0	10	0
6	1	0	0	1	9	0

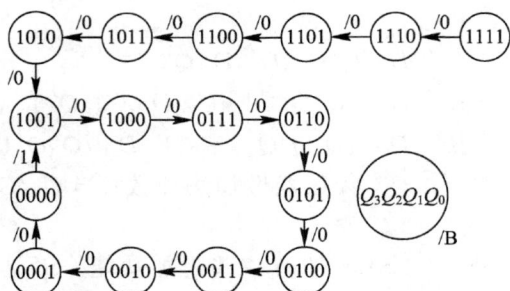

图 7 - 26　4 位二进制减法计数器状态转换图

7.2.3　加/减计数器(Up/Down Counter)

有些应用场合要求计数器既能进行递增计数又能进行递减计数，这就需要做成加/减计数器(或称为可逆计数器)。

1. 二进制加/减计数器

将如图 7 - 18(a)所示的加法计数器和如图 7 - 22 所示的减法计数器的控制电路合并，再通过一根加/减控制线选择加法计数或者减法计数，就构成了加/减计数器。

4 位集成二进制同步加/减计数器 74LS191 的引脚排列及逻辑功能示意图如图 7 - 27 所示。其中，S' 是使能端；CLK_I 是串行时钟输入端；U'/D 是加/减控制端；CLK_0 是串行时钟输出端；L'_D 是预置数控制端；C/B 是进位/借位端。

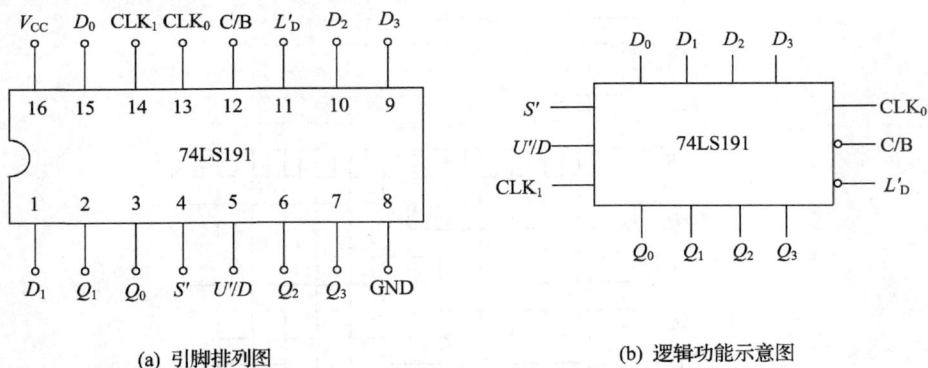

(a) 引脚排列图　　　　　　　　　　(b) 逻辑功能示意图

图 7 - 27　74LS191 的引脚排列及逻辑功能示意图

4 位同步二进制可逆计数器 74LS191 的功能表如表 7 - 10 所示。

表 7 - 10　同步二进制可逆计数器 74LS191 功能表

CLK_I	S'	L'_D	U'/D	工作状态
X	1	1	X	保持
X	X	0	X	预置数(异步)
↑	0	1	0	加法计数
↑	0	1	1	减法计数

当电路处在计数状态(这时应使 $S'=0$、$L'_D=1$)时，74LS191 中各触发器输入端的逻辑式为：

$$\begin{cases} T_0 = 1 \\ T_1 = (U'/D)'Q_0 + (U'/D)Q_0' \\ T_2 = (U'/D)'(Q_0Q_1) + (U'/D)(Q_0'Q_1') \\ T_3 = (U'/D)'(Q_0Q_1Q_2) + (U'/D)(Q_0'Q_1'Q_2') \end{cases}$$

由上式可得，当 $U'/D = 0$ 时，计数器做加法计数；当 $U'/D = 1$ 时，计数器做减法计数。

除了能做加/减计数外，74LS191 还有一些附加功能。S' 是使能控制端，$S' = 1$ 时 74LS191 的输出保持不变。L_D' 为预置数控制端，$L_D' = 0$ 时电路处于预置数状态，从 $D_0 \sim D_3$ 端输入的数据立刻被置入 74LS191 内的触发器中，而不受时钟输入信号 CLK_I 的控制。因此，它的预置数是异步式的，与 74LS161 的同步式预置数不同。C/B 是进位/借位信号输出端(也称最大/最小输出端)。当计数器做加法计数($U'/D = 0$)且 $Q_3Q_2Q_1Q_0 = 1111$ 时，$C/B = 1$，有进位输出；当计数器做减法计数($U'/D = 1$)且 $Q_3Q_2Q_1Q_0 = 0000$ 时，$C/B = 1$，有借位输出。CLK_O 是串行时钟输出端，当 $C/B = 1$ 时，在一个 CLK_I 上升沿到达之前，CLK_O 端有一个负脉冲输出。

图 7-28 是 74LS191 的时序图，由时序图可以比较清楚地看到 CLK_O 与 CLK_I 的时间关系。

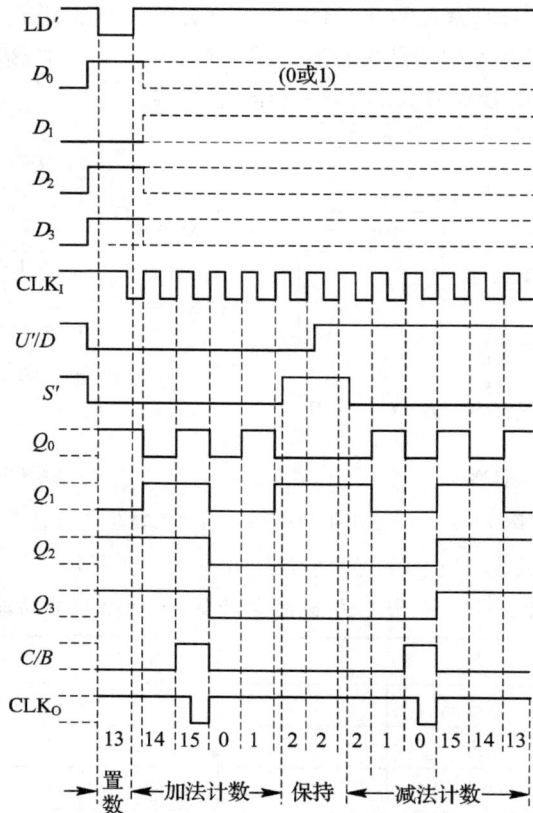

图 7-28 74LS191 的时序图

74LS191 具有异步置数功能。由于图 7-27 所示电路只有一个时钟信号(也就是计数输入脉冲)输入端,电路的加/减由 U'/D 的电平决定,所以称这种电路结构为单时钟结构。

倘若加法计数脉冲和减法计数脉冲来自两个不同的脉冲源,则需要使用双时钟结构的加/减计数器计数。图 7-29 是双时钟加/减计数器 74LS193 的引脚排列及逻辑功能示意图,其电路采用的是控制时钟信号的结构形式。

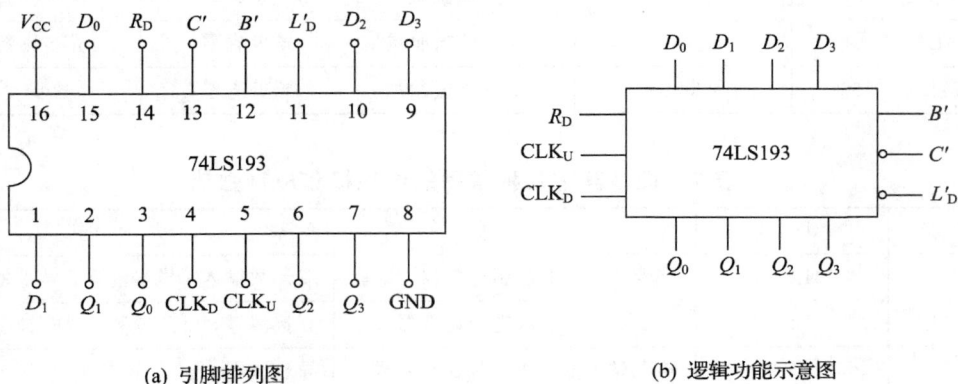

(a) 引脚排列图　　　　　　　　　　　(b) 逻辑功能示意图

图 7-29　74LS193 的引脚排列及逻辑功能示意图

其中,R_D' 是清零控制端;L_D' 是预置数控制端;CLK_U 是加计数时钟输入端;CLK_D 是减计数时钟输入端;C' 是进位输出端;B' 是借位输出端。

图 7-29 中,74LS193 的 4 个触发器均工作在 $T=1$ 状态,只要有时钟信号加到触发器上,它就会翻转。当 CLK_U 端有计数脉冲输入时,计数器做加法计数;当 CLK_D 端有计数脉冲输入时,计数器做减法计数。加到 CLK_U 和 CLK_D 上的计数脉冲在时间上应该错开。

74LS193 具有异步置零和异步预置数功能。当 $R_D=1$ 时,所有触发器均会置成 $Q=0$ 的状态,而不受计数脉冲的控制;当 $L_D'=0$(同时令 $R_D=0$)时,则会立即把 $D_0 \sim D_3$ 的状态置入,而与时钟脉冲无关。

2. 十进制加减计数器

同步十进制加减计数器的基本原理与同步十六进制加减计数器一致,但是电路只用到 0000~1001 十个状态。

将如图 7-23 所示的同步十进制加法计数器的控制电路和如图 7-25 所示的同步十进制减法计数器的控制电路合并,并由一个加/减控制信号进行控制,就得到了单时钟同步十进制加/减计数器 74LS190 的电路。同二进制加/减计数器一样,当加/减控制信号 $U'/D=0$ 时,计数器做加法计数;当 $U'/D=1$ 时,计数器做减法计数。其它各输入端、输出端的功能及用法与同步二进制加/减计数器 74LS191 完全类同。

同步十进制可逆计数器也有单时钟和双时钟两种结构形式,并各有定型的集成电路产品出售,其中属于单时钟的有 74LS190、74LS168、CC4510 等,属于双时钟的有 74LS192、CC40192 等;74LS190 与 74LS191 逻辑图和功能表相同,74LS192 与 74LS193 逻辑图和功能表相同。几种常用的中规模集成计数器的比较如表 7-11 所示,其它常用的几种中规模集成计数器的介绍如表 7-12 所示。

表 7 − 11　几种常用的中规模集成计数器的比较

型　号	时　钟	计数功能	清　零	预置数
74160/162	同步，↑	十进制加	异/同步清零	同步预置数
74161/163	同步，↑	4 位二进制加	异/同步清零	同步预置数
74LS190/192	同步，↑	十进制加减	异/同步清零	同步预置数
74LS191/193	同步，↑	4 位二进制加减	异步清零	异步预置数
74LS90/290	异步，↓	二−五−十进制加	异步清零	异步置 9

表 7 − 12　其它几种常用的中规模集成计数器

类　别	型　号	名　　称	功　　能
TTL	74LS390	异步二-五-十进制计数器	双计数输入，异步清零，异步置 9
	74LS197	异步二-八-十六进制计数器	直接清零，可预置数，双时钟
	74LS393	异步双 4 位二进制加法计数器	异步清零
CMOS	CC4024	7 位二进制串行计数器	带清零端，有 7 个分频输出
	CC4040	7 位二进制串行计数器	带清零端，有 12 个分频输出
	CC4518	双同步十进制加法计数器	异步清零，脉冲可采用正负沿触发
	CC4520	双同步 4 位二进制计数器	同上
	CC4510	同步十进制加减计数器	异步清零、预置数，可级联
	CC4516	同步 4 位二进制加减计数器	同上
	CC40160	同步十进制计数器	异步清零，同步预置数
	CC40161	同步 4 位二进制计数器	异步清零，同步预置数

7.2.4　任意进制计数器的集成芯片连接

(Connection of Module-N Counter with Integrated Chip)

　　日常生活中，都有哪些地方用到了计数器？大家看到的数字时钟和十字路口的红绿灯，它们都用到了计数器，这些计数器是几进制的呢？对于数字时钟来说，一分钟有 60 秒，一小时有 60 分钟，一天有 24 小时，因此用到了 60 进制和 24 进制计数器；对于红绿灯来说，路口通行或等待的时间如果是 90 秒，那么用到的就是 90 进制计数器。它们是怎样构成的呢？这就出现了一个问题：我们怎样用已有的 N 进制计数器芯片，组成所需要的 M 进制计数器呢？

　　这可分为 $M > N$ 和 $M < N$ 两种情况，如图 7 − 30 所示。如果 $M < N$，只需一片 N 进制计数器即可实现；如果 $M > N$，则需要多片 N 进制计数器才能实现。

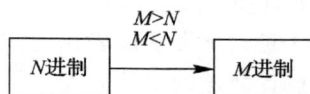

图 7 − 30　由 N 进制计数器构成 M 进制计数器

实现方法有清零法和置数法两种。清零法又称置零法或复位法，置数法又称置位法。

清零法适用于有清零（有异步和同步）输入端的集成计数器，异步置零的有 74HC160、74HC161、74LS190、74LS191、74LS290，同步置零的有 74LS162、74LS163 等。异步置零的芯片，不管输出处于哪一状态，只要在清零输入端加一有效电平电压，输出会立即从该状态回到 0000 状态；清零信号消失后，计数器又从 0000 开始重新计数。

置数法适用于具有预置数功能的集成计数器。注意 74LS160（161）为同步预置数，74LS191 为异步预置数。对于具有同步预置数功能的计数器而言，在其计数过程中，可以将它输出的任意一个状态通过译码，产生一个预置数控制信号反馈至预置数控制端；在下一个 CLK 脉冲作用后，计数器会把预置数输入端 $D_3 D_2 D_1 D_0$ 的状态置入输出端；预置数控制信号消失后，计数器就从被置入的状态开始重新计数。

下面我们就以 74HC160 为例，分 $M>N$ 和 $M<N$ 两种情况来详细讲解任意进制计数器的构成方法。74HC160 为 10 进制计数器，具有异步清零功能和同步预置数功能。

如图 7-31 所示，$D_0 D_1 D_2 D_3$ 是预置数输入端。EP 和 ET 是工作状态控制信号，当 EP=ET=1 时，74HC160 为计数工作状态；当 EP 和 ET 中有任何一个为 0 时，则输出 $Q_3 Q_2 Q_1 Q_0$ 保持不变。L'_D 为预置数功能端，低电平有效，当 $L'_D=0$，而输入脉冲 CLK 为上升沿时刻，则输出 $Q_3 Q_2 Q_1 Q_0 = D_3 D_2 D_1 D_0$。$R'_D$ 为清零功能端，低电平有效，当 $R'_D=0$ 时，则 $Q_3 Q_2 Q_1 Q_0 = 0000$。

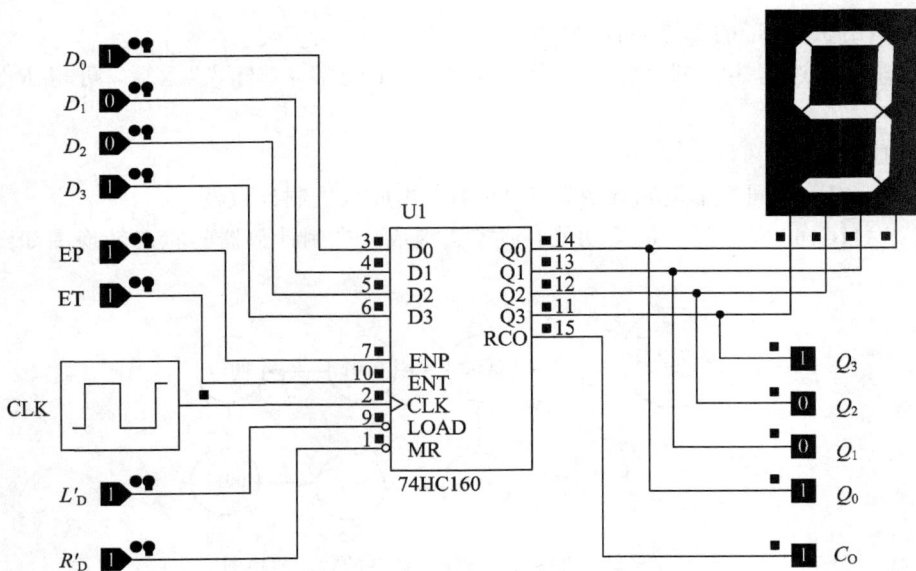

图 7-31　十进制计数器 74HC160

图 7-31 中，$R'_D=1$，$L'_D=1$，EP=ET=1，说明 74HC160 既不清零，也不置数，而是在脉冲作用下进行计数，输出 $Q_3 Q_2 Q_1 Q_0$ 为 0000～1001 共 10 个状态，为十进制计数器，并用数码管显示其对应的十进制数字；当计数到 $Q_3 Q_2 Q_1 Q_0 = 1001$（计数器的最大值）时，其进位输出 $C_O=1$，其它输出状态下 $C_O=0$。

1. $M<N$

当 $M<N$ 时，只需一片 N 进制计数器即可实现所需要的 M 进制计数器，采用清零法

和置数法两种。

1）清零法

思路：

从 S_0 开始计数，计数到 S_M 时，产生异步清零信号，计数器返回 S_0 状态；S_M 瞬间即逝，不会存在于计数状态循环中，如图 7-32 所示。计数器状态循环为 $S_0 \sim S_{M-1}$ 共 M 个状态，即为 M 进制计数器。

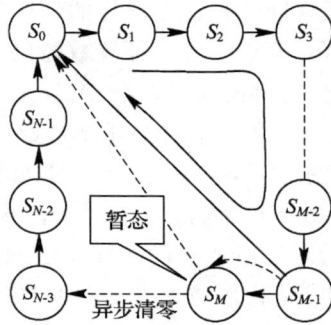

图 7-32   清零法 M 进制计数器的构成框图

步骤如下：

（1）写出状态 S_M 的二进制代码，即 $S_M = (\quad)_2$；

（2）求清零逻辑表达式，将输出的全部 Q 为 1 的端求"与非"运算，可得 R'_D 逻辑表达式；

（3）画连线图。

【例 7-4】   用同步十进制计数器 74HC160 构成六进制计数器。

解   74HC160 具有异步清零功能，清零法构成六进制计数器的状态转换图如图 7-33 所示。

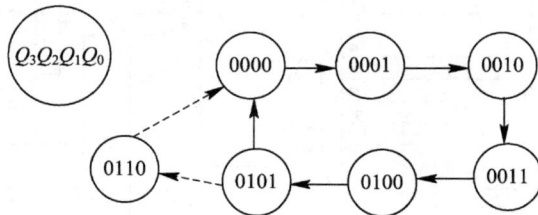

图 7-33   清零法六进制计数器的状态转换图

步骤如下：

（1）$M = 6$，$S_M = S_6 = (Q_3 Q_2 Q_1 Q_0)_2 = (0110)_2$

（2）清零表达式为 $R'_D = (Q_2 \cdot Q_1)'$。

（3）连线图如 7-34 所示。

如图 7-34 中，$L'_D = 1$ 时，74HC160 的预置数功能无效，$D_3 \sim D_0$ 端也无效，EP = ET = 1。74HC160 具有计数功能，将输出 $Q_2 Q_1$ 接到与非门 U2:A 的输入端，而 U2:A 的输出端接至 R_D' 端。当计数器计至 $Q_3 Q_2 Q_1 Q_0 = 0110$ 时，与非门 U2:A 输出低电平信号给

R'_D 端，将计数器的 $Q_3Q_2Q_1Q_0$ 立即置成 0000。因此该计数器的计数循环为 $0000\sim0101$，为六进制计数器。

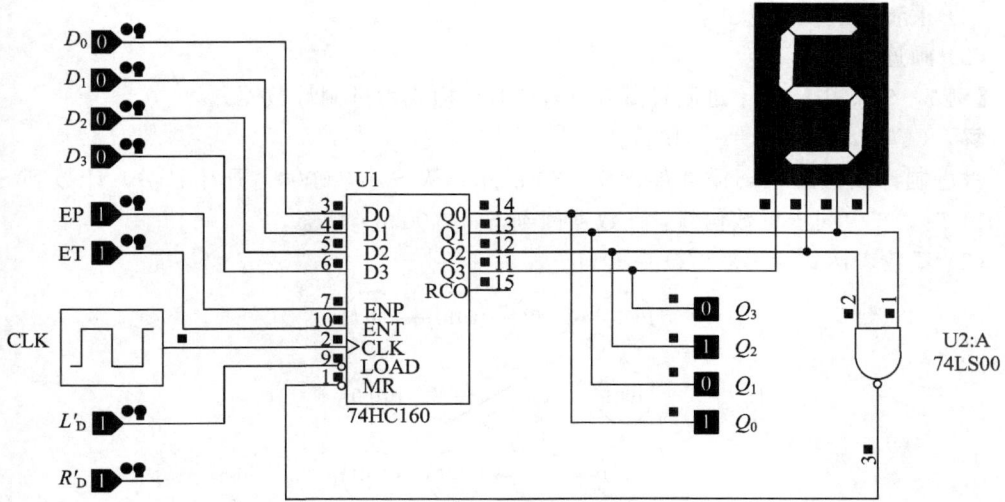

图 7-34　清零法构成六进制计数器

置零信号不是一个稳定的状态，持续时间很短，有可能导致电路误动作。改进电路如图 7-35 所示，增加了 SR 锁存器，可使输出的 $Q'=0$ 的状态持续时间延长到该脉冲的下降沿到来，足以保证输出 $Q_3Q_2Q_1Q_0$ 被置成 0000。

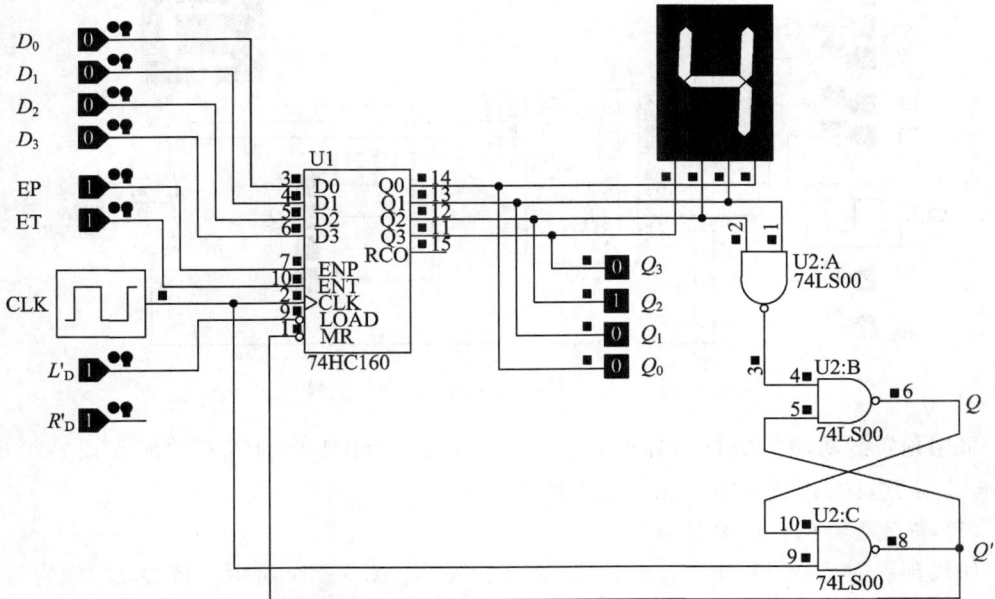

图 7-35　清零法构成六进制计数器的改进电路

2) 置数法

思路：

从 S_0 开始计数，计数到 S_{M-1} 后，产生同步置数信号，计数器回到 S_0 状态。

步骤如下：

（1）写出状态 S_{M-1} 的二进制代码；

（2）求置数逻辑表达式；

（3）画连线图。

【**例 7 - 5**】 用同步十进制计数器 74HC160 构成六进制计数器。

解 （1）$S_{M-1} = S_5 = (0101)_2$

六进制计数器的状态循环如图 7 - 36 所示，从 $S_0 = (0000)_2$ 开始计数，计数到 $S_5 = (0101)_2$ 时，产生同步置数信号，计数器回到 $S_0 = (0000)_2$ 状态。

（2）置数表达式为 $L'_D = (Q_2 \cdot Q_0)'$。

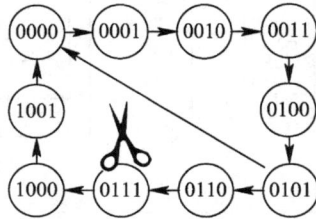

图 7 - 36 置数为 0 的六进制计数器状态转换图

（3）连线图如图 7 - 37 所示。

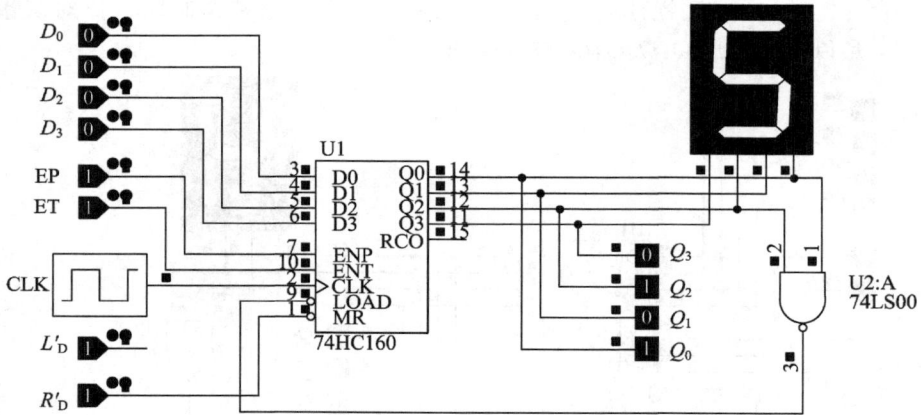

图 7 - 37 置数为 0 的六进制计数器

采用预置数功能构成计数器时，令 $R'_D = 1$，使 74HC160 的清零功能无效；令 EP $=$ ET $= 1$，使其具有计数功能，CLK 端接连续脉冲。

（1）置数为 0 的六进制计数器。

如果预置数为 0000，将 $D_3 \sim D_0$ 设置为 0000，如图 7 - 37 所示。将 $Q_2 Q_0$ 作为与非门 U2:A 的输入信号，U2:A 的输出接至 L'_D 端。当计数器计至 $Q_3 Q_2 Q_1 Q_0 = 0101$ 时，与非门 U2:A 输出低电平信号给 L'_D 端，等到下一个脉冲上升沿时刻，将计数器的输出 $Q_3 Q_2 Q_1 Q_0$ 置成 0000。因此该计数器的计数循环为 0-1-2-3-4-5-0，为六进制计数器。

$L'_D = 0$ 后，还要等下一个 CLK 上升沿到来时才置入数据，而这时 $L'_D = 0$ 的信号可以稳定地建立了，因此提高了可靠性。

(2) 置数为 9 的六进制计数器。

如果预置数为 1001，六进制计数器的状态循环如图 7-38 所示。因此将 $D_3 \sim D_0$ 设置为 1001，将 0100 状态译成 $L'_D = 0$，即将 Q_2 作为与非门 U2:A 的输入信号，U2:A 的输出接至 L'_D 端。电路连接图如图 7-39 所示。当计数器计至 $Q_3Q_2Q_1Q_0 = 0100$ 时，与非门输出低电平信号给 L'_D 端，等到下一个脉冲上升沿时刻，将计数器的输出 $Q_3Q_2Q_1Q_0$ 置成 1001。因此该计数器的计数循环为 $0-1-2-3-4-9-0$，为六进制计数器。

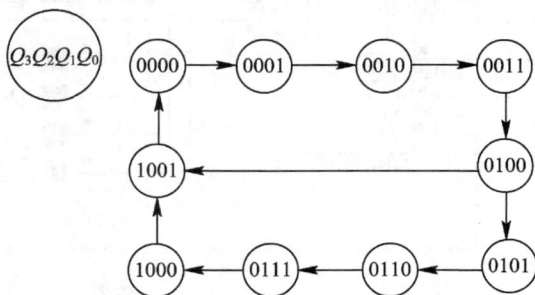

图 7-38　置数为 9 的六进制计数器状态转换图

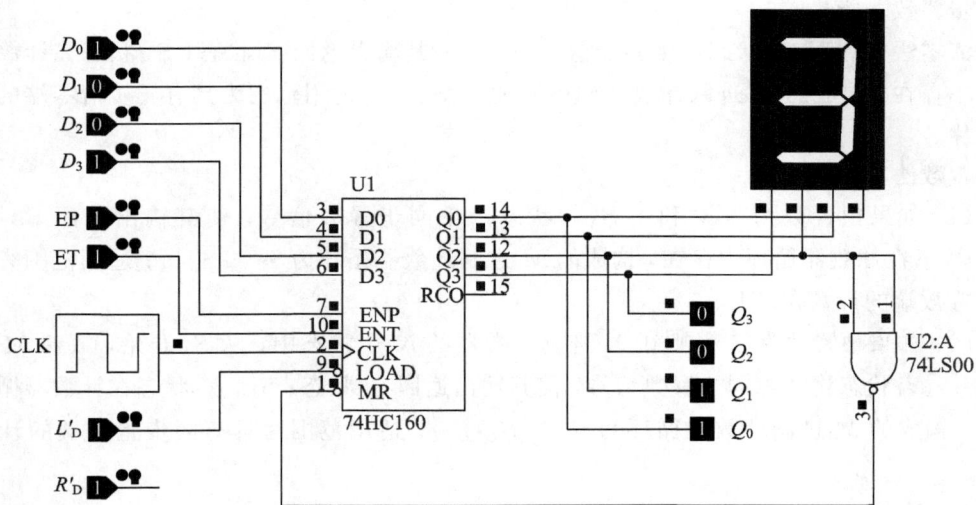

图 7-39　置为 9 的六进制计数器

(3) 置数为 3 的六进制计数器。

如果预置数为 0011，将 $D_3 \sim D_0$ 设置为 0011，将 $S_{3+6-1} = S_8$ 状态译成 $L'_D = 0$。电路连接图如图 7-40 所示。将 Q_3 作为与非门 U2:A 的输入信号，U2:A 的输出接至 L'_D 端。当计数器计至 $Q_3Q_2Q_1Q_0 = 1000$ 时，与非门输出低电平信号给 L'_D 端，等到下一个脉冲上升沿时刻，将计数器的输出 $Q_3Q_2Q_1Q_0$ 置成 0011。因此该计数器的计数循环为 $3-4-5-6-7-8-3$，为六进制计数器。

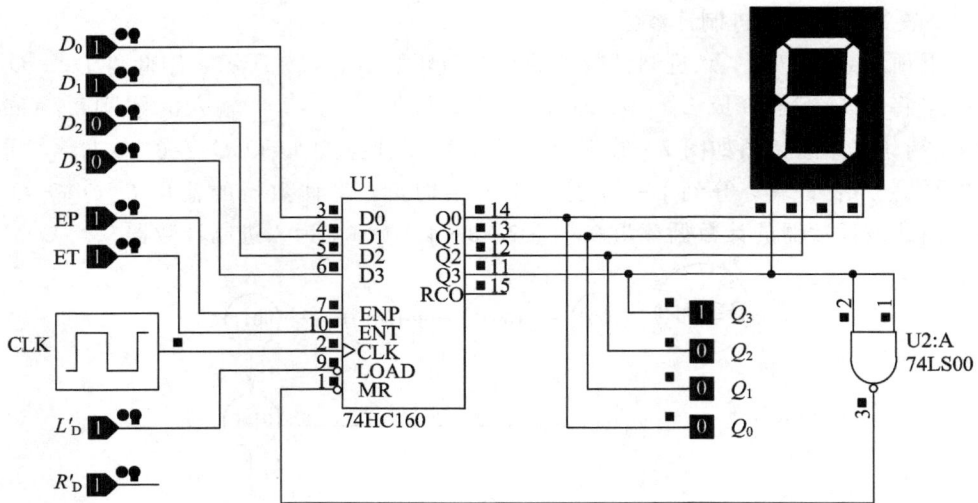

图 7 - 40　置为 3 的六进制计数器

总结：

由已知的 N 进制计数器构成任意 M 进制计数器，其中，N 进制计数器具有异步清零和同步置数功能。

清零法是利用 S_M 状态产生异步清零信号，使其输出返回 S_0 状态；S_M 状态在计数器循环中不存在，构成的 M 进制计数器循环为 $S_0 \sim S_{M-1}$。适用范围为具有异步清零端的计数器芯片。

置数法：

（1）如果预置数为 S_0，利用 S_{M-1} 状态产生同步置数信号，使其输出返回 S_0 状态；S_{M-1} 状态在计数器循环中存在，构成的 M 进制计数器循环为 $S_0 \sim S_{M-1}$；适用范围为具有同步置数端的计数器芯片。

（2）如果预置数为 S_L，则在 N 进制计数器的 N 个状态中，从 S_L 开始，数够 M 个状态，S_{L+M-1} 状态将产生同步置数信号，使其输出返回 S_L 状态；S_{L+M-1} 状态在计数器循环中存在，构成的 M 进制计数器循环为 $S_L \sim S_{L+M-1}$；适用范围为具有同步置数端的计数器芯片。

2. $M>N$

当 $M>N$ 时，则要多片 N 进制计数器组合才能实现所需要的 M 进制计数器。

若 M 可分解为 $M=N_1 \times N_2$（N_1、N_2 均小于 N），例如 42 进制，可分解为 6×7，可采用的连接方式有串行进位方式、并行进位方式、整体置零方式、整体置数方式。

若 M 为大于 N 的素数，如 29 进制、31 进制等，不可分解，则其连接方式只有整体置零方式和整体置数方式两种。

并行进位方式是指以低位片的进位信号作为高位片的工作状态控制信号。

串行进位方式是指以低位片的进位信号作为高位片的时钟输入信号。

整体置零方式是指首先将两片 N 进制计数器按最简单的方式接成一个大于 M 进制的计数器，然后在计数器记为 M 状态时令 $R_D'=0$，使两片计数器同时置零。

整体置数方式是指首先将两片 N 进制计数器按最简单的方式接成一个大于 M 进制的计数器，然后在某一状态下令 $L'_D = 0$，将两片计数器同时置数成适当的状态，实现 M 进制计数器。

【例 7 - 6】 用 74HC160 实现 100 进制计数器。

（1）并行进位方式。

并行进位方式是指以低位片的进位信号作为高位片的工作状态控制信号。

如图 7 - 41 所示，CLK 为脉冲输入；两块芯片的 $R'_D = 1$，说明两块芯片的清零功能无效，不能使输出清零；两块芯片的 $L'_D = 1$，说明两块芯片的预置数功能无效，无法进行预置数。

脉冲从两块芯片上同时输入，U1 片的 EP＝ET＝1，因此 U1 片可进行计数工作，其进位信号 C 作为 U2 片的工作状态控制信号（EP、ET），U2 片的计数工作受 U1 片控制，由此可判断 U1 片为低位片，U2 片为高位片。

脉冲从两块芯片上同时输入，以低位片 U1 片的进位信号 C 作为高位片 U2 片的工作状态控制信号（EP、ET），该方式即为并行进位方式。

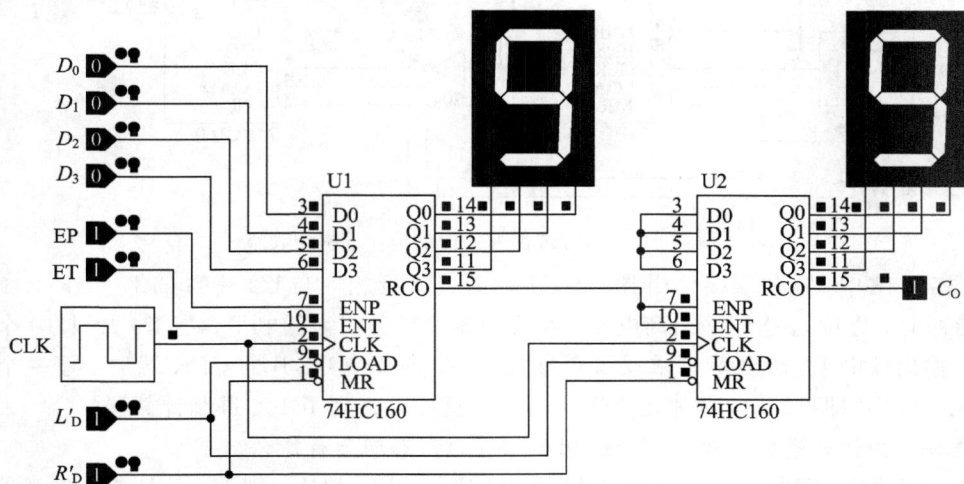

图 7 - 41　并行进位方式构成 100 进制计数器

U1 片的 RCO 直接与 U2 片的 EP、ET 相连，则 U1 片计 9 个脉冲时，进位信号 C（RCO）输出高电平，即 RCO 由低电平上跳为高电平，等于给 U2 片的 CLK 端加上一个脉冲上升沿；U2 片即可加 1，两片之间的进位制是逢 10 进 1，如图 7 - 42 所示，因此构成了 100 进制计数器。C_O 为进位输出，输出一直为 0；计数到 99 时，进位输出 C_O 变为 1。如图 7 - 41 所示。

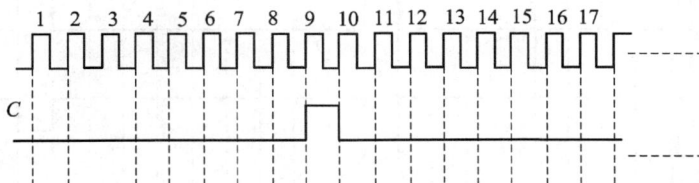

图 7 - 42　并行进位方式的进位输出

（2）串行进位方式。

　　串行进位方式是指以低位片的进位信号作为高位片的时钟输入信号。

　　如图 7 - 43 所示，两块芯片的 $R_D' = L_D' = 1$，说明两块芯片的清零功能无效，预置数功能也无效；EP＝ET＝1，说明两块芯片均具有计数功能。

　　脉冲从 U1 片输入，U1 片可进行计数工作，其进位信号 C 作为 U2 片的时钟输入信号 CLK，U2 片的计数工作受 U1 片控制，由此可判断 U1 片为低位片，U2 片为高位片。

　　脉冲从 U1 片输入，以低位片 U1 片的进位信号 C 作为高位片 U2 片的时钟输入信号 CLK，该方式即为串行进位方式。

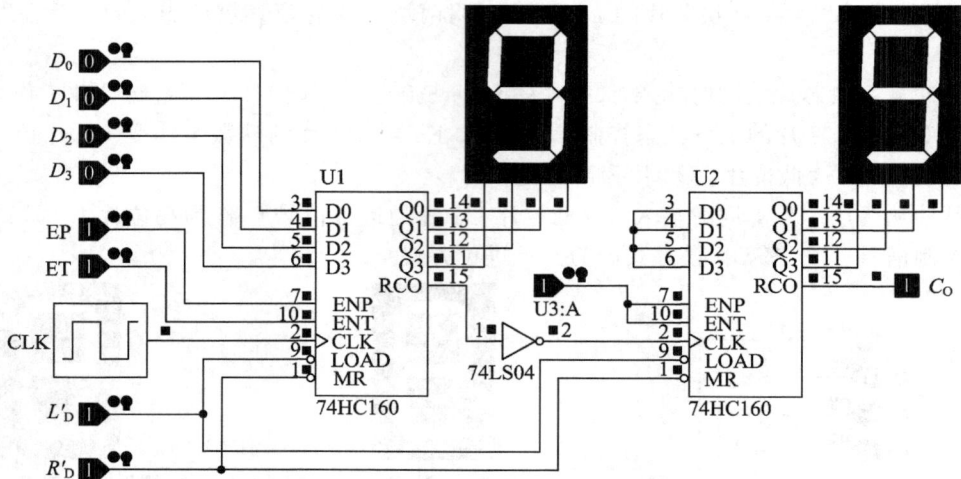

图 7 - 43　串行进位方式构成 100 进制计数器

　　图 7 - 43 中，进位端接反相器，即 U1 片的 C 经反相器与 U2 片的 CLK 相连；U1 片计 9 个脉冲时，进位信号 C 输出高电平，经反相器求反后变为低电平；当 U1 片计 10 个脉冲时，C 输出低电平，经反相器求反后变为高电平，等于给 U2 片的 CLK 端加上了一个脉冲上升沿，U2 片即可加 1，两片之间逢 10 进 1，这样就得到了 100 进制计数器。

　　思考：为什么进位端要加一个反相器(非门)？不加会有什么结果？

　　如果没加反相器，U1 片的 C 直接与 U2 片的 CLK 相连，则 U1 片计 9 个脉冲时，进位信号 C 输出高电平，即 C 由低电平上跳为高电平，等于给 U2 片的 CLK 端加上了一个脉冲上升沿，U2 片即可加 1，两片之间逢 9 进 1，如图 7 - 44 所示。这样计数的结果，就不再是 100 进制了。

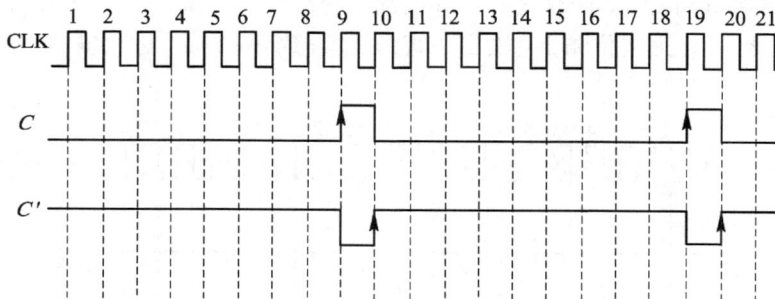

图 7 - 44　串行进位方式未加反相器的进位输出

【例 7 - 7】　用 74HC160 实现 24 进制计数器。

(1) 整体置零方式。

整体置零方式是先将两片 N 进制计数器按最简单的方式接成一个大于 M 进制的计数器，然后在计数器记为 M 状态时令 $R'_D=0$，将两片计数器同时置零。

例 7 - 7 中，$M = 24$，即在 $S_M = S_{24} = (0010\ 0100)_2$ 处反馈清零。如图 7 - 45 所示，先将两片十进制计数器按并行进位方式接成一个 100 进制计数器，然后在计数器计为 24 状态时令 $R'_D=0$，将两片计数器同时置零；将 24 状态时所含的 1，即十位的 Q_1、个位的 Q_2 连接到与非门 U3:A，U3:A 的输出同时连接到两片的 R'_D 端；当输出为 24 时，$R'_D=0$，两片的输出立即被置零；计数循环为 $S_0 = (0000\ 0000)_2 \sim S_{23} = (0010\ 0011)_2$ 共 24 个状态，即为 24 进制计数器；计数到 $S_{23} = (0010\ 0011)_2$ 时，计数器有进位输出 C_O，低电平有效，如图 7 - 46 所示。

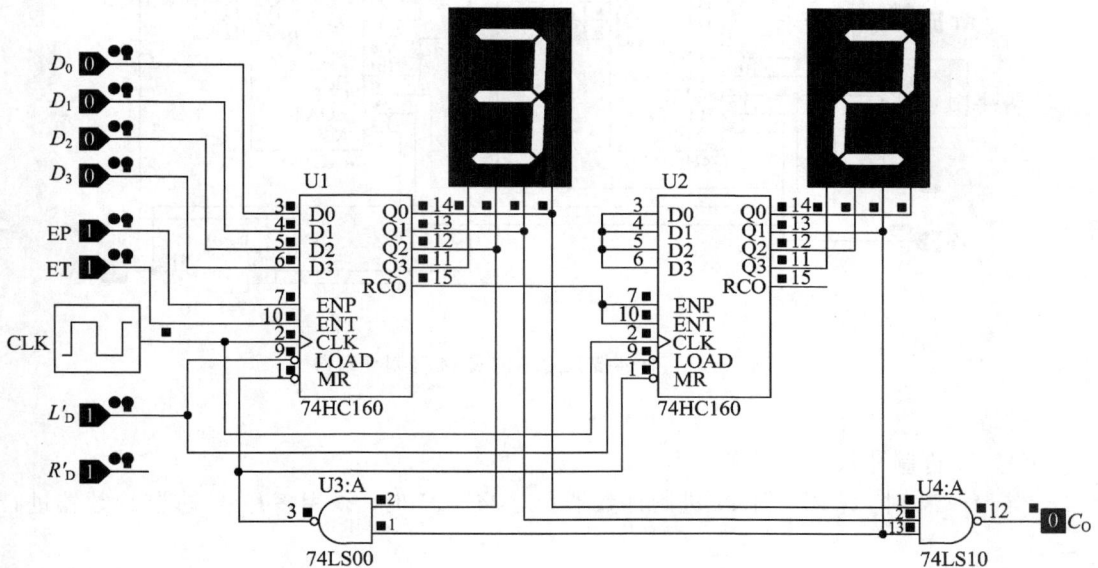

图 7 - 45　整体置零方式构成 24 进制计数器

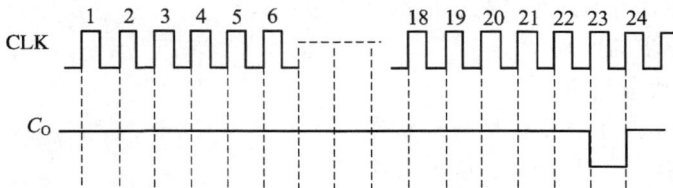

图 7 - 46　整体置零方式构成 24 进制计数器的进位输出

(2) 整体置数方式。

整体置数方式是先将两片 N 进制计数器按最简单的方式接成一个大于 M 进制的计数器，然后在某一状态下令 $L'_D=0$，将两片计数器同时置数成适当的状态，获得 M 进制计数器。例 7 - 7 中，预置数为零，$M = 24$，在 $S_{M-1} = S_{23} = (0010\ 0011)_2$ 处反馈置零。如图 7 - 47 所示，先将两片十进制计数器按并行进位方式接成一个 100 进制计数器，然后在计数器计为 23 状态时令 $L_D'=0$，将两片计数器同时置数为零；将 23 状态时所含的 1，即十位的 Q_1、个位的 Q_1Q_0 连接到与非门 U3：A，U3：A 的输出同时连接到两片的 L_D' 端；当输出为 23 时，$L_D'=0$，两片的输出立即被置零；计数循环为 $S_0=(0000\ 0000)_2 \sim S_{23}=(0010\ 0011)_2$ 共 24 个状态，为 24 进制计数器；计数到 $S_{23}=(0010\ 0011)_2$ 时，计数器有进位输出 C_O，低电平有效。

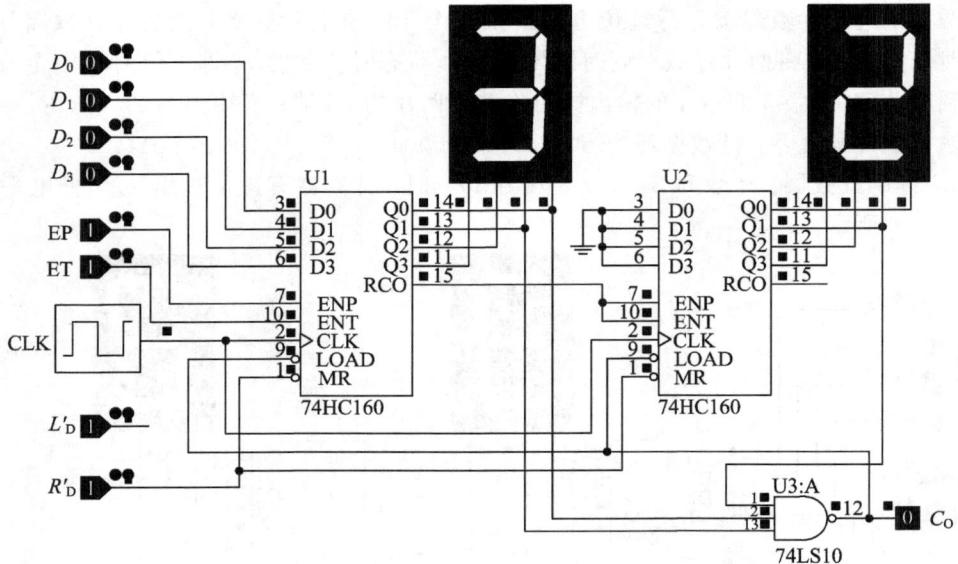

图 7-47　整体置数为零构成 24 进制计数器

总结：

(1) M 进制计数器的实现。

当 $M<N$ 时，采用一片 N 进制计数器；当 $M>N$ 时，采用多片 N 进制计数器进行组合。

(2) 两种方法的区别。

清零法：计数从 0 开始，适用于具有清零功能的计数芯片；置数法：计数不一定从 0 开始，从置数值开始，用于具有置数功能的计数芯片。

(3) 同步与异步的区别。

如果都从 S_0 状态开始：

异步：利用 S_M 产生异步信号 $\rightarrow S_0$ 状态。

同步：利用 S_{M-1} 产生同步信号 $\rightarrow S_0$ 状态。

7.3　寄存器和移位寄存器(Register and Shift Register)

7.3.1　寄存器(Register)

在数字电路中，用来存放二进制数据或代码的电路称为寄存器。寄存器是由具有存储功能的触发器组合起来构成的。一个触发器可以存储 1 位二进制代码,存放 n 位二进制代码的寄存器需用 n 个触发器来构成。

对寄存器中的触发器只要求它们具有置 1、置 0 的功能即可,因而无论是用电平触发的触发器,还是用脉冲触发或边沿触发的触发器,都可以组成寄存器。

图 7-48(a)是一个用电平触发的 D 触发器组成的 4 位寄存器的实例——74LS75 的逻辑图。由电平触发的动作特点可知,在 CLK 高电平期间,Q 端的状态跟随 D 端状态的改变而改变;CLK 变成低电平以后,Q 端将保持 CLK 变为低电平时刻 D 端的状态。

74HC175 则是用 CMOS 边沿触发器组成的 4 位寄存器,其逻辑图如图 7-48(b)所示。根据边沿触发的动作特点可知,触发器输出端的状态仅仅取决于 CLK 上升沿到达时刻 D 端的状态。可见,虽然 74LS75 和 74HC175 都是 4 位寄存器,但由于采用了不同结构类型的触发器,所以动作特点是不同的。

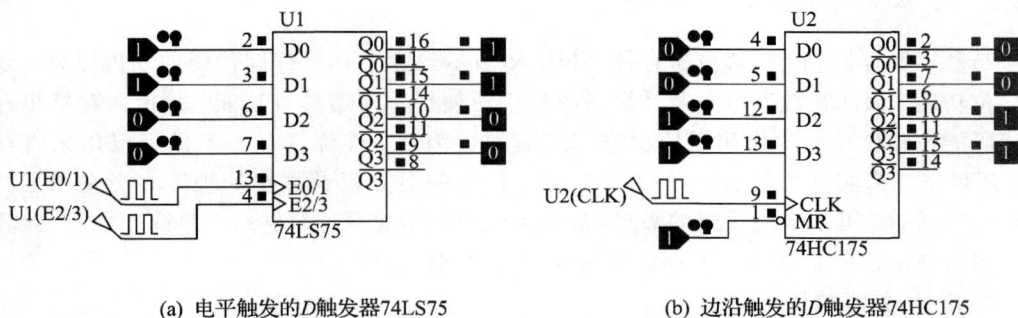

(a) 电平触发的 D 触发器 74LS75   (b) 边沿触发的 D 触发器 74HC175

图 7-48 4 位寄存器 74LS75 和 74HC175

为了增加使用的灵活性,在有些寄存器电路中还附加了一些控制电路,使寄存器又增添了异步置零、输出三态控制和保持等功能。这里所说的保持,是指 CLK 信号到达时触发器不随 D 端的输入信号而改变状态,保持原来的状态不变。

上面介绍的两个寄存器电路中,接收数据时所有各位代码都是同时输入的,而且触发器中的数据是并行地出现在输出端的,因此将这种输入、输出方式称为并行输入、并行输出方式。

八上升沿 D 触发器(时钟输入有回环特性)构成的 8 位寄存器如图 7-49 所示。74LS374 为具有三态输出的八 D 边沿触发器,共有 54/74S374 和 54/74LS374 两种线路结构形式,引出端符号为:$D_0 \sim D_7$ 为数据输入端,OE 为三态允许控制端(低电平有效),CLK 为时钟输入端,$Q_0 \sim Q_7$ 为输出端。374 的输出端 $Q_0 \sim Q_7$ 可直接与总线相连。当三态允许控制端 OE 为低电平时,$Q_0 \sim Q_7$ 为正常逻辑状态,可用来驱动负载或总线;当 OE 为高电平时,$Q_0 \sim Q_7$ 呈高阻态,既不驱动总线,也不为总线的负载,但锁存器内部的逻辑操作不受影响。在时钟端 CLK 脉冲上升沿的作用下,Q 随数据 D 而变。CLK 端施密特触发器的输入滞后作用改善了交流和直流噪声的抗扰度。

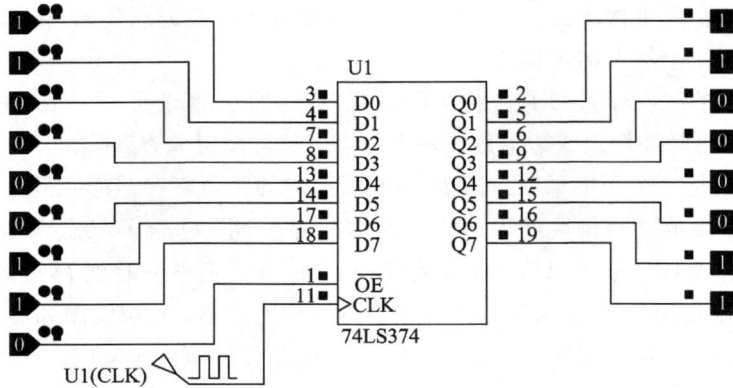

图 7-49 74LS374 构成的 8 位寄存器

7.3.2 移位寄存器(Shift Register)

与基本寄存器相比，移位寄存器(Shift Register)除了具有存储代码的功能以外，还具有移位功能，因而在数字电路及计算机中被广泛使用。所谓移位功能，是指寄存器里存储的代码能在移位脉冲的作用下依次左移或右移。因此，移位寄存器不但可以用来寄存代码，还可以用来实现数据的串行-并行转换、数值的运算以及数据处理等。当它用于实现数据的传送时，可以节约线路的数目(基本用线只需数据线、时钟线、地线 3 根)。计算机中的串行通信口就是靠移位寄存器来实现串行数据传输的。

1. 串行-并行转换

以四位移位寄存器为例介绍串行-并行转换，电路框图如图 7-50～图 7-53 所示，由四个触发器 FF_0～FF_3 组成，D、D_0～D_3 为输入，Q_0～Q_3 为输出。

并行输入/并行输出：如图 7-50 所示，数据从 $D_3D_2D_1D_0$ 端输入，从 $Q_3Q_2Q_1Q_0$ 输出，实现数据的并行输入/并行输出。

并行输入/串行输出：如图 7-51 所示，数据从 $D_3D_2D_1D_0$ 端输入，从 Q_3 输出，实现数据的并行输入/串行输出。

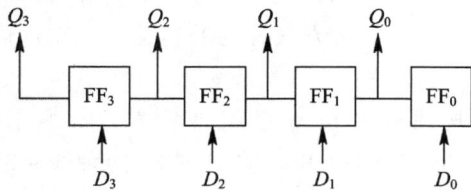

图 7-50 并行输入/并行输出

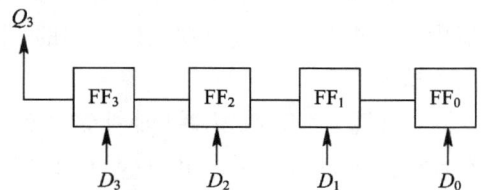

图 7-51 并行输入/串行输出

串行输入/并行输出：如图 7-52 所示，数据从 D 端输入，从 $Q_3Q_2Q_1Q_0$ 输出，实现数据的串行输入/并行输出。

串行输入/串行输出：如图 7-53 所示，数据从 D 端输入，从 Q_3 输出，实现数据的串行输入/串行输出。

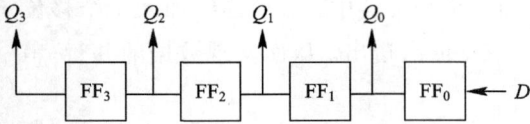

图 7-52　串行输入/并行输出　　　　　　　图 7-53　串行输入/串行输出

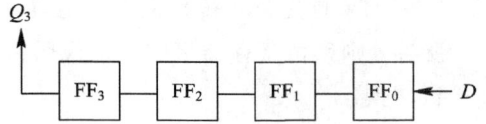

2. 单向右移移位寄存器

图 7-54 所示电路是由边沿触发方式的 D 触发器组成的 4 位移位寄存器,其中第一个触发器 U1:A 的输入端接收输入信号,其余的每个触发器输入端均与前边一个触发器的 Q 端相连。

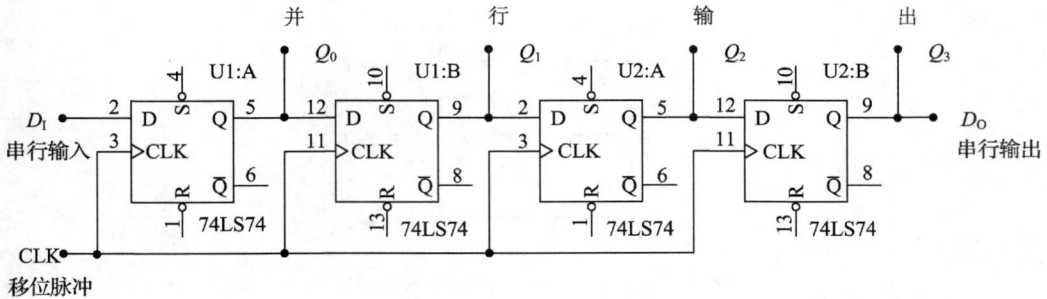

图 7-54　用 D 触发器构成的 4 位右移寄存器

因为从 CLK 上升沿到达开始到输出端新状态的建立需要经过一段传输延迟时间,所以当 CLK 的上升沿同时作用于所有的触发器时,它们输入端(D 端)的状态还没有改变,于是 U1:B 按 Q_0 原来的状态翻转,U2:A 按 Q_1 原来的状态翻转,U2:B 按 Q_2 原来的状态翻转。同时加到寄存器输入端 D_I 的代码存入 U1:A,总的效果相当于移位寄存器里原有的代码依次右移了 1 位。

例如,在 4 个时钟周期内输入代码依次是 1011,而移位寄存器的初始状态为 $Q_0 Q_1 Q_2 Q_3 = 0000$,那么在移位脉冲 CLK 的作用下,移位寄存器里代码的移动情况将如表 7-13 所示。

表 7-13　移位寄存器里代码的移动情况表

CLK 的顺序	输入 D_I	Q_0	Q_1	Q_2	Q_3
0	0	0	0	0	0
1	1	1	0	0	0
2	0	0	1	0	0
3	1	1	0	1	0
4	1	1	1	0	1

图 7-55 给出了各触发器输出端在移位过程中的电压波形图。

可以看到,经过 4 个 CLK 信号以后,串行输入的 4 位代码全部移入了移位寄存器中,同时在 4 个触发器的输出端得到了并行输出的代码。因此,利用移位寄存器可以实现代码的串行-并行转换。

如果首先将 4 位数据并行地置入移位寄存器的 4 个触发器中，然后连续加入 4 个移位脉冲，则移位寄存器里的 4 位代码将从串行输出端 D_O 依次送出，从而实现数据的并行-串行转换。

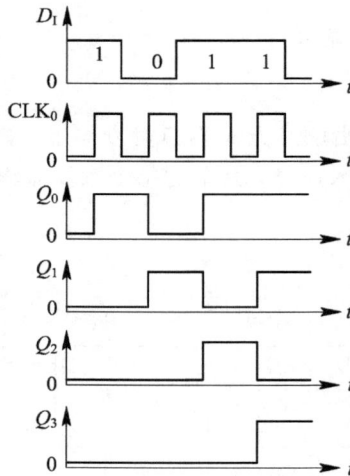

图 7-55　图 7-54 右移寄存器的时序图

图 7-56 是用 JK 触发器组成的 4 位移位寄存器，它和图 7-54 所示电路具有同样的逻辑功能。请同学们自行分析其工作过程。

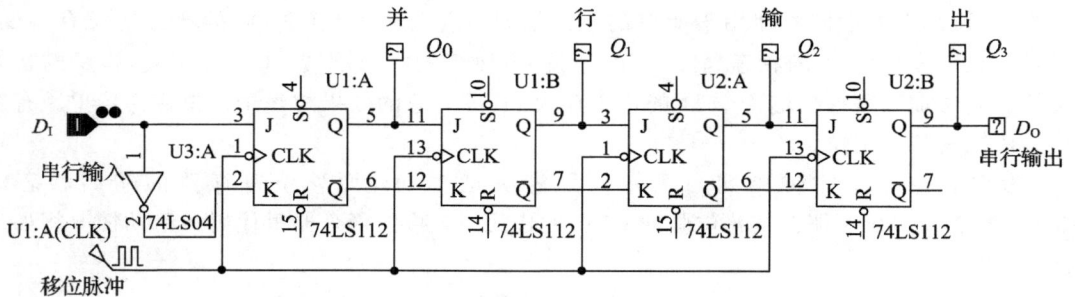

图 7-56　用 JK 触发器组成的 4 位右移寄存器

单向移位寄存器具有以下特点：

（1）单向移位寄存器中的数码在移位脉冲 CLK 的作用下，可以依次右移或左移。

（2）n 位单向移位寄存器可以寄存 n 位二进制代码。n 个 CLK 脉冲即可完成串行输入工作，此后可从 $Q_0 \sim Q_{n-1}$ 端获得并行的 n 位二进制数码，再用 n 个 CLK 脉冲又可实现串行输出操作。

（3）若串行输入端状态为 0，则 n 个 CLK 脉冲后，寄存器便被清零。

3. 集成移位寄存器

1）集成移位寄存器 74LS194

为便于扩展逻辑功能，增加使用的灵活性，在定型生产的移位寄存器集成电路上有的又附加了左/右移控制、数据并行输入、保持、异步置零(复位)等功能。集成移位寄存器 74LS194 就是一个典型的 4 位双向移位寄存器。

　　74LS194 引脚排列及逻辑功能示意图如图 7-57 所示，它是由 4 个触发器和各自的输入控制电路组成的。D_{IR} 为数据右移串行输入端，D_{IL} 为数据左移串行输入端，$D_0 \sim D_3$ 为数据并行输入端，$Q_0 \sim Q_3$ 为数据并行输出端。移位寄存器的工作状态由控制端 S_1 和 S_0 的状态指定。

　　当 $S_1 = S_0 = 0$ 时，移位寄存器工作在保持状态；当 $S_1 = S_0 = 1$ 时，移位寄存器处于数据并行输入状态；当 $S_1 = 0$、$S_0 = 1$ 时，移位寄存器工作在右移状态；当 $S_1 = 1$、$S_0 = 0$ 时，移位寄存器工作在左移状态。此外，$R'_D = 0$ 时，输出将同时被置 0，所以正常工作时应使 R'_D 处于高电平。

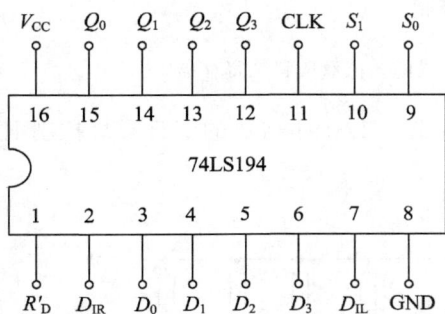

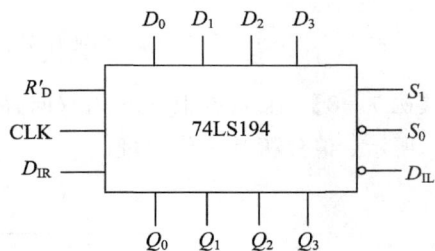

(a) 引脚排列图　　　　　　　　　　　(b) 逻辑功能示意图

图 7-57　74LS194 引脚排列及逻辑功能示意图

根据上面的分析可以列出 74LS194 的功能表，如表 7-14 所示。

表 7-14　74LS194 功能表

CLK	R'_D	S_1	S_0	D_{IR}	D_{IL}	$D_0 D_1 D_2 D_3$	$Q_0 Q_1 Q_2 Q_3$	工作状态
X	0	X	X	X	X	X X X X	0 0 0 0	异步清零
↑	1	0	0	X	X	X X X X	$Q_0 Q_1 Q_2 Q_3$	保持
↑	1	0	1	D	X	X X X X	$D Q_0 Q_1 Q_2$	右移(从 Q_0 向右移动)
↑	1	1	0	X	D	X X X X	$Q_1 Q_2 Q_3 D$	左移(从 Q_3 向左移动)
↑	1	1	1	X	X	$D_0 D_1 D_2 D_3$	$D_0 D_1 D_2 D_3$	并行输入

　　用 74LS194 接成多位双向移位寄存器的接法十分简单。图 7-58 是用两片 74LS194 接成的 8 位双向移位寄存器的连接图，只需将其中一片的 Q_3 接至另一片的 D_{IR} 端，而将另一片的 Q_0 接到这一片的 D_{IL}，同时把两片的 S_1、S_0、CLK 和 R'_D 分别并联就行了。

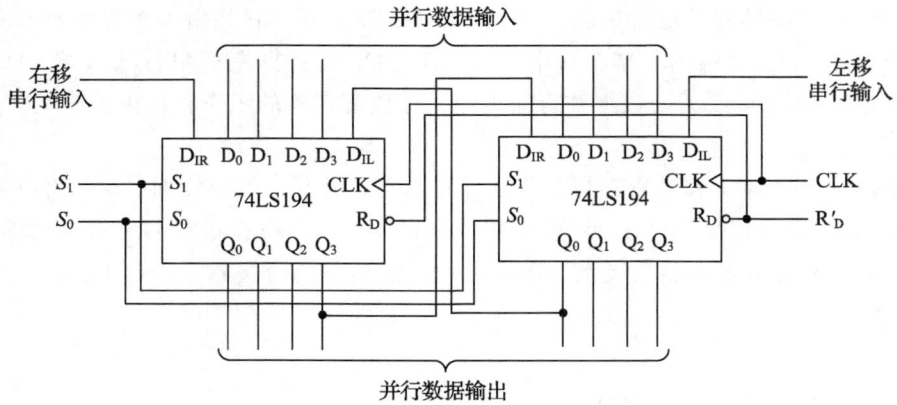

图 7-58 用两片 74LS194 接成的 8 位双向移位寄存器

【例 7-8】 彩灯控制——用双向移位寄存器 74LS194 组成的节日彩灯控制电路如图 7-59所示，请分析其工作原理。

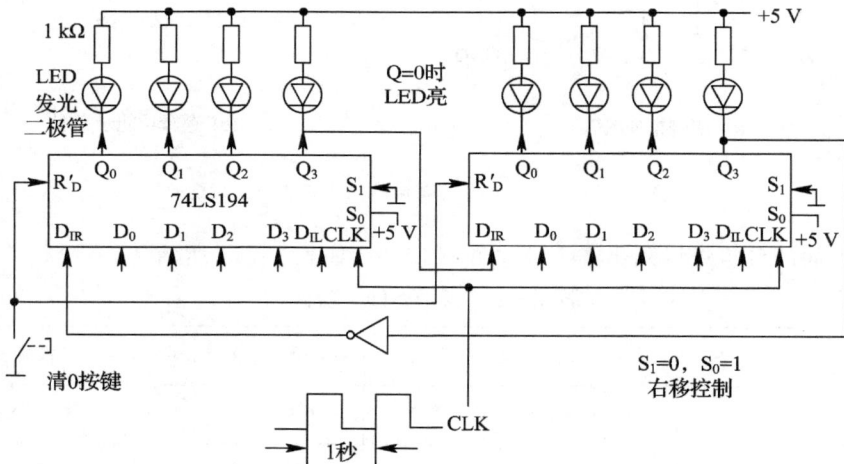

图 7-59 用两片 74LS194 接成的节日彩灯控制电路

解 把 CLK 同时加到两片 74LS194 上，两片的 S_1 接地、S_0 接 5V 电源，即接成了右移工作模式，且第一片的 Q_3 接至第二片的 D_{IR} 端，第二片的 Q_3 经非门接至第一片的 D_{IR} 端，构成 8 位右移寄存器。两片的 R'_D 端经按键接地，输出接发光二极管，二极管为共阳极接法。按键接通后，两片 74LS194 的输出被清零，8 个二极管均被点亮。

然后接通周期为 1 秒的 CLK，第一个脉冲为上升沿时，第二片的 $Q_3=0$，经非门后变为 1，因此第一片的 $D_{IR}=1$，输出 $Q_{10}Q_{11}Q_{12}Q_{13}=D_{IR}Q_{10}Q_{11}Q_{12}=1000$，第二片的输出 $Q_{20}Q_{21}Q_{22}Q_{23}=Q_{13}Q_{20}Q_{21}Q_{22}=0000$，第一个二极管熄灭。如此分析下去，就会发现 8 个

点亮的二极管依次熄灭,直至全部熄灭;然后再依次点亮,直至全部点亮,实现节日彩灯的控制。

【例 7 - 9】 数值运算——试分析图 7 - 60 所示电路的逻辑功能,并指出在图 7 - 61 所示的时钟信号及 S_1、S_0 状态作用下,t_4 时刻以后输出 Y 与两组并行输入的二进制数 M、N 在数值上的关系。假定 M、N 的状态始终未变。

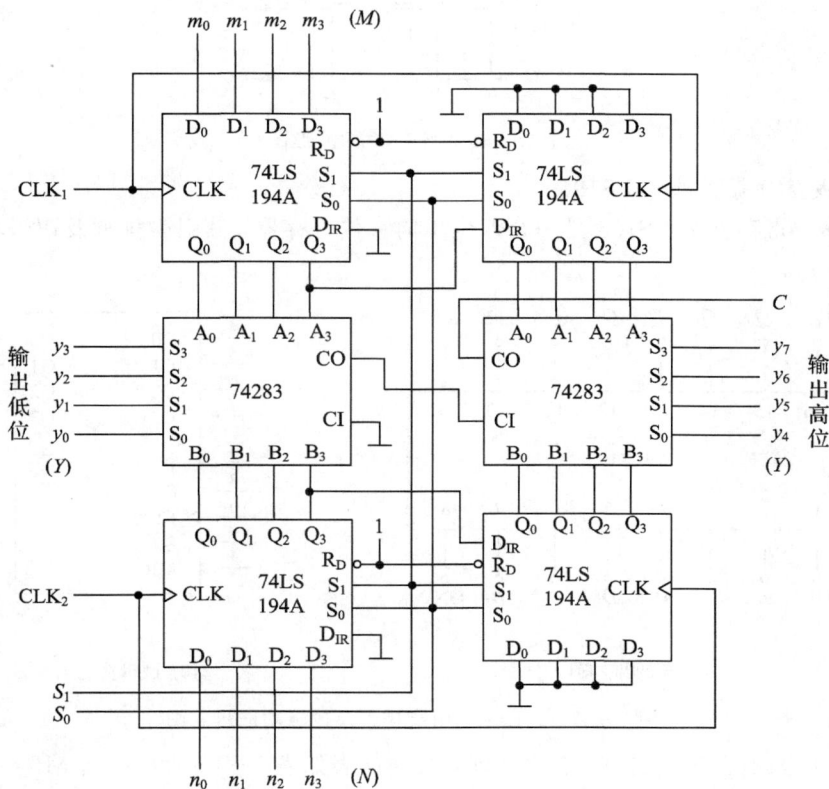

图 7 - 60 例 7 - 9 的电路

解 该电路由两片 4 位加法器 74283 和 4 片移位寄存器 74LS194A 组成。两片 74283 接成了一个 8 位并行加法器,4 片 74LS194A 分别接成了两个 8 位单向右移移位寄存器。由于两个 8 位移位寄存器的输出分别加到了 8 位并行加法器的两组输入端,所以图 7 - 60 所示电路是将两个 8 位移位寄存器里的内容相加的运算电路。

由图 7 - 61 可见,当 $t = t_1$ 时,CLK_1 和 CLK_2 的第一个上升沿同时到达,因为这时 $S_1 = S_0 = 1$,所以移位寄存器处在数据并行输入的工作状态,M、N 的数值被分别存入两个移位寄存器中。

$t = t_2$ 以后,M、N 同时右移 1 位。若 m_0、n_0 是 M、N 的最低位,则右移 1 位相当于两数各乘以 2。

至 $t = t_4$ 时,M 又右移了 2 位,所以这时上面一个移位寄存器里的数为 $M \times 8$,下面一个移位寄存器里的数为 $N \times 2$。两数经加法器相加后得到 $Y = M \times 8 + N \times 2$。

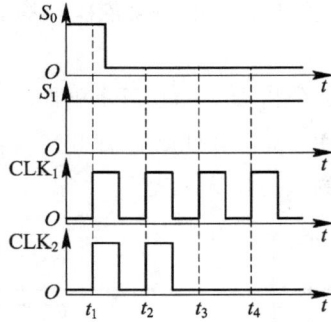

图 7 - 61 例 7 - 9 的波形图

2) 集成移位寄存器 74LS195

集成移位寄存器 74LS195 是一个四位单向移位寄存器，其引脚排列及逻辑功能示意图如图 7 - 62 所示。

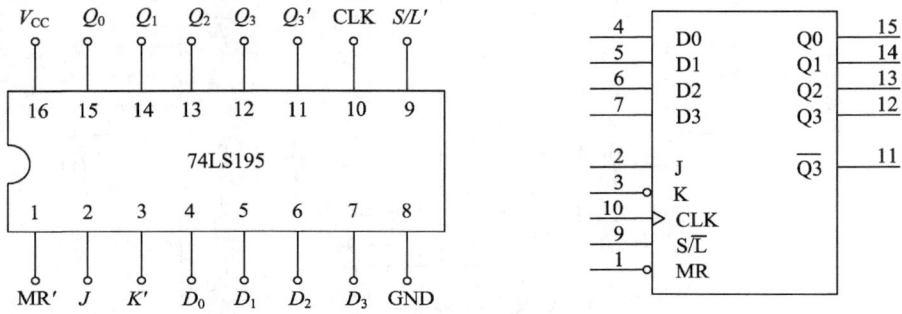

(a) 引脚排列图

(b) 逻辑功能示意图

图 7 - 62 74LS195 引脚排列及逻辑功能示意图

74LS195 具有清零、送数、右移功能，其功能表如表 7 - 15 所示。当 MR＝0 时，执行清零功能，输出为 0000；当 MR＝1 时，$S/L'＝0$ 时，并且 CLK 为上升沿时刻时，执行并行送数功能，输出为 $Q_0Q_1Q_2Q_3＝D_0D_1D_2D_3$；当 MR＝1，$S/L'＝1$，并且 CLK 为上升沿时刻时，执行右移功能，这时 Q_0 由 JK 决定，而其它位执行 $Q_0 \rightarrow Q_1$，$Q_1 \rightarrow Q_2$，$Q_2 \rightarrow Q_3$。

表 7 - 15　74LS195 功能表

输　入						输　出	工作状态
CLK	MR$'$	S/L'	$D_0D_1D_2D_3$	J	K'	$Q_0Q_1Q_2Q_3Q_3'$	
X	0	X	X X X X	X	X	0 0 0 0 1	异步清零
↑	1	0	$D_0D_1D_2D_3$	X	X	$D_0D_1D_2D_3D_3'$	并行送数
0	1	1	X X X X	X	X	$Q_{00}Q_{10}Q_{20}Q_{30}Q_{30}'$	保持
↑	1	1	X X X X	0	1	$Q_{0n}Q_{0n}Q_{1n}Q_{2n}Q_{2n}'$	右移（从 Q_0 右移，$Q_0＝Q_{0n}$）
↑	1	1	X X X X	0	0	$0Q_{0n}Q_{1n}Q_{2n}Q_{2n}'$	右移（从 Q_0 右移，$Q_0＝0$）
↑	1	1	X X X X	1	1	$1Q_{0n}Q_{1n}Q_{2n}Q_{2n}'$	右移（从 Q_0 右移，$Q_0＝1$）
↑	1	1	X X X X	1	0	$Q_{0n}'Q_{0n}Q_{1n}Q_{2n}Q_{2n}'$	右移（从 Q_0 右移，$Q_0＝Q_{0n}'$）

对 74LS195 的功能进行仿真验证，如图 7 - 63，$MR' = 1$，74LS195 的清零功能无效，$S/L' = 1$，74LS195 执行右移移位功能。图(a)中 $J = 1$，$K' = 0$，$Q_0 = Q'_{0n} = 1$，连续给出 CLK 上升沿，执行 $Q_0 \to Q_1$，$Q_1 \to Q_2$，$Q_2 \to Q_3$，结果得 $Q_0 Q_1 Q_2 Q_3 Q'_3 = 11110$；图(b)中 $J = 0$，$K' = 1$，$Q_0 = Q_{0n} = 0$，连续给出 CLK 上升沿，执行 $Q_0 \to Q_1$，$Q_1 \to Q_2$，$Q_2 \to Q_3$，结果得 $Q_0 Q_1 Q_2 Q_3 Q'_3 = 00001$。

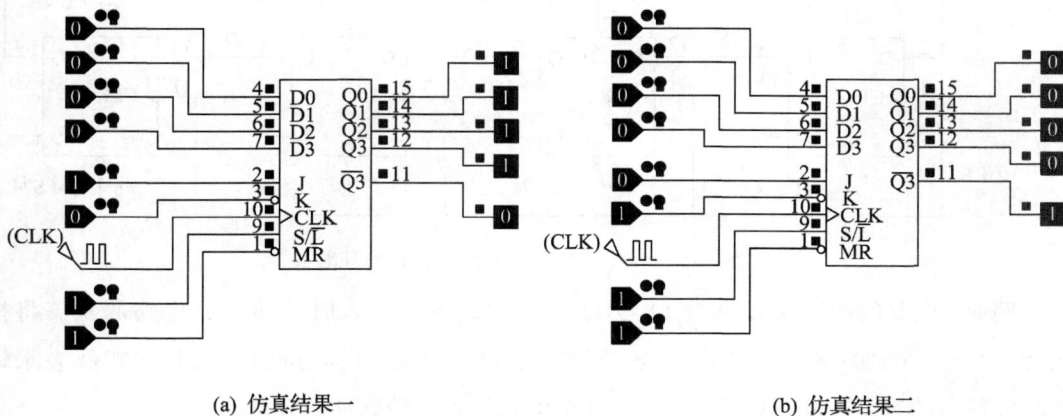

(a) 仿真结果一　　　　　　　　　　　　　(b) 仿真结果二

图 7 - 63　74LS195 的 Proteus 功能仿真

小结：

寄存器是用来存放二进制数据或代码的电路，是一种基本时序电路。任何现代数字系统都必须把需要处理的数据和代码先寄存起来，以便随时取用。

寄存器分为基本寄存器和移位寄存器两大类。基本寄存器的数据只能并行输入、并行输出。移位寄存器中的数据可以在移位脉冲作用下依次逐位右移或左移，数据可以并行输入/并行输出，并行输入/串行输出，串行输入/串行输出，串行输入/并行输出。

寄存器的应用很广，特别是移位寄存器，不仅可将串行数码转换成并行数码，或将并行数码转换成串行数码，还可以很方便地构成移位寄存器型计数器和顺序脉冲发生器等电路。

7.4　环形计数器和扭环形计数器
(Ring Counter and Twisted-Ring Counter)

移位寄存器除了实现串行-并行转换之外，还有一个很重要的应用就是构成移位寄存器型计数器。

7.4.1　环形计数器(Ring Counter)

用一个 n 位的移位寄存器所构成的最简单的具有 n 种状态的计数器，称为环形计数器

（Ring Counter）。

1. D 触发器构成的环形计数器

D 触发器构成的环形计数器的电路如图 7-64 所示，将右移移位寄存器首尾相接，$D_0 = Q_3$，那么在连续不断的时钟脉冲信号作用下寄存器里的数据将循环右移。

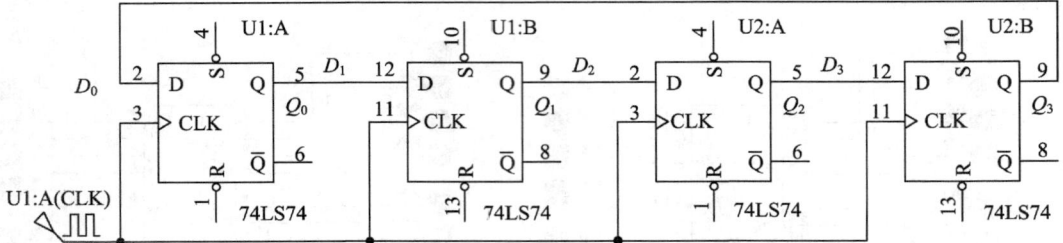

图 7-64　用 D 触发器构成的右移环形计数器

例如，电路的初始状态为 $Q_0Q_1Q_2Q_3 = 1000$，不断输入时钟信号时电路的状态将按 1000—0100—0010—0001—1000 的次序循环变化。因此，用电路的不同状态能够表示输入时钟信号的数目，也就是说，可以把这个电路作为时钟脉冲的计数器。

根据移位寄存器的工作特点，不必列出环形计数器的状态方程即可直接画出如图 7-65 所示的状态转换图。

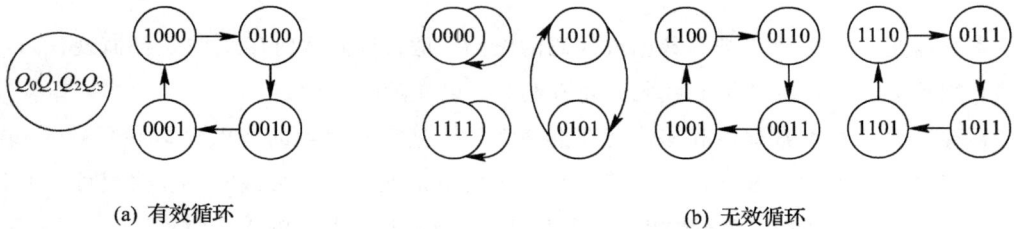

(a) 有效循环　　　　　　　　　　　　　　(b) 无效循环

图 7-65　用 D 触发器构成的右移环形计数器的状态转换图

如果取由 1000、0100、0010 和 0001 所组成的状态循环为所需要的有效循环，那么同时还存在着其它几种无效循环，而且一旦脱离有效循环之后，电路将不会自动返回有效循环中去，所以图 7-64 所示的环形计数器是不能自启动的。为确保它能正常工作，必须首先通过串行输入端或并行输入端将电路置成有效循环中的某个状态，然后再开始计数。

2. 用 74LS194 构成的环形计数器

如图 7-66 所示，将 74LS194 接成具有左移功能的环形计数器。当 S_0 端加一正单脉冲信号（可视为复位信号）时，寄存器内容 $Q_0Q_1Q_2Q_3$ 被置成 0001；然后每来一个 CLK 脉冲，74LS194 中的数据就左移一位，Q_0 的数据通过 D_{IL} 端移入 Q_3；因此 $Q_0Q_1Q_2Q_3$ 的下一个状态依次为 0010、0100、1000、0001，寄存器一直在这四个状态之间循环。例如，如果计数器受到干扰进入 0000 状态，则计数器就会一直停留在这一状态。

环形计数器的完整状态转换图如图 7-67 所示。

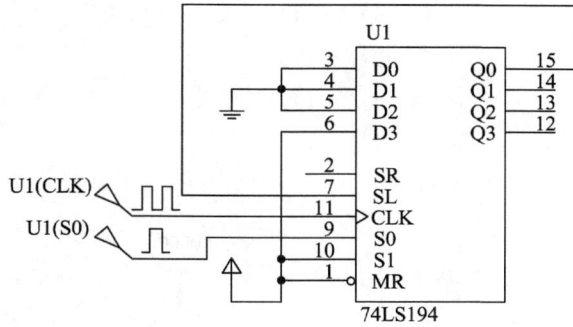

图 7-66　用 74LS194 构成的左移环形计数器

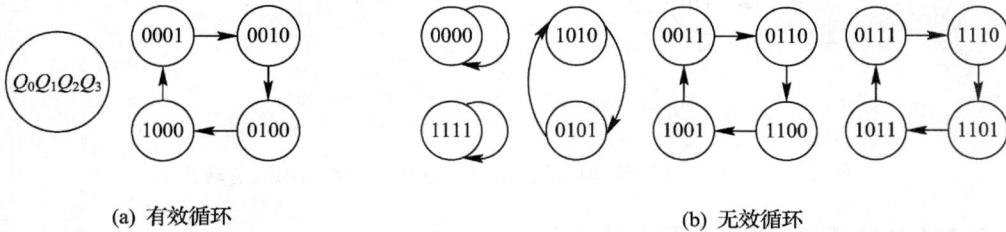

(a) 有效循环　　　　　　　　　　　　　　　　(b) 无效循环

图 7-67　用 74LS194 构成的左移环形计数器的状态转换图

注：环形计数器电路中有几种无效循环，而且一旦脱离有效循环，就不会再自动进入到有效循环中，因此环形计数器不能自启动，必须将电路置到有效循环的某个状态中，电路才可正常工作。

3. D 触发器构成的自启动环形计数器

考虑到使用的方便，在许多场合下需要计数器能自启动，亦即当电路进入任何无效状态后，都能在时钟信号的作用下自动返回有效循环中去。通过在输出与输入之间接入适当的反馈逻辑电路，可以将不能自启动的电路修改为能够自启动的电路。

加了反馈逻辑电路的能自启动的右移环形计数器的电路如图 7-68 所示。

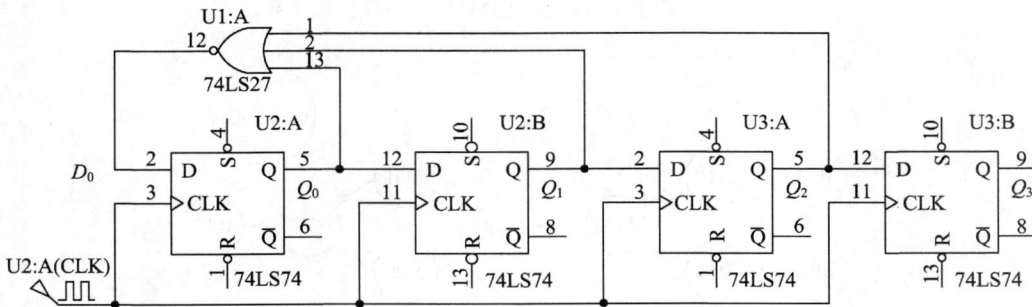

图 7-68　用 D 触发器构成的自启动右移环形计数器

其状态方程为：

$$\begin{cases} Q_0^* = D_0 = (Q_0 + Q_1 + Q_2)' \\ Q_1^* = D_1 = Q_0 \\ Q_2^* = D_2 = Q_1 \\ Q_3^* = D_3 = Q_2 \end{cases}$$

其状态转换图如图 7-69 所示。

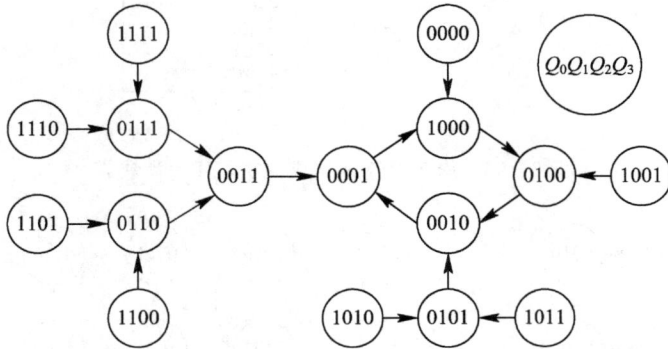

图 7-69 用 D 触发器构成的自启动右移环形计数器的状态转换图

4. 74LS194 构成的自启动环形计数器

用 74LS194 构成的自启动左移环形计数器如图 7-70 所示，其状态图如图 7-71 所示。

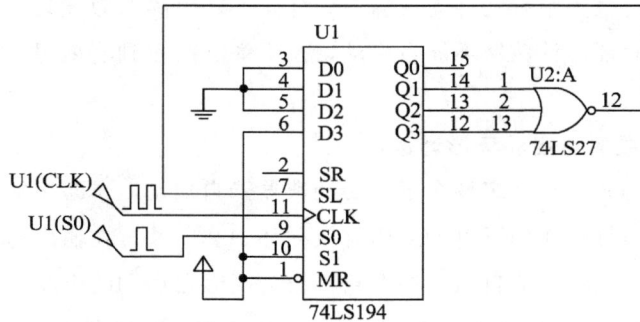

图 7-70 用 74LS194 构成的自启动左移环形计数器

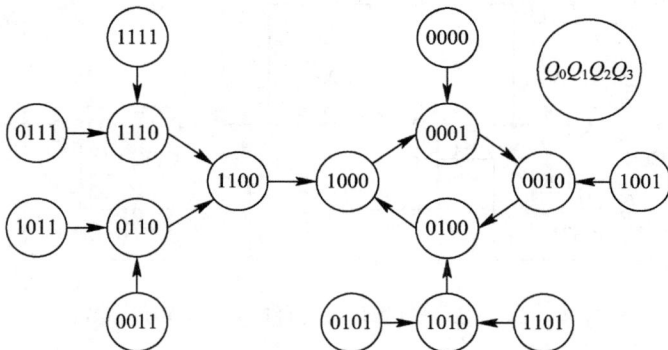

图 7-71 用 74LS194 构成的自启动左移环形计数器的状态转换图

环形计数器的特点：

优点：电路简单，其有效状态直接以译码的形式出现在触发器的输出端。也就是说对每一个状态来说，只有一个触发器的输出是有效的，在某些应用场合不需要加译码电路。

缺点：没有充分利用电路的状态。用 n 位移位寄存器组成的环形计数器有 n 个有效状态，有 $2^n - n$ 个无效状态，状态利用率低。而且由于只用了 n 个状态，所以只能构成 n 进制计数器。

7.4.2　扭环形计数器(Twisted-Ring Counter)

为了在不改变移位寄存器内部结构的条件下提高环形计数器的电路状态利用率，只能在改变反馈逻辑电路上想办法。把 n 位移位寄存器的串行输出取反，再反馈到串行输入端，就构成了具有 $2n$ 种状态的计数器，这种计数器称为扭环形(Twisted-Ring)计数器，也称为约翰逊(Johnson)计数器。

1. D 触发器构成的扭环形计数器

由 D 触发器构成的扭环形计数器如图 7-72 所示，它是将 4 位移位寄存器的串行输出 Q_3 取反，再反馈到串行输入端 D_0 构成的。其状态转换图如图 7-73 所示。

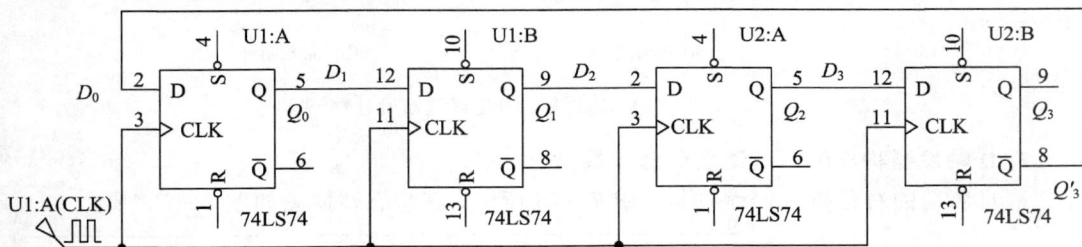

图 7-72　用 D 触发器构成的扭环形计数器

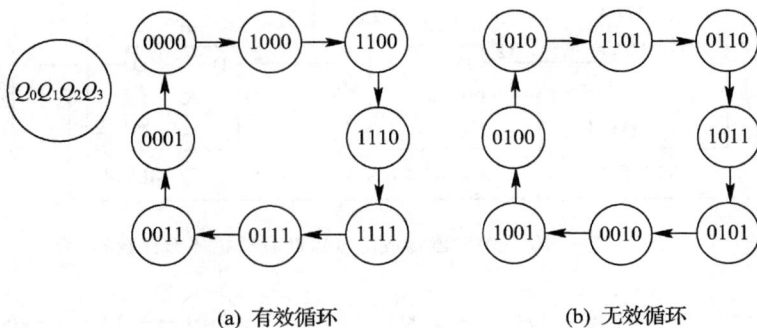

图 7-73　用 D 触发器构成的扭环形计数器状态转换图

(a) 有效循环　　　　(b) 无效循环

一个 n 位的约翰逊计数器有 $2n$ 个有效状态，有 $2^n - 2n$ 个无效状态，状态利用率比环形计数器高，但它也存在自启动的问题。

2. 74LS194 构成的扭环形计数器

图 7-74 是由 74LS194 构成的扭环形计数器的电路图，其状态转换图如图 7-75 所示。从状态转换图 7-73、图 7-75 可知，图 7-72、图 7-74 所示的计数器无自启动能力。

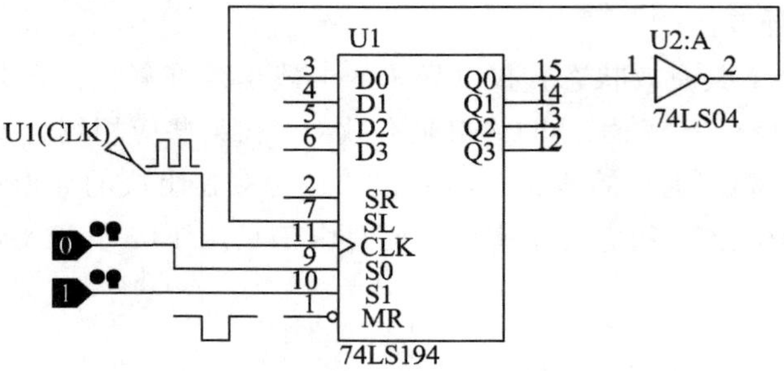

图 7-74 用 74LS194 构成的左移扭环形计数器

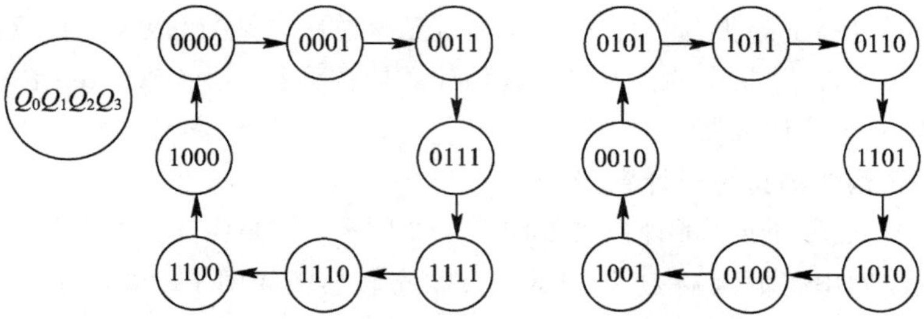

图 7-75 74LS194 构成的左移约翰逊计数器

(a) 有效循环　　**(b) 无效循环**

3. D 触发器构成的自启动扭环形计数器

能自启动的右移扭环形计数器如图 7-76 所示，其状态转换图如图 7-77 所示。

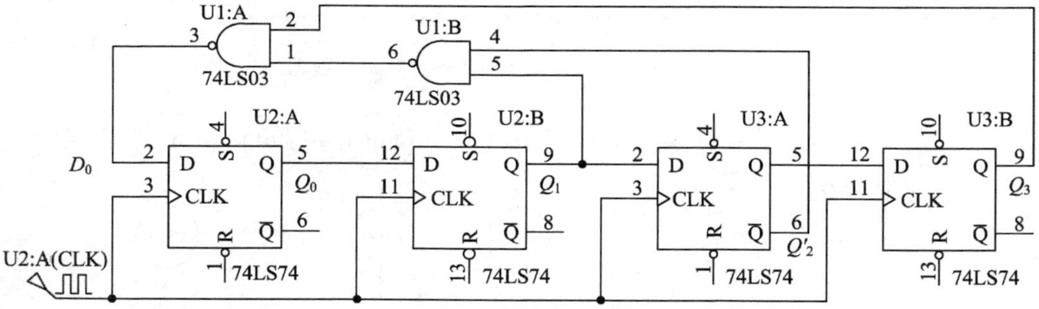

图 7-76 用 D 触发器构成的自启动右移扭环形计数器

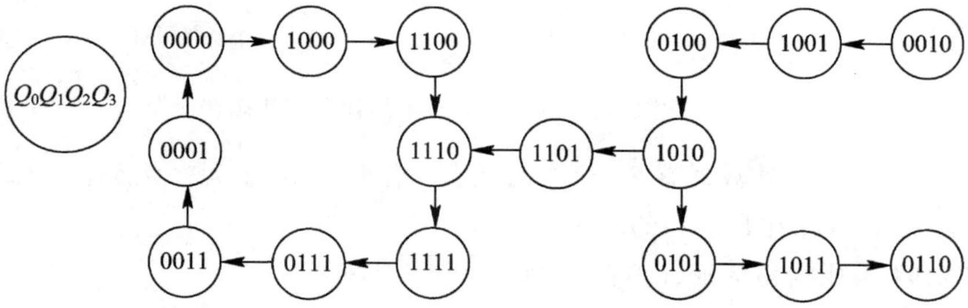

图 7-77 用 D 触发器构成的自启动右移扭环形计数器状态转换图

4. 74LS194 构成的自启动扭环形计数器

每当电路的状态为 0XX0 时(即 $Q_0=0$, $Q_3=0$, Q_1, Q_2 不管是何状态),或非门 U3:A 的输出为 1,即 $S_0=1$ 时,$S_1S_0=11$,因此 74LS194 是并行工作模式。等到下一个脉冲上升沿时刻,下一个状态就通过 74LS194 的置数功能进入 0001,从而进入有效循环,实现自启动。

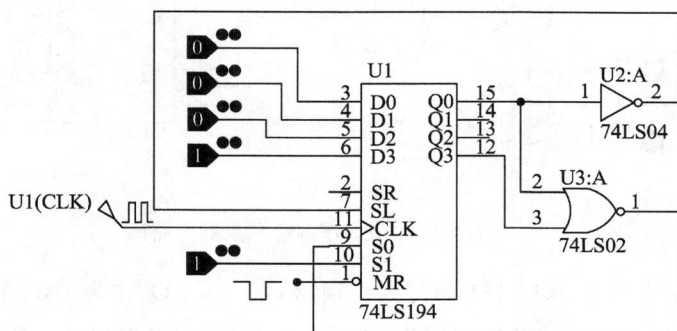

图 7-78 74LS194 构成的自启动左移约翰逊计数器

扭环型计数器的特点:

(1) n 位移位寄存器构成的扭环型计数器的有效循环状态为 $2n$ 个,比环形计数器提高了一倍;

(2) 在有效循环状态中,每次转换状态只有一个触发器改变状态,这样在将电路状态译码时不会出现竞争-冒险现象;

(3) 虽然扭环型计数器电路状态的利用率有所提高,但仍有 (2^n-2n) 个状态没有利用。

7.5 时序逻辑电路的设计方法
(Design Methods of Sequential Logic Circuit)

7.5.1 顺序脉冲发生器的设计(Design of Sequence Pulse Generator)

在一些数字系统中,常常需要按照人们事先规定的顺序进行一系列的运算或操作。这就要求系统的控制部分不仅能够正确地发出各种控制信号,而且要求这些控制信号在时间上有一定的先后顺序。像这种产生顺序脉冲信号的电路称为顺序脉冲发生器,又称为脉冲分配器。

常用的顺序脉冲发生器有计数型顺序脉冲发生器和移位型顺序脉冲发生器两种。

1. 计数型顺序脉冲发生器

采用按自然态序计数的二进制计数器和译码器构成的顺序脉冲发生器属于计数型顺序脉冲发生器。

图 7-79 为采用 74LS161 和 74LS138 构成的顺序脉冲发生器的电路图。74LS161 是

4 位同步二进制加法计数器，74LS138 是 3 – 8 线译码器。

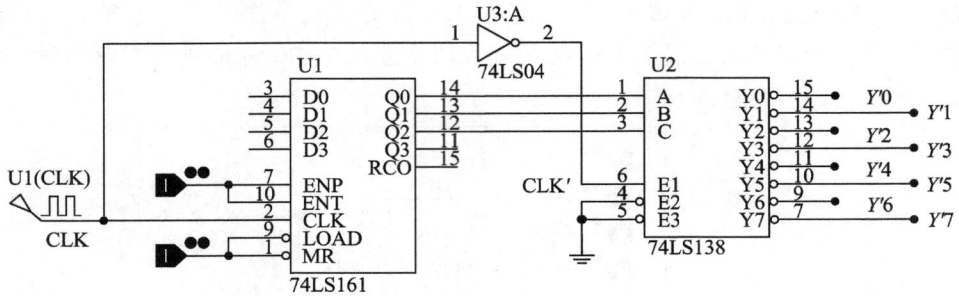

图 7 – 79 计数型顺序脉冲发生器电路图

图 7 – 79 所示电路以 74LS161 的低 3 位输出 Q_0、Q_1、Q_2 作为 74LS138 的 3 位输入信号 A、B、C。由 74LS161 的功能表可知，为使电路工作在计数状态，R'_D、L'_D、EP 和 ET 均应接高电平。由于它的低 3 位触发器是按八进制计数器连接的，所以在连续输入 CLK 信号的情况下，$Q_2Q_1Q_0$ 的状态将按 000～111 的顺序反复循环，并在译码器输出端依次输出 Y'_0～Y'_7 的顺序脉冲。

虽然 74LS161 中的触发器是在同一时钟信号操作下工作的，但由于各个触发器的传输延迟时间不可能完全相同，所以在计数器状态译码时仍然存在竞争-冒险现象。为消除竞争-冒险现象，可以在 74LS138 的 S_1 端加入选通脉冲。选通脉冲的有效时间应与触发器的反转时间错开。例如，图 7 – 79 中选取 CLK′ 作为 74LS138 的选通脉冲，即得到如图 7 – 80 所示的输出电压波形。

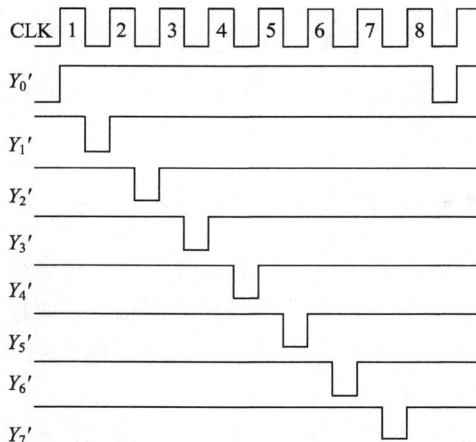

图 7 – 80 计数型顺序脉冲发生器电压波形图

2. 移位型顺序脉冲发生器

顺序脉冲发生器可以用移位寄存器型计数器构成。移位寄存器型计数器常用的有环形计数器和扭环形计数器两种，因此移位型顺序脉冲发生器的构成也有两种方案。

一种是采用环形计数器构成方案。当环形计数器工作在每个状态中只有一个 1 的循环状态时，它就是一个顺序脉冲发生器，如图 7－81 所示。当 CLK 端不断输入系列脉冲时，$Q_0 \sim Q_3$ 端将依次输出正脉冲并不断循环。这种方案的优点是不必附加译码电路，结构比较简单；缺点是使用的触发器数量比较多，同时还必须采用能够自启动的反馈逻辑电路。

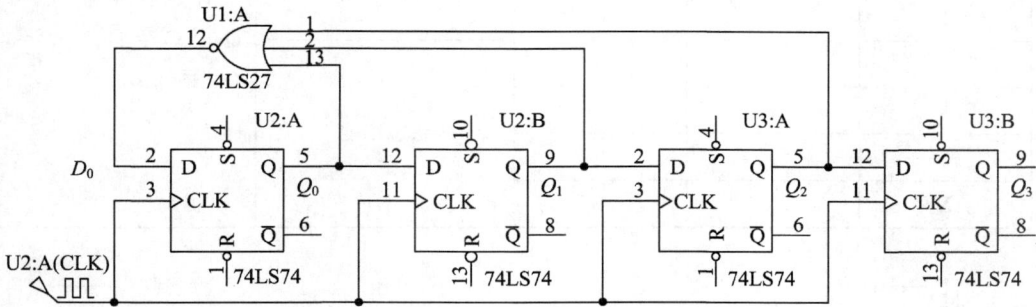

图 7－81 用环形计数器作顺序脉冲发生器

图 7－82 是图 7－81 的时序图，即电压波形图。

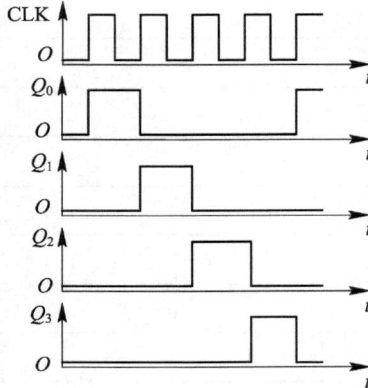

图 7－82 移位型顺序脉冲发生器电压波形图

采用扭环形计数器构成顺序脉冲发生器时，必须增加专门设计的译码器，该译码器的输入是扭环形计数器的输出，译码器的输出是顺序脉冲。采用扭环形计数器构成的顺序脉冲发生器没有竞争－冒险，但是状态利用率仍不高。

74HC4017 是一种用途十分广泛的约翰逊十进制计数器/脉冲分配器，其功能表、时序图分别如表 7－16 和图 7－83 所示。

表 7 - 16 74HC4017 的功能表

输　　入			输　　出	
CLK	E	MR	$Q_0 \sim Q_9$	C_O
X	X	1	$Q_0 = 1$，其它为 0	
↑	0	0	译码输出	计数脉冲为 $Q_0 \sim Q_4$ 时 $C_O = 1$，为 $Q_5 \sim Q_9$ 时 $C_O = 0$
1	↓	0		
↓	X	0	状态不变	
X	1	0		
0	X	0		
X	↑	0		

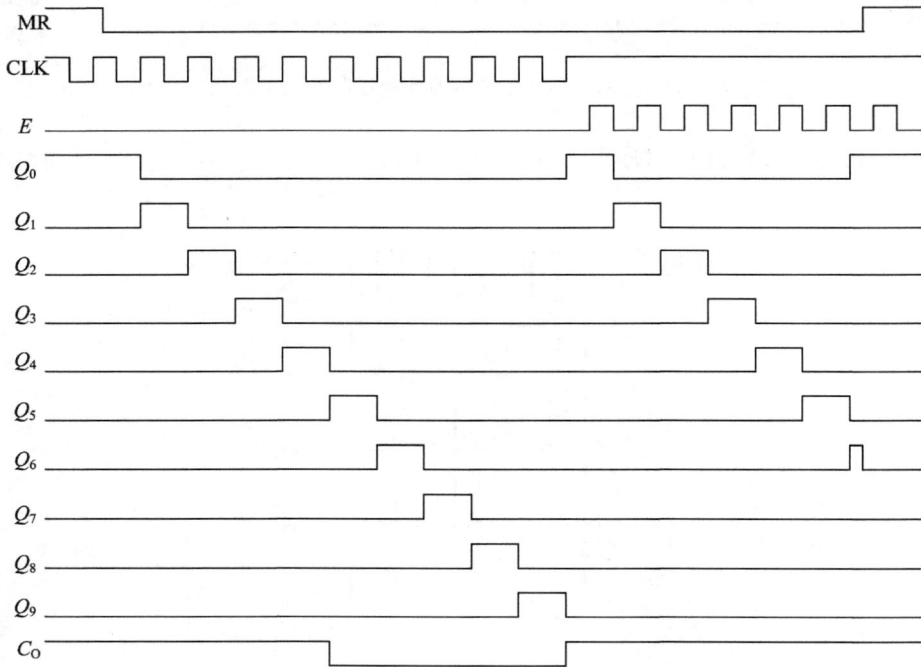

图 7 - 83 74HC4017 的时序图

　　由时序波形图可知，74HC4017 有两个时钟脉冲输入端，即 CLK 和 E，两者分别为上升沿和下降沿触发输入脉冲；MR 为异步清零使能端，当 MR = 1 时，Q_0 为高电平，$Q_1 \sim Q_9$ 均为低电平；当 MR = 0 时，$Q_0 \sim Q_9$ 端有译码输出。

　　对其进行 Proteus 仿真，可得仿真图如图 7 - 84 所示，脉冲从 CLK 端输入，E 和 MR 均接地，则 $Q_0 \sim Q_9$ 端有译码输出；计数脉冲为 $Q_0 \sim Q_4$ 时 $C_O = 1$，为 $Q_5 \sim Q_9$ 时 $C_O = 0$。

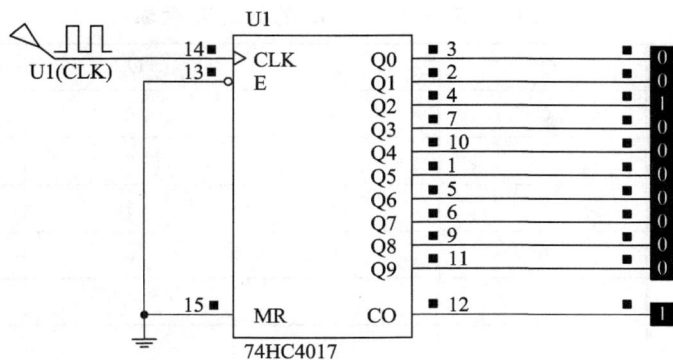

图 7 - 84　74HC4017 的仿真图

7.5.2　序列信号发生器的设计(Design of Sequence Signal Generator)

在数字信号的传输和数字系统的测试中,有时需要用到一组特定的串行数字信号。通常将这种串行数字信号称为序列信号,将产生序列信号的电路称为序列信号发生器。

序列信号发生器的构成方法有多种,其中一种比较简单、直观的方法是用计数器和数据选择器组成。例如需要产生一个 8 位的序列信号 11101000(时序为自左而右)时,可用一个八进制计数器和一个 8 选 1 数据选择器组成,如图 7-85 所示。其中八进制计数器取自 74LS161 的低 3 位,8 选 1 数据选择器选用 74HC151。

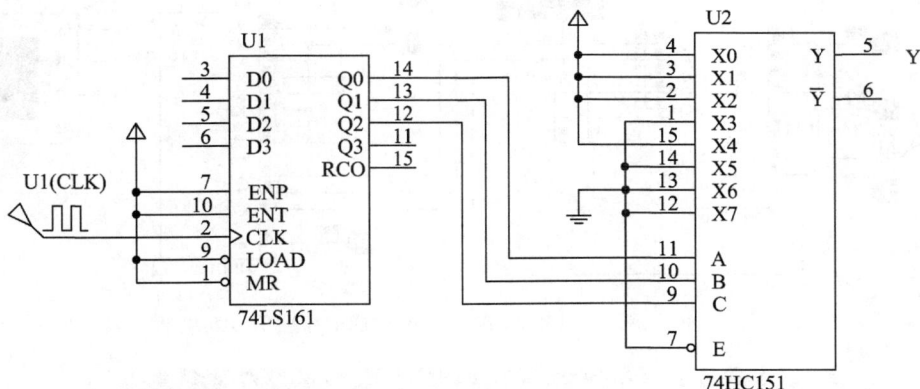

图 7 - 85　用 74LS161 和 74LS151 构成的序列信号发生器

当 CLK 信号连续不断地加到计数器上时,$Q_2Q_1Q_0$ 的状态(也就是加到 74HC151 上的地址输入代码 CBA)便按照表 7-17 中所示的顺序不断循环,同时 $X_0 \sim X_7$ 的状态循环不断地依次出现在 Y 端。只要令 $X_0=X_1=X_2=X_4=1$,$X_3=X_5=X_6=X_7=0$,便可在 Y 端得到不断循环的序列信号 11101000。

需要修改序列信号时,只要将修改加到 $X_0 \sim X_7$ 的高、低电平即可实现,不需对电路结构做任何更动。因此,使用这种电路既灵活又方便。如 $X_0=X_1=X_4=1$,$X_2=X_3=X_5=X_6=X_7=0$ 时,序列信号输出为 11001000。

表 7-17　图 7-85 的状态转换表

CLK 顺序	Q_2	Q_1	Q_0	Y
	C	B	A	
0	0	0	0	$X_0(1)$
1	0	0	1	$X_1(1)$
2	0	1	0	$X_2(1)$
3	0	1	1	$X_3(0)$
4	1	0	0	$X_4(1)$
5	1	0	1	$X_5(0)$
6	1	1	0	$X_6(0)$
7	1	1	1	$X_7(0)$

　　用 74LS160 和 74HC151 构成的序列信号发生器在 Proteus 中的仿真图如图 7-86 所示。当 $X_0=X_3=X_4=X_7=0$，$X_1=X_2=X_5=X_6=1$ 时，序列信号输出为 01100110，是一个方波信号，如图 7-87 所示。

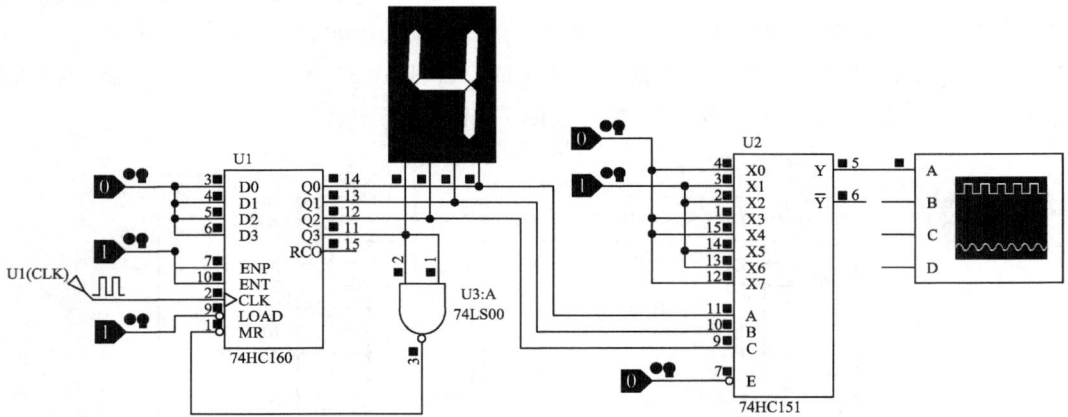

图 7-86　用 74LS160 和 74HC151 构成的序列信号发生器

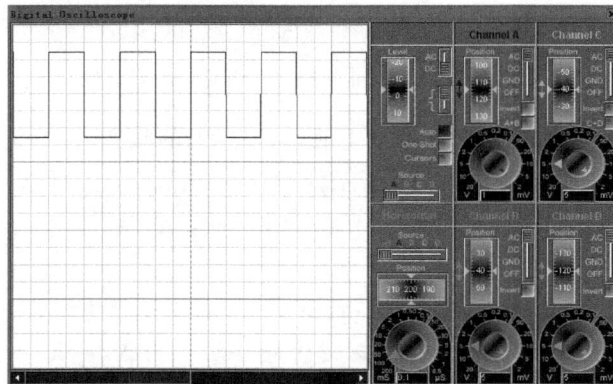

图 7-87　图 7-86 输出的序列信号波形

【**例 7 - 10**】　试分析图 7 - 88 所示电路的逻辑功能,要求写出电路的输出序列信号,说明电路中 JK 触发器的作用。

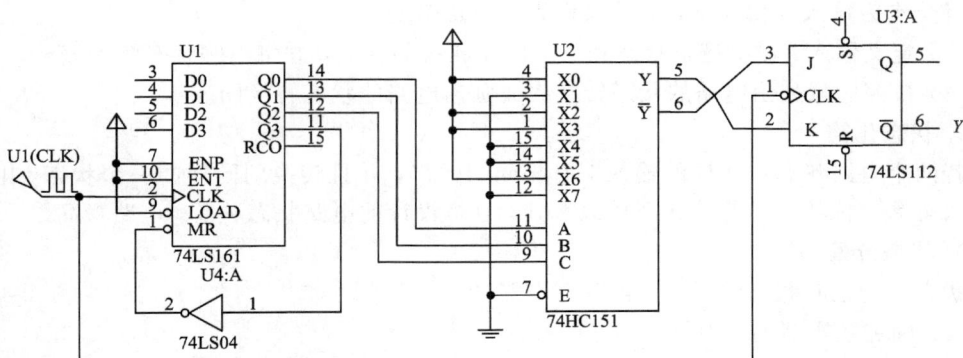

图 7 - 88　例 7 - 10 的电路图

解　图 7 - 88 所示是一序列信号发生器,先由 74LS161 构成 8 进制计数器,然后与 74HC151 构成序列信号输出网络;JK 触发器起输出缓冲作用,防止输出出现冒险现象,其输出状态表如表 7 - 18 所示。

表 7 - 18　例 7 - 10 的状态转换表

CLK 顺序	Q_2	Q_1	Q_0	Y
0	0	0	0	1
1	0	0	1	0
2	0	1	0	0
3	0	1	1	1
4	1	0	0	0
5	1	0	1	1
6	1	1	0	1
7	1	1	1	0

7.5.3　同步时序逻辑电路的设计方法

(Design Methods of Synchronous Sequential Logic Circuit)

在设计时序逻辑电路时,要求设计者根据给出的具体逻辑问题,求出实现这一逻辑功能的逻辑电路,所得到的设计结果应力求简单。在这一小节里我们首先讨论简单时序电路的设计。这里所说的简单时序电路,是指用一组状态方程、驱动方程和输出方程就能完全描述其逻辑功能的时序电路。

当选用小规模集成电路做设计时,电路最简的标准是所用的触发器和门电路的数量最少,而且触发器和门电路的输入端数量也最少;当使用中、大规模集成电路时,电路最简的标准则是使用的集成电路的数量最少,种类最少,而且互相间的连线也最少。

设计同步时序逻辑电路时,一般按如下步骤进行:

1. 逻辑抽象，得出电路的状态转换图或状态转换表

（1）分析给定的逻辑问题，确定输入变量、输出变量以及电路的状态数。通常取原因（或条件）作为输入逻辑变量，取结果作为输出逻辑变量。

（2）定义输入、输出逻辑状态和每个电路状态的含义，并将电路状态顺序编号。

（3）按照题意列出电路的状态转换表或画出电路的状态转换图。

2. 状态化简

若两个电路状态在相同的输入下有相同的输出，并且转换到同样的一个状态，则称这两个状态为等价状态。等价状态可以合并，这样设计的电路状态数少，电路最简。

3. 状态分配

状态分配也叫状态编码，包含以下步骤：

（1）确定触发器的数目 n；

（2）确定电路的状态数 M，应满足 $2^{n-1} < M \leqslant 2^n$；

（3）进行状态编码，即将电路的状态和触发器状态组合对应起来；

（4）选定触发器的类型，求出电路的状态方程、驱动方程和输出方程；

（5）选定触发器的类型；

（6）由状态转换图（或状态转换表）和选定的状态编码、触发器的类型，写出电路的状态方程、驱动方程和输出方程；

（7）根据得到的方程式画出逻辑图；

（8）检查设计的电路能否自启动。

若电路不能自启动，则应采取以下措施：

（1）通过预置数将电路状态置入有效循环状态中；

（2）通过修改逻辑设计加以解决。

解决电路的自启动问题后，通过仿真及实物制作，在实践中检验电路的正确性、可靠性以及稳定性。

下面通过一个例子学习上述设计方法。

【例 7 - 11】 用 JK 触发器设计一个同步六进制计数器。

（1）原始状态转换图。

因为计数器的工作特点是在时钟信号操作下自动地依次从一个状态转为下一个状态，所以它没有输入逻辑变量，只有进位输出信号，因此计数器属于摩尔型的时序电路。取进位信号为输出变量 C，同时规定有进位输出时，$C=1$，无进位输出时 $C=0$。六进制计数器有 6 个有效状态，若分别用 S_0、S_1、$\cdots$、S_5 表示，则按题意可画出如图 7 - 89 中左图所示的电路状态转换图。因为六进制计数器必须用 6 个不同的状态表示已经输入的脉冲数，所以该状态转换图无需化简。

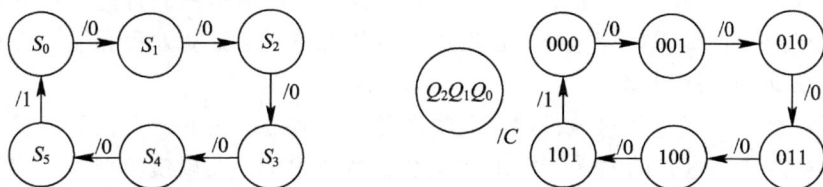

图 7 - 89 例 7 - 11 电路的状态转换图

（2）状态分配。

因为 $2^{n-1}<M\leqslant 2^n$，现要求 $M=6$，所以应取触发器位数 $n=3$。取二进制数的自然码顺序 $000\sim101$ 作为 $S_0\sim S_5$ 的编码，于是得到了表 7-19 中的状态编码及图 7-89 中右图所示的状态转换图。

表 7-19　例 7-11 电路的状态转换表

状态变化顺序	状态编码			等效十进制数	进位输出 C
	Q_2	Q_1	Q_0		
S_0	0	0	0	0	0
S_1	0	0	1	1	0
S_2	0	1	0	2	0
S_3	0	1	1	3	0
S_4	1	0	0	4	0
S_5	1	0	1	5	1
S_0	0	0	0	0	0

（3）求方程。

填次态卡诺图，即 $Q_2^* Q_1^* Q_0^* /C$ 的卡诺图。由于电路的次态 $Q_2^* Q_1^* Q_0^*$ 和进位输出 C 唯一地取决于电路的现态 $Q_2 Q_1 Q_0$ 的取值，故可根据表 7-19 画出表示次态逻辑函数和进位输出函数的卡诺图，如图 7-90 所示。因为计数器正常工作时不会出现 110、111 这两个状态，所以可将这两个最小项作约束项处理，在卡诺图中用 x 表示。

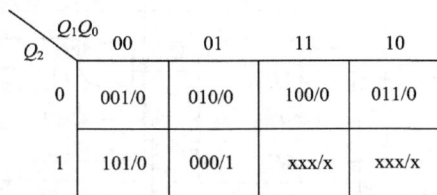

图 7-90　$Q_2^* Q_1^* Q_0^* /C$ 的卡诺图

为清晰起见，可将图 7-90 所示的卡诺图分解为图 7-91 所示的四个卡诺图，分别表示 Q_2^*、Q_1^*、Q_0^* 和 C 这四个逻辑函数。

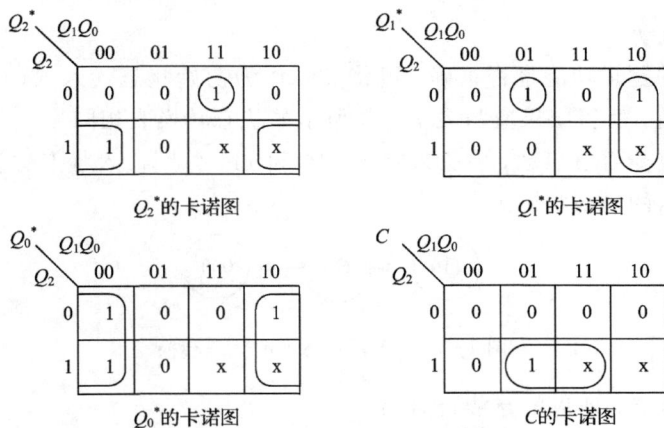

图 7-91　图 7-90 所示的卡诺图的分解

从这些卡诺图得到电路的状态方程为：

$$\begin{cases} Q_2^* = Q_2'Q_1Q_0 + Q_2Q_0' \\ Q_1^* = Q_2'Q_1'Q_0 + Q_1Q_0' \\ Q_0^* = Q_0' \end{cases}$$

输出方程为：

$$C = Q_2Q_0$$

如果选用 JK 触发器组成这个电路，则应将状态方程变换成 JK 触发器特性方程的标准形式，即 $Q^* = JQ' + K'Q$，然后列出驱动方程

$$\begin{cases} Q_2^* = Q_1Q_0 \cdot Q_2' + Q_0' \cdot Q_2 \\ Q_1^* = Q_2'Q_0 \cdot Q_1' + Q_0' \cdot Q_1 \\ Q_0^* = 1 \cdot Q_0' + 1' \cdot Q_0 \end{cases} \qquad (7-10)$$

将式(7-10)中的各逻辑式与 JK 触发器的特性方程对照，则各个触发器的驱动方程应为

$$\begin{cases} J_2 = Q_1Q_0, \ K_2 = Q_0 \\ J_1 = Q_2'Q_0, \ K_1 = Q_0 \\ J_0 = 1, \ K_0 = 1 \end{cases} \qquad (7-11)$$

（4）画逻辑图。

根据式(7-10)和式(7-11)，画出计数器的逻辑图，如图 7-92 所示。

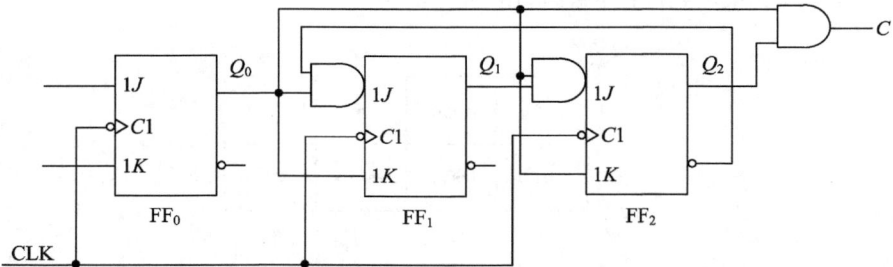

图 7-92　例 7-11 的同步六进制计数器

（5）检查自启动。

为验证电路的逻辑功能是否正确，可将 000 作为初始状态代入式(7-10)的状态方程并依次计算次态值，所得结果应与表 7-19 所示的状态转换表相同。

最后检查电路能否自启动，将无效状态 110 和 111 分别代入状态方程和输出方程，得出如图 7-93 所示的局部状态图。

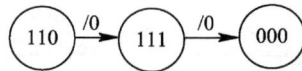

图 7-93　无效状态下的状态转换

因为 000 是有效状态，所以电路能自启动。

图 7-94 是图 7-92 电路完整的状态转换图。

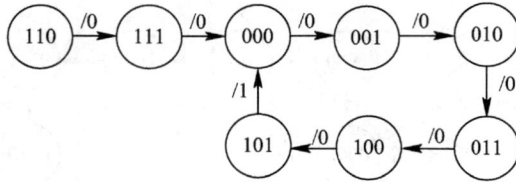

图 7-94 图 7-92 电路的状态转换图

7.5.4 异步时序逻辑电路的设计方法(Design Methods of Asynchronous Sequential Logic Circuit)

异步时序电路中的触发器不是同时动作的,但是在设计异步时序电路时除了要完成设计同步时序电路所应做的各项工作以外,还需要为每个触发器选定合适的时钟信号,这就是设计异步时序电路时所遇到的特殊问题。

设计步骤大体上仍可按 7.5.3 节中所讲的同步时序电路的设计步骤进行,只是在选定触发器类型之后,还要为每个触发器选定时钟信号。下面通过一个例子具体说明一下设计过程。

【例 7-12】 试设计一个 8421 编码的异步十进制减法计数器,并要求所设计的电路能自启动。

解 根据 8421 码十进制减法计数规则,很容易列出电路的状态转换表,如表 7-20 所示。

表 7-20 例 7-12 电路的状态转换表

计数顺序	电路状态				等效十进制数	借位输出 B
	Q_3	Q_2	Q_1	Q_0		
0	0	0	0	0	0	1
1	0	0	0	1	9	0
2	0	0	1	0	8	0
3	0	0	1	1	7	0
4	0	1	0	0	6	0
5	0	1	0	1	5	0
6	0	1	1	0	4	0
7	0	1	1	1	3	0
8	1	0	0	0	2	0
9	1	0	0	1	1	0
10	0	0	0	0	0	1

由表 7-20 可画出如图 7-95 所示的状态转换图。

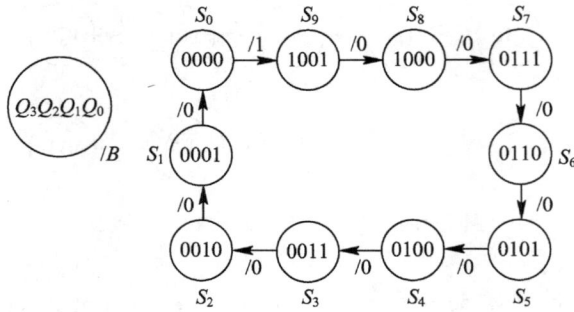

图 7-95 例 7-12 电路的状态转换图

十进制计数器必须有 10 个有效状态，若依次为 S_0、S_9、S_8、…、S_1，则它们的状态编码应符合表 7-20 的规定；并且这 10 个状态都是必不可少的，不需要进行状态化简。

下面的工作就是选定触发器的类型和各个触发器的时钟信号了，假如选用 JK 触发器组成这个电路。为便于选取各个触发器的时钟信号，可以由状态转换图画出电路的时序图，如图 7-96 所示。

为触发器挑选时钟信号的原则是：第一，触发器的状态应该翻转时必须有时钟信号发生；第二，触发器的状态不应翻转时"多余的"时钟信号越少越好，这有利于触发器状态方程和驱动方程的化简。如果选用下降沿触发的边沿触发器，则根据上述原则应选定 FF_0 时钟信号 clk_0 为计数输入脉冲，FF_1 的时钟信号 clk_1 取自 Q_0'，FF_2 的时钟信号取自 Q_1'，FF_3 的时钟信号 clk_3 取自 Q_0'。

为求电路的状态方程，需画出电路次态的卡诺图，如图 7-97 所示。

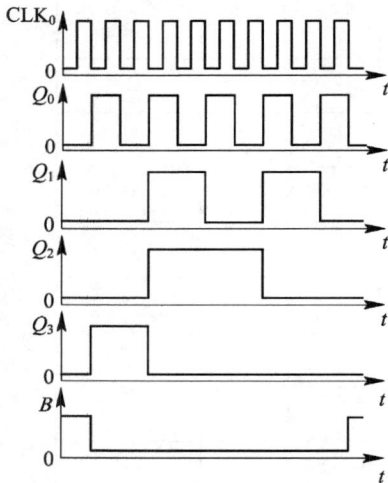

图 7-96 例 7-12 电路的时序图

Q_3Q_2＼Q_1Q_0	00	01	11	10
00	1001	0000	0010	0001
01	0011	0100	0110	0101
11	××××	××××	××××	××××
10	0111	1000	××××	××××

图 7-97 例 7-12 电路次态的卡诺图

然后将它分解为图 7-98 中的 4 个分别表示 Q_3^*、Q_2^*、Q_1^* 和 Q_0^* 的卡诺图。在这 4 个卡诺图中，把没有时钟信号的次态也作为任意项处理，以利于状态方程的化简。例如在 Q_3^* 的卡诺图中，当现态为 1001、0111、0101、0011、0001 时，电路向次态转换过程中 clk_3 没有下降沿产生，因而 Q_3^* 的状态方程无效，可以任意设定它的次态。另外，由于正常工作时不会出现 $Q_3Q_2Q_1Q_0 = 1010 \sim 1111$ 这 6 个状态，所以也把它们作为卡诺图中的约束项处理。

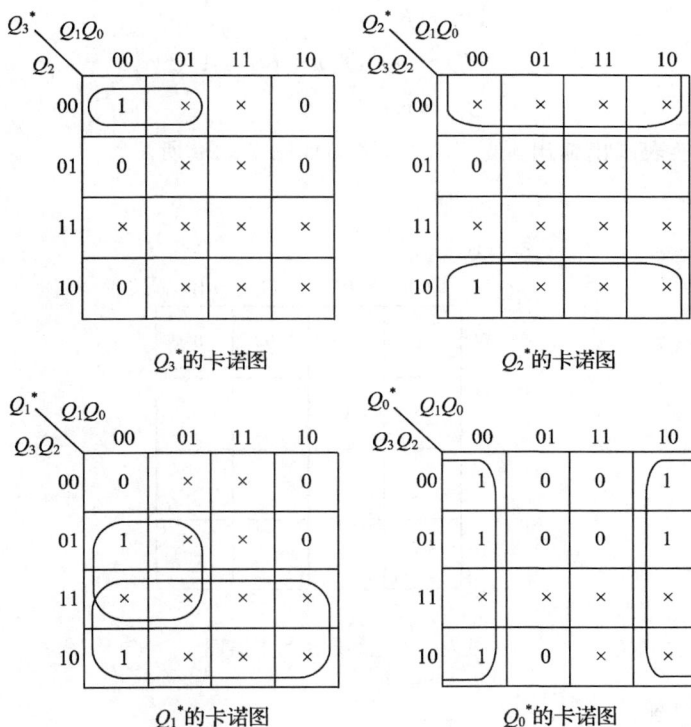

Q_3^* 的卡诺图（Q_2 纵，Q_1Q_0 横）：

$Q_3 \backslash Q_1Q_0$	00	01	11	10
00	1	×	×	0
01	0	×	×	0
11	×	×	×	×
10	0	×	×	×

Q_3^* 的卡诺图

Q_2^* 的卡诺图（Q_3Q_2 纵，Q_1Q_0 横）：

$Q_3Q_2 \backslash Q_1Q_0$	00	01	11	10
00	×	×	×	×
01	0	×	×	×
11	×	×	×	×
10	1	×	×	×

Q_2^* 的卡诺图

Q_1^* 的卡诺图（Q_3Q_2 纵，Q_1Q_0 横）：

$Q_3Q_2 \backslash Q_1Q_0$	00	01	11	10
00	0	×	×	0
01	1	×	×	0
11	×	×	×	×
10	1	×	×	×

Q_1^* 的卡诺图

Q_0^* 的卡诺图（Q_3Q_2 纵，Q_1Q_0 横）：

$Q_3Q_2 \backslash Q_1Q_0$	00	01	11	10
00	1	0	0	1
01	1	0	0	1
11	×	×	×	×
10	1	0	×	×

Q_0^* 的卡诺图

图 7-98　Q_3^*、Q_2^*、Q_1^* 和 Q_0^* 的卡诺图

由图 7-98 所示的卡诺图，得到电路的状态方程为：

$$
\begin{cases}
Q_3^* = Q_3' Q_2' Q_1' \cdot \text{clk}_3 \\
Q_2^* = Q_2' \cdot \text{clk}_2 \\
Q_1^* = (Q_3 + Q_2 Q_1') \cdot \text{clk}_1 \\
Q_0^* = Q_0' \cdot \text{clk}_0
\end{cases}
$$

式中用小写的 clk_0、clk_1、clk_2、clk_3 强调说明，只有当这些时钟信号到达时，状态方程才是有效的，否则触发器将保持原来的状态不变。clk_0、clk_1、clk_2、clk_3 在这里只代表 4 个脉冲信号而不是 4 个逻辑变量。

将状态方程组化为 JK 触发器特性方程的标准形式，如下式所示：

$$
\begin{cases}
Q_3^* = [(Q_2' Q_1') Q_3' + 1' \cdot Q_3] \cdot \text{clk}_3 \\
Q_2^* = [1 \cdot Q_2' + 1' \cdot Q_2] \cdot \text{clk}_2 \\
Q_1^* = [Q_3(Q_1 + Q_1') + Q_2 Q_1'] \cdot \text{clk}_1 \\
\quad = [(Q_3 + Q_2) Q_1' + Q_3 Q_1] \cdot \text{clk}_1 = [(Q_3' Q_2')' Q_1' + 1' \cdot Q_1] \cdot \text{clk}_1 \\
Q_0^* = [1 \cdot Q_0' + 1' \cdot Q_0] \cdot \text{clk}_0
\end{cases}
$$

因为电路正常工作时不会出现 $Q_3Q_1=1$ 的情况，所在以 Q_1^* 的方程式中删去了这一项。从上式得到每个触发器应有的驱动方程为：

$$\begin{cases} J_3 = Q_2'Q_1', \ K_3 = 1 \\ J_2 = K_2 = 1 \\ J_1 = (Q_3'Q_2')', \ K_1 = 1 \\ J_0 = K_0 = 1 \end{cases}$$

根据状态转换表画出输出函数 B 的卡诺图如图 7 - 99 所示。

Q_3Q_2 \ Q_1Q_0	00	01	11	10
00	1	0	0	0
01	0	0	0	0
11	×	×	×	×
10	0	0	×	×

图 7 - 99 输出 B 的卡诺图

由图 7 - 99 得到：

$$B = Q_3'Q_2'Q_1'Q_0'$$

根据得到的驱动方程和输出方程，可以在 Proteus 中画出逻辑电路，如图 7 - 100 所示。

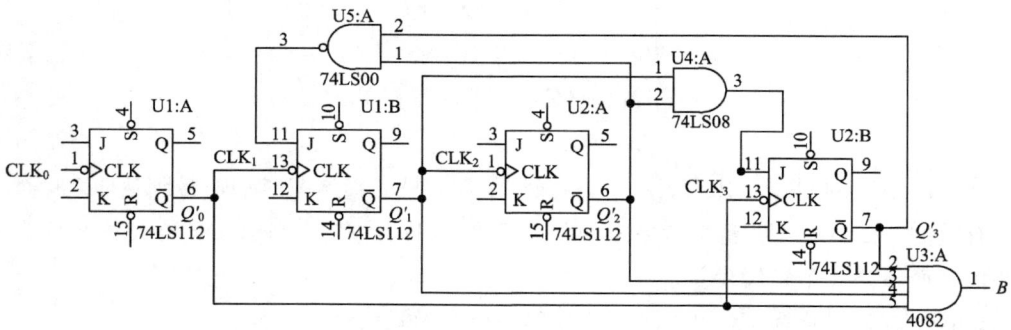

图 7 - 100 例 7 - 12 电路的逻辑图

最后需要检查一下设计的电路能否自启动。将 1010～1111 这 6 个无效状态分别代入状态方程求其次态，结果表明电路是可以自启动的。

完整的电路状态转换图如图 7 - 101 所示。

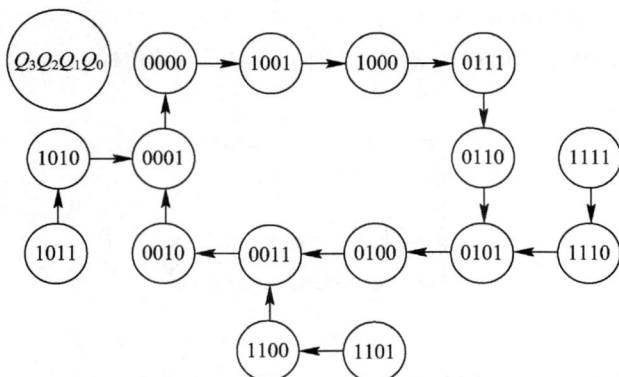

图 7-101　例 7-12 电路的状态转换图

7.6　总结(Summary)

数字电路可以分为两大类：一类是前面所讲的组合逻辑电路，其基础知识是逻辑代数和门电路；另一类是本章介绍的时序逻辑电路，其基础知识是触发器。在数字电路中，时序逻辑电路具有相当重要的地位，并具有一定的代表性。

（1）时序电路的特点是任何时刻的输出不仅与输入有关，而且还取决于电路原来的状态。为了记忆电路的状态，时序电路必须包含储存电路。储存电路通常以触发器为基本单元电路构成。时序电路可以分为同步时序电路和异步时序电路两类，它们的区别是前者的所有触发器受同一脉冲控制，而后者的触发器则受不同的脉冲源控制。时序电路逻辑功能的描述方法有逻辑图、逻辑表达式、状态转换表、状态转换图、卡诺图和时序波形图 6 种，它们的本质是相同的，可以相互转换。

（2）时序图的分析实际上就是逻辑电路到逻辑功能转换的过程，而时序电路的设计则是逻辑功能到逻辑电路的转换过程。时序电路的分析和设计互为逆过程。

（3）计数器是非常典型的时序电路，是用来计输入脉冲个数的电路。计数器的主要作用一是对输入脉冲个数进行计数，二是对输入脉冲信号进行分频等。计数器按计数方式可分为加法计数器、减法计数器和可逆计数器；按计数长度可分为二进制计数器、十进制计数器和 N 进制计数器。n 个触发器可以组成 n 位二进制计数器，十进制计数器需要 4 个触发器构成。计数脉冲同时作用在所有的触发器时钟信号输入端的计数器为同步计数器，否则为异步计数器。集成计数器还可以利用清零端或置数端构成 N 进制计数器，使用方法分为置零法和置数法。

（4）寄存器也是比较典型、应用很广的时序电路，要注意有关概念和方法的理解和学习。寄存器属于较简单的时序电路，有送数控制端和数据输入端，用于寄存二进制代码。移位寄存器有串行输入输出端、并行输出端和移位控制端，可实现数据的移位等功能。

（5）产生顺序脉冲信号的电路称为顺序脉冲发生器，又称为脉冲分配器。常用的时序脉冲发生器主要包括两种形式：一种是计数型，另一种是移位型。比较常用的集成顺序脉冲发生器为 74HC4017，要求了解其使用方法。

（6）产生序列信号的电路称为序列信号发生器。比较简单、直观的方法是用计数器和数据选择器组成，产生一组特定的串行数字信号，用于数字信号的传输和数字系统的测试。

习 题
（Exercises）

1. 填空题

（1）在数字电路中，任何时刻电路的稳定输出不仅与该时刻的信号有关，还与电路原来的状态有关的逻辑电路，称为_____电路。

（2）组合电路的基本组成单元是_____，而时序电路的基本构成单元是_____。

（3）时序逻辑电路的电路结构通常包含_____和_____两部分。

（4）时序逻辑电路按照其状态的改变是否受同一触发信号的控制分为_____时序逻辑电路和_____时序逻辑电路两部分。

（5）在分析时序逻辑电路时，状态方程是将_____方程代入相应触发器的_____方程求得的。

（6）构成以异步 2^n 进制加法计数器需要_____个触发器，一般将每个触发器接成_____或 T' 型触发器。

（7）按计数方式分，计数器可分为_____计数器、_____计数器和_____计数器三种类型。

（8）n 位计数器一般由_____个触发器组成。

（9）要构成六进制计数器，至少需要_____个触发器，其无效状态有_____个。

（10）对于 8 位移位寄存器来说，串行输入时经_____个 CLK 脉冲后，才能使 8 位数码全部移入寄存器中。若该寄存器已存满 8 位数码，欲将其串行输出，则需经_____个 CLK 脉冲后，数码才能全部输出。

（11）移位寄存器可分为_____寄存器、_____寄存器和_____寄存器。

（12）扭环形移位寄存器的状态利用率是环形移位寄存器的_____倍。

（13）计数型顺序脉冲发生器是由_____器和_____器构成的。

2. 选择题

（1）具有记忆功能的逻辑电路是（ ）。

    A. 加法器   B. 显示器   C. 译码器   D. 计数器

（2）在相同的时钟脉冲作用下，同步计数器和异步计数器比较，工作速度（ ）。

    A. 较慢   B. 较快   C. 不确定   D. 一样

（3）若用触发器组成某十一进制加法计数器，需要（ ）个触发器，有（ ）个无效状态。

    A. 4；5   B. 5；4   C. 4；4   D. 5；5

（4）集成计数器 74LS161 在计数到（ ）个时钟脉冲时，进位端输出进位脉冲。

A. 2   B. 10   C. 5   D. 16

(5) 下列电路中不属于时序逻辑电路的是( )。

     A. 计数器   B. 全加器   C. 寄存器   D. 分频器

(6) 若要构成时序电路,存储电路是( )。

     A. 必不可少   B. 可以没有   C. 有无均可

(7) 同步计数器结构含义是指( )的计数器。

     A. 由同类型的触发器构成

     B. 各触发器的时钟端连在一起,统一由系统时钟控制

     C. 可用前级的输出做后级触发器的时钟

     D. 可用后级的输出做前级触发器的时钟

(8) 要将串行数据转换成为并行数据,应选用( )的移位寄存器。

     A. 并入串出方式   B. 串入串出方式   C. 串入并出方式   D. 并入并出方式

(9) 一位 8421 BCD 码计数器至少需要( )个触发器。

     A. 10   B. 4   C. 5   D. 10

(10) 异步计数器与同步计数器的区别是( )。

     A. 能够实现连续计数   B. 各触发器状态变换时刻不同

     C. 通过触发器状态变换实现计数   D. 可以由 T 触发器构成

(11) 在下列逻辑电路中,( )是时序逻辑电路。

     A. 译码器   B. 寄存器   C. 全加器   D. 数值比较器

(12) 集成计数器 74LS290 属于( )进制计数器。

     A. 二   B. 五   C. 十   D. 二—五—十

(13) 同步时序电路和异步时序电路比较,其差异在于后者( )。

     A. 没有触发器   B. 没有统一的时钟脉冲控制

     C. 没有稳定状态   D. 输出只与内部状态有关

(14) 下列逻辑电路中,是时序逻辑电路的有( )。

     A. 数据选择器   B. 编码器   C. 全加器   D. 计数器

(15) 图 7-102 所示电路中,74160 为十进制加法计数器,门为 TTL 门,下列说法正确的是( )。

     A. $M=0$ 时,为 5 进制计数器   B. $M=1$ 时,为 8 进制计数器

     C. 计数器的进制与 M 无关   D. 无论 M 为何值,都为 10 进制计数器

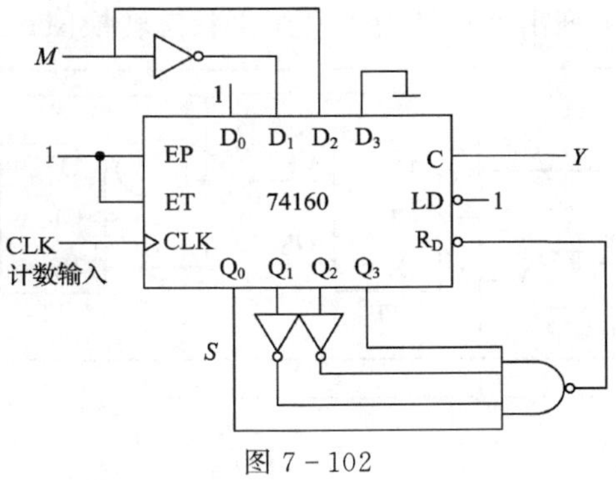

图 7-102

（16）上题中，利用上题电路图搭建实验电路，若标有 S 的线发生断线故障，那么下列说法正确的是（　　）。

        A. 此电路是 9 进制计数器　　　　　　B. 此电路是 8 进制计数器

        C. 此电路是 10 进制计数器　　　　　　D. 此电路构不成计数器

（17）用二进制异步计数器从 0 做加法，计到 10 进制数 178，则最少需要（　　）个触发器。

        A. 6　　　　　　　　B. 7　　　　　　　　C. 8　　　　　　　　D. 10

（18）某数字钟需要一个分频器将 32 768 Hz 转换为 1 Hz 的脉冲，欲构成分频器至少需要（　　）个触发器。

        A. 10　　　　　　　B. 15　　　　　　　C. 32　　　　　　　D. 32 768

（19）4 位移位寄存器的现态 $Q_0Q_1Q_2Q_3$ 为 1100，经左移 1 位后，其次态为（　　）。

        A. 0011 或 1011　　B. 1000 或 1001　　C. 0110 或 1110　　D. 0011 或 1111

（20）集成芯片 74HC194 属于（　　）。

        A. 计数器　　　　　B. 编码器　　　　　C. 译码器　　　　　D. 移位寄存器

（21）某移位寄存器的时钟脉冲频率为 100 kHz，欲将存放在该寄存器中的数左移 8 位，完成该操作需要（　　）时间。

        A. 10 μs　　　　　B. 80 μs　　　　　C. 100 μs　　　　D. 800 ms

（22）n 位扭环形计数器，其有效状态为（　　）。

        A. n　　　　　　　B. $2n$　　　　　　　C. 2^n　　　　　　D. 2^n-2n

3. 判断题

（1）异步时序电路的各级触发器类型不同。（　　　）

（2）把一个 5 进制计数器与一个 10 进制计数器串联可得到 15 进制计数器。（　　　）

（3）计数器的模是指构成计数器的触发器的个数。（　　　）

（4）集成芯片 74HC194 属于时序逻辑电路。（　　　）

（5）施密特触发器与 JK 触发器是同一类电路。（　　　）

4. 分析图 7-103 所示的同步时序电路的逻辑功能，要求：（1）写出电路的驱动方程、状态方程、输出方程；（2）列出状态转换表并画出状态转换图；（3）分析其逻辑功能。

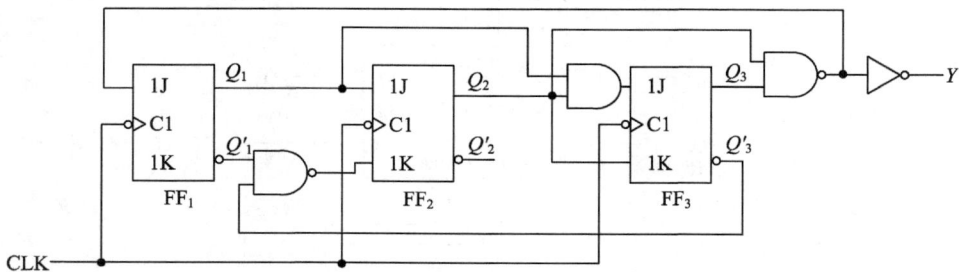

图 7-103

5. 分析图 7-104 所示的同步时序逻辑电路的逻辑功能,要求:(1)写出电路的驱动方程、状态方程和输出方程;(2)列出状态转换表,画出状态转换图;(3)分析其逻辑功能,并检查电路是否能自启动。

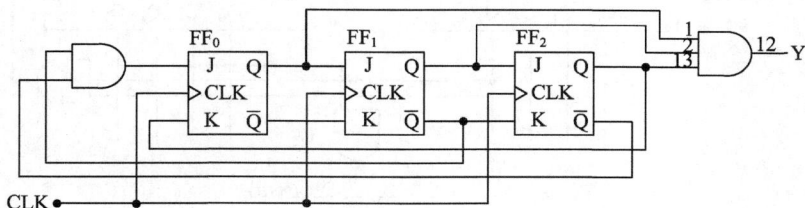

图 7-104

6. 分析图 7-105 所示的同步时序逻辑电路的逻辑功能,写出电路的驱动方程、状态方程和输出方程,列出电路的状态转换表,画出电路的状态转换图,并说明该电路能否自启动。

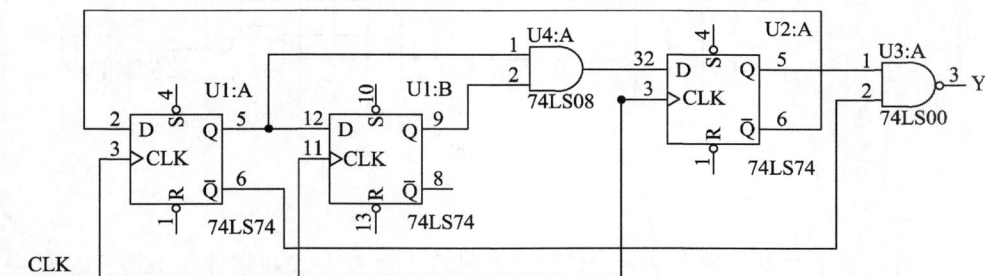

图 7-105

7. 分析图 7-106 所示的同步时序逻辑电路的逻辑功能,写出电路的驱动方程和状态方程,列出电路的状态转换表,画出电路的状态转换图,并说明该电路能否自启动。

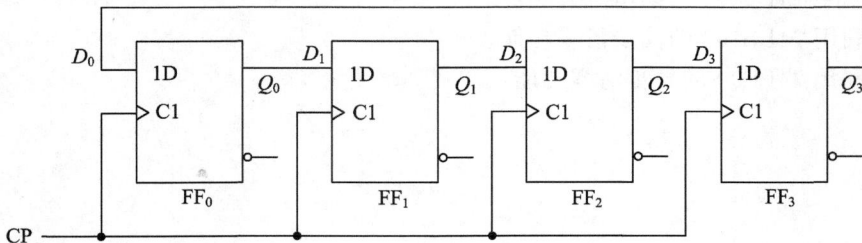

图 7-106

8. 试分析图 7-107 所示的时序逻辑电路,两片 74160 之间是什么进位方式?采用什么方法构成的计数器?计数器是几进制的?

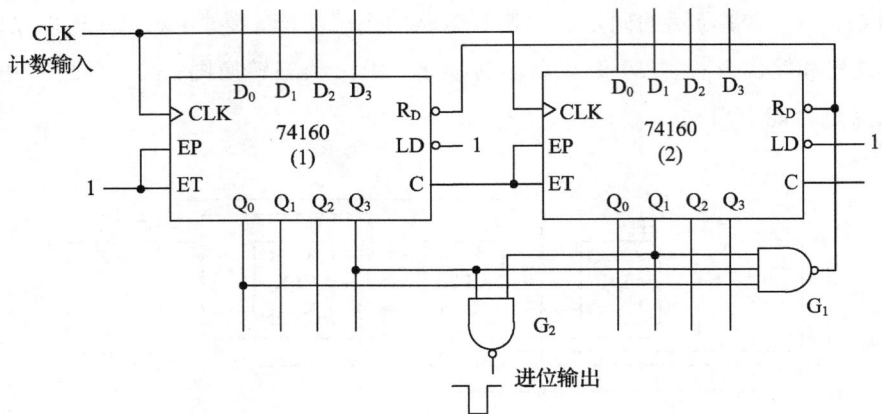

(a)

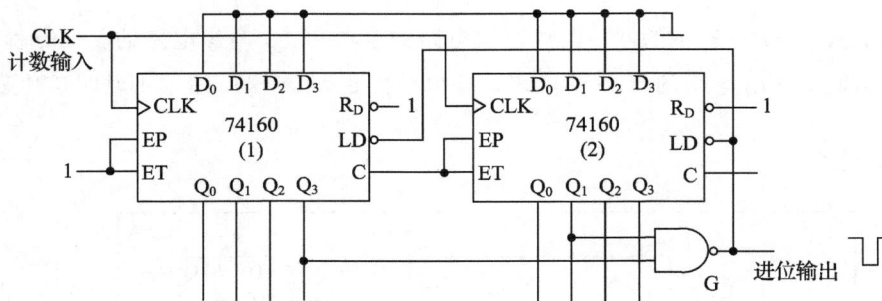

(b)

图 7 - 107

9. 试用同步十进制计数器芯片 74160，采用整体置零方式和整体置数方式设计一模数为三十一的计数器，画出接线图，可以附加必要的门电路。

10. 请用 74160 设计一个 365 进制计数器，画出接线图，可以附加必要的门电路。

11. 分别画出利用下列方法构成的六进制计数器的连线图。

（1）利用 74LS161 的异步清零功能。

（2）利用 74LS161 的同步置数功能。

（3）利用 74LS163 的同步清零功能。

（4）利用 74LS90 的异步清零功能。

第 8 章　脉冲波形发生器
(Pulse Waveform Generator)

8.0　概述(Introduction)

获取矩形脉冲波形的途径不外乎两种：一种是利用各种形式的多谐振荡器电路直接产生所需要的矩形脉冲，另一种则是通过各种整形电路将已有的周期性变化波形变换为符合要求的矩形脉冲。当然，在采用整形的方法获取矩形脉冲时，是以能够找到频率和幅度都符合要求的一种已有电压信号为前提的。在脉冲整形电路中，最常用的两类整形电路是施密特触发器和单稳态触发器电路。而在矩形脉冲产生电路中，555 定时器构成的多谐振荡器应用最为广泛。除此之外，555 定时器也可以用来构成施密特触发器和单稳态触发器。

8.1　施密特触发器(Schmitt Trigger)

施密特触发器是脉冲波形变换中经常使用的一种电路，通常在电子电路中用来完成波形变换、幅度鉴别等工作。它在性能上有两个重要的特点：

第一，输入信号从低电平上升的过程中电路状态转换时对应的输入电平，与输入信号从高电平下降过程中对应的输入转换电平不同。在输入信号增加和减少时，施密特触发器有不同的阈值电压，即正向阈值电压 V_{T+} 和负向阈值电压 V_{T-}。正向阈值电压与负向阈值电压之差称为回差电压，用 ΔV_T 表示（$\Delta V_T = V_{T+} - V_{T-}$）。根据输入相位、输出相位关系的不同，施密特触发器有同相输出和反相输出两种电路形式，电压传输特性曲线分别如图 8 - 1(a)、(b)所示。电路特性曲线类似于铁磁材料的磁滞回线，是施密特触发器的标志。

第二，电路的触发方式属于电平触发，对于缓慢变化的信号仍然适用。当输入电压达到一定值时，输出电压会发生跳变。由于电路内部正反馈的作用，输出电压波形的边沿很陡直。

利用这两个特点不仅能将边沿变化缓慢的信号波形整形为边沿陡峭的矩形波，而且可以将叠加在矩形脉冲高、低电平上的噪声有效地清除。

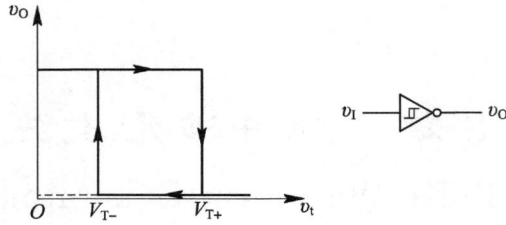

(a) 反相输出施密特电路的传输特性及逻辑符号

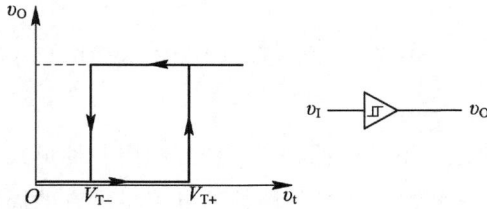

(b) 同相输出施密特电路的传输特性及逻辑符号

图 8-1 施密特电路的传输特性

8.1.1 门电路组成的施密特触发器 (Schmitt Trigger with Gate Circuit)

最简单的施密特触发器可以用 CMOS 门电路构成。将两级 CMOS 反相器串接起来，同时通过分压电阻 R_1、R_2 将输出端的电压反馈到 G_1 门的输入端，就构成了如图 8-2 所示的施密特触发器电路。

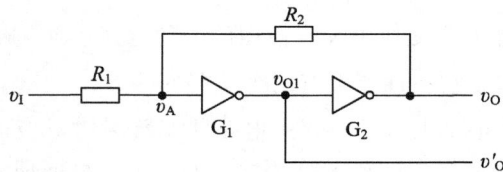

图 8-2 用 CMOS 反相器构成的施密特触发器

假定 CMOS 反相器的阈值电压为 $V_{TH} \approx \frac{1}{2} V_{DD}$，且 $R_1 < R_2$。

当输入信号 $v_1 \approx 0$ V 时，$v_A \approx 0$ V，G_1 门截止，$v_{O1} = V_{OH} \approx V_{DD}$，$G_2$ 门导通，输出信号 $v_O = V_{OL} \approx 0$ V。

当输入信号 v_1 从 0 逐渐升高时，只要 $v_A < V_{TH}$，电路就会保持 $v_O \approx 0$ V 不变。当输入信号上升到 $v_A = V_{TH}$ 时，由于 G_1 进入了电压传输特性的转折区（放大区），所以 v_A 的增加将引发如下的正反馈过程：

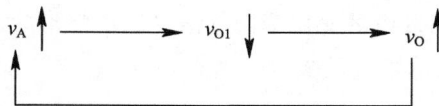

于是电路的状态迅速转换为 $v_O = V_{OH} \approx V_{DD}$。由此便可以求出 v_I 上升过程中电路状态发生

转换时对应的输入电平 V_{T+}。因为这时有：

$$v_A = V_{TH} \approx \frac{R_2}{R_1 + R_2} V_{T+}$$

所以

$$V_{T+} = \frac{R_1 + R_2}{R_2} V_{TH} = \left(1 + \frac{R_1}{R_2}\right) V_{TH} \qquad (8-1)$$

式中，V_{T+} 称为正向阈值电压。

如果 v_A 继续上升，电路在 $v_A > V_{TH}$ 后，输出状态维持 $V_O \approx V_{DD}$ 不变。

当 v_I 从高电平 V_{DD} 逐渐下降并达到 $v_A = V_{TH}$ 时，G_1 门又进入其电压传输特性转折区，v_A 的下降会引发又一个正反馈过程：

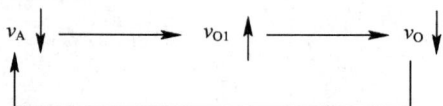

$$v_A \downarrow \longrightarrow v_{O1} \uparrow \longrightarrow v_O \downarrow$$

使电路的状态迅速转换为 $v_O = V_{OL} \approx 0$，由此可以求出 v_I 下降过程中电路状态发生转换时对应的输入电平 V_{T-}。由于这时有：

$$v_A = V_{TH} \approx V_{DD} - (V_{DD} - V_{T-})\frac{R_2}{R_1 + R_2}$$

所以

$$V_{T-} = \frac{R_1 + R_2}{R_2} V_{TH} - \frac{R_1}{R_2} V_{DD}$$

将 $V_{DD} = 2V_{TH}$ 代入上式后得到

$$V_{T-} = \left(1 - \frac{R_1}{R_2}\right) V_H \qquad (8-2)$$

式中，V_{T-} 称为负向阈值电压。

将 V_{T+} 与 V_{T-} 之差定义为回差电压 ΔV_T，即：

$$\Delta V_T = V_{T+} - V_{T-} \qquad (8-3)$$

由式(8-1)和式(8-2)可得：

$$\Delta V_T = V_{T+} - V_{T-} \approx 2\frac{R_1}{R_2} V_{TH} = \frac{R_1}{R_2} V_{DD} \qquad (8-4)$$

因此，通过改变 R_1 和 R_2 的比值可以调节 V_{T+}、V_{T-} 和回差电压的大小。但 R_1 必须小于 R_2，否则电路将进入自锁状态，不能正常工作。

根据式(8-1)和式(8-2)画出电压传输特性如图 8-1(b)所示。因为 v_O 和 v_I 的高、低电平是同相的，所以也将这种形式的电压传输特性称为同相输出的施密特触发特性。

如果以图 8-2 中的 v_O' 作为输出端，则得到的电压传输特性将如图 8-1(a)所示。由于 v_O' 与 v_I 的高、低电平是反相的，所以将这种形式的电压传输特性称为反相输出的施密特触发特性。

【例 8-1】 在图 8-2 所示的电路中，电源电压 $V_{DD} = 10$ V，G_1、G_2 选用 CC4069 反相器，在 $V_{DD} = 10$ V 时其负载电流最大允许值 $|I_{OH(max)}| = 1.3$ mA，门的阈值电压 $V_{TH} = \frac{1}{2}V_{DD} = 5$ V，且 $\frac{R_1}{R_2} = 0.5$。要求：(1) 求图 8-2 所示施密特触发器的 V_{T+}、V_{T-} 和 ΔV_T。

（2）试选择 R_1、R_2 的值。

解 （1）求 V_{T+}、V_{T-} 和 ΔV_T。

由式(8 - 1)、式(8 - 2)和式(8 - 3)可得：

$$V_{T+} = \left(1 + \frac{R_1}{R_2}\right) V_{TH} = (1 + 0.5) \times 5 \text{ V} = 7.5 \text{ V}$$

$$V_{T-} = \left(1 - \frac{R_1}{R_2}\right) V_{TH} = (1 - 0.5) \times 5 \text{ V} = 2.5 \text{ V}$$

$$\Delta V_T = V_{T+} - V_{T-} = 5 \text{ V}$$

（2）选择 R_1、R_2 的值。

为保证反相器 G_2 输出高电平时的负载电流不超过最大允许值 $|I_{OH(max)}|$，应使：

$$\frac{V_{OH} - V_{TH}}{R_2} < |I_{OH(max)}| \tag{8-5}$$

考虑到 $V_{OH} \approx V_{DD} = 10 \text{ V}$，可得：

$$R_2 > \frac{10\text{V} - 5\text{V}}{1.3 \text{ mA}} = 3.85 \text{ k}\Omega$$

比如当选取 $R_2 = 22 \text{ k}\Omega$ 时，有 $R_1 = \frac{1}{2} R_2 = 11 \text{ k}\Omega$。

8.1.2　COMS 集成施密特触发器(Integrated Schmitt Trigger with CMOS)

集成施密特触发器性能稳定，应用十分广泛，无论是 CMOS 还是 TTL 电路，都有单片的集成施密特触发器产品。现以 CMOS 集成施密特触发器 CC40106 为例介绍其工作原理。

图 8 - 3 是 CMOS 集成施密特触发器 CC40106 的电路图。电路的核心部分是由 $T_1 \sim T_6$ 组成的施密特触发器电路。如果没有 T_3 和 T_6 存在，那么 T_1、T_2、T_4 和 T_5 仅仅是一个反相器，无论输入信号 v_I 是从高电平降低还是从低电平升高，转换电平均在 $v_I = \frac{1}{2} V_{DD}$ 附近。

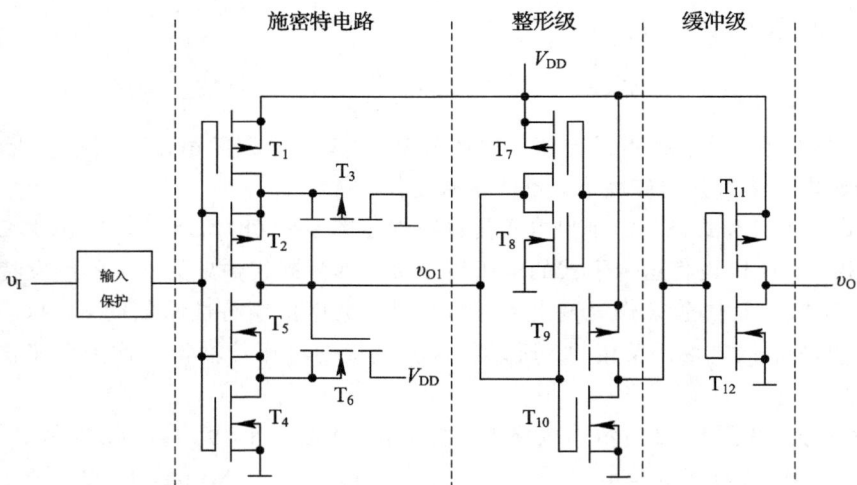

图 8 - 3　CMOS 集成施密特触发器 CC40106

接入 T_3 和 T_6 后情况就不同了。设 P 沟道 MOS 管的开启电压为 $V_{GS(th)P}$,N 沟道 MOS 管的开启电压为 $V_{GS(th)N}$。当 $v_I = 0$ 时,T_1、T_2 导通而 T_4、T_5 截止,此刻 v_{O1} 为高电平 ($V_{O1} \approx V_{DD}$),它使 T_3 截止、T_6 导通并工作在源极输出状态。因此 T_5 源极的电位 v_{S5} 较高,$v_{S5} \approx V_{DD} - V_{GS(th)N}$。

在 v_I 逐渐升高的过程当中,$v_I > V_{GS(th)N}$ 后,T_4 导通,但由于 v_{S5} 很高,即使 $v_I > \frac{1}{2}V_{DD}$,T_5 仍不会导通;v_I 继续升高,到 T_1、T_2 的栅源电压 $|v_{GS1}|$、$|v_{GS2}|$ 减小到 T_1、T_2 趋于截止时,T_1 和 T_2 的内阻开始急剧增大,从而使 v_{O1} 和 v_{S5} 开始下降,最终达到 $v_I - v_{S5} \geq V_{GS(th)N}$,于是 T_5 开始导通并引起如下的正反馈过程:

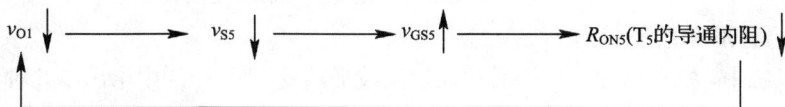

$$v_{O1} \downarrow \longrightarrow v_{S5} \downarrow \longrightarrow v_{GS5} \uparrow \longrightarrow R_{ON5}(T_5\text{的导通内阻}) \downarrow$$

从而使 T_5 迅速导通并进入低压降的电阻区;与此同时,随着 v_{O1} 的下降 T_3 导通,进而使 T_1、T_2 截止,v_{O1} 下降为低电平。

因此,在 $V_{DD} \gg V_{GS(th)N} + |V_{GS(th)P}|$ 的条件下,v_I 上升过程的转换电平 V_{T+} 要比 $\frac{1}{2}V_{DD}$ 高得多;而且 V_{DD} 越高,V_{T+} 也随之升高。

同理,在 $V_{DD} \gg V_{GS(th)N} + |V_{GS(th)P}|$ 的条件下,v_I 下降过程的转换电平 V_{T-} 要比 $\frac{1}{2}V_{DD}$ 低得多,其转换过程与 v_I 上升时的情况类似。

$T_7 \sim T_{10}$ 组成的整形电路是两个首尾相连的反相器,在 v_{O1} 上升和下降的过程中,通过两级反相器的正反馈作用,使输出电压波形进一步得到改善;T_{11} 和 T_{12} 组成输出缓冲级,它不仅提高了电路的带负载能力,还起到了将内部电路与负载隔离的作用。

由以上的分析可知,电路在 v_I 上升和下降的过程中有两个不同的阈值电压,电路为典型的施密特触发器。值得指出的是,由于集成电路内部器件参数差异较大,电路的 V_{T+} 和 V_{T-} 的数值有较大的差异,不同的 V_{DD} 有不同的 V_{T+}、V_{T-} 值,即使 V_{DD} 相同,不同的器件也有不同的 V_{T+} 和 V_{T-} 数值。

8.1.3 施密特触发器的应用(Application of Schmitt Trigger)

施密特触发器的应用非常广泛,下面介绍几个典型的应用:

1. 波形变换

利用施密特触发器状态转换过程中的正反馈作用,可以将边沿变化缓慢的周期性信号变换为边沿很陡的矩形脉冲信号。

例如,在图 8-4 的例子中,输入信号是由直流分量和正弦分量叠加而成的,只要输入信号的幅度大于 V_{T+},即可在施密特触发器的输出端得到同频率的矩形脉冲信号。

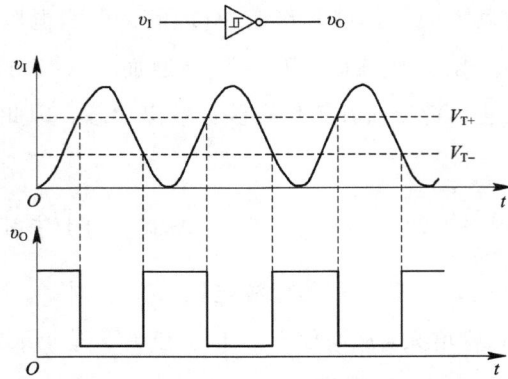

图 8 - 4 用施密特触发器实现波形变换

2. 波形的整形和抗干扰

在数字系统中，矩形脉冲经传输后往往发生波形畸变，图 8-5 中给出了几种常见的情况。

当传输线上电容较大时，波形的上升沿和下降沿将明显变坏，如图 8-5(a)所示；当传输线较长，而且接收端的阻抗与传输线的阻抗不匹配时，波形的上升沿和下降沿将产生振荡现象，如图 8-5(b)所示；当其它脉冲信号通过导线间的分布电容或公共电源线叠加到矩形脉冲信号上时，信号上将出现附加的噪声，如图 8-5(c)所示。

无论出现上述哪一种情况，都可通过用施密特触发器整形而获得比较理想的矩形脉冲波形。由图 8-5 可见，只要施密特触发器的 V_{T+} 和 V_{T-} 设置得合适，均能收到满意的整形效果。

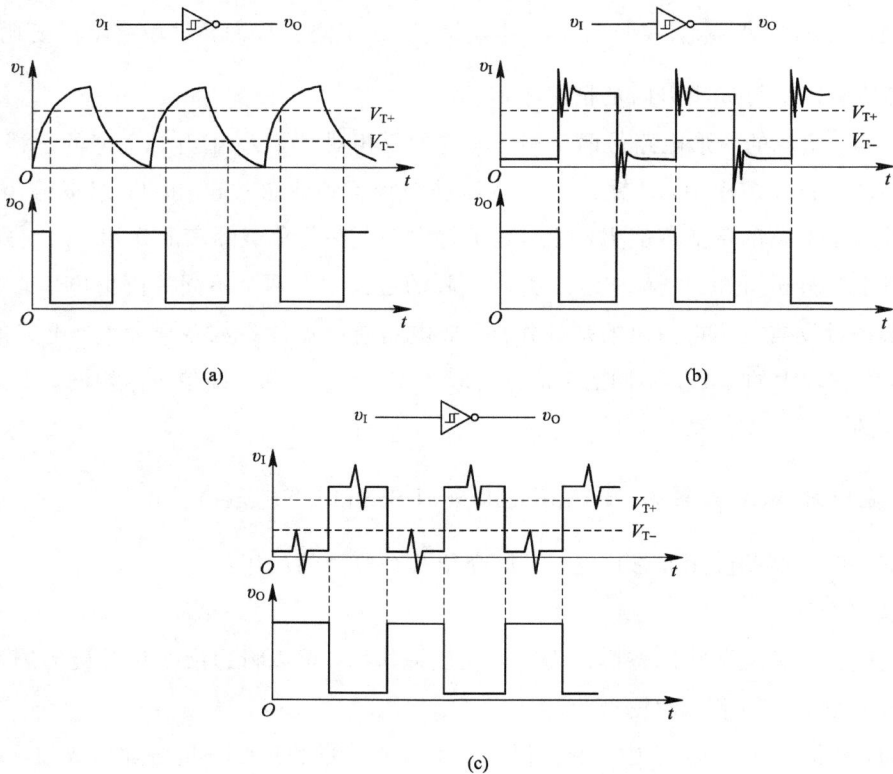

(a)

(b)

(c)

图 8 - 5 用施密特触发器对脉冲整形

采用施密特触发器消除干扰时，回差电压大小的选择非常重要。例如要消除图 8-6(a)所示信号的顶部干扰，回差电压取小了，顶部干扰没有消除；图 8-6(b)是回差电压取值为 ΔV_{T1} 时的输出波形；调大回差电压才能消除干扰，图 8-6(c)是回差电压取值为 ΔV_{T2} 时的理想输出波形。

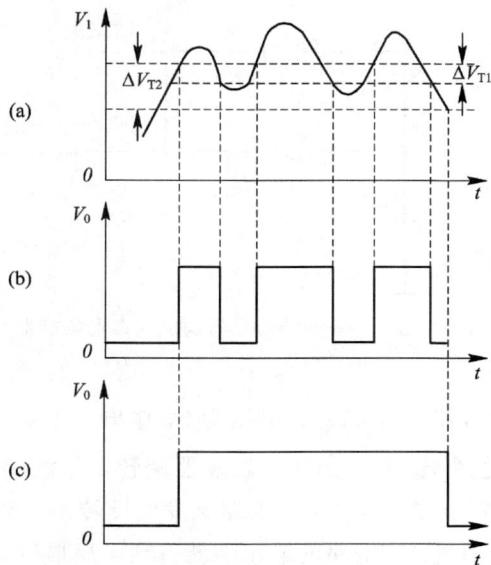

图 8-6 利用回差电压抗干扰

3. 幅度鉴别

施密特触发器的触发方式属于电平触发，其输出状态与输入信号 v_I 的幅值有关。根据这一工作特点，可以用它作为幅度鉴别电路。例如，在图 8-7 所示电路中，输入信号为幅度不等的一串脉冲，要鉴别幅度大于特定电压的脉冲，只要将施密特触发器的正向阈值电压 V_{T+} 调整到规定的幅度，这样，只有幅度大于 V_{T+} 的那些脉冲才会使施密特触发器反转，使 v_O 有相应的输出；而对于幅度小于 V_{T+} 的脉冲，施密特触发器不翻转，v_O 也就没有相应的脉冲输出。

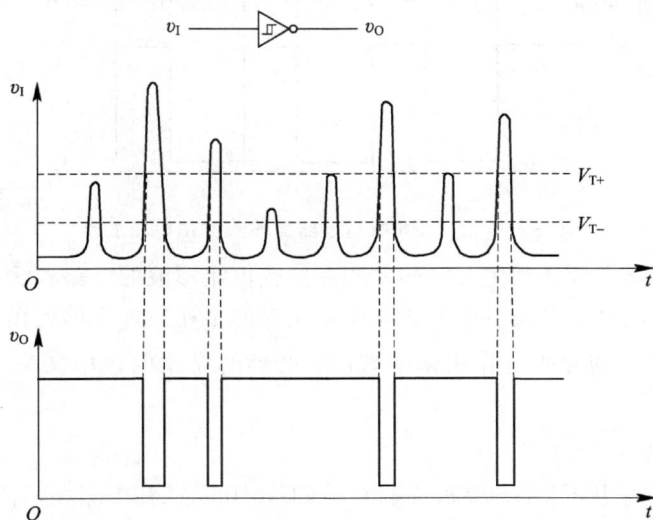

图 8-7 用施密特触发器鉴别脉冲幅度

4. 用施密特触发器构成波形产生电路

由于施密特触发器有 V_{T+} 和 V_{T-} 两个不同的阈值电压，如果能使其输入电压在 V_{T+} 和 V_{T-} 之间不停地反复变化，就可以在它的输出端得到矩形波。实现上述设想的一种简单方法就是将施密特触发器的输出端经 RC 积分电路接回其输入端即可，电路如图 8-8 所示。

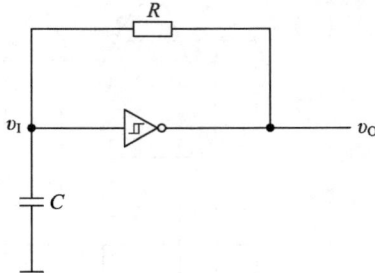

图 8-8 用施密特触发器构成的多谐振荡器

1）工作原理

设接通电源瞬间，电容器 C 上的初始电压为 0，输出电压 v_O 为高电平；v_O 通过电阻 R 对电容器 C 充电，当 v_I 达到 V_{T+} 时，施密特触发器翻转，v_O 跳变为低电平；此后，电容器 C 开始放电，v_I 下降；当它下降到 V_{T-} 时，电路又发生反转，v_O 又由低电平跳变为高电平，C 又被重新充电；如此周而复始，电路的输出端就得到了矩形波。

v_I 和 v_O 的波形如图 8-9 所示。

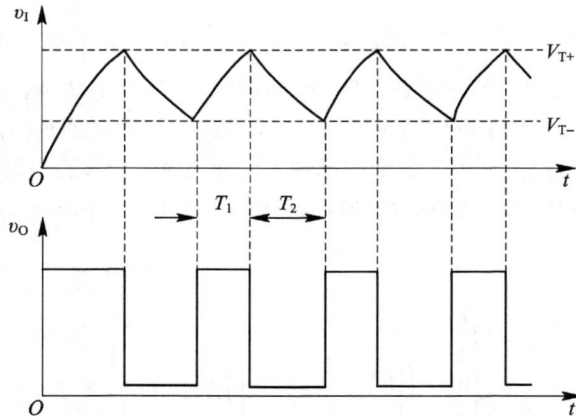

图 8-9 图 8-8 所示电路的输入输出电压波形

这种能够在接通电源后产生一定频率和一定幅值矩形波的电路称为多谐振荡器，往往在数字电路中用作脉冲信号源。由上述多谐振荡器的工作原理可以看出，两个暂稳态的转换过程是通过电容 C 的充放电作用来实现的，电容的充放电作用又集中体现在输入电压 v_I 的变化上。

2）振荡周期的计算

设在图 8-8 中采用 CMOS 施密特触发器 CC40106，已知 $V_{OH} \approx V_{DD}$、$V_{OL} \approx 0\ \text{V}$，则图 8-9 中的输出电压 v_O 的周期 $T = T_1 + T_2$，计算如下：

(1) 首先计算 T_1。

以图 8-9 中 T_1 的起始点作为时间起点，根据 RC 电路暂态过渡过程公式有：

$$v_I(0^+) = V_{T-}$$
$$v_I(\infty) = V_{DD}$$
$$v_I(T_1) = V_{T+}$$
$$\tau = RC$$

于是可以求出

$$T_1 = RC\ln\left(\frac{V_{DD} - V_{T-}}{V_{DD} - V_{T+}}\right) \tag{8-6}$$

(2) 然后计算 T_2。

以图 8-9 中 T_2 的起始点作为时间起点，则有：

$$v_I(0^+) = V_{T+}$$
$$v_I(T_2) = V_{T-}$$
$$v_I(\infty) = 0$$
$$\tau = RC$$

利用 RC 电路暂态过程公式，可求出

$$T_2 = RC\ln\frac{V_{T+}}{V_{T-}} \tag{8-7}$$

那么振荡周期 T：

$$T = T_1 + T_2 = RC\left(\ln\frac{V_{DD} - V_{T-}}{V_{DD} - V_{T+}} + \ln\frac{V_{T+}}{V_{T-}}\right)$$
$$= RC\ln\left(\frac{V_{DD} - V_{T-}}{V_{DD} - V_{T+}} \cdot \frac{V_{T+}}{V_{T-}}\right) \tag{8-8}$$

【例 8-2】　在图 8-8 中，$R = 10\ \text{k}\Omega$，$C = 0.002\ \mu\text{F}$，CMOS 施密特触发器的 $V_{DD} = 5\ \text{V}$，$V_{OH} \approx 5\ \text{V}$，$V_{OL} = 0\ \text{V}$，$V_{T+} = 2.75\ \text{V}$，$V_{T-} = 1.67\ \text{V}$，试计算输出波形的高电平持续时间 t_{pH}、低电平持续时间 t_{pL} 和占空比 q。

解　电路的输出波形如图 8-9 所示。t_{pH}、t_{pL} 实际上就是图 8-9 中的 T_1 和 T_2，由式 (8-6) 和式 (8-7) 可分别求出：

$$t_{pH} = T_1 = RC\ln\left(\frac{V_{DD} - V_{T-}}{V_{DD} - V_{T+}}\right) = 10\ \text{k}\Omega \times 0.022\ \mu\text{F} \times \ln\frac{5 - 1.67}{5 - 2.75} = 86.2\ \mu\text{s}$$

$$t_{pL} = T_2 = RC\ln\frac{V_{T+}}{V_{T-}} = 10\ \text{k}\Omega \times 0.022\ \mu\text{F} \times \ln\frac{2.75}{1.67} \approx 110\ \mu\text{s}$$

占空比 q 为：

$$q = \frac{t_{pH}}{t_{pH} + t_{pL}} = \frac{86.2}{86.2 + 110} = 0.439 = 43.9\%$$

8.2　555 定时器(555 Timer)

555 定时器是美国西格尼蒂克公司于 1972 年研制的用于取代机械式定时器的中规模

集成电路，因输入端设计有三个 5 kΩ 的电阻而得名。目前，555 定时器流行的产品主要有 4 种：BJT 类两个：555 和 556（含有两个 555）；CMOS 类两个：7555 和 7556（含有两个 7555）。555 定时器是一种模拟和数字功能相结合的中规模集成器件，一般用双极型 （TTL）工艺制作的称为 555，用互补金属氧化物（CMOS）工艺制作的称为 7555。除单定时器外，还有对应的双定时器 556 和 7556。555 定时器的电源电压范围较宽，工作电压为 4.5 V～16 V，其中 7555 工作电压为 3～18 V；输出驱动电流约为 200 mA，因而其输出可与 TTL、CMOS 或者模拟电路电平兼容。

555 定时器成本低廉，性能可靠，只需要外接几个电阻、电容，就可以实现多谐振荡器、单稳态触发器及施密特触发器等脉冲产生与变换电路。它也常作为定时器，广泛应用于仪器仪表、家用电器、电子测量及自动控制等方面。

8.2.1 555 定时器的工作原理（Working Principle of 555 Timer）

1. 电路结构和外形

555 定时器内部电路结构和器件封装分别如图 8-10(a)和(b)所示。

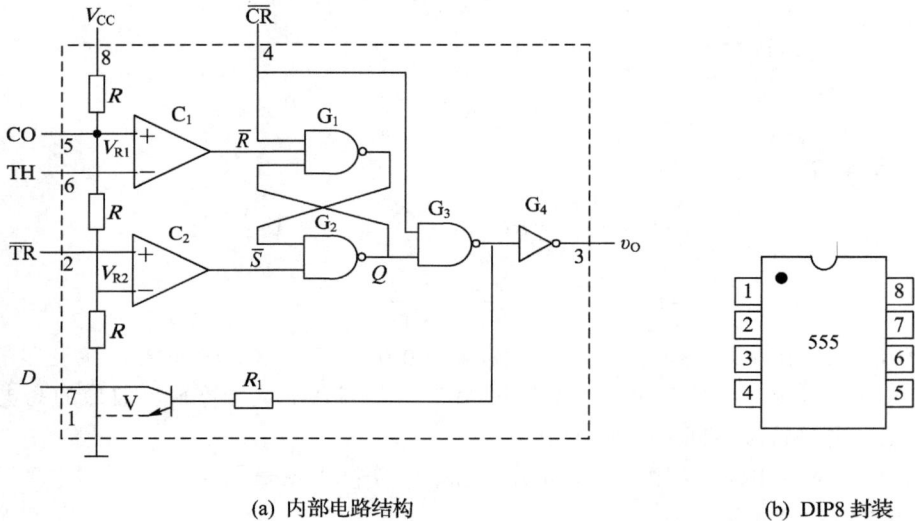

(a) 内部电路结构   (b) DIP8 封装

图 8-10 555 定时器内部电路结构和器件封装

555 定时器的内部电路包括两个电压比较器、三个等值 5 kΩ 串联电阻、一个 RS 触发器和一个放电管 T 及功率输出级，它提供两个基准电压：$\frac{1}{3}V_{CC}$ 和 $\frac{2}{3}V_{CC}$。

555 定时器的各个引脚功能如下：

1 脚：外接电源负端 V_{SS} 或接地，一般情况下接地。

2 脚：低触发端 TR。

3 脚：输出端 v_O。

4 脚：直接清零端。此端接低电平时，时基电路不工作，此时不论 TR、TH 处于何电平，时基电路输出均为 0。该端不用时应接高电平。

5 脚：v_C 为控制电压端。此端外接电压时，可改变内部两个比较器的基准电压。该端不用时, 应将该端串入一只 $0.01\ \mu\text{F}$ 电容接地, 以防引入干扰。

6 脚: 高触发端 TH。

7 脚: 放电端。该端与放电管集电极相连, 用做定时器时电容的放电端。

8 脚: 外接电源 V_{CC}。双极型时基电路 V_{CC} 的工作电压范围是 $4.5 \sim 16\ \text{V}$, CMOS 型时基电路 V_{CC} 的工作电压范围为 $3 \sim 18\ \text{V}$。一般用 $5\ \text{V}$。

2. 电路工作原理

555 定时器的功能主要由两个比较器决定, 这两个比较器的输出电压控制 RS 触发器和放电管的状态。在电源与地之间加上电压, 当 5 脚悬空时, 则电压比较器 C_1 的同相输入端的电压为 $\frac{2}{3}V_{\text{CC}}$, C_2 的反相输入端的电压为 $\frac{1}{3}V_{\text{CC}}$。若触发输入端 TR 的电压小于 $\frac{1}{3}V_{\text{CC}}$, 则比较器 C_2 的输出为 0, 可使 RS 触发器置 1, 使输出端为 1; 如果阈值输入端 TH 的电压大于 $\frac{2}{3}V_{\text{CC}}$, 同时 TR 端的电压大于 $\frac{1}{3}V_{\text{CC}}$, 则 C_1 的输出为 0, C_2 的输出为 1, 可将 RS 触发器置 0, 使输出为低电平。

在 1 脚接地、5 脚未外接电压、两个比较器的基准电压分别为低电平的情况下, 555 时基电路的功能表如表 8-1 所示。

表 8-1　555 定时器的功能表

清零端	高触发端 TH	低触发端 TR	v_O	放电管 V	功能
0	×	×	0	导通	直接清零
1	0	1	×	保持上一状态	保持上一状态
1	1	0	1	截止	置 1
1	0	0	1	截止	置 1
1	1	1	0	导通	清零

8.2.2　用 555 定时器构成的多谐振荡器(Multi-Vibrator with 555 Timer)

多谐振荡器是能产生矩形波的一种自激振荡器电路, 由于矩形波中除基波外还含有丰富的高次谐波, 故称为多谐振荡器。多谐振荡器没有稳态, 只有两个暂稳态, 在自身因素的作用下, 电路就在两个暂稳态之间来回转换, 故又称它为无稳态电路。

1. 555 多谐振荡器电路分析

在 Proteus 中连接由 555 定时器构成的多谐振荡器, 如图 8-11 所示。R_4、R_5 和 C_2 是外接定时元件, 电路中将高电平触发端(6 脚)和低电平触发端(2 脚)并接后接到 R_5 和 C_2 的连接处, 将放电端(7 脚)接到 R_4、R_5 的连接处。

由于接通电源瞬间, 电容 C_2 来不及充电, 电容器两端电压 v_C 为低电平, 小于 $\frac{1}{3}V_{\text{CC}}$, 故高电平触发端与低电平触发端均为低电平, 输出 v_O 为高电平, 放电管 Q_1 截止; 这时电源经 R_4、R_5 对电容 C_2 充电, 使电压 v_C 按指数规律上升, 当 V_c 上升到 $\frac{2}{3}V_{\text{CC}}$ 时, 输出 V_o 为低电平，放电管 Q_1 导通，我们把 v_C 从 $\frac{1}{3}V_{CC}$ 上升到 $\frac{2}{3}V_{CC}$ 这段时间内电路的状态称为第一暂稳态，其维持时间 T_{PH} 的长短与电容的充电时间有关。充电时间常数 $T_充=(R_4+R_5)C_2$。

由于放电管 Q_1 导通，电容 C_2 通过电阻 R_5 和放电管放电，电路进入第二暂稳态，其维持时间 T_{PL} 的长短与电容的放电时间有关，放电时间常数 $T_放=R_5C_2$。随着 C_2 的放电，v_C 下降，当 v_C 下降到 $\frac{1}{3}V_{CC}$ 时，输出 v_O 为高电平，放电管 Q_1 截止，V_{CC} 再次对电容 C_2 充电，电路又翻转到第一暂稳态。不难理解，接通电源后，电路就在两个暂稳态之间来回翻转，则输出可得矩形波。电路一旦起振后，v_C 电压总是在 $\frac{1}{3}\sim\frac{2}{3}V_{CC}$ 之间变化。

在 Proteus 中放置一个模拟波形分析框，把电容 C_2 和输出电压的波形自动绘制出来。先在电容 C_2 和输出电压端分别加两个电压探针，然后双击拖入波形框中；根据波形周期修改波形坐标横轴，然后按空格键生成波形，如图 8-11 中下方所示。

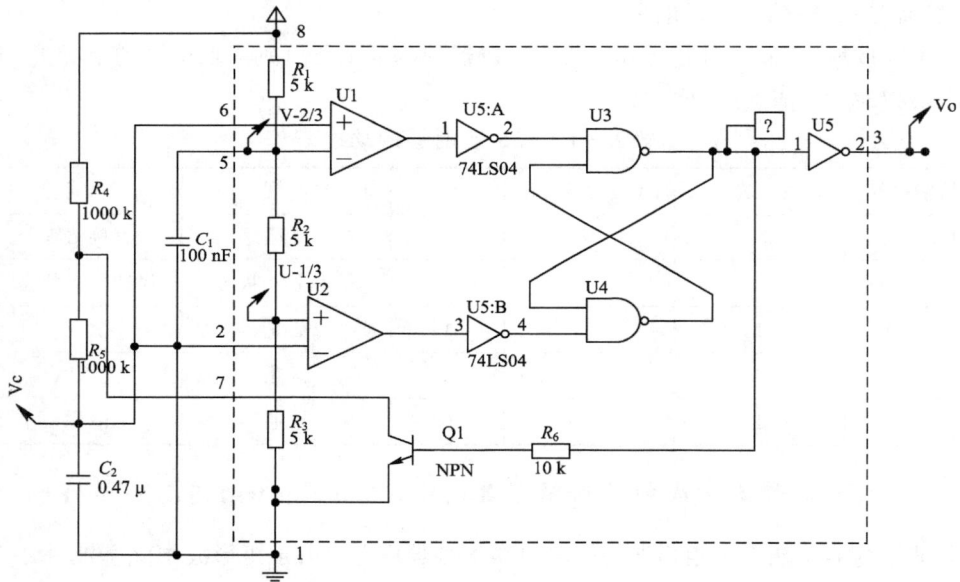

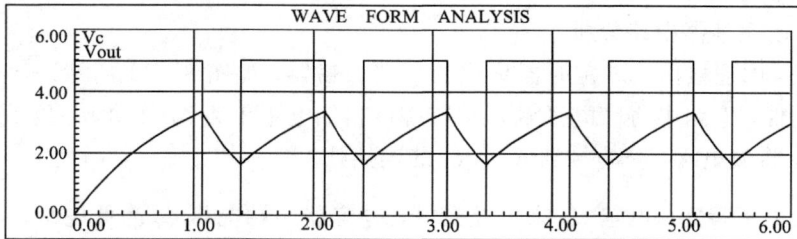

图 8-11　Proteus 中由 555 定时器构成的多谐振荡器

通过一阶动态电路响应分析可以求出输出矩形波的周期。图 8-11 中的电容充放电波形显示,在一个周期内,电容先充电再放电。选取中间一段来分析,可以认为电容充电过程为全响应,放电过程为零输入响应。已知充、放电时间常数,充电初始和终止电压,放电初始和终止电压,列两个方程,分别求出充、放电时间,加起来即为周期。

因此,求得的输出波形周期为:

$$T = T_{on} + T_{off} = (R_4 + 2R_5)C_2\ln2 \qquad (8-9)$$

波形频率为:

$$f = \frac{1}{T} = \frac{1}{(R_4 + 2R_5)C_2\ln2}$$

请大家计算一下图 8-11 中的输出波表周期和频率。

2. 由集成 555 定时器构成的多谐振荡器

由集成 555 构成的多谐振荡器如图 8-12 所示,同时该图也是一个 1 秒的矩形波发生器经典电路,请同学们在 Proteus 中仿真并用示波器观察波形及周期。

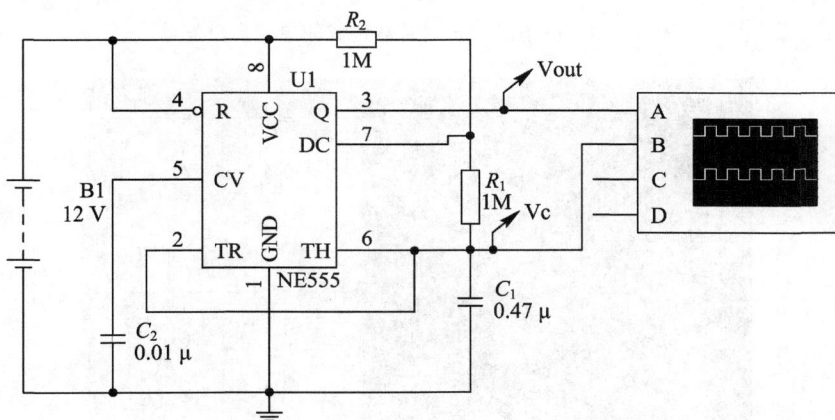

图 8-12 由集成 555 定时器构成的多谐振荡器

8.2.3 用 555 定时器构成的单稳态触发器(Mono-Stable Trigger with 555 Timer)

单稳态触发器只有一个稳定状态和一个暂稳态。在外加脉冲的作用下,单稳态触发器可以从一个稳定状态翻转到一个暂稳态。由于电路中 RC 延时环节的作用,该暂态维持一段时间又会回到原来的稳态。暂稳态维持的时间取决于 RC 的参数值。

1. 555 单稳态触发器电路分析

若以 555 定时器的 2 端作为触发信号,如图 8-13 所示,触发开关电路由电阻和按键串联而成,并与外部 RC 充放电电路并联;将 555 定时器的 6、7 端接在一起,由 R_5 和三极管组成的反相输出电压(7 端)来控制电容的充放电。

每当图 8-13 中按钮动作一次(按下后快速松开),555 定时器的 3 端就输出一个固定宽度的正脉冲,如图 8-14 所示(下面的波形为触发信号,窄负脉冲),且脉冲宽度由电阻 R_4 和电容 C 组成的充放电路电容时间常数来决定,后面会给出具体计算公式。

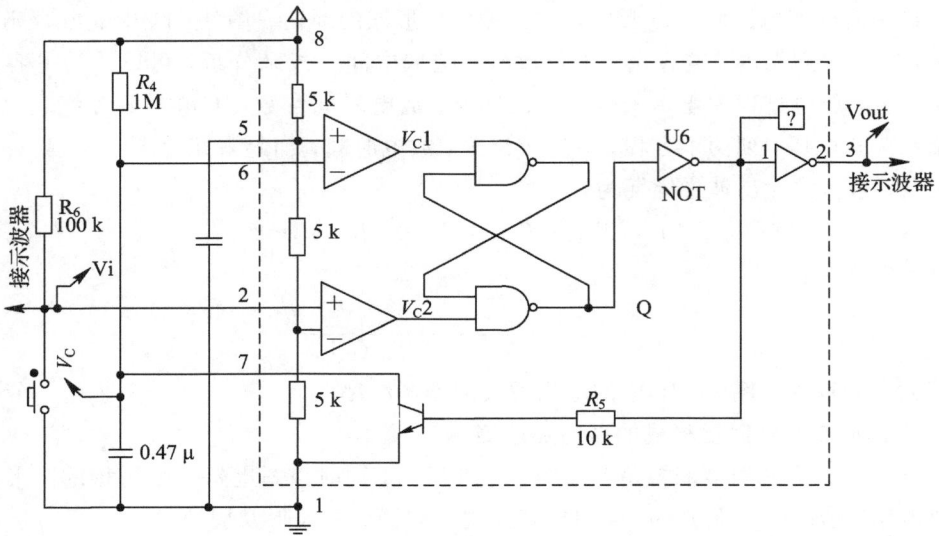

图 8-13　由集成 555 定时器构成的单稳态触发器

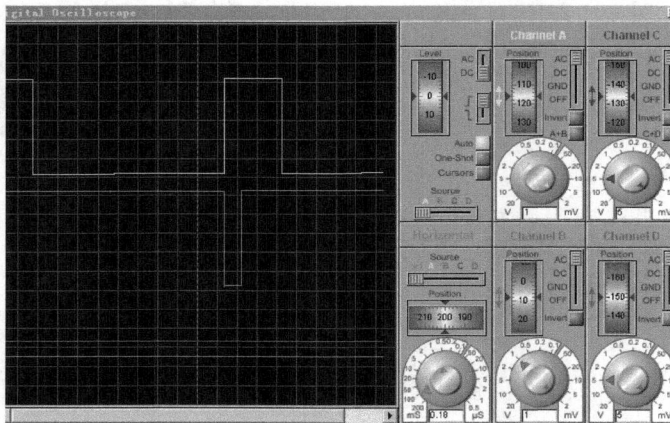

图 8-14　Proteus 中单稳态触发器的仿真输出波形

图 8-13 所示电路的工作原理如下：

1）上电后电路状态分析

555 定时器如果没有触发信号时，v_I 处于高电平，那么稳态时这个电路一定处于 $v_{C1} = v_{C2} = 1$、$Q = 0$ 及 $v_O = 0$ 的状态；假定接通电源后锁存器停在 $Q = 0$ 的状态，则三极管饱和导通，$v_C \approx 0$，故此状态将稳定不变。

如果接通电源后锁存器停在 $Q = 1$ 状态，这时三极管一定截止，V_{CC} 便经 R_4 向电容 C 充电。当充到 $v_C = \dfrac{2}{3}V_{CC}$ 时，v_{C1} 变为 0，于是将锁存器置 0；同时三极管导通，电容 C 经三极管迅速放电，使 $v_C \approx 0$；此后由于 $v_{C1} = v_{C2} = 1$，锁存器保持 0 状态不变，输出也相应地稳定在 $v_O = 0$ 状态。

因此，通电后电路便自动地停在 $v_O = 0$ 的稳态。

2) 触发后电路状态分析

当触发脉冲的下降沿到达，使 v_{I2} 跳变到 $\frac{1}{3}V_{CC}$ 以下时，$v_{C2}=0$(此时 $v_{C1}=1$)，锁存器被置 1，v_O 跳变为高电平，电路进入暂稳态；与此同时三极管截止，V_{CC} 经电阻 R 开始向电容 C 充电。

当电容充电至 $\frac{2}{3}V_{CC}$ 时，v_{C1} 变成 0；如果此时输入端触发脉冲消失，v_I 回到高电平，则锁存器将被置 0，于时输出返回 $v_O=0$ 状态；三极管又变为导通状态，电容 C 经三极管迅速放电，直至 $v_C=0$，电路恢复稳态。

图 8-15 是在触发信号作用下 v_C 和 v_O 相应的波形。

3) 输出脉冲宽度计算

输出脉冲的宽度 T_W 等于暂稳态的持续时间，而暂稳态的持续时间取决于外接充放电回路的电阻 R 和电容 C 的大小。由图 8-15 可知，T_W 等于电容电压在充电过程中从 0 上升到 $\frac{2}{3}V_{CC}$ 所需要的时间，因此得到：

$$T_W = RC\ln\frac{V_{CC}-0}{V_{CC}-\frac{2}{3}V_{CC}} = RC\ln3 = 1.1RC \qquad (8-10)$$

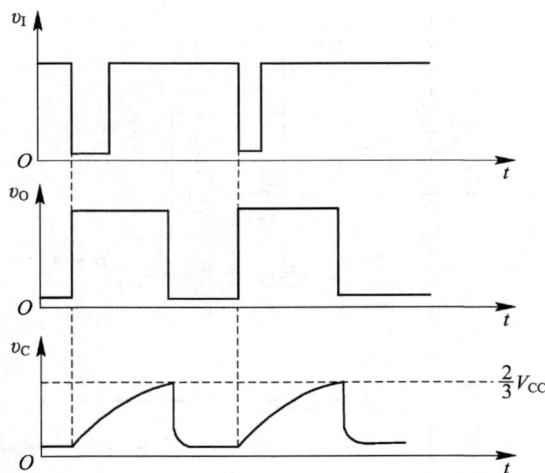

图 8-15　图 8-13 电路的电压波形

通常 R 的取值在几百欧到几兆欧之间，电容的取值范围为几百皮法到几百微法，T_W 的范围为几微秒到几分钟。但必须注意，随着 T_W 的宽度增加，它的精度和稳定度也将下降。

3. 由集成 555 定时器构成的单稳态触发器

在 Proteus 中用集成 555 定时器来构建单稳态触发器并仿真。打开 Proteus ISIS，按图 8-16 调取元件并连接电路，运行仿真后，快速按下按钮，调整并观察示波器输出波形，计算输出暂稳态波形的宽度 T_W。故意长时间按下按钮(时间超过 T_W)，反复多次，观察输出波形宽度，查看相关资料，分析原因。

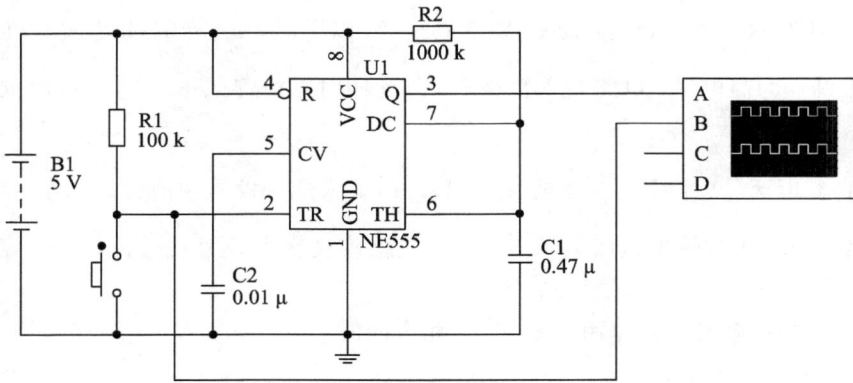

图 8-16　由集成 555 芯片构成的单稳态触发电路

8.2.4　用 555 定时器构成的施密特触发器(Schmitt Trigger with of 555 Timer)

将 555 定时器的 v_{I1}（6 端）和 v_{I2}（2 端）两个输出端连在一起作为信号输入端，如图 8-17所示，即可得到施密特触发器。其中 5 端和地之间接 $0.01\mu F$ 电容防干扰。

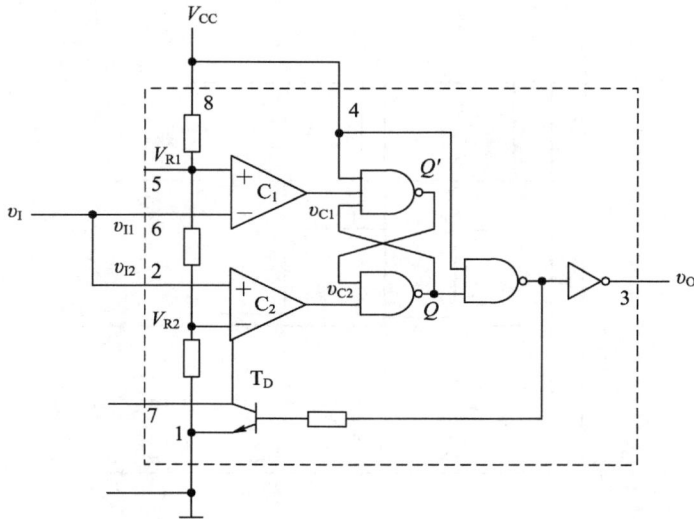

图 8-17　用 555 定时器接成的施密特触发器

由于比较器 C_1 和 C_2 的参考电压不同，因而 SR 锁存器的置 0 信号（$v_{C1}=0$）和置 1 信号（$v_{C2}=0$）必然发生在输入信号 v_I 的不同电平值。因此，输出电压 v_O 由高电平变为低电平和由低电平变为高电平所对应的 v_I 值也不相同，这样就形成了施密特触发特性。

为提高比较器参考电压 V_{R1} 和 V_{R2} 的稳定性，通常在 555 定时器的 5 端接 $0.01\ \mu F$ 左右的滤波电容。

首先来分析 v_I 从 0 逐渐升高的过程：

当 $v_I < \frac{1}{3}V_{CC}$ 时，$v_{C1}=1$，$v_{C2}=0$，$Q=1$，故 $v_O=V_{OH}$；

当 $\frac{1}{3}V_{CC} < v_I < \frac{2}{3}V_{CC}$ 时，$v_{C1}=v_{C2}=1$，故 $v_O=V_{OH}$ 保持不变；

当 $v_I > \frac{2}{3}V_{CC}$ 以后，$v_{C1}=0$，$v_{C2}=1$，$Q=0$，故 $v_O=V_{OL}$。

因此，$V_{T+} = \frac{2}{3}V_{CC}$

其次，再看 v_I 从高于 $\frac{2}{3}V_{CC}$ 开始下降的过程：

当 $\frac{1}{3}V_{CC} < v_I < \frac{2}{3}V_{CC}$ 时，$v_{C1}=v_{C2}=1$，故 $v_O=V_{OL}$ 不变；

当 $v_I < \frac{1}{3}V_{CC}$ 以后，$v_{C1}=1$，$v_{C2}=0$，$Q=1$，故 $v_O=V_{OH}$。

因此，$V_{T-} = \frac{1}{3}V_{CC}$。

由此得到电路的回差电压为：

$$\Delta V_T = V_{T+} - V_{T-} = \frac{1}{3}V_{CC}$$

图 8-18 是图 8-17 电路的电压传输特性，它是一个典型的反相输出施密特触发特性。

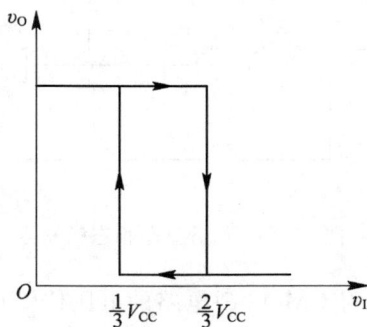

图 8-18　图 8-17 电路的电压传输特性

8.3　集成单稳态触发器(Integrated Mono-Stable Trigger)

通过第 6 章的学习，我们知道触发器有两个稳定状态，因此被称为双稳态触发器。一个双稳态触发器可以保存 1 位二值信息。在 8.1 和 8.2 节中介绍的用来作为脉冲信号源的多谐振荡器则是没有稳定状态的电路，无论处在哪一个状态，都会自发地在一定时间之后转变为另一种状态。在数字电路中，还有一种只有一个稳定状态的电路，就是单稳态触发器。

单稳态触发器的工作特性具有如下的显著特点：

第一，它有稳态和暂稳态两个不同的工作状态。没有触发脉冲作用时，电路处于稳态。

第二，在外界触发脉冲作用下，电路能从稳态翻转到暂稳态。暂稳态是一种不能长久保持的状态，在暂稳态维持一段时间之后，会自动返回到稳态。

第三，暂稳态维持时间的长短取决于电路本身的参数，与触发脉冲的宽度和幅度无关。

由于具备这些特点，单稳态触发器被广泛应用于脉冲整形、延时（产生滞后于触发脉冲的输出脉冲）以及定时（产生固定时间宽度的脉冲信号）等方面。

8.3.1 用 CMOS 门电路组成的微分型单稳态触发器

(Differential Mono-Stable Trigger Composed of CMOS Gate Circuit)

单稳态触发器可由逻辑门和 RC 电路组成。根据 RC 电路连接方式的不同，单稳态触发器有微分型单稳和积分型单稳两种电路形式，这里只讨论微分型单稳电路。

用 CMOS 门组成的微分型单稳态触发器如图 8-19 所示。图中 RC 电路按微分电路的方式连接在 G_1 门的输出端和 G_2 门的输入端。

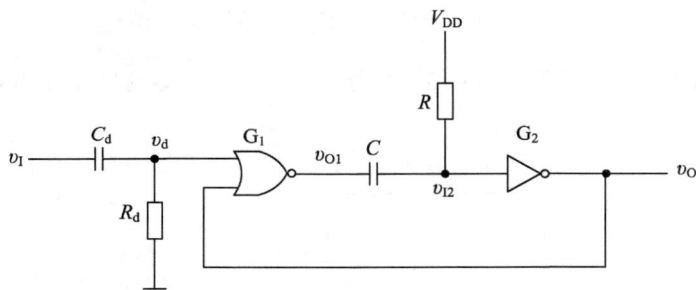

图 8-19 微分型单稳态触发器

为了便于讨论，在本章中将 CMOS 门电路的电压传输特性理想化，且设定 CMOS 反相器的阈值电压 $V_{TH} \approx \dfrac{V_{DD}}{2}$，电路中 CMOS 门的 $V_{OL} \approx 0\,V$，$V_{OH} \approx V_{DD}$。

（1）没有触发信号时，电路处于一种稳定状态。

v_I 为低电平，由于 G_2 门的输入端经电阻 R 接 V_{DD}，$v_O \approx 0\,V$；这样，G_1 门两输入端均为 0，$v_{O1} \approx V_{DD}$，电容器 C 两端的电压接近 0 V，电路处于一种稳定状态。只要没有正脉冲触发，电路就一直保持这一稳态不变。

（2）外加触发信号，电路由稳态翻转到暂稳态。

当输入触发脉冲 v_I 时，在其上升沿到来的瞬间，经 R_d、C_d 微分电路作用输出正的窄脉冲 v_d，当 v_d 上升到 G_1 门的阈值电压 V_{TH} 时，在电路中产生如下正反馈过程：

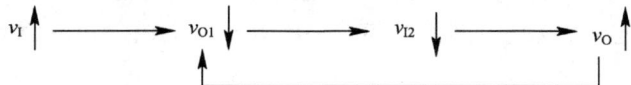

$$v_I \uparrow \longrightarrow v_{O1} \downarrow \longrightarrow v_{I2} \downarrow \longrightarrow v_O \uparrow$$

这一正反馈过程使 G_1 瞬间导通，v_{O1} 迅速地从高电平跳变为低电平，由于电容 C 两端的电压不可能突变，v_{I2} 也同时跳变为低电平，G_2 截止，输出 v_O 跳变为高电平。即使触发信号 v_I 撤除(v_I 为低电平)，v_O 仍维持高电平。由于电路的这种状态是不能长久保持的，故将此时的状态称之为暂稳态。暂稳态时 $v_{O1} \approx 0$ V，$v_O \approx V_{DD}$。

(3) 电容器 C 充电，电路自动从暂稳态返回至稳态。

暂稳态期间，电源 V_{DD} 经电阻 R 和 G_1 门导通的工作管对电容 C 充电，v_{I2} 按指数规律升高；当 v_{I2} 达到 V_{TH} 时，电路又产生下述正反馈过程：

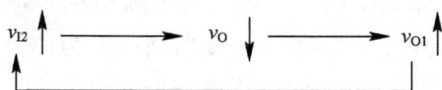

$$v_{I2} \uparrow \longrightarrow v_O \downarrow \longrightarrow v_{O1} \uparrow$$

如果此时触发脉冲已经消失，上述正反馈使 G_1 门迅速截止，G_2 门迅速导通，v_{O1}、v_{I2} 跳变到高电平，输出返回到 $v_O \approx 0$ V 的状态。此后电容通过电阻 R 和 G_2 门的输入保护电路放电，最终使电容 C 上的电压恢复到稳定状态时的初始值，电路从暂稳态返回到稳态。

在上述工作过程中单稳态触发器各点电压工作波形如图 8-20 所示。

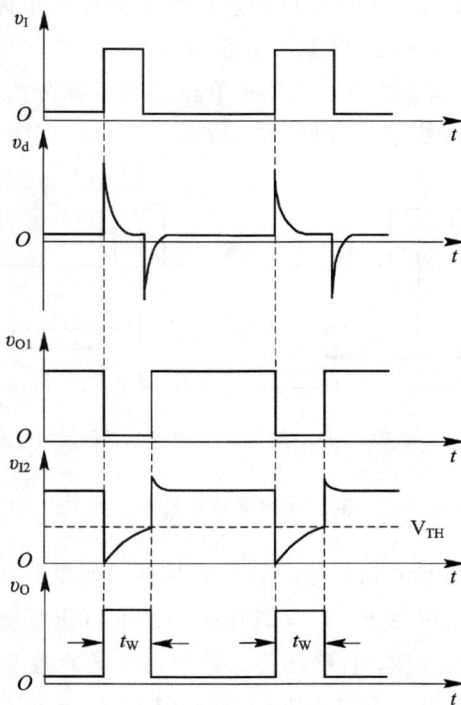

图 8-20　图 8-19 电路的电压波形图

触发信号作用后，RC 的充电过程决定了暂稳态的持续时间。v_{I2} 从 0 V 上升到 V_{TH} 所需时间定义为输出脉冲宽度 t_W。根据 RC 电路过渡过程的分析，有：

$$t_W = RC\ln \frac{v_C(\infty) - v_C(0)}{v_C(\infty) - V_{TH}} \qquad (8-11)$$

将 $v_C(0^+) = 0$，$v_C(\infty) = V_{DD}$，$\tau = RC$，$V_{TH} = \frac{1}{2}V_{DD}$ 代入式(8-11)可得：

$$t_W = RC\ln \frac{V_{DD} - 0}{V_{DD} - V_{TH}} = RC\ln 2 \qquad (8-12)$$

$$t_W \approx 0.7RC \qquad (8-13)$$

暂稳态结束后，要使电路完全恢复到触发前的起始状态，还需要经一段恢复时间 t_{re}，使电容器 C 上的电荷释放完($v_C = 0$ V)。恢复时间一般为$(3 \sim 5)\tau$，$\tau = RC$。

设触发信号 v_1 的周期为 T，为了使单稳电路能正常工作，应满足 $T > (t_W + t_{re})$ 的条件，因此，单稳态触发器的最高工作频率为：

$$f_{max} = \frac{1}{T_{min}} < \frac{1}{t_W + t_{re}} \qquad (8-14)$$

8.3.2 集成单稳态触发器(Integrated Mono-Stable Multi-Vibrator)

用逻辑门组成的单稳态触发器虽然电路结构简单，但它存在触发方式单一、输出脉宽稳定性差、调节范围小等缺点。为提高单稳态触发器的性能指标，在 TTL 和 CMOS 产品中，都生产了单片的集成单稳态触发器，例如 74122 和 74121、74HC123、MC14098、MC14528 等。根据电路工作特性不同，集成单稳态触发器分为可重复触发和不可重复触发两种，其工作波形分别如图 8-21(a)、(b)所示。

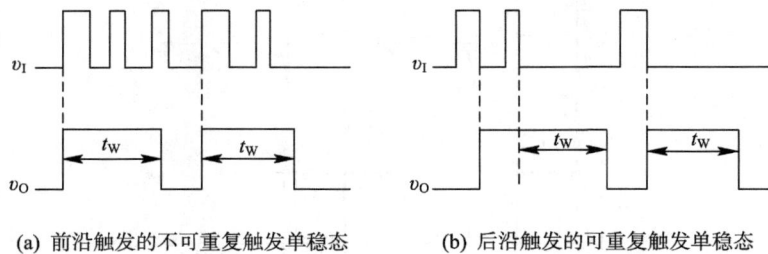

(a) 前沿触发的不可重复触发单稳态　　　　(b) 后沿触发的可重复触发单稳态

图 8-21　两种集成单稳态触发器的工作波形

不可重复触发的单稳态触发器在进入暂稳态期间，如果有触发脉冲加入，电路的输出脉宽不受其影响，仍由电路中的 R、C 参数值确定。而可重复触发单稳态电路在暂稳态期间，电路会接受输入信号的触发，暂稳态将以最后一个脉冲触发沿为起点，在延长 t_W 时间后，才返回到稳态。它的输出脉宽可根据触发脉冲输入情况的不同而改变。

1. 不可重复触发的集成单稳态触发器

TTL 集成器件 74121 是一种不可重复触发的集成单稳态触发器，其逻辑图和引脚图分别如图 8-22(a)、(b)所示，内部电路由触发信号控制电路、微分型单稳态触发器和输出缓冲电路组成。

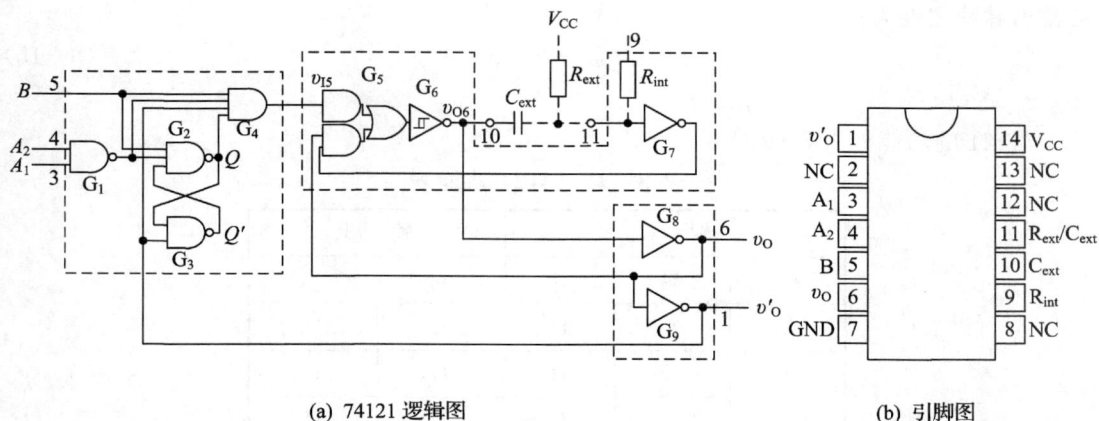

(a) 74121 逻辑图　　　　　　　　　　　　(b) 引脚图

图 8-22　TTL 集成器件 74121

1) 电路连接

单稳态触发器 74121 在使用时，要在芯片的 10、11 引脚之间接定时电容；采用电解电容时，电容 C 的正极接 10 脚。根据输出脉宽的要求，定时电阻 R 可采用外接电阻 R_{ext} 或芯片内部电阻 R_{int}(2 kΩ)。如果要求输出脉宽较宽，通常 R 的取值在 2 ~ 30 kΩ 之间，C 的数值则在 10 pF ~ 10 nF 之间。图 8-23 分别是采用外部电阻和内部电阻组成的单稳态触发器。

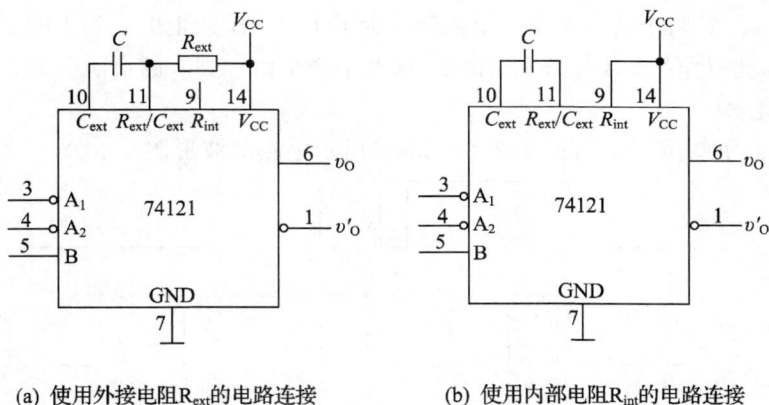

(a) 使用外接电阻R_{ext}的电路连接　　　　　　(b) 使用内部电阻R_{int}的电路连接

图 8-23　74121 定时电容器、电阻器的连接

2) 工作原理

如果将图 8-22(a)中具有施密特特性的非门 G_6 与 G_5 门合起来，看成是一个或非门，它与 G_7 非门及定时电阻(R_{ext} 或 R_{int})、电容(C_{ext})组成微分型单稳态触发器，其工作原理与 8.3.1 节介绍的微分型单稳态触发器相似，电路只有一个稳态 $v_O = 0$，$v'_O = 1$。当图 8-22 (a)中 v_{I5} 有正脉冲触发时，电路进入暂态 $v_O = 1$，$v'_O = 0$。v'_O 的低电平使触发信号控制电路中 SR 锁存器的 G_2 门输出为低电平，于是 G_4 门被封锁，此时即使有触发信号输入，在 v_{I5} 处也不会得到触发信号。只有在电路返回稳态之后，触发信号才能使电路再次被触发。由以上分析可知，电路具有边沿触发的性质，且属于不可重复触发的单稳态触发器。电路

的输出脉冲宽度为：

$$t_{\mathrm{W}} \approx 0.7RC \qquad\qquad (8-15)$$

3）逻辑功能

74121 的功能如表 8 - 2 所示。

表 8 - 2　74121 功能表

输　入			输　出	
A_1	A_2	B	v_{O}	v_{O}'
L	×	H	L	H
×	L	H	L	H
×	×	L	L	H
H	H	×	L	H
H	↓	H	⊓	⊔
↓	H	H	⊓	⊔
↓	↓	H	⊓	⊔
L	×	↑	⊓	⊔
×	L	↑	⊓	⊔

由功能表可见，在下述情况下，电路有正脉冲输出：

（1）当 A_1、A_2 两个输入中有一个或两个为低电平，B 产生由 0 到 1 的正跳变时；

（2）当 B 为高电平，A_1、A_2 中有一个或两个产生由 1 到 0 的负跳变时。

4）工作波形

根据 74121 的功能表，可画出图 8 - 23(a)所示电路的波形图，如图 8 - 24 所示。

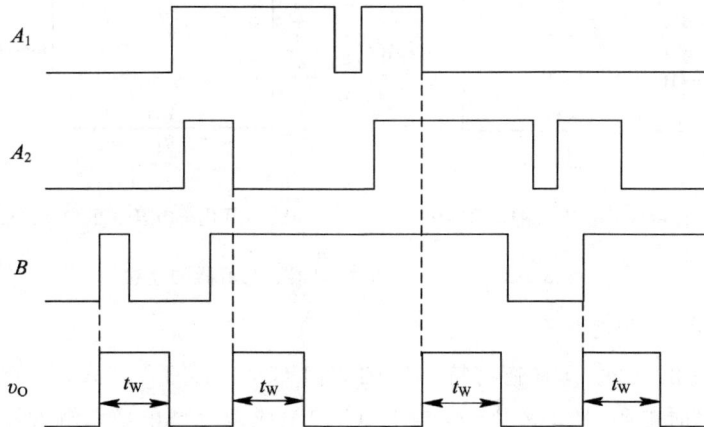

图 8 - 24　74121 集成单稳态触发器的工作波形

2. 可重复触发集成单稳态触发器

下面以常用 CMOS 集成器件 MC14528 为例，简述可重复触发单稳态触发器的工作原理。该器件的逻辑图和引脚图分别如图 8 - 25(a)、(b)所示，图 8 - 25(a)中 R_{ext} 和 C_{ext} 为外接定时电阻和电容。

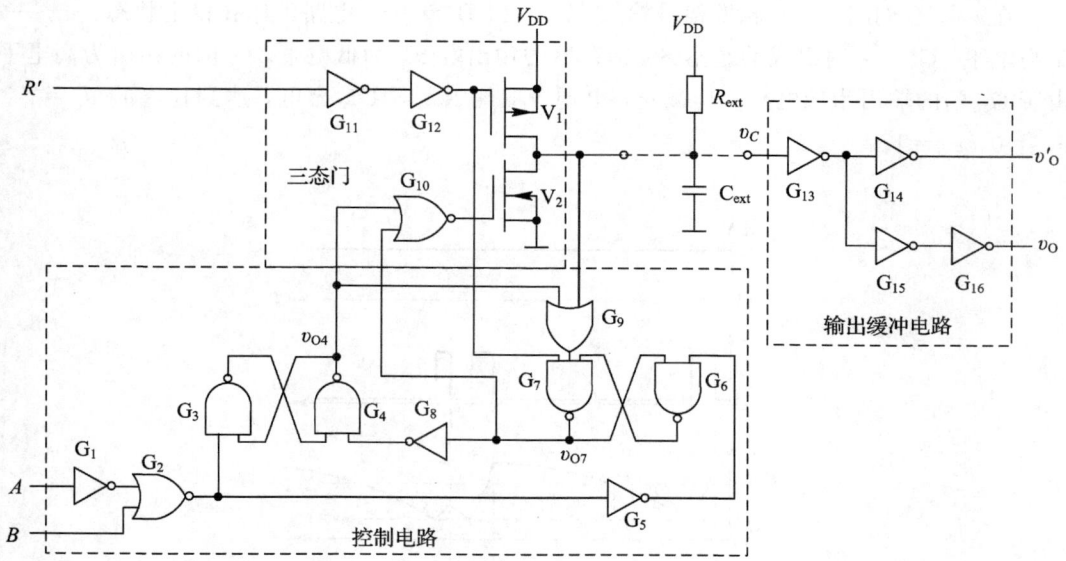

(a) 逻辑图

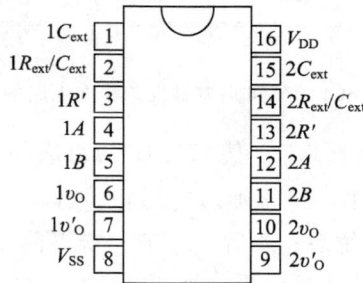

(b) 引脚图

图 8 - 25　集成单稳态触发器 MC14528

MC14528 的功能表和工作波形分别如表 8 - 3 和图 8 - 26 所示。

表 8 - 3　MC14528 功能表

输　　入			输　　出		功能
R'	A	B	v_O	v_O'	
L	×	×	L	H	清除
×	H	×	L	H	禁止
×	×	L	L	H	禁止
H	H	↑	⊓	⊔	单稳
H	↓	L	⊓	⊔	单稳

下面以图 8-26 所示波形的工作情况为例，说明电路的工作原理。

在 $t < t_1$ 期间，没有触发信号输入($A = 1$，$B = 0$)，电路工作在稳定状态：v_{O4} 一定是高电平，G_6、G_7 门组成的基本 SR 锁存器的输出端 v_{O7} 为低电平，G_8 门的输出为高电平。由于 G_{10} 门的输出为低电平，T_2 截止，电源 V_{DD} 经 R_{ext} 对 C_{ext} 充电，达到稳态时 $v_C = V_{DD}$，$v_O = 0$，$v_O' = 1$。

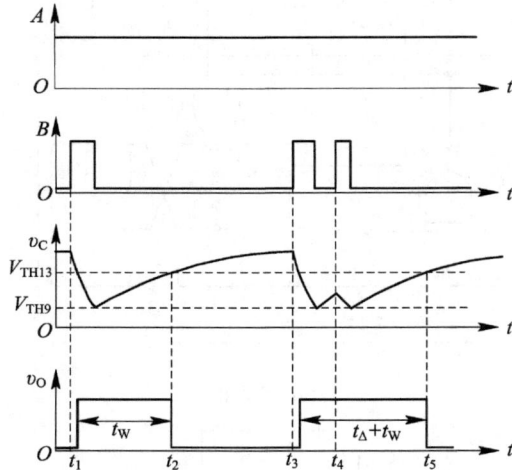

图 8-26 MC14528 可重复触发单稳态电路的工作波形

在 t_1 时刻，B 端加入正的触发脉冲，使 G_3、G_4 门组成的基本 SR 锁存器的输出 v_{O4} 转换为低电平，G_{10} 门输出为高电平，T_2 导通，C_{ext} 放电；当 v_C 下降到 G_{13} 门的阈值电压 V_{TH13} 时，$v_O = 1$，$v_O' = 0$，电路进入暂态；此后，v_C 进一步下降，当 v_C 降至 G_9 门的阈值电压 V_{TH9} 时($V_{TH13} > V_{TH9}$)，G_9 门输出为低电平，此电平经 G_7、G_8 门使 v_{O4} 为高电平；于是，T_2 截止，电容 C_{ext} 又重新开始充电，v_C 上升至 V_{TH13} 时，电路自动返回到 $v_O = 0$，$v_O' = 1$ 的稳态。电路输出脉冲宽度 t_W 等于 v_C 从 V_{TH13} 放电降至 V_{TH9} 的时间与 v_C 再从 V_{TH9} 充电至 V_{TH13} 时间之和。

在 t_3 时刻，电路再一次被触发，与上述分析相同，电路进入暂态，C_{ext} 放电，当 v_C 降至 G_9 门的阈值电压 V_{TH9} 时，电容 C_{ext} 又重新开始充电，当 C_{ext} 还没有充电到 V_{TH13} 时，电路在 t_4 时刻再次触发，使 v_{O4} 转换为低电平，G_{10} 门输出为高电平，T_2 导通，C_{ext} 又重新放电，当 v_C 降至 G_9 门的阈值电压 V_{TH9}，G_9 门的输出转换为低电平，v_{O4} 为高电平；于是 T_2 截止，电容 C_{ext} 又重新开始充电，v_C 上升至 V_{TH13} 时，电路才自动返回到 $v_O = 0$，$v_O' = 1$ 的稳态。

3. 单稳态触发器的应用

1) 定时

在图 8-27 中，只有在单稳态触发器输出脉冲的 t_W 时间内，v_A 信号才有可能通过与门。单稳态触发器的 RC 取值不同，与门的开启时间不同，通过与门的脉冲个数也就随之改变。

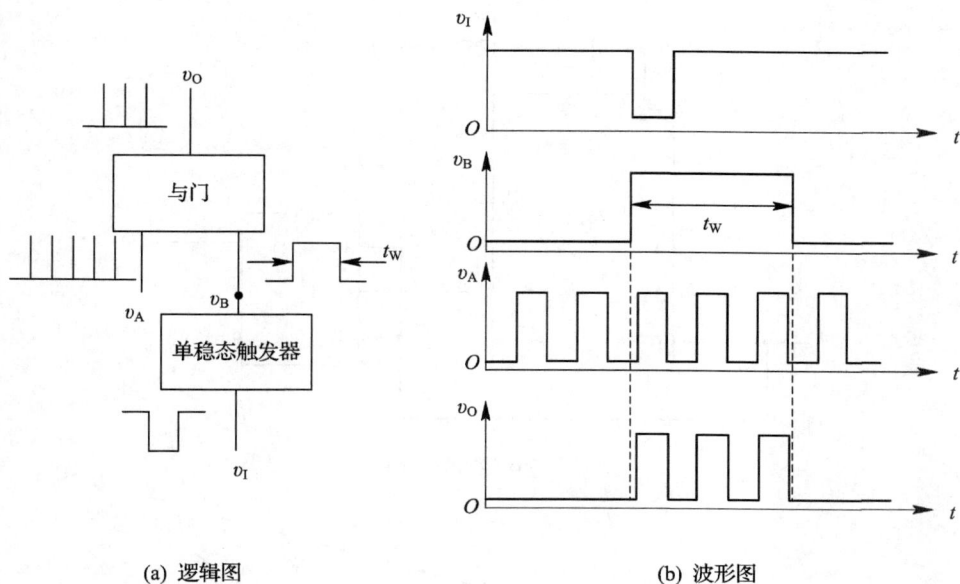

(a) 逻辑图   (b) 波形图

图 8-27 单稳态触发器作为定时电路的应用

2) 延时

单稳态触发器的另一用途是实现脉冲的延时。用两片 74121 组成的脉冲延时电路和工作波形分别如图 8-28(a)、(b)所示。从波形图中可以看出，v_O 脉冲的上升沿相对输入信号 v_I 的上升沿延迟了 t_{W1} 时间。

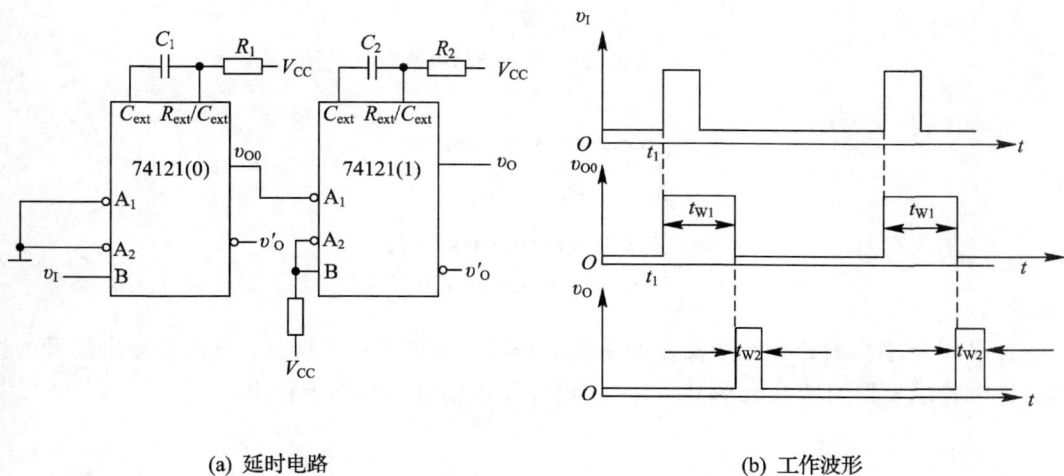

(a) 延时电路   (b) 工作波形

图 8-28 用 74121 组成的延时电路及工作波形

3) 噪声消除电路

由单稳态触发器组成的噪声消除电路及工作波形分别如图 8-29(a)、(b)所示。有用的信号一般都有一定的脉冲宽度，而噪声多表现为尖脉冲形式。合理地选择 R、C 的值，使单稳电路的输出脉宽大于噪声宽度小于信号的脉宽，即可消除噪声。

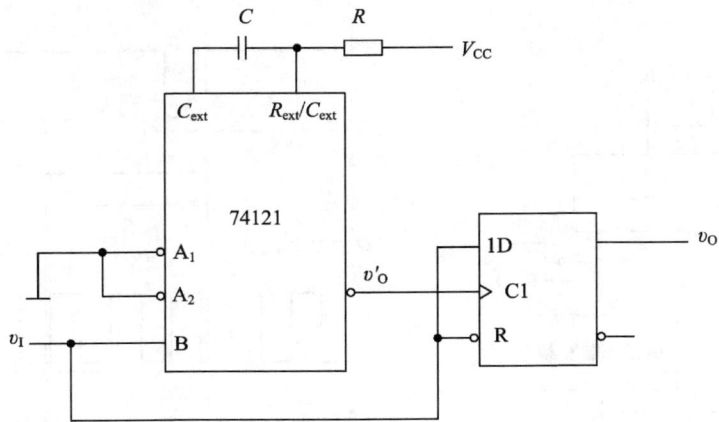

(a) 逻辑图

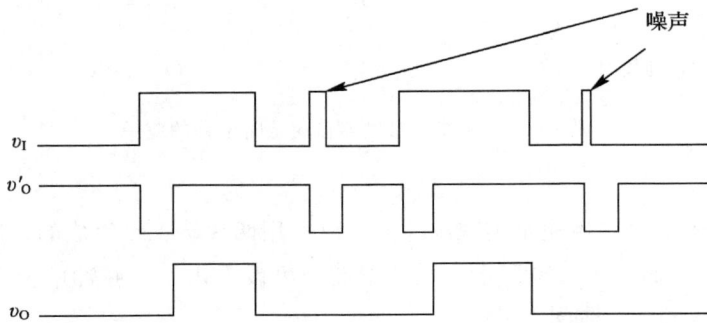

(b) 波形图

图 8 - 29　噪声消除电路

习　题
（Exercises）

1. 若反相输出的施密特触发器的输入信号波形如图 8 - 30 所示，试画出输出信号的波形。施密特触发器的转换电平 V_{T+}、V_{T-} 已在输入信号波形图上标出。

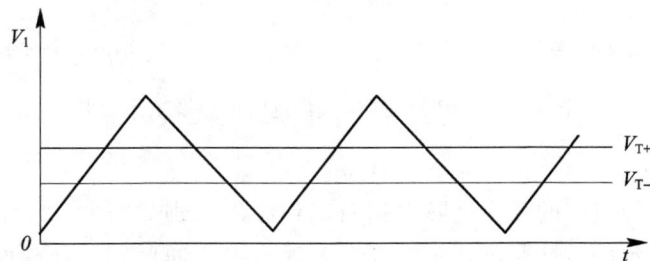

图 8 - 30

2. 在图 8 - 31(a)所示的施密特触发器电路中,已知 $R_1 = 30\ \text{k}\Omega$, $R_2 = 10\ \text{k}\Omega$, $V_{DD} = 15\ \text{V}$。(1) 试计算电路的正向阈值电压 V_{T+}、负向阈值电压 V_{T-} 和回差电压 ΔV_T。(2) 若将图 8 - 31 (b)中给出的电压信号加到图 8 - 31(a)电路的输入端,试画出输出电压的波形。

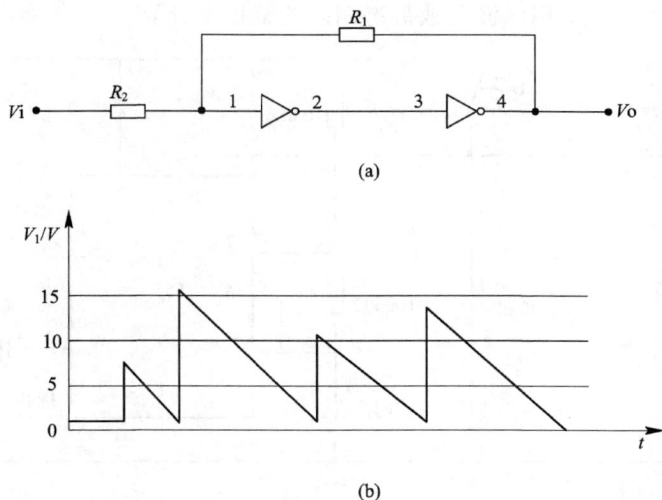

(a)

(b)

图 8 - 31

3. 在图 8 - 32 给出的微分型单稳态触发器电路中,已知 $R = 51\ \text{k}\Omega$, $C = 0.01\ \mu\text{F}$,电源电压 $V_{DD} = 10\ \text{V}$,试求在触发信号作用下输出脉冲的宽度和幅度。

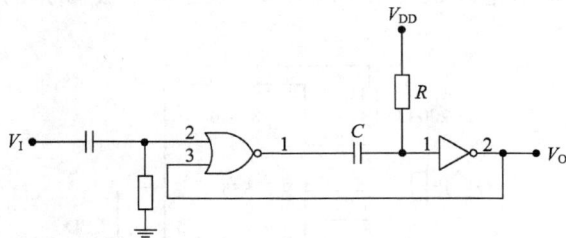

图 8 - 32

4. 由集成单稳态触发器 74121 组成的延时电路及输入波形如图 8 - 33 所示,其中 $R_x = 20\ \text{k}\Omega$, $R = 5.1\ \text{k}\Omega$, $C = 1\ \mu\text{F}$。(1) 计算输出脉宽的变化范围;(2) 解释为什么使用电位器时要串联一个电阻。

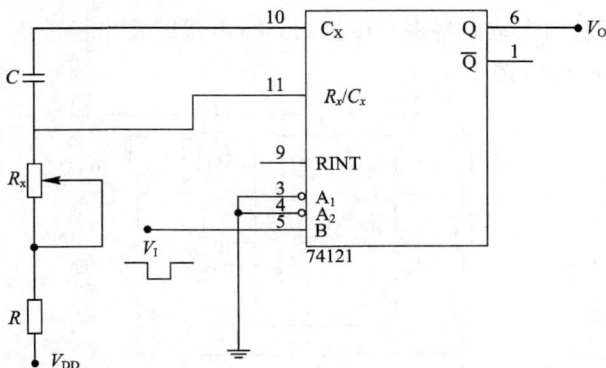

图 8 - 33

5. 图 8-34 所示电路是由 555 定时器组成的简易延时门铃。设 555 定时器的 4 管脚复位端电压小于 0.4 V，电源电压为 6 V。根据电路图中所示各电阻电容的参数，试计算：（1）当按钮 SB 按一下松开后，门铃响多少时间？（2）门铃声的频率为多大？（3）用 Proteus 进行画图并仿真，用示波器或静态图表验证以上计算。

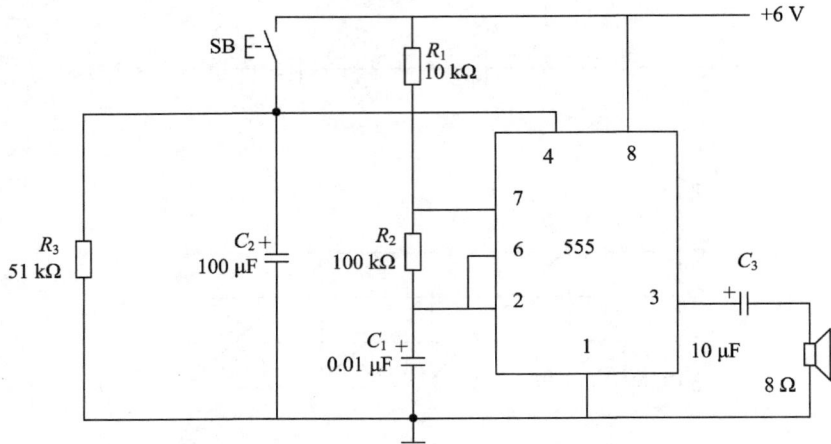

图 8-34

6. 图 8-35 所示电路是一简易触摸开关。手摸金属片时，发光二极管亮；一定时间后，发光二极管熄灭。试说明电路的工作原理，计算发光二极管亮的时间，并设计方案在 Proteus 中进行仿真。

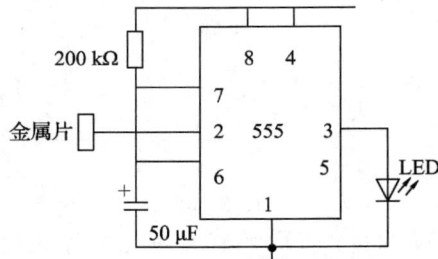

图 8-35

7. 图 8-36 所示电路是一防盗报警装置，a、b 两端用一细铜丝接通。将此铜丝置于盗窃必经之处，当盗窃者闯入室内将铜丝碰掉后，扬声器即发出报警声。试说明电路的工作原理，并用 Proteus 进行仿真。

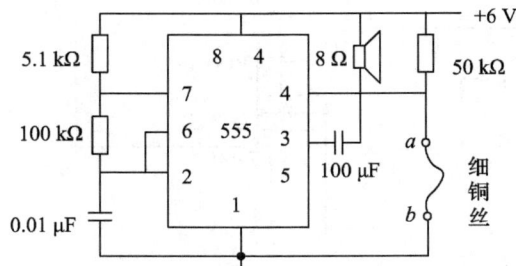

图 8-36

8. 图 8 - 37 所示电路是由与非门构成的微分型单稳态触发器，试分析电路的工作原理，并画出 u_i、u_{o1}、u_A、u_{o2} 的波形。

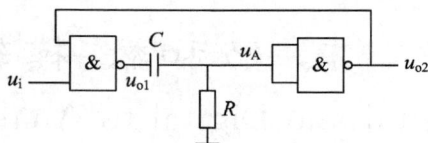

图 8 - 37

9. 图 8 - 38 所示电路是由与非门构成的积分型单稳态触发器，试分析电路的工作原理，并画出 u_i、u_{o1}、u_{o2}、u_A、u_{o3}、u_{o4} 的波形。

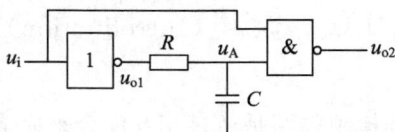

图 8 - 38

第 9 章　模-数和数-模转换器
（Analog to Digital and Digital to Analog Converters）

9.0　概述（Introduction）

实际应用中，数字电路和模拟电路是通过相互配合来完成一个控制系统的功能的。数字系统的核心控制单元——数字计算机所处理的信息都是数字量，系统的模拟量是如何通过转换变成数字量输入给计算机，同时计算机输出的数字量又是如何控制需用模拟量驱动的对象的呢？这是由专门的模-数转换器（ADC）和数-模转换器（DAC）来实现的。模-数转换器是计算机的前置端元件，而数-模转换器是计算机的后置端元件。ADC 输入为模拟量，输出为数字量；DAC 输入为数字量，输出为模拟量。

本章重点介绍几种常用的模-数转换器和数-模转换器的功能和应用，对于器件的内部结构、工作原理和性能指标只作简要介绍。

9.1　A/D 转换器（Analog to Digital Converter）

A/D 转换器的管脚根据功能可划分成三类：一类是模拟量输入，一类是数字量输出，还有一类是电源及控制端。A/D 转换器的模拟量输入一般来自传感器输出的标准电压和电流（即电压在 $0 \sim \pm 10$ V，电流在 $0 \sim 24$ mA 之间）。一个模拟量输入通道路可以接入一路模拟信号，一般会有多个模拟量输入通道。数字量输出通道一般为 8 位、10 位、12 位以及 16 位等二进制数，对于输入端不同通道的模拟量，转换后都用这一个二进制数来表示并输出，因此在有多个模拟量输入时，应分时输入。数字量位数越多，转换精度越高。控制端除了有参考电源和接地外，还有启动转换、工作时钟、打开数据缓冲器等输入信号和转换结束等输出信号。

9.1.1　A/D 转换器的基本原理（Basic Principle of A/D Converter）

要实现把连续变化的模拟量转换为离散的标准数字量，A/D 转换器需要经过取样、保持、量化、编码几个过程，即先在输入的模拟电压信号上取一个对应时刻的电压值，然后通过保持电路使电压保持一定时间；在此时间内，将取样的电压值量化成数字量，并按一定的编码形式给出转换结果；然后再进行下一次取样。

1. 取样定理

由图 9-1 可见，为了能正确无误地用取样信号 v_S 表示模拟信号 v_I，取样信号必须有足够高的频率，即一秒钟取样的次数。可以证明，为了保证能从取样信号将原来的被取样信号恢复，必须满足

$$f_S \geqslant 2f_{i(\max)} \tag{9-1}$$

式中，f_S 为取样频率；$f_{i(\max)}$ 为输入模拟信号 v_I 的最高频率分量的频率。

式（9-1）就是所谓的取样定理。因此，A/D 转换器工作的取样频率必须高于式（9-1）所规定的频率。取样频率提高以后留给每次进行转换的时间也相应地缩短了，这就要求转换电路必须具备更快的工作速度。因此，不能无限制地提高取样频率，通常取样频率 $f_S = (3\sim 5)f_{i(\max)}$ 已满足要求。

由于转换是在取样结束后的保持时间内完成的，所以转换结果所对应的模拟电压是每次取样结束时的 v_I 值。

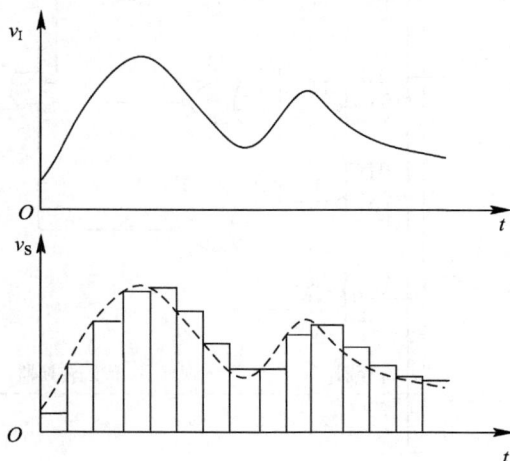

图 9-1　对输入模拟信号的取样

2. 量化和编码

量化和编码是通过量化编码电路来实现的。经过取样保持电路（由开关三极管及电容等组成）得到的一个个看似离散的电压值还不是数字量，而量化和编码的任务就是把每一个电压取样保持的电压值，分别转换成不同的二进制数，比如 11100101（如果 ADC 是 8 位的话）。因此，ADC 要先对整个输入电压范围进行量化分区，然后对符合每个区段的电压值进行二进制或其他进制编码；当取样保持电路得到的电压输入到量化编码电路时，通过对比电压值，可以判定它属于哪个区段；每个区段只对应一个二进制数，因此输出对应的 8 位或多位二进制数即可。图 9-2 举了一个三位并联比较型 A/D 转换器的例子，来帮助大家理解量化和编码的实现过程。

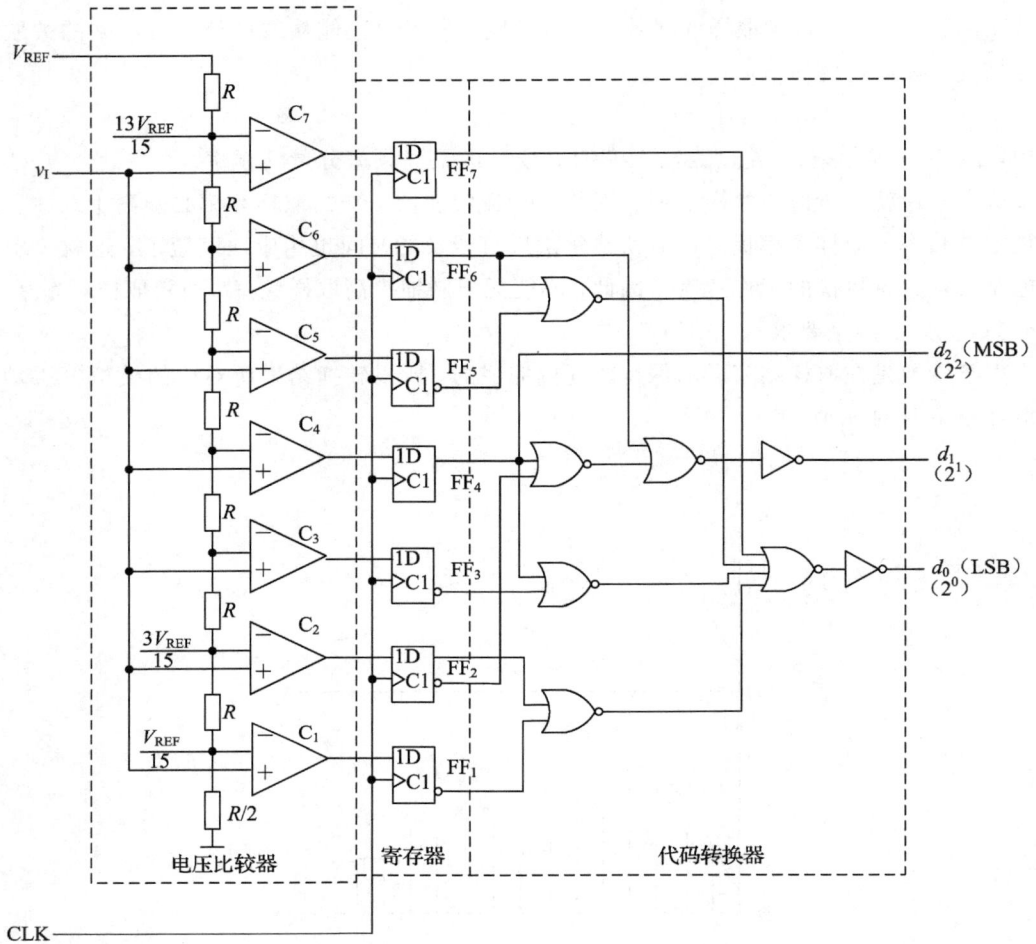

图 9-2　三位并联比较型 A/D 转换器的量化编码电路

以三位数字量输出的 ADC 为例，假定输入的模拟量电压范围为 0～1 V，那么最终实现的是把输入的 0～1 V 的模拟电压分别转换成三位二进制数 000、001、010、011、100、101、110、111；按照小电压对小数字、大电压对大数字的排列规则，则 0 V 电压对应 000，1 V 电压对应 111，依次类推；0～1 V 中间的电压要量化和编码；当输入的电压在某一时刻取样到一个值时，量化编码电路就会通过比较得出它对应的是 8 个三位二进制数中的哪一个，并输出出去。

因为 8 个二进制数要和 8 个电压范围值对应，因此先把 0～1 V 电压分成 8 段，然后分别和二进制数相对应，如图 9-3(a) 所示。

(a)

输入信号	二进制代码	代表的模拟电压
1V		
7/8V	111	7Δ=7/8（V）
6/8V	110	6Δ=6/8（V）
5/8V	101	5Δ=5/8（V）
4/8V	100	4Δ=4/8（V）
3/8V	011	3Δ=3/8（V）
2/8V	010	2Δ=2/8（V）
1/8V	001	1Δ=1/8（V）
0	000	0=0（V）

(b)

输入信号	二进制代码	代表的模拟电压
1V		
13/15V	111	7Δ=14/15（V）
11/15V	110	6Δ=12/15（V）
9/15V	101	5Δ=10/15（V）
7/15V	100	4Δ=8/15（V）
5/15V	011	3Δ=6/15（V）
3/15V	010	2Δ=4/15（V）
1/15V	001	1Δ=2/15（V）
0	000	0=0（V）

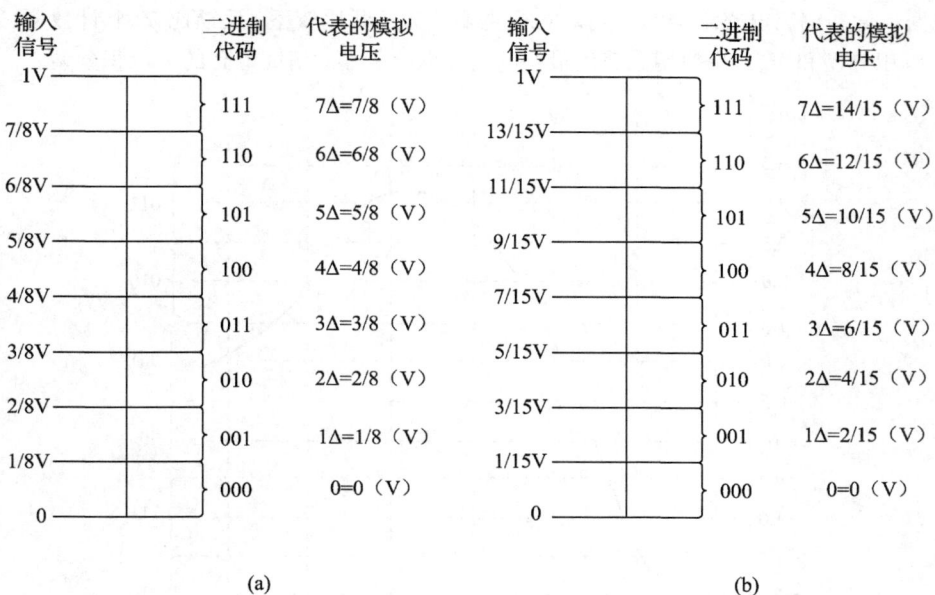

图 9-3 划分量化电平的两种方法

其中，$\Delta=\dfrac{1}{8}$V，为量化单位，它对应数字量的最小单元 LSB=001；其它电压都应转换成它的整数倍，分别为 0Δ、1Δ、2Δ、3Δ、4Δ、5Δ、6Δ、7Δ、8Δ。

量化之后可以看出，第一区段的电压为 $0\sim\dfrac{1}{8}$V，对应数字 000；第二区段电压为 $\dfrac{1}{8}$V$\sim\dfrac{2}{8}$V，对应数字 001；依次类推，最后区段电压为 $\dfrac{7}{8}\sim1$V，对应数字 111。可以看出，每一区段对应的数字量也都应是 LSB(001) 的整数倍，即 0LSB(000)、1LSB(001)、2LSB(010)、3LSB(011)、4LSB(100)、5LSB(101)、6LSB(110)、7LSB(111)。

但这种量化是有误差的。比如，接近但小于 $\dfrac{1}{8}$V 的电压被编码为 000，但 0V 也被编码为 000，之间的电压相距约为 1 个 Δ 即 $\dfrac{1}{8}$V，因此这种量化电平方法的量化误差为 $\dfrac{1}{8}$V。

为了减小量化误差，通常采用图 9-3(b) 所示的改进的量化电平方法。在这种划分量化电平的方法中，取量化电平 $\Delta=\dfrac{2}{15}$V，并将输出二进制数代码 000 对应的模拟电压范围规定为 $0\sim\dfrac{1}{15}$V，即 $0\sim\dfrac{1}{2}\Delta$，这样可以将最大量化误差减小到 $\dfrac{1}{2}\Delta$，即 $\dfrac{1}{15}$V。这个道理不难理解，因为现在将每个输出二进制代码所表示的模拟电压值规定为它所对应的模拟电压范围的中间值，所以最大量化误差自然不会超过 $\dfrac{1}{2}\Delta$。

对于双极性 ADC，即输入模拟电压有正、负两种极性时，一般要求采用二进制补码的形式编码，如图 9-4 所示。在这个例子中，取 $\Delta=1$ V，输出为 3 位二进制补码，最高位为符号位。

根据量化和编码电路结构的不同，ADC 主要分为并联比较型、反馈比较型(计数型、逐次渐近型)、双积分型和 V/F 变换型。速度最快的为并联比较型，精度最高的为双积分型。

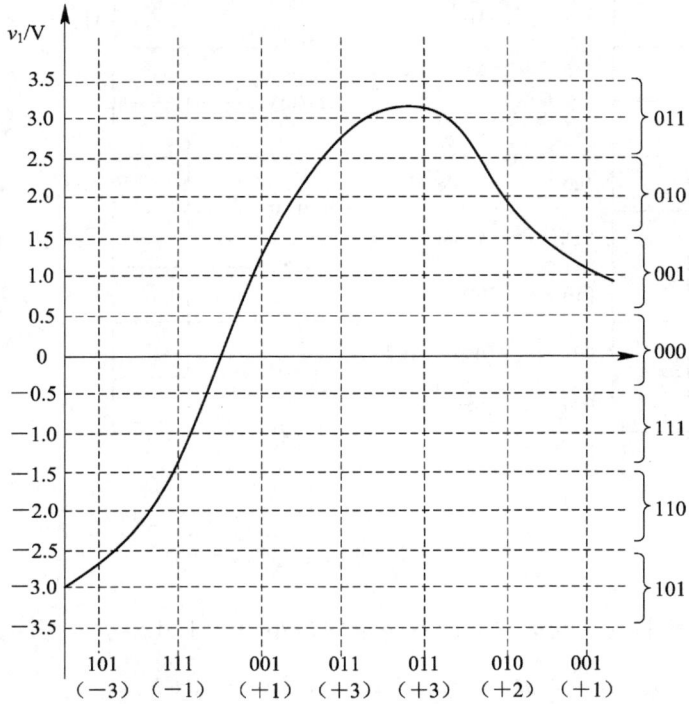

图 9-4　双极性模拟电压的量化编码

各种 ADC 电路的优缺点如表 9-1 所示。

表 9-1　各种 ADC 电路的性能比较

类型	结　构		优　点	缺　点	应用场合
直接型	并联比较型		转换速度快	电路复杂、转换精度受电路结构和参数影响	用在转换速度要求比较快的场合
	反馈比较型	计数型	电路非常简单	转换速度慢	用在转换速度没有要求时
		逐次渐近型	电路简单，转换速度快		目前集成 ADC 产品中用的最多的一种结构
间接型	双积分型		精度高，抗扰能力强	转换速度慢(每秒几十次)	用在转换精度需求较高的场合
	V/F 变换型		抗扰能力强	转换精度受多种因素影响	用于遥测、遥控系统中。在远距离传送模拟信号并完成 A/D 转换时，电路分成两部分，V/F 变换器设置在发送端，数字转换部分设置在接收端

9.1.2　A/D 转换器精度与转换速度(Precision and Speed of A/D Converter)

1. A/D 转换器的转换精度

在单片集成的 A/D 转换器中也采用分辨率和转换误差来描述转换精度。

分辨率以输出二进制数或十进制数(有的 ADC 输出的是 BCD 码)的位数来表示,它说明 A/D 转换器对输入信号的分辨能力。从理论上讲,n 位二进制数字输出的 A/D 转换器应能区分输入模拟电压的 2^n 个不同等级大小,能区分输入电压的最小差异为 $\dfrac{1}{2^n}$ FSR(Full Scale Range,满量程范围,所以分辨率表示的是 A/D 转换器在理论上能达到的精度。

例如 A/D 转换器的输出为 10 位二进制数,最大输入信号为 5 V,那么这个转换器的输出应能区分出输入信号的最小差异为 5 V/2^{10} = 4.88 mV。

转换误差通常以输出误差最大值的形式给出,它表示实际输出的数字量和理论上应有的输出数字量之间的差别,一般多以最低有效位的倍数给出。例如给出转换误差 $<\pm\dfrac{1}{2}$LSB,这就表明实际输出的数字量和理论上应得到的输出数字量之间的误差小于最低有效位的半个字。

有时也用满量程输出的百分数给出转换误差。例如 A/D 转换器的输出为十进制的 $3\dfrac{1}{2}$ 位(即所谓三位半),转换误差为 $\pm0.005\%$FSR,则满量程输出为 1999,最大输出误差小于最低位的 1。

通常单片集成的 A/D 转换器的转换误差已经综合地反映了电路内部各个元器件及单元电路偏差对转换精度的影响,所以无需再分别讨论这些因素各自对转换精度的影响了。

还应指出,手册上给出的转换精度都是在一定的电源电压和环境温度下得到的数据。如果这些条件改变了,将引起附加的转换误差。例如 10 位二进制输出的 A/D 转换器 AD571 在室温(+25℃)和标准电压(V^+ = +5 V、V^- = -15 V)下转换误差 $\leqslant\pm\dfrac{1}{2}$LSB;而当环境温度从 0℃ 变到 70℃ 时,可能产生 $\pm$1LSB 的附加误差。如果电源电压在 +4.5 ~ +5.5 V 范围内变化,或者负电源电压在 -16 ~ -13.5 V 范围内变化时,最大的转换误差可达 $\pm$2LSB。因此,为获得较高的转换精度,必须保证供电电源有很好的稳定度,并限制环境温度的变化。对于那些需要外加参考电压的 A/D 转换器,尤其需要保证参考电压应有的稳定度。

2. A/D 转换器的转换速度

A/D 转换器的转换速度主要取决于转换电路的类型,不同类型 A/D 转换器的转换速度相差甚为悬殊。

并联比较型 A/D 转换器的转换速度最快。例如 8 位二进制输出的单片集成 A/D 转换器转换时间可缩短至 50 ns 以内。

逐次渐近型 A/D 转换器的转换速度次之。多数产品的转换时间都在 10 ~ 100 μs 之间,个别速度较快的 8 位 A/D 转换器转换时间可以不超过 1 μs。

相比之下间接 A/D 转换器的转换速度要低得多了。目前使用的双积分型 A/D 转换器转换时间多在数十毫秒至数百毫秒之间。

此外，在组成高速 A/D 转换器时还应将取样—保持电路的获取时间（即取样信号稳定地建立起来所需要的时间）计入转换时间之内。一般单片集成取样—保持电路的获取时间在几微秒的数量级，和所选定的保持电容的容量大小很有关系。

9.2　A/D 转换器的应用与仿真
（Application and Simulation of A/D Converter）

实际所用的 A/D 转换器为集成芯片，有单极性、双极性，并行输出和串行输出等。了解几种常用的 ADC 功能及应用，对以后设计检测控制电路很有帮助。

9.2.1　八位单极性并行输出 ADC0808（ADC0808 with Unipolar Voltage Input and Parallel Output of Eight Bits）

ADC0808 是取样分辨率为 8 位的、单极性、以逐次逼近原理进行模/数转换的器件，其内部有一路 8 通道多路开关，可以根据地址码锁存译码后的信号，同一时间只选通 8 路模拟输入信号中的一路进行 A/D 转换。ADC0808 是 ADC0809 的简化版本，功能基本相同。一般在 Proteus 仿真时采用 ADC0808 进行 A/D 转换，实际使用时采用 ADC0809 进行 A/D 转换。为了了解和掌握 ADC0808 器件的功能及使用方法，首先在 Proteus 中进行功能测试，然后给出一个应用实例。

1. 在 Proteus 中对 ADC0808 进行功能测试

图 9-5 是在 Proteus 中对 ADC0808 进行功能测试的仿真图（图中 ADC0808 元件做了左右、上下镜像处理）。ADC0808 共有 28 个管脚，其封装为双列直插式。

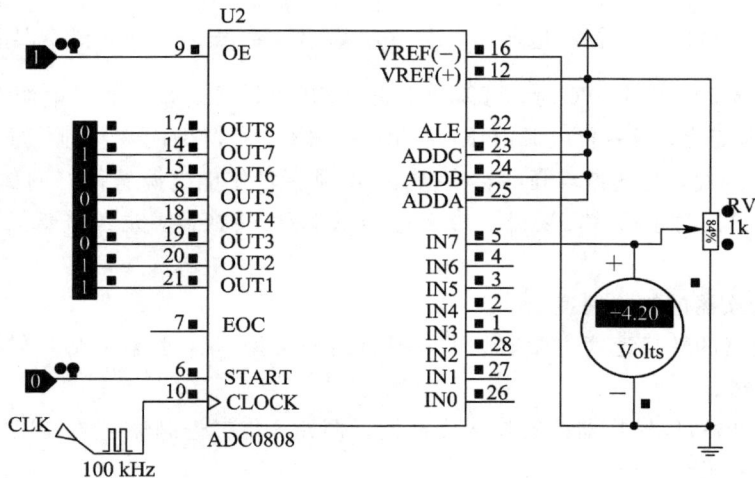

图 9-5　Proteus 中 ADC0808 的功能测试仿真图

测试电路的接线可分为三部分：

（1）模拟信号接线。IN0～IN7 为 ADC0808 的 8 路模拟量输入，ADDC、ADDB、ADDA 为这 8 路输入对应的地址输入端。这里只接一路直流电压进行转换测试。把 0～5V 可调直流电压接在 ADC0808 的模拟量输入第 7 通道，对应的通道地址为 111，即 ADDC、ADDB、ADDA 端都接高电平。为了在 Proteus 中模拟被测电压量，在 5 V 电源和 ADC0808 的参考接地端 VREF（一）之间接一滑动变阻器，把中间触头接到 ADC0808 的 IN7 端，并在 IN7 和地之间并联一个直流电压表进行测量校对。

（2）数字量输出接线。8 位数字量转换输出 OUT1～ OUT8（OUT₁ 为高位）可分别接逻辑探针（LOGICPROBE）来观察 0 和 1 的变化；也可悬空，通过管脚端的颜色变化观察逻辑电平值，其中红色为 1，蓝色为 0。

（3）控制信号接线。ADC0808 控制端主要有 ALE、CLOCK、START、OE 和 EOC，前四个都是输入信号，最后一个为输出信号；ALE 是锁存端，固定接高电平即可；CLOCK 必须接 100 kHz 左右的时钟信号 ADC 才能正常工作，而 START 端则需要一个上升沿来启动 A/D 转换，用一个逻辑状态输入（LOGICSTATE）即可；在 A/D 转换过程中 8 位数字量不会出现在 OUT1～OUT8 端线上，而是锁存在内部数据缓冲器中；转换结束后，EOC 变成高电平作为指示，但要打开缓冲器，必须给 OE 输入一个高电平，因此可以把 EOC 直接接到 OE 上；这里我们专门给 OE 接一个逻辑状态输入，通过手动控制数据输出，来观察数据的锁存功能。

运行 Proteus 仿真，点击 START 端的 LOGICSTATE 使其由 0 变为 1，即手动产生一个上升沿给 START，启动一次 A/D 转换；转换很快结束，此时观察 EOC 电平的变化，当 EOC 为高电平时，说明数字转换已完成，此时再观察 OUT1～OUT8 输出端逻辑电平的变化，依然是灰色，说明在转换时由于数字量不稳定，禁止输出；然后手动给数据锁存信号 OE 一个高电平，则转换成的 8 位数据出现在 OUT1～OUT8 输出端；记下观察到的八位二进制数，再读图中电压的数值，通过模拟量转换计算来核对转换的数据是否正确。

改变滑动电阻器的值，重新读取电压表的读数，再次启动 A/D 转换器，读出一组新的 8 位二进制数，并计算核对；ADC0808 的分辨率为 $\dfrac{5V}{2^8-1}\approx0.0196$ V，即每一个最小的数字单元 LSB（001）所对应的电压为 19.6 mV；把实际观测到的 8 位二进制数先转换为十进制数，再乘以分辨率即为输入端模拟电压的值，用这个值和电压表读数相比较。比如图 9-5 中观察到的数字量为 11010110，转换为十进制数为 $2^7+2^6+2^4+2^2+2^1=216$，0.0196 V×216≈4.23 V，与 Proteus 虚拟电压表测到的输入模拟电压值大小相当。

把模拟量改接在其它通道，并相应连接通道地址的电平，启动 A/D 转换器，观察数据的转换过程和结果。

2. ADC0808 在数字电压表电路中的应用

图 9-6 是一款由 ADC0808 与单片机 AT89C51 及数码显示构成的直流数字电压表电路。通常，ADC0808 是要和单片机结合使用的，使用单片机来处理 ADC 输出的数字量可使电路简化，并方便计算和显示。

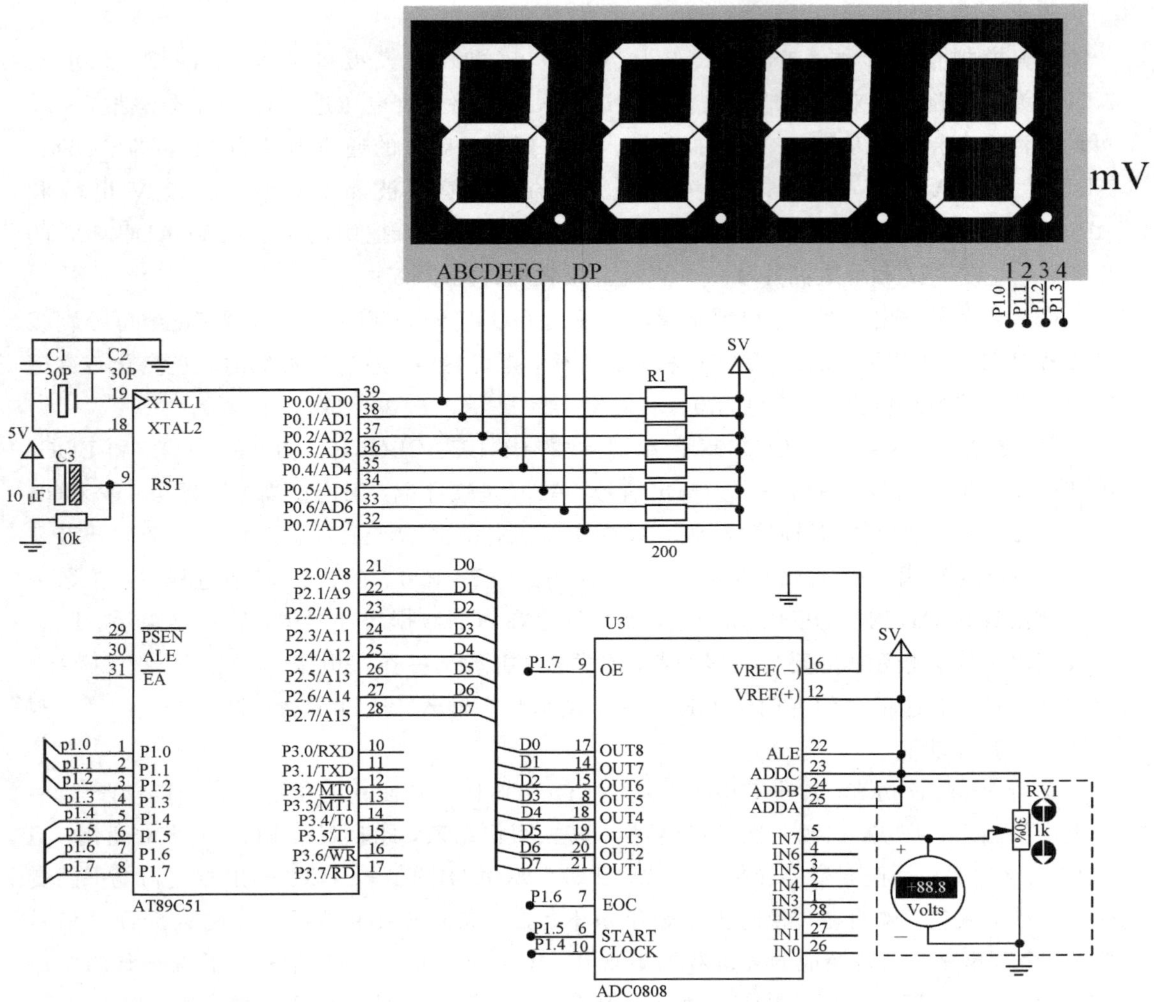

图 9-6 由 ADC0808 与单片机构成的 LED 显示数字电压表电路

ADC0808 的控制端及数字量输出都接在单片机 AT89C51 上,单片机采用循环检测 ADC0808 输入模拟量变化的方式,程序每执行一遍就启动一次 A/D 转换器,并把数据处理成四个 BCD 码,分别送给四个数码管进行实时电压显示。

在以后的学习中会了解到,Proteus 中的单片机控制电路要想正常运行,必须要在单片机元件中导入事先编写并编译好的程序文件,Proteus 才能仿真出正确结果。有 51 单片机基础的读者可以根据本书提供的 Proteus 仿真图和程序(电子档)去仿真和观察电路的功能。

9.2.2 双通道串行输出 ADC0832(ADC0832 with Dual Channels Input and Serial Output)

1. ADC0832 简介

ADC0832 是美国国家半导体公司生产的一款 8 位分辨率的、双通道模拟量输入串行数字量输出的高速 A/D 转换器,有双排直插式 DIP8 和小外型 SOP14 等封装,如图9－7(a)和(b)所示。

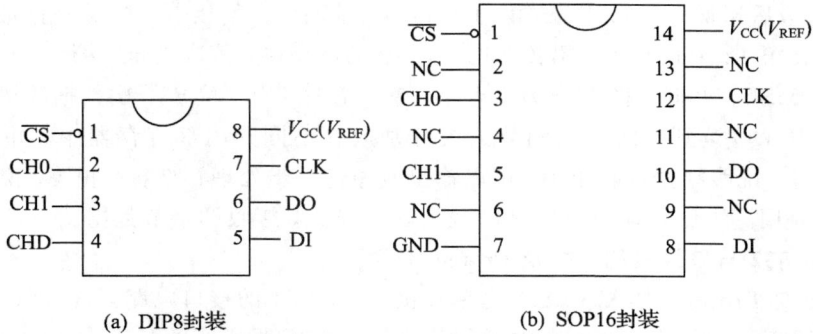

(a) DIP8封装　　　　　(b) SOP16封装

图 9－7　ADC0832 封装

图 9－7 中,$V_{CC}(V_{REF})$ 既为电源又为参考电压(计算电压分辨率时所用电压),GND 为接地端,供电电源范围为 4.5～6.3 V,一般取 5 V,即输入模拟电压范围为 0～5 V;$\overline{CS}$ 为片选信号,$\overline{CS}=0$ 时芯片工作,$\overline{CS}=1$ 时芯片不工作;CLK 为时钟,工作频率为 250 kHz。CH0 和 CH1 为两个模拟量输入通道,可选择单端输入或双端差动输入;DI 为输入模拟量通道选择信号,同时也是 A/D 转换启动信号;DO 为转换的数字量数据串行输出端。通常可把 DI 和 DO 并接于单片机的一根数据线上。

通过图 9－8 来看一下 ADC0832 的工作时序。

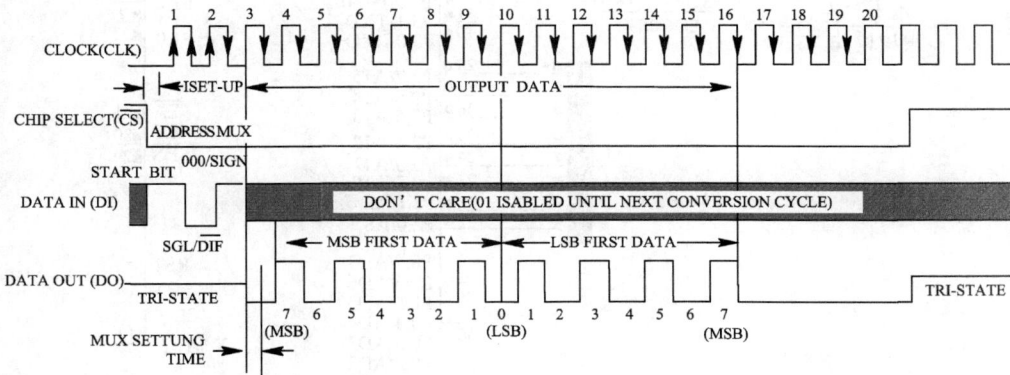

图 9－8　ADC0832 的工作时序

首先使 $\overline{CS}$ 为低电平,同时给定一定频率时钟信号(通常由单片机通过位操作产生)。在第 1 个时钟变低之前,DI 必须为高电平表示启动信号有效;第 2、3 个时钟上升沿芯片自动从 DI 读入 2 位二进制数,根据读入的数据自动设定模拟量输入方式。DI 上的数据由用户根据需求从单片机发出。

当 DI 上连续出现的数据为 00、01 时,模拟量输入为双端差动方式,00 表示输入电压为 $V_{CH0}-V_{CH1}$,要求 $V_{CH0} \geqslant V_{CH1}$,否则输入为 0;01 表示输入电压为 $V_{CH1}-V_{CH0}$,要求 $V_{CH1} \geqslant V_{CH0}$。当 DI 上连续出现的数据为 10、11 时,模拟量输入为单端输入方式,10 表示输入电压为 CH0 对地的电压,11 表示输入电压为 CH1 对地的电压。

在第三个脉冲的下降沿之后，DI 端的输入被禁止。如果 DI 和 DO 接在一起，从第 4 个时钟脉动冲的下降沿开始，ADC0832 把 A/D 转换后的 8 位数字量从 DO 输出，先送最高位 MSB，最后送最低位 LSB(在第 11 个脉冲下降沿)。紧接着，按反序把数据再从 DO 输出一遍，在第 12 个脉冲下降沿传送的是 LSB 的高一位，依次类推，第 19 个脉冲下降沿传送最高位 MSB。此时，将 $\overline{CS}$ 设为高电平，禁止芯片工作，完成一次数据的转换和输出。

单片机从 DO 读到的两个相同数据被分别放在不同的内部寄存器中，并对其进行比较，如果相等，说明数据接收正确，可以输出或做进一步处理；如果不相等，说明接收过程出错，数据弃用。重新启动 ADC0832，设置输入模式，接收两字节数据。

2. ADC0832 与单片机的连接及 Proteus 仿真

图 9 - 9 是 Proteus 中 ADC0832 与单片机 AT89C51 的接口电路。AT89C51 芯片已导入编译好的程序，直接在 Proteus 中运行仿真即可。需要说明的是，Proteus 中 ADC0832 只默认了一种输入方式，即双端差动输入，且 CH0 端为输入电压正极性端。

运行 Proteus 仿真，调节滑动变阻器 RV_1 和 RV_2，观察 P_2 口 A/D 转换输出数据的变化，也可以通过计算来核对数据是否正确；当调节滑动变阻器时，输出全为 0 且不变化，这时因为差动输入电压 $V_{ID} = V_{CH0} - V_{CH1} > 0$，当滑动变阻器 RV_2 对地电位高于 RV_1 对地电位时，输出就全为 0 了。

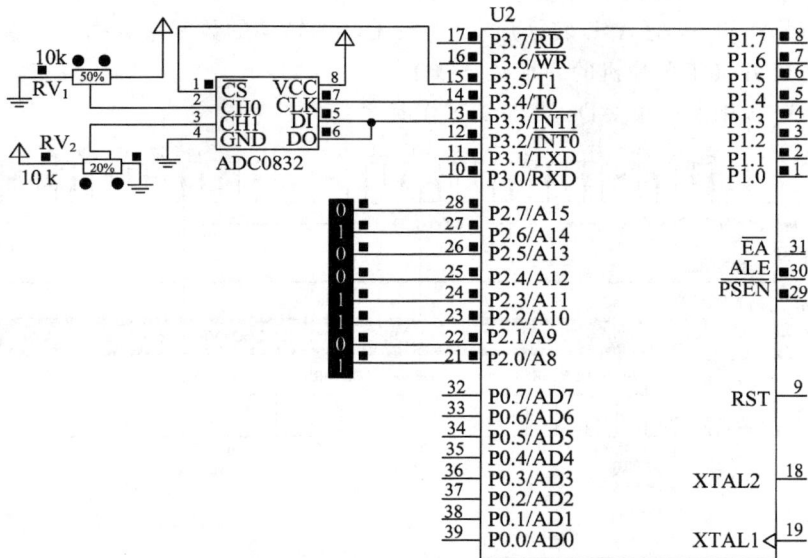

图 9 - 9　Proteus 中 ADC0832 与单片机的接口电路

9.2.3 双极性 A/D 转换器(A/D Converter with Bipolar Voltage Input)

双极性 A/D 转换器能够把正、负两种电压转换成数字量。本节简单介绍两种双极性 A/D 转换器件，由于其功能相对复杂，这里不再详细讲解和举例，请大家查看相应的器件使用说明书。

1. AD7321

AD7321 是美国模拟器件公司生产的一款双极性、双通道模拟量输入的 12 位(带符号位)串行数字量输出的逐次逼近型 A/D 转换器。AD7321 可输入真双极性模拟信号,有四种软件可选的输入范围:±10 V、±5 V、±2.5 V 和 0～10 V。每个模拟输入通道支持独立编程,可设为四个输入范围之一。AD7321 中的模拟输入可通过编程设为单端(只从一端输入,另一端可以悬空)、真差分(输入电压为两端电压差)或伪差分(一端接地,一端接输入电压)三种模式。

AD7321 内置一个 2.5 V 的参考电压,同时也可采用外接参考电压。如果在 REFIN/OUT 管脚上施加 3 V 参考电压,则 AD7321 可接受±12 真双极性模拟输入。对于±12V 输入范围,需采用最低±12V 的 V_{DD} 和 V_{SS} 电源。

图 9 - 10(a)为 AD7321 的 14 管脚 TSSOP 封装。

2. AD1674

AD1674 是美国模拟器件公司生产的一款双极性、双通道模拟量输入的 12 位并行数字量输出的逐次逼近型 A/D 转换器。其内部采样频率为 100 kHz,可使用内部 10 V 基准电源,也可接外部基准电源;可支持四种电压输入,分别为±5 V,±10 V,0～10 V,0～20 V;采用双电源供电,模拟部分为±12 V/±15 V,数字部分为+5 V;采用 8/12 位可选微处理器总线接口进行数据输出;有 DIP28 和 SPOC28 两种封装,其中 DIP28 封装如图 9 - 10(b)所示。

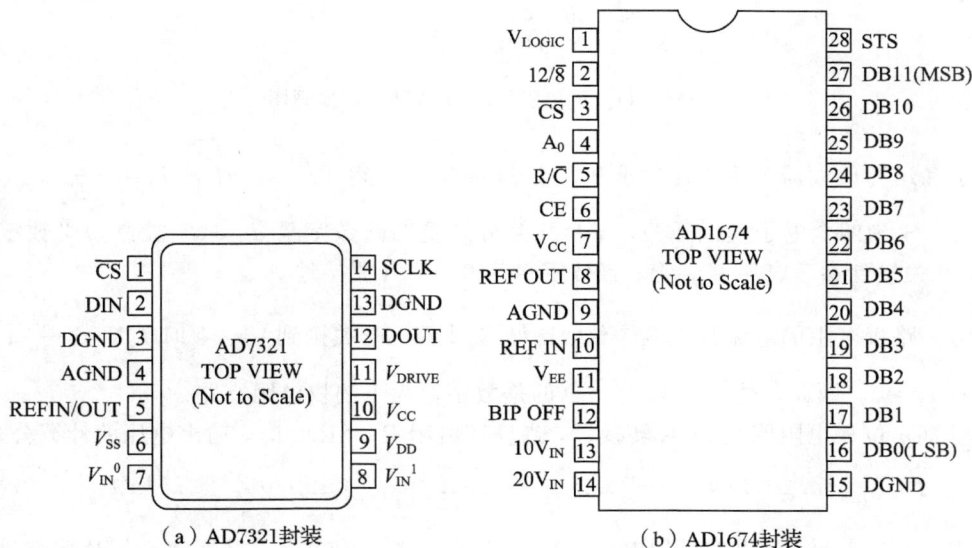

（a）AD7321封装　　　　　　（b）AD1674封装

图 9 - 10 AD7321 和 AD1674 的封装

9.3 D/A 转换器(Digital to Analog Converter)

D/A 转换器是能够把数字量转换为模拟量的器件,一般用在微处理器的后端,把微处理器输出的数字量转换为模拟量,然后用于驱动模拟量器件或其他作用。

D/A 转换器根据其内部结构可分为权电阻网络 D/A 转换器、倒 T 型电阻网络 D/A 转换器、权电流型 D/A 转换器、开关树形 D/A 转换器、权电容网络 D/A 转换器以及具有双极性输出的 D/A 转换器。下面分别简要介绍前三种 D/A 转换器的结构和电压转换公式。

9.3.1 权电阻网络 D/A 转换器（D/A Converter with Weight Resistance Network）

图 9-11 为四位数字量输入的权电阻网络 D/A 转换器的原理图，由权电阻网络和一个求和运算放大器组成。所谓权，是指 n 路电阻的阻值分别为 R 的 2 的权值次方倍，即 2^{n-1}、2^{n-2}、$\cdots\cdots 2^1$、2^0 倍。在集成 DAC 器件中，运放通常外接。图 9-11 中，$d_0 \sim d_3$ 为四位数字量输入（实际器件可扩展至 8 位或更高），V_{REF} 为参考电压（参与计算输出模拟电压）。

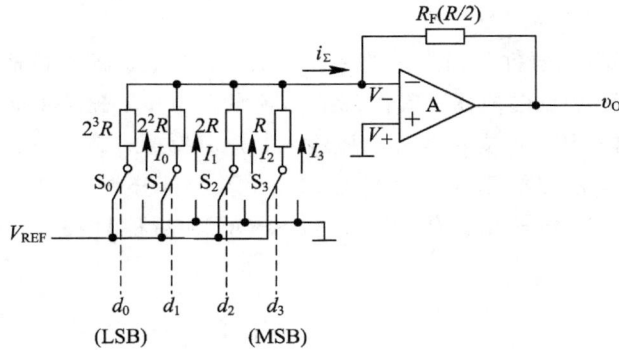

图 9-11　权电阻网络 D/A 转换器原理图

求和运算放大器为反相比例求和。由 $i_{\Sigma} = i_{R_F}$，可得 $I_0 + I_1 + I_2 + I_3 = -\dfrac{v_O}{R_F}$。

$S_0 \sim S_3$ 为四个电子模拟开关，每个开关分别受四路数字量 $d_0 \sim d_3$ 控制。当数字量为 1 时，开关接到参考电压 V_{REF} 上；当数字量为 0 时，开关接地。

每一路权电阻的电流都有两个值，比如 d_0 支路，开关接到 V_{REF} 上时 $I_0 = -\dfrac{v_{REF}}{2^3}$；开关接地时 $I_0 = 0$。因此，对 i_{Σ} 电流有贡献的是数字量为 1 的权电阻支路。

对于 n 位权电阻网络 D/A 转换器，当反馈电阻 $R_F = R/2$ 时，输出电压的计算公式为：

$$v_O = -\frac{V_{REF}}{2^n}(d_{n-1} 2^{n-1} + d_{n-2} 2^{n-2} + \cdots + d_1 2^1 + d_0 2^0) = -\frac{V_{REF}}{2^n} D_n \qquad (9-2)$$

式（9-2）表明，输出的模拟电压与输入的数字量 D_n 成正比，从而实现了从数字量到模拟量的转换。

当 $D_n = 0$ 时，$v_O = 0$；当 $D_n = 2^{n-1} = 11\cdots 11$ 时，$v_O = -\dfrac{2^{n-1}}{2^n} V_{REF}$。故 v_O 的最大变化范围为 $0 \sim -\dfrac{2^{n-1}}{2^n} V_{REF}$。

从式（9-2）中可以看出，参考电压 V_{REF} 和输出电压 v_O 极性总是相反的。要想得到正的输出电压，就要使 V_{REF} 为负电压。

图 9-11 所示的权电阻网络，当输入数字量位数较多时，权电阻之间的值差别较大，不能保证电阻的精度，因此通常采用图 9-12 所示的双级权电阻网络 D/A 转换器。输出

电压的计算公式和式 9-2 是一样的，请大家分析。

但这种电路最大电阻和最小电阻的阻值仍相差 8 倍，因此就有了倒 T 型电阻网络等结构的 D/A 转换器。

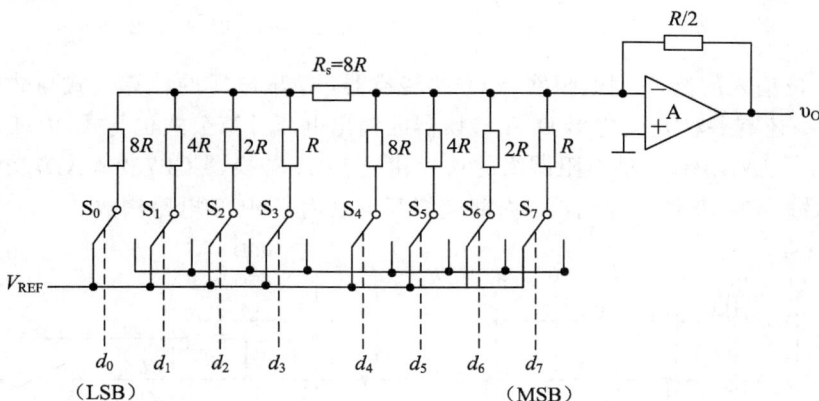

图 9-12　双级权电阻网络 D/A 转换器原理图

9.3.2　倒 T 型电阻网络 D/A 转换器（D/A Converter with Inverted T Type Resistor Network）

图 9-13 为倒 T 型电阻网络 D/A 转换器的原理图，只有 R 和 $2R$ 两种电阻值的电阻，这给电路的设计制作带来了很大的方便。

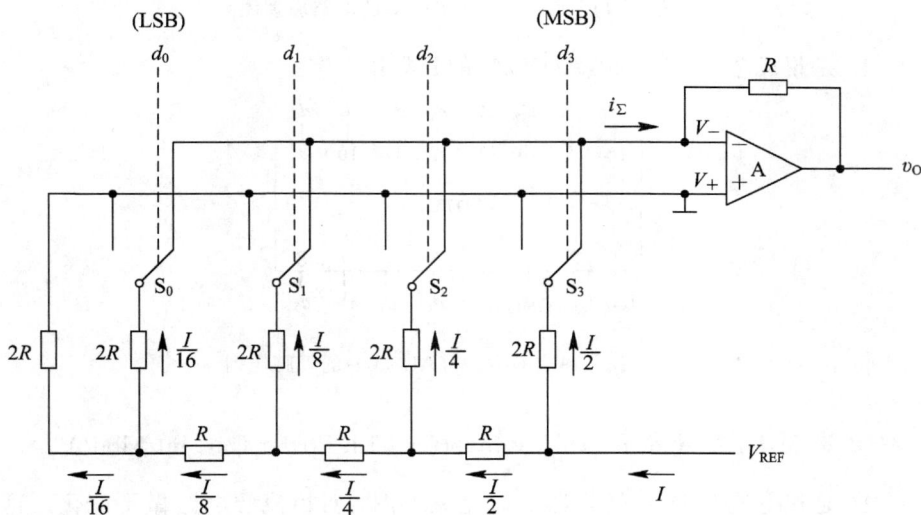

图 9-13　倒 T 型电阻网络 D/A 转换器原理图

和图 9-11 不同的是，除了多了一些电阻及电阻值有变化外，开关 S 的动触头调了个方向。当控制开关动作的数字量 d 为 1 时，S 接在运放的负极性端；当数字量 d 为 0 时，S 接在运放的正极性端。由于深度负反馈作用下运放的虚地概念，无论 S 接在运放的哪端，对应 $2R$ 支路电阻都会接在地端，但是会影响 i_{Σ} 的大小。由图可推出

$$i_{\Sigma} = \frac{I}{2}d_3 + \frac{I}{4}d_2 + \frac{I}{8}d_1 + \frac{I}{16}d_0$$

在求和运算放大器反馈电阻值取 R 的情况下，输出电压为

$$v_O = -Ri_{\Sigma} = -\frac{V_{REF}}{2^4}(d_3 2^3 + d_2 2^2 + d_1 2^1 + d_0 2^0)$$

对于 n 位输入的倒 T 型电阻网络 D/A 转换器，输出电压的计算公式与式(9-2)完全相同。另外，还有一种开关树形 D/A 转换器的输出电压计算公式也与式(9-2)完全相同。

图 9-14 是采用倒 T 型电阻网络的单片集成 D/A 转换器 CB7520(AD7520)的电路原理图。它的输入为 10 位二进制数，内部模拟开关采用 CMOS 电路构成。

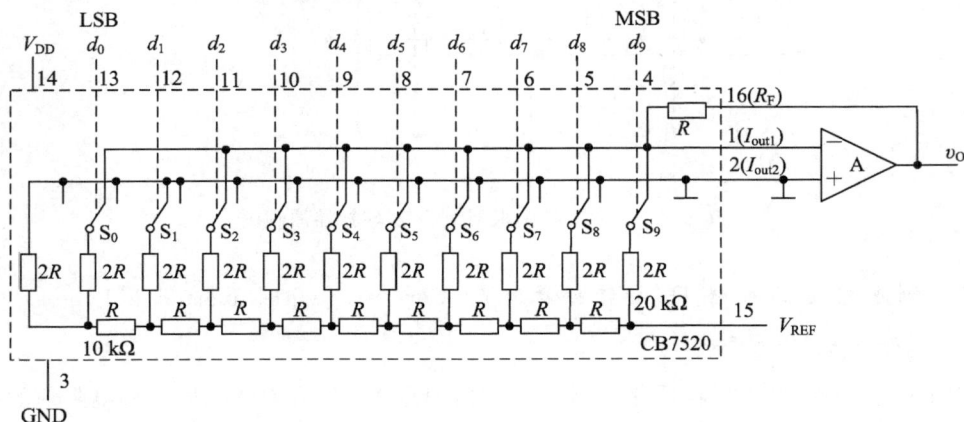

图 9-14 CB7520(AD7520)的电路原理图

图 9-15 是集成芯片 CB7520(AD7520)的管脚排列图。

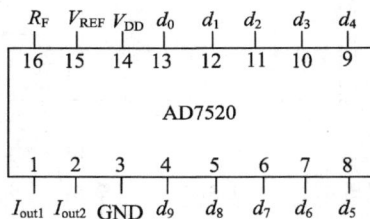

图 9-15 集成 CB7520(AD7520)的管脚排列

9.3.3 权电流型 D/A 转换器(D/A Converter with Power Current Mode)

图 9-16 是权电流型 D/A 转换器的简化原理图，对恒流源电路做了简化。这些恒电源的电流值依次为前一个的 1/2，和输入二进制数对应位的权成正比。由于采用了恒流源，每个支路电流的大小不再受开关内阻和压降的影响，从而降低了对开关电路的要求。

输出电压的计算公式为

$$v_O = Ri_{\Sigma} = R_F\left(\frac{I}{2}d_3 + \frac{I}{2^2}d_2 + \frac{I}{2^3}d_1 + \frac{I}{2^4}d_0\right) = \frac{R_F I}{2^4}(d_3 2^3 + d_2 2^2 + d_1 2^1 + d_0 2^0)$$

$$(9-3)$$

在具体的权电流型 D/A 转换器中,电流 I 需要根据参数来计算。

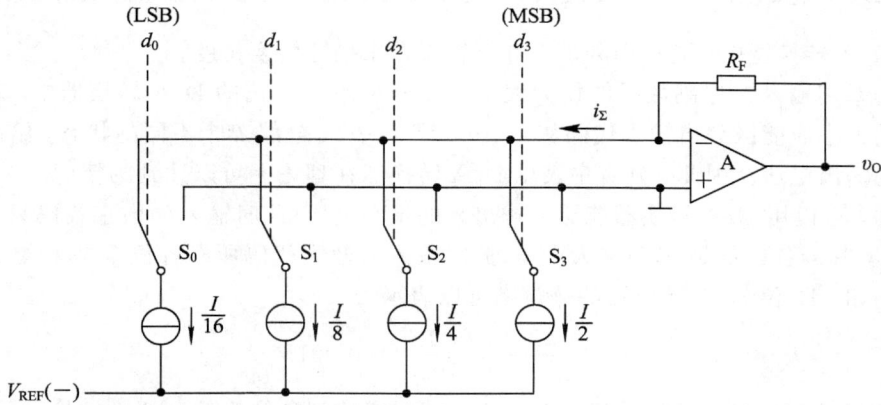

图 9 - 16 权电流 D/A 转换器原理图

图 9-17 是一种实用的权电流型 D/A 转换器,利用倒 T 型电阻网络的分流作用产生所需的一组恒流源。

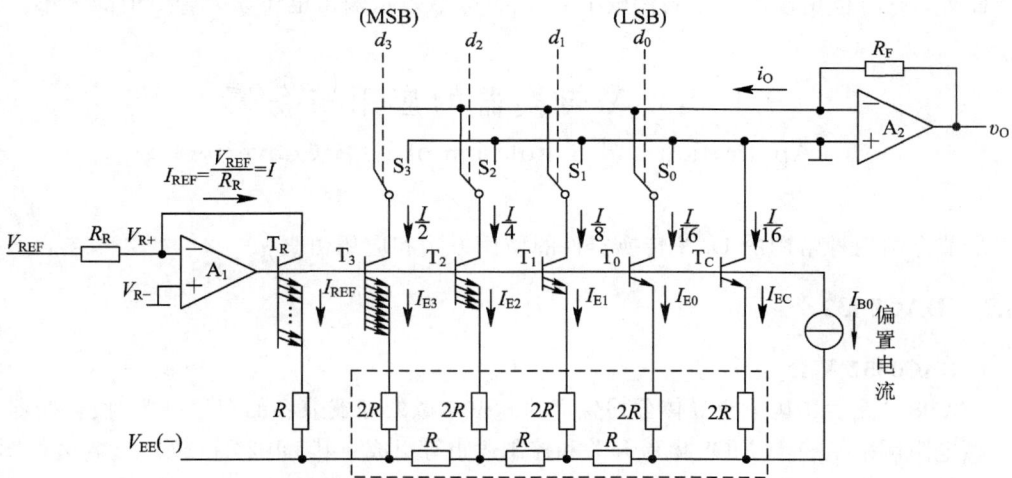

图 9 - 17 利用倒 T 型网络的权电流 D/A 转换器原理图

由图 9-17 可知,式(9-3)中的电流 I 为:

$$I = I_{REF} = \frac{V_{REF}}{R_R}$$

在计算输出电压时,只需把参考电流 I 的计算公式代入式(9-3)即可,有

$$v_O = \frac{R_F V_{REF}}{2^n R_R}(d_{n-1}2^{n-1} + d_{n-2}2^{n-2} + \cdots + d_1 2^1 + d_0 2^0) = \frac{R_F V_{REF}}{2^n R_R} D_n \qquad (9-4)$$

由式(9-4)可以看出,输出电压与参考电压极性一致。

除了以上这三种结构的 D/A 转换器电路,另外还有权电容网络 D/A 转换器和具有双极性输出的 D/A 转换器,后者能够输出正、负两种电压。

9.3.4 D/A 转换器的转换精度(Conversion Accuracy of D/A Converter)

在 D/A 转换器中,通常用分辨率和转换误差来描述转换精度。

分辨率用输入二进制数码的位数表示。在分辨率为 n 位的 D/A 转换器中,从输出模拟电压的大小应能区分出输入代码从 00…00 到 11…11 全部 2^n 个不同的状态,给出 2^n 个不同等级的输出电压。因此,分辨率表示 D/A 转换器在理论上可以达到的精度。

另外,可以用 D/A 转换器能够分辨出来的最小电压(此时输入的数字代码只有最低有效位为 1,其余各位都是 0)与最大电压(此时输入的数字代码所有各位全是 1)之比表示分辨率。例如,10 位 D/A 转换器的分辨率可以表示为

$$\frac{1}{2^{10}-1} = \frac{1}{1023} \approx 0.001$$

但这只是理论上的转换精度或分辨率,实际能达到的转换精度要由转换误差来决定。转换误差表示实际的 D/A 转换特性与理想转换特性之间的最大偏差,一般用最低有效位的倍数来表示。例如,转换误差 1/2LSB 就表示输出模拟电压与理想值之间的绝对误差小于等于当输入为 00…01 时的输出电压的一半。

此外,有时也用输出电压满刻度 FSR 的百分数表示输出电压误差绝对值的大小。

9.4 D/A 转换器的应用与仿真
(Application and Simulation of D/A Converter)

本节介绍两种常用的 D/A 转换器件的使用方法和应用仿真。

9.4.1 DAC0832

1. DAC0832 简介

DAC0832 是美国国家半导体公司生产的 8 位与微处理器兼容的双缓冲数/模转换器,由倒 T 型电阻网络结构、CMOS 电流开关和控制逻辑等组成。其 DIP20 和 SOP20 封装如图 9-18 中所示,内部两个缓冲器可以保证转换电压随时刷新,各管脚的定义如表 9-2 所示。

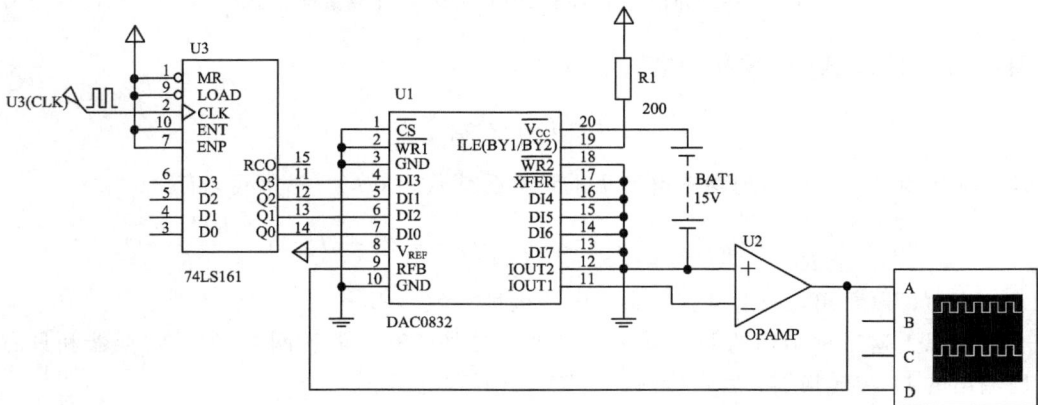

图 9-18 Proteus 中 DAC0832 的应用电路

表 9 - 2　DAC0832 管脚定义

管脚名	功 能 描 述
$\overline{CS}$	片选信号，低电平有效；与 ILE 结合可以选通输入寄存器 WR1
ILE	数字量数据输入锁存使能信号，高电平有效
$\overline{WR1}$	输入寄存器写选通信号。当 $\overline{WR1}$ 为低电平，同时 $\overline{CS}$ 为低、ILE 为高时，输入数据被锁存到输入寄存器；当 $\overline{WR1}$ 为高电平时，输入寄存器数据更新
$\overline{WR2}$	写选通信号 2，低电平有效，和 $\overline{XFER}$ 一起使输入寄存器中的 8 位数据传送到 DAC 寄存器，并开始 D/A 转换
$\overline{XFER}$	传送控制输入线，低电平有效，使 WR2 工作
DI0～DI7	数据输入端，DI_0 为最低位（LSB）
IOUT1	电流输出 1 端，接外接运放的反相端
IOUT2	电流输出 2 端，接外接运放的同相端
RFB	片内反馈电阻的一个端（另一端已内接 IOUT1），应接外接运放的输出端
V_{REF}	外部输入参考电压，-10～10 V，与内部倒 T 型电阻相连
V_{CC}	芯片电源，5～15 V，15 V 最佳
GND	接地端

2. DAC0832 的应用与仿真

按图 9 - 18 进行接线，图中用到两个直流电源，箭头所示为 +10 V 直流电压，DAC0832 的 V_{CC} 为 +15 V 直流电压。

74LS161 计数器接 1 kHz 时钟，在连续时钟脉冲作用下，计数器输出 Q3～Q0 为 0000～1111。该输出接至 DAC0832 的数据输入端低四位（或高四位）。在 DAC0832 的输出端接一运算放大器，示波器接在运放的输出端。因为 DAC0832 的输入数据从 00000000～00001111 循环变化，因此输出电压成阶梯形。

Proteus 中用示波器观察到的输出电压波形如图 9 - 19 所示。

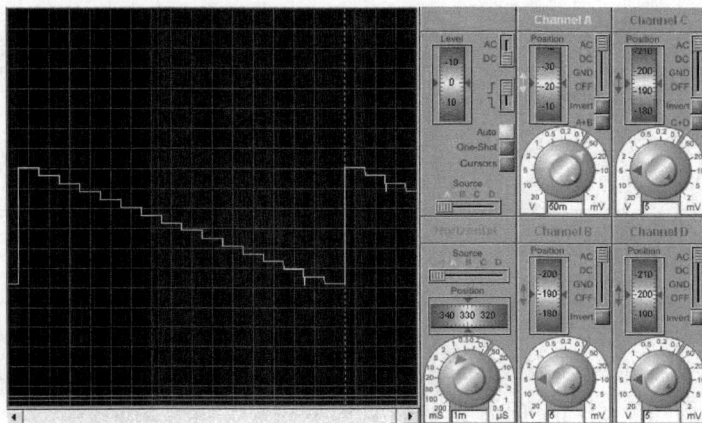

图 9 - 19　DAC0832 的应用电路仿真结果

9.4.2 DAC0808

1. DAC0808 简介

DAC0808 是美国国家半导体公司生产的 8 位单片集成数/模转换器，由倒 T 型电组网络构成，可以直接和 TTL、DTL（二极管–晶体管逻辑）以及 CMOS 逻辑电平兼容。

DAC0808 有 DIP 和 SOP 两种封装，但管脚的排列不一样，其中 DIP 封装如图 9–20 所示。

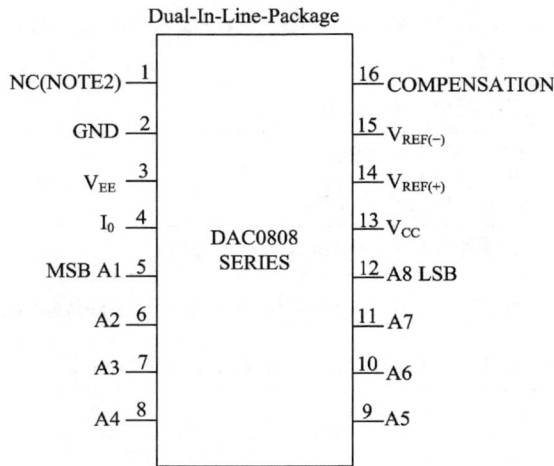

图 9–20　DAC0808 的 DIP 封装

DAC0808 各管脚功能如表 9–3 所示。

表 9–3　DAC0808 管脚定义

管脚名	功 能 描 述
$A1 \sim A8$	8 位并行数据输入端，A_8 为最低位（LSB），A_1 为最高位（MSB）
I_{OUT}	电流输出端，5 mA，外接运放的反相端
COMPENSATION	与 V_{EE} 之间接电容，一般为 0.1 μF，但会随着参考电阻 R_1（5 kΩ，图 9–19）的增加而适当增加
$V_{REF}(+)$	外部输入参考电压，与内部倒 T 型电阻相连，需要接电阻
$V_{REF}(-)$	参考电源地
V_{CC}	芯片电源，+18V
V_{EE}	芯片电源，−18V
GND	接地
NC	1 端不用

2. DAC0808 的应用与仿真

按图 9–21 在 Proteus 中连接电路，把两个 4 位二进制计数器级连接成一个 8 位二进制计数器，运放选用 LF351，在运放输出端接示波器。设计数器时钟为 100 Hz，运行仿真，分别调节示波器 A 通道的增益旋钮和垂直位移旋钮，调节扫描旋钮，观察示波器的输出波形,如图 9 - 22 所示。

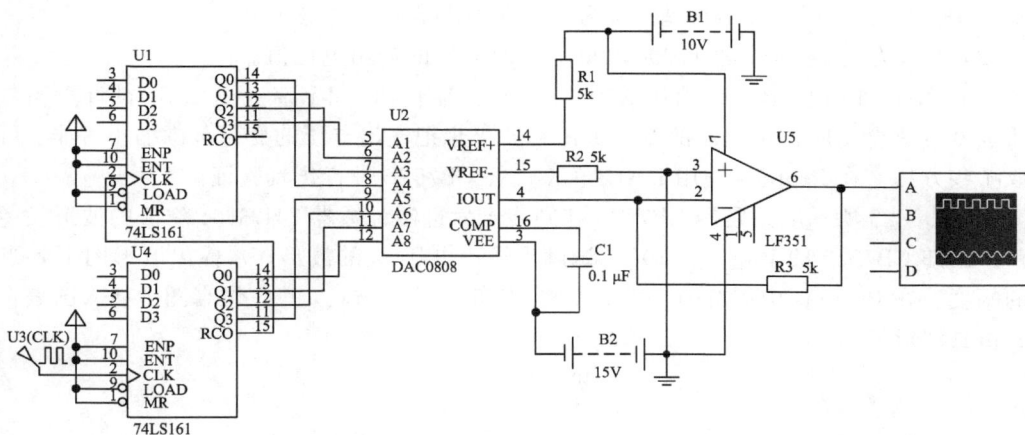

图 9 - 21 Proteus 中 DAC0808 的应用电路

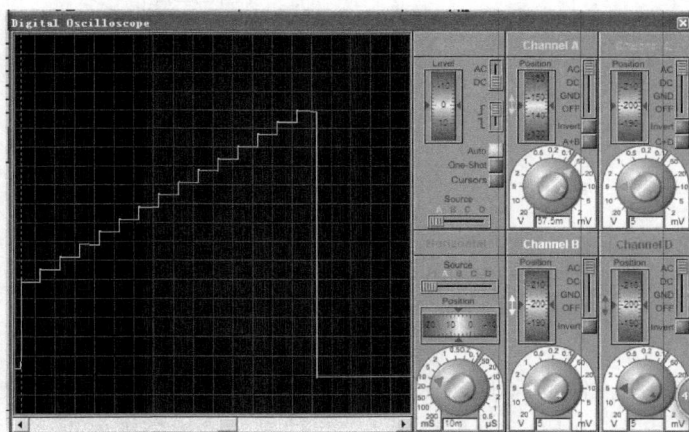

图 9 - 22 图 9 - 21 电路的输出波形

从图 9 - 22 的输出波形可以看出,随着计数的增加,输出电压也呈递增趋势。要注意的是,波形的出现需要反复调整各旋钮,另外波形中有干扰,需进一步优化电路参数配置。

$$习 \quad 题$$
$$(Exercises)$$

1. 在图 9 - 11 所示的权电阻网络 D/A 转换器中,若取 $V_{REF}=5$ V,试求当输入数字量为 $d_3d_2d_1d_0=0101$ 时输出电压的大小。

2. 在图 9 - 13 给出的倒 T 型电阻网络 D/A 转换器中,已知 $V_{REF}=8$ V,试计算当 d_3、d_2、d_1、d_0 每一位输入代码分别为 1 时在输出端所产生的模拟电压值。

3. 在图 9 - 14 所示的 D/A 转换电路中，若 $V_{REF} = 5$ V，试计算：

(1) 输入数字量的 $d_9 \sim d_0$ 每一位为 1 时在输出端产生的电压值。

(2) 输入为全 1、全 0 和 1,000,000,000 时对应的输出电压值。

4. 在图 9 - 14 由 CB7520 所组成的 D/A 转换器中，已知 $V_{REF} = -10$V，试计算当数字量从全 0 变为全 1 时输出电压的变化范围。如果想把输出电压的变化范围缩小一半，可以采取哪些方法？在 Proteus 中用 DAC102X 代替 CB7520 进行仿真验证。

5. 图 9 - 23 所示电路是用 CB7520 和同步十六进制计数器 74LS161 组成的波形发生器电路。已知 CB7520 的 $V_{REF} = -10$V，试画出输出电压 v_o 的波形，并标出波形图上各点电压的幅度。在 Proteus 中用 DAC102X 代替 CB7520 进行仿真，并在仿真图中插入图表自动生成仿真波形。

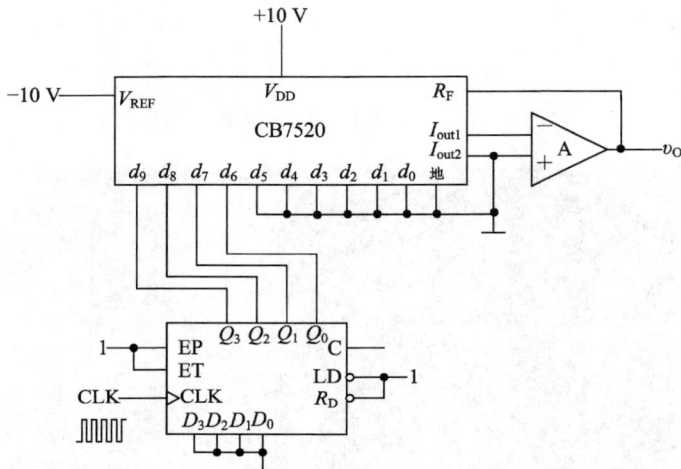

图 9 - 23

6. 图 9 - 24 所示电路是用 CB7520 组成的双极性输出 D/A 转换器，CB7520 的内部倒 T 型网络中的电阻 $R = 10$ kΩ。为了得到 ±5 V 的最大输出模拟电压，在选定 $R_B = 20$ kΩ 的条件下，V_{REF}、V_B 应各取何值？在 Proteus 中用 DAC102X 代替 CB7520 进行仿真。

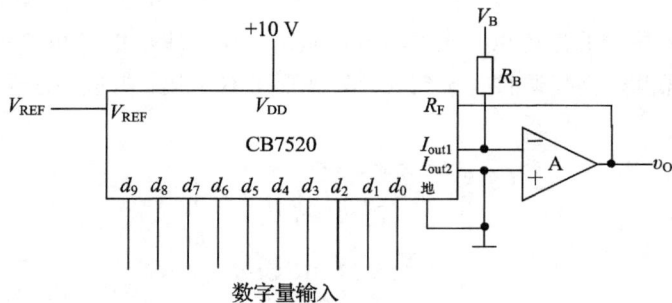

图 9 - 24

7. 在图 9 - 25 给出的 D/A 转换器中，试求：

(1) 1LSB 产生的输出电压增量是多少？

(2) 输入为 $d_9 \sim d_0 = 1\ 000\ 000\ 000$ 时，输出电压是多少？

(3) 若输入以二进制补码给出，则最大的正数和绝对值最大的负数各为多少？它们对应的输出电压各为多少?

在 Proteus 中用 DAC102X 代替 CB7520 进行仿真。

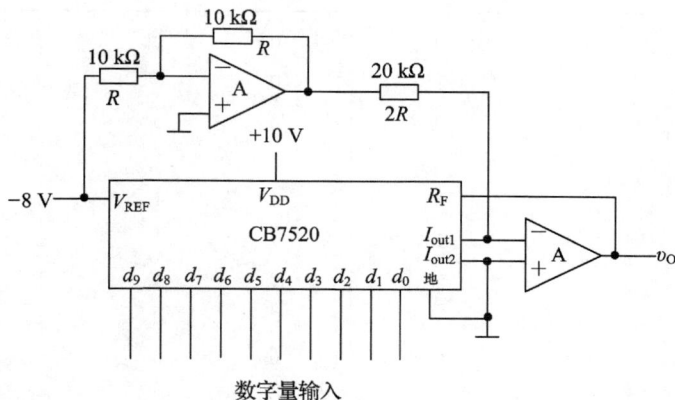

图 9-25

8. 试分析图 9-26 所示电路的工作原理,画出输出电压 v_O 的波形图。表 9-4 中给出了随机存取存储器 RAM(Random Access Memory)的 16 个地址单元中所存的数据。其中,高 6 位地址 $A_9 \sim A_4$ 始终为 0,因此在表 9-8 中略去了,表中只给出了低四位地址 $A_0 \sim A_3$ 的取值。

在 Proteus 中用 DAC102X 代替 CB7520 进行仿真。

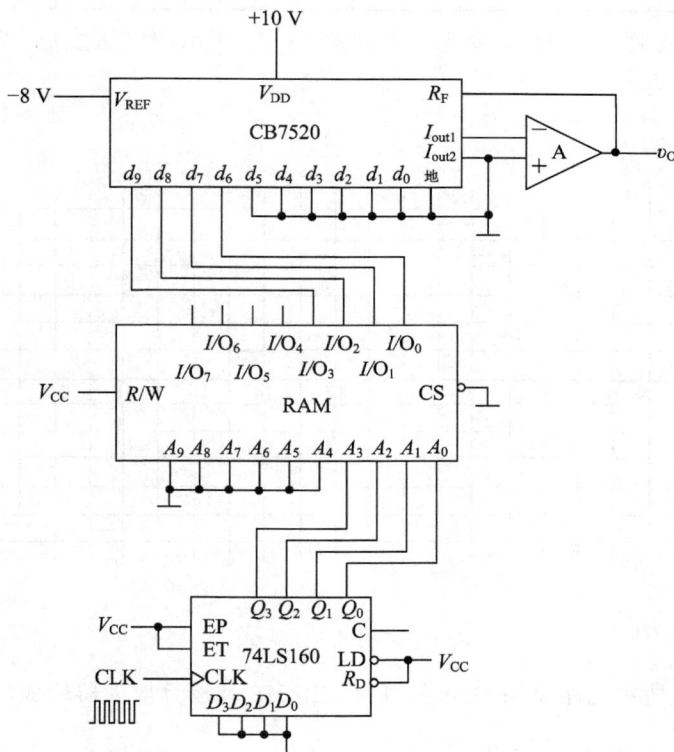

图 9-26

表 9 - 4   图 9 - 26 中 RAM 的数据表

A_3	A_2	A_1	A_0	D_3	D_2	D_1	D_0
0	0	0	0	0	0	0	0
0	0	0	1	0	0	0	1
0	0	1	0	0	0	1	1
0	0	1	1	0	1	1	1
0	1	0	0	1	1	1	1
0	1	0	1	1	1	1	1
0	1	1	0	0	0	1	1
0	1	1	1	0	0	1	1
1	0	0	0	0	0	0	1
1	0	0	1	0	0	0	0
1	0	1	0	0	0	0	1
1	0	1	1	0	0	1	1
1	1	0	0	0	1	0	0
1	1	0	1	0	1	0	1
1	1	1	0	1	0	0	1
1	1	1	1	1	0	1	1

9. 设计一个波形发生电路，要求产生如图 9 - 27 所示的电压波形，并 Proteus 中进行仿真。

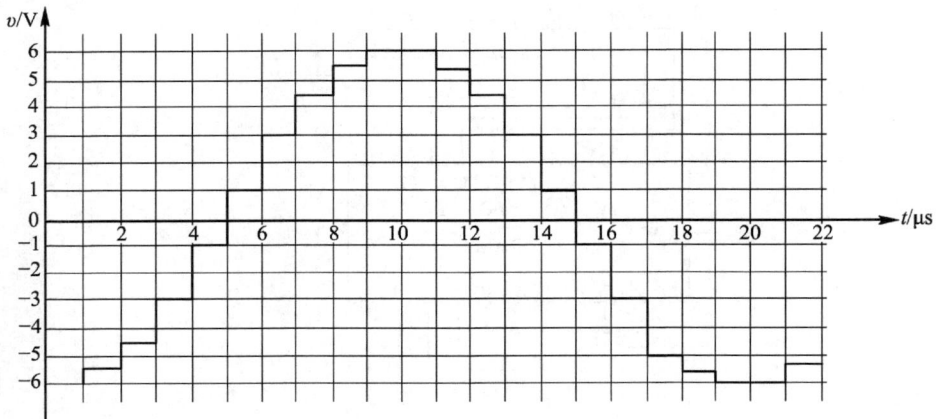

图 9 - 27

10. 图 9 - 28 所示电路是用 D/A 转换器 CB7520 和运算放大器构成的增益可编程放大器，它的电压放大倍数 $A_v = \dfrac{v_O}{v_I}$ 由输入的数字量 $D(d_9 \sim d_0)$ 来设定。试写出 A_v 的计算公式，并说明 A_v 的取值范围。

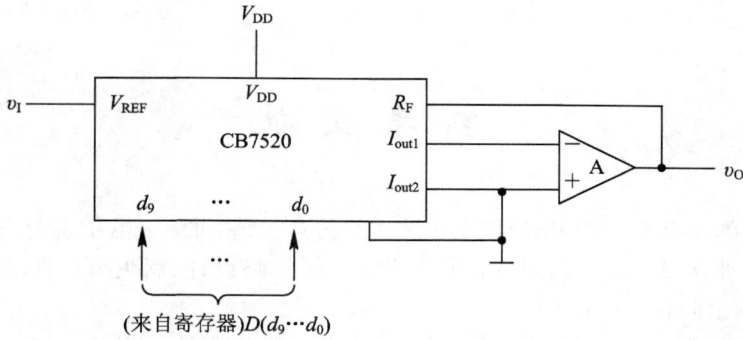

图 9 - 28

11. 图 9 - 29 所示电路是用 D/A 转换器 CB7520 和运算放大器构成的增益可编程放大器,它的电压放大倍数 $A_v = \dfrac{v_O}{v_I}$ 由输入的数字量 $D(d_9 \sim d_0)$ 来设定。试写出 A_v 的计算公式,并说明 A_v 的取值范围。

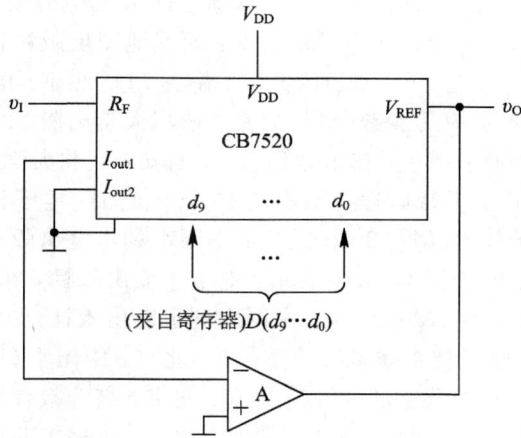

图 9 - 29

参 考 文 献

[1] 张靖武. 单片机系统的 PROTEUS 设计与仿真[M]. 北京：电子工业出版社，2007.

[2] 朱清慧，张凤蕊，翟天嵩. Proteus 教程：电子线路设计、制版与仿真[M]. 3 版. 北京：清华大学出版社，2016.

[3] 芮延年. 传感器与检测技术[M]. 苏州：苏州大学出版社，2005.

[4] 周润景，张丽娜. 基于 PROTEUS 的电路及单片机系统设计与仿真[M]. 北京：北京航空航天大学，2006.

[5] 高有堂. 电子电路设计制版与仿真[M]. 郑州：郑州大学出版社，2005.

[6] 阎石. 帮你学数字电子技术基础（释疑、解题、考试）[M]. 北京：高等教育出版社，2004.

[7] 李朝青. 单片机学习指导[M]. 北京：北京航空航天大学出版，2005.

[8] 高有堂，朱清慧. 电子技术基础[M]. 西安：西安地图出版社，2003.

[9] 高有堂，翟天嵩，朱清慧. 电子设计与实战指导[M]. 北京：电子工业出版社. 2007.

[10] 高有堂. EDA 技术及应用实践[M]. 北京：清华大学出版，2006.

[11] 薛清，周国运，高有堂. 电子技术教程[M]. 西安：西北大学出版社，2000.

[12] 诸昌钤. LED 显示屏系统原理及工程技术[M]. 成都：电子科技大学出版社，2000.

[13] 李中发. 数字电子技术[M]. 2 版. 北京：中国水利水电出版社，2013.

[14] 欧伟明. 实用数字电子技术[M]. 北京：电子工业出版社，2014.

[15] 卜锡滨. 数字电子技术[M]. 北京：中国水利水电出版社，2011.

[16] 朱清慧. Proteus：电子技术虚拟实验室[M]. 北京：中国水利水电出版社，2010.

[17] 康华光. 电子技术基础数字部分[M]. 4 版. 北京：高等教育出版社，2004.

[18] 赵阳. 电气与电子工程专业英语[M]. 2 版. 北京：机械工业出版社，2012.

[19] 刘克成，张凌晓. C 语言程序设计[M]. 北京：中国铁道出版社，2006.

[20] 杨振江. A/D、D/A 转换器接口技术[M]. 西安：西安电子科技大学，1996.

[21] 吴霞，沈小丽，李敏. 电路与电子技术实验教程[M]. 北京：机械工业出版社，2013.

[22] 徐敏. 电子线路实习指导教程[M]. 北京：机械工业出版社，2013.

[23] 袁小平. 电子技术综合设计教程[M]. 北京：机械工业出版社，2010.

[24] 韩焱. 数字电子技术基础[M]. 2 版. 北京：电子工业出版社，2014.

[25] 袁涛. 单片机 C 高级语言程序设计及其应用[M]. 北京：北京航空航天大学出版社，2003.

[26] 申普兵. 计算机网络与通信[M]. 2 版. 北京：人民邮电出版社，2012.

[27] 朱清慧，陈绍东. Proteus 实例教程[M]. 北京：清华大学出版社，2013.

[28] 朱清慧. Proteus 显示控制系统设计实例[M]. 北京：清华大学出版社，2011.

[29] 樊尚春，周浩敏，信号与测试技术[M]. 北京：北京航空航天大学出版社，2002.

[30] 阎石. 数字电子技术基础[M]. 5 版. 北京：高等教育出版社，2006.